GRUNDLAGEN
DER
FERNMELDE-TECHNIK

VON

DIPL.-ING. IMMO KLEEMANN
BAURAT

DRITTE, ERWEITERTE
UND VERBESSERTE AUFLAGE
MIT 168 BILDERN

MÜNCHEN 1950

VERLAG VON R. OLDENBOURG

Die 1. und 2. Auflage erschienen unter dem Titel
„Grundzüge der Fernmeldetechnik“

Satzarbeiten: M 114 Bibliographisches Institut VVB, Leipzig
Druck- und Buchbinderarbeiten:
R. Oldenbourg, Graph. Betriebe G.m.b.H., München

VORWORT ZUR 1. AUFLAGE

Das allgemeine Ziel der Fernmeldetechnik ist die Übertragung beliebiger Meldungen oder Nachrichten. Die Ausführung setzt eine Entwicklung geeigneter Schalt- und Übertragungsgeräte voraus, ferner müssen Verfahren für Schaltungen, Verbindungen und Übertragungen gegeben sein. Diese Grundzüge bilden das gemeinsame Gedankengut der Fernsprech-, Telegraphen- und Signaltechnik und den Leitgedanken dieses Buches.

Aus den Grundlagen der allgemeinen Elektrotechnik ist die Theorie und Wirkungsweise der wichtigsten Fernmeldegeräte abgeleitet, eine Schaltungslehre vermittelt die Berechnung von Netzteilen und grundlegende Schaltverfahren, die Verbindungslehre umfaßt Grundbegriffe und Verfahren für die Herstellung von Verbindungen im Hand- und Wählbetrieb und zeigt in systematischer Gliederung den Aufbau von Vielfachschaltungen. Die Übertragungslehre behandelt die Theorie der Fernmeldeleitungen, allgemeine Vierpolbeziehungen und die gebräuchlichen Übertragungssysteme.

Das Buch wendet sich an den mit der Mathematik und den elektrotechnischen Grundlagen vertrauten Leser und will ihm eine systematische Einführung, frei von einseitiger Spezialisierung, in die Hauptarbeitsgebiete der Fernmeldetechnik geben.

Berlin, im Januar 1941.

I. Kleemann.

VORWORT ZUR 2. AUFLAGE

Bereits kurze Zeit nach dem Erscheinen der Erstauflage zeigte sich eine so gute Aufnahme der »Grundlagen«, daß es ratsam erschien, umgehend mit den Vorarbeiten für eine neue Auflage zu beginnen. Eine Reihe von Ergänzungen und neue Abschnitte sind hinzugekommen, wobei das Bemühen vorherrschte, trotz Vermehrung des Inhalts den bisherigen Umfang beizubehalten und in knapper Ausdrucksform viel zu bieten.
Die geänderten Normen für Schaltzeichen fanden Berücksichtigung, so daß beide Darstellungen verwendet sind. Dies dürfte auch am besten den praktischen Bedürfnissen entsprechen, beide Darstellungen der Schaltzeichen zu beherrschen.

Berlin, im Mai 1942.

I. Kleemann.

VORWORT ZUR 3. AUFLAGE

Die bereits im Jahre 1944 geplante und vorbereitete Neuauflage kann nun zur Ausgabe kommen. Da der gesamte Satz neu herzustellen war, ist der Text einer nochmaligen Durchsicht und Überprüfung auf versteckte Fehler unterzogen und sind sämtliche Schaltbilder entsprechend den jüngsten Normen neu gezeichnet worden. Eine beträchtliche Anzahl der vorliegenden Abschnitte wurden erweitert und neue Berechnungsbeispiele eingefügt.
Dem Verlag sei für seine erfolgreiche Bemühung um das Wiedererscheinen und die Ausstattung dieses Buches trotz vieler Schwierigkeiten bestens gedankt.

Berlin, im Dezember 1948.

I. Kleemann.

INHALTSVERZEICHNIS

II. Schaltungslehre

III. Verbindungslehre

IV. Vielfachschaltungen

V. Übertragungslehre

I. SCHALT- UND ÜBERTRAGUNGSGERÄTE

A. Schalter und Schaltvorgänge

1. Grundbegriffe

Eine eingeprägte, induzierte oder influenzierte elektromotorische Kraft verursacht eine Verschiebung oder Strömung einer Elektrizitätsmenge. Entsprechend der Richtung dieser elektromotorischen Kraft wird ein höheres und ein niederes Potential (φ) unterschieden. Als Nullpotential gilt die Erde; auf diesen Wert werden positive und negative Potentiale bezogen. Eine Potentialdifferenz ist eine Spannung ($U = \varphi_1 - \varphi_2$). Eine Spannungsdifferenz bezieht sich auf den Betragsunterschied zweier Spannungen, die an getrennten Klemmenpaaren liegen ($\Delta U = U_1 - U_2$).

Als Maßeinheit für elektromotorische Kräfte, Potentiale und Spannungen gilt das Volt ($U = 1$ V). Als Maßeinheit für die Elektrizitätsmenge gilt das Coulomb ($Q = 1$ C).

Die in jeder Sekunde einen Leiterquerschnitt durchfließende Elektrizitätsmenge heißt die Stromstärke. Ihre Einheit ergibt sich aus dem Quotienten ein Coulomb durch eine Sekunde. Als Maßeinheit für den Strom gilt das Ampere ($I = 1$ A)

$$I = Q/t \qquad Q = I \cdot t$$

Folgende Stromarten sind zu unterscheiden:

a) Gleichspannungen und -ströme besitzen unveränderliche Richtung und Größe (stationärer Zustand).

b) Wellengleichspannungen und -ströme ändern ihre Größe periodisch, aber behalten ihre Richtung bei. Im Grenzfall schwanken die Zeitwerte zwischen einem Höchstwert und Null. Der Wellenanteil wird wegen seiner periodischen Änderungen auch Wechselstromanteil genannt, wenn er durch fremde Induktion oder Influenz entstanden ist.

c) Symmetrische Wechselspannungen und -ströme besitzen periodische Änderungen der Richtungen und Beträge. (Quasistationärer Zustand.) Der arithmetische oder elektrolytische Mittelwert einer Periodendauer ist gleich Null. Der geometrische oder quadratische Mittelwert heißt Effektivwert. Gleiche Effektivwerte beliebiger Stromarten ergeben gleiche Wärmewirkungen. Der arithmetische Mittelwert einer halben Periode (Halbwelle) wird dabei

$$\bar{i} = \frac{1}{T/2}\int_0^{T/2} i\,dt = \frac{2}{T}\int_0^{T/2} I_{\max} \sin \omega t\,dt = I_{\max}\,\frac{2}{T}\int_0^{T/2} \sin \frac{2\pi}{T} t\,dt\,.$$

Der geometrische Mittelwert oder Effektivwert ist bestimmt durch

$$I_{\text{eff}} \equiv I = \frac{1}{T}\sqrt{\int_0^T i^2 dt} = I_{\max}\frac{1}{T}\sqrt{\int_0^T \sin^2 \omega t dt}.$$

Für sinusförmige Wechselströme (ohne Oberwellen) ergeben sich die bekannten Auswertungen

$$\bar{i} = (2/\pi) I_{\max} = 0{,}636\, I_{\max}; \quad I = (1/\sqrt{2}) I_{\max} = 0{,}707\, I_{\max}.$$

Bei abweichenden Kurvenformen sind die Mittelwerte auch andere und werden durch eine Integration bzw. angenähert durch eine Summation der Augenblickswerte ermittelt:

$$\bar{i} = \frac{\sum_0^{T/2} i}{n} = \frac{i_1 + i_2 + i_3 + \ldots + i_n}{n}$$

$$I = \sqrt{\frac{\sum_0^{T} i^2}{n}} = \sqrt{\frac{i_1^2 + i_2^2 + i_3^2 + \ldots + i_n^2}{n}}.$$

Jede Periode besteht aus zwei symmetrischen Halbwellen. Die Anzahl der Perioden in einer Sekunde heißt Frequenz. Als Maßeinheit gilt das Hertz ($f = 1$ Hz).

d) Unsymmetrische Wechselspannungen und -ströme besitzen periodische Änderungen der Richtungen und Beträge. Der arithmetische Mittelwert einer Periodendauer ist aber nicht gleich Null. Diese Stromart setzt sich aus einem Gleichstrom- und einem Wechselstromanteil zusammen. Der Effektivwert ergibt sich aus dem quadratischen oder geometrischen Mittel der Einzelwerte einer vollen Periodendauer T

$$U_{\text{eff}} = \frac{1}{T}\sqrt{\int_0^T u^2 dt} = \sqrt{\frac{u_1^2 + u_2^2 + u_3^2 + \ldots + u_n^2}{n}}$$

$$I_{\text{eff}} = \frac{1}{T}\sqrt{\int_0^T i^2 dt} = \sqrt{\frac{i_1^2 + i_2^2 + i_3^2 + \ldots + i_n^2}{n}}.$$

Jede Periode dieser Stromart besteht aus zwei unsymmetrischen Halbwellen.

2. Grundformen von Schaltern

Die wesentlichen Merkmale eines Schalters sind: Antrieb, Stellglieder, Kontaktstellen und Schaltfolgen.

Der Antrieb kann durch Betätigung von Hand, durch mechanische Kräfte oder Elektromagnete erfolgen. Von Hand geschaltet werden Stöpsel, Taster, Kipp- und Hebelschalter, Drehschalter; mit Gewichts- oder Federantrieb arbeiten Kontaktgeber, Zeitschalter, Schritt- und Laufschalter; einen elektromagnetischen Antrieb besitzen Relais und Wähler.

Die Stellglieder bewegen sich geradlinig oder kreisförmig; geradlinige Verstellungen erfolgen mit Schiebern, Gleitern, kreisförmige mit Armen, Scheiben oder Walzen (Bild 1).

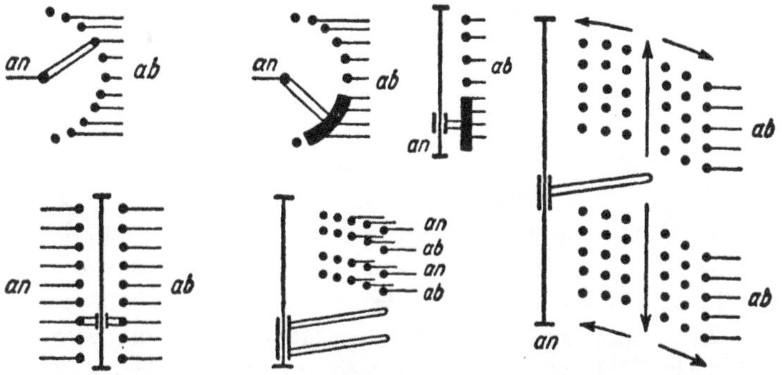

Bild 1. Anordnungen von Stellgliedern und Kontaktbänken

Die Kontaktgabe vollzieht sich durch Aufsetzen oder Aufgleiten, die Kontaktstelle wird dabei mechanisch und elektrisch beansprucht. Auf Schwachstromkontakte wirken Kräfte zwischen 5 und 100 g. Die Berührungsflächen belaufen sich auf 0,25 bis 2 mm², der Kontaktdruck erreicht dabei Werte von 2 bis 40 kg/cm². Der Kontaktwiderstand beträgt in gutem Zustande etwa 0,1 bis 0,01 Ohm. Durch Doppelkontakte wird die Berührungsfläche vergrößert und die Störanfälligkeit vermindert.

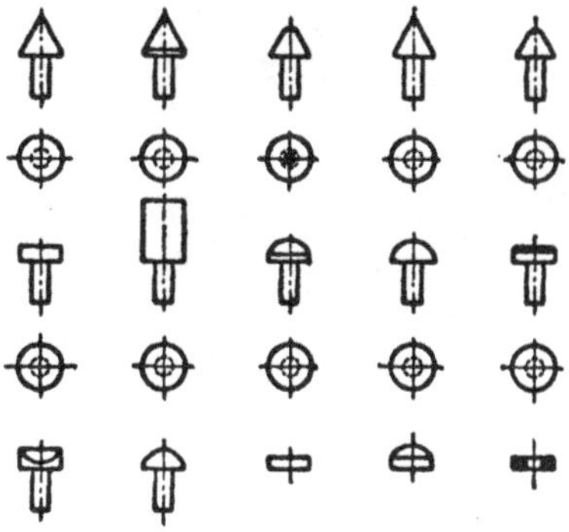

Bild 2. Übliche Formen von Kontaktnieten

Feste Kontakte bestehen aus Metallen, seltener aus Kohle. Beste Leistungen sind mit Edelmetallen, wie Gold, Silber, Platin und ihren Legierungen zu erzielen, weil deren Oxyde rissig sind. Meist verwendet werden Silberkontakte, die übrigen wegen der hohen Kosten nur für besonders schwere elektrische Beanspruchungen in Legierungen mit Iridium, Zer und Wolfram; letzteres ist am besten langdauernden periodischen Schaltungen mechanisch gewachsen (Bild 2). Um mit einem möglichst geringen Aufwand an Schaltstoffen auszukommen, werden Kontaktnieten aus hochwertigen Metallen hergestellt, welche auf Blattfedern, Armen, Walzen oder Scheiben aus billigen Werkstoffen befestigt werden. Letztere dienen als Stromzuführungen, dagegen besteht die Trennstelle aus Platingold, Platinsilber (10 bis 30% Pt), Platiniridium (2 bis 30% Ir), Palladiumsilber (5 bis 30% Pd), Goldsilber, Feinsilber und Silbercadmiumlegierungen.

Mit Ausnahme der Iridiumlegierungen sind reine Edelmetalle und ihre binären

Legierungen verhältnismäßig weich. Durch Hinzufügen geringer Mengen von Fremdstoffen wird die Verschleißfestigkeit wesentlich erhöht.
Noch weitergehende Einsparungen erlauben Bimetallkontakte, bei denen ein Teil des Nietkopfes und der ganze Schaft aus unedlem Metall gefertigt sind, hingegen die Kontaktfläche des Kopfes als Edelmetallauflage ausgeführt ist.
Sämtliche unedlen Metalle sind preiswert, neigen aber zu nichtleitender Oxydbildung, welche bei niederen Spannungen bis 24 V häufig Unterbrechungsstörungen verursacht. Als Abhebekontakte sind Messing, Tombak, Neusilber ungeeignet, wenn nicht die Kontaktgabe durch Aufgleiten erfolgt, um die Oxydhaut zu beseitigen. Aluminium und verwandte Legierungen scheiden wegen ihres besonders schnellen Oxydansatzes als Kontakte aus.
Flüssige Kontaktgabe ist mittels Quecksilber in luftdichten Quarzröhren möglich. Die Zuleitungen sind in die Quarzröhren eingeschmolzen. Der luftdichte Abschluß verhütet Verdunsten und Verschlammen im Quecksilberschalter.

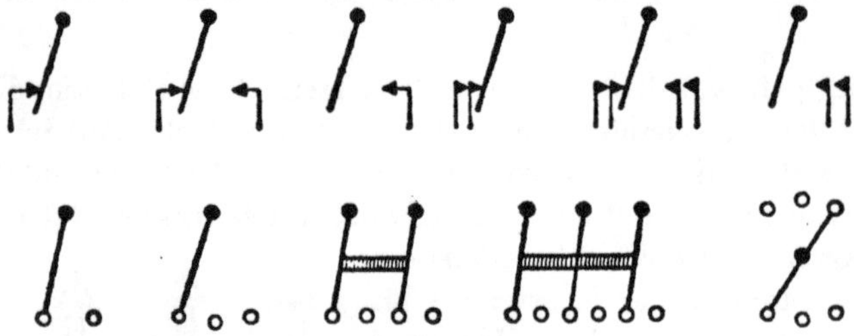

Bild 3. Einfache Schaltfolgen

Die Schaltfolgen werden durch die Art der Bewegung, Ausbildung der Stellglieder und Anordnung der Kontakte bestimmt.
Ein Schalter hat Stellungen, die gewechselt werden. Außer Betrieb gesetzt nimmt der Schalter eine Grundstellung ein, die übrigen heißen Arbeitsstellungen.
Die Kontakte haben Arbeits- und Ruhelagen. Ein Ruhekontakt ist in der Ruhelage, ein Arbeitskontakt in der Arbeitslage geschlossen. Kontakte schließen, öffnen oder wechseln.
Nach der Zahl der Arme ergeben sich Bezeichnungen wie ein-, zwei- oder mehrpoliger Schalter. Zusammen arbeitende Kontakte bilden einen Satz. Ein-, Aus-, Um-, Wechsel-, Kreuz- und Stufenschalter sind Bezeichnungen für einfachste Schaltfolgen (Bild 3).

3. Allgemeine Schaltvorgänge

Ein Schaltvorgang ändert den elektrischen Zustand in einem beliebigen Anlagenteil. Die bestehende Verteilung der Spannungen und Ströme wird durch Zu- oder Abschalten von Leitern oder Geräten gestört, bis nach einem Ausgleichvorgang ein neuer Gleichgewichtszustand sich einstellt.

Diese unmittelbaren Eingriffe werden durch galvanische Verbindungen mit Quellen oder Verbrauchern bewirkt. Ein mittelbarer Eingriff in ein bestehendes Verteilungssystem ist durch Influenz oder Induktion möglich, wobei durch Schalten in einem benachbarten oder gekoppelten Netz sich einmalige oder ständige Wirkungen übertragen lassen. Beide Arten werden als Schaltanordnungen benutzt.

Das Schließen oder Öffnen eines Kontaktpaares beansprucht die Berührungsflächen elektrisch und mechanisch. Zur Beurteilung der elektrischen Belastung wird als wirksame Spannung der Betrag am geöffneten Kontaktpaar und als wirksamer Strom der Betrag bei geschlossenen Kontakten eingesetzt. Das Produkt beider Beträge wird oft als Schaltleistung angegeben, obwohl mit dieser Angabe die wirklich vorliegenden Betriebsverhältnisse nicht mehr eindeutig gekennzeichnet sind.

Wird ein Kontakt geöffnet, so entsteht eine Elektrizitätsleitung in Luft, die durch mitgerissene feine Metallteilchen verunreinigt wird. Die Kontaktflächen lösen sich ab, der Strom drängt sich mit wachsender Dichte auf eine kleinste Fläche zusammen, der Übergangswiderstand wächst und die elektromagnetische Energie verwandelt sich in Wärmeenergie. Die Erwärmung lockert das Metallgefüge, die elektrische Spannung ist die Ursache einer Werkstoffwanderung.

Bis zu einer gewissen Grenze entsteht beim Unterbrechen elektrischer Ströme in Luft nur eine unselbständige Leitung, die aber nicht von Belang ist, weil praktisch ausreichende Leistungen nicht erreicht werden. Oberhalb dieser Grenze bildet sich durch Stoßionisation mit selbständiger Leitung entweder ein Glimmlicht (Funke) oder ein Lichtbogen.

Das Glimmlicht zeichnet sich durch einen hohen Spannungsabfall an der Kathode aus, so daß auch bei kleinem Kontaktweg der Öffnungsfunke schnell erlischt und nur ein geringfügiger Abbrand entsteht.

Der Lichtbogen stellt die gefährliche Form dar, welche die Kontakte stark angreift und zu unterdrücken ist. An sich wäre durch schnelles Öffnen und langen Kontaktweg jeder Lichtbogen so rechtzeitig zu löschen, daß ein entsprechend gebauter Schalter mehrere tausend Schaltungen aushält.

Bei Schwachstromgeräten sind aber kurze Kontaktwege (0,1 bis 1 mm) üblich. Die Schalthäufigkeit ist beträchtlich größer; ein Wechselkontakt, der mit 50 Hz arbeitet, vollzieht in 10 h schon 1800000 Schließungen und Öffnungen auf beiden Seiten. Die Öffnungszeit beträgt meistens weniger als 0,02 s, viel zu kurz, um das natürliche Erlöschen eines Lichtbogens infolge Abkühlung ausnutzen zu können.

Diese kurzen Angaben kennzeichnen die Aufgabe eines Schwachstromkontaktes: häufiges Schalten kleiner Leistungen.

Die Entstehung eines Lichtbogens hängt von der Erwärmung der Kontaktoberflächen ab. Wird an einer Stelle durch Wärmestauung die Erhitzung bis zur Rotglut getrieben, so bildet sich ein sog. Kathodenfleck, der Elektronen ausstrahlt und die Luftstrecke ionisiert. Damit ist die Zündung des Lichtbogens vollzogen und der Spannungsabfall an der Kathode, der bei

Glimmlicht etwa 300 V beträgt, sinkt plötzlich auf etwa 10 ... 15 V. Der entstehende Lichtbogenstrom wird hierbei stark anwachsen, falls keine oder zu geringe Widerstände im Stromkreis ihn begrenzen oder unterdrücken können.

Das Verhalten verschiedener Kontaktwerkstoffe zeigt im allgemeinen zwei Grenzlinien für die Entstehung von Lichtbögen: eine Mindestspannung oder einen Mindeststrom als Vorbedingung für Lichtbogengefahr (Bild 4). Unterhalb dieser Grenzen sind Mittel zur Funkenlöschung entbehrlich. Ist demnach die Spannung hoch, so können kleine Ströme mit einfachen Abhebekontakten unterbrochen werden, andererseits lassen sich bei niedrigen Spannungen auch große Ströme mit großflächigen Kontakten lichtbogenfrei schalten.

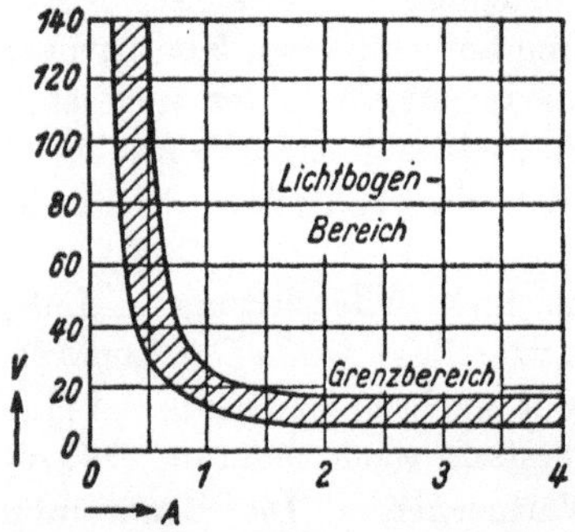

Bild 4. Lichtbogenbereich bei Kontaktöffnung ohne Funkenlöschmittel

Diese Grenzziehung zwischen Glimmlicht- und Lichtbogenbereich ist deshalb wichtig, weil diejenigen Wertepaare von Spannung und Strom, welche ein bogenfreies Schalten erlauben, in vielen Fällen für Schaltgeräte ausreichende Leistungen aufweisen. Leider sind genaue Grenzwerte wegen der verwickelten physikalischen Natur der Ausschaltvorgänge nicht angebbar.

Einen Überblick über einige Einflüsse, welche den noch bogenfreien Grenzstrom bestimmen, mag folgende Aufzählung geben:

1. Spannung: unter 300 ± 25 V als absolute Grenze der Glimmlichtbildung, unter 10 bis 15 V als bogenfreie Grenze.

2. Temperatur: über 1200° C genügt eine Feldstärke $\mathfrak{E} = 3{,}4 \cdot 10^7$ V/cm, um Elektronen auszulösen, über 2500 bis 3000° C sinkt diese von $0{,}25 \cdot 10^7$ bis auf 0 V/cm. Maßgebend für diese Emission sind kleinste Näherungen unebener Erhöhungen auf der Kontaktfläche.

3. Feuchtigkeit: bei mittlerer rel. Luftfeuchte sinkt der gemessene Grenzstrom beträchtlich.

4. Schaltstoff: durch Versuche an gebrauchten Kontakten ergaben sich bei 20° C für noch lichtbogenfreies Ausschalten:

Gold	24 V/13 A	220 V/0,6 A
Kohle	60 V/4 A	220 V/0,2 A
Kupfer	110 V/1 A	220 V/0,5 A
Neusilber	24 V/0,7 A	220 V/0,3 A
Platin	24 V/4 A	220 V/0,7 A
Silber	60 V/0,8 A	220 V/0,6 A
Wolfram	24 V/10 A	220 V/1,2 A

Ein zeitweises Überschreiten des Grenzbereiches ist möglich; es genügt aber, daß sich durch Wärmestauung eine Stelle überhitzt, um unerwartet einen Lichtbogen zu zünden.

Diese Grenzwerte gelten für Gleichstromkreise mit induktions- und kapazitätsfreier Widerstandsbelastung.
Auf Wechselströme bezogen ist ein Lichtbogen nicht zu erwarten, wenn die periodischen Scheitelwerte unter den Gleichstromgrenzwerten liegen. In der Regel sind die Effektivwerte mit $\sqrt{2}$ zu multiplizieren, entsprechend dem Verhältnis von Effektiv- zu Scheitelwert bei symmetrischen sinusförmigen Wechselströmen. Diese Bedingung gilt für periodisches Schalten mit Wirkwiderständen. Bei einzelnen Schaltungen mit genügenden Abkühlungspausen ist ein Überschreiten bis zum fünffachen Betrage des Grenzstromes möglich. Der Nulldurchgang des Wechselstromes nach jeder Halbwelle erleichtert die Schaltarbeit; der Lichtbogen erlischt infolge Abkühlung der Kontakte und eine Wiederzündung während der folgenden Halbwelle durch Spannungsanstieg bleibt aus.
Der eigentliche Schaltvorgang mit galvanischer Kontaktgabe durch Berühren oder Trennen zweier Leiterstücke verläuft auch in elektrischer Hinsicht stetig. Schon während der Annäherung der Kontakte entstehen Influenz- und Induktionswirkungen, welche allerdings erst kurz vor der Berührung erhebliche Feldstärken erreichen und damit nennenswerte Kräfte ausüben. Andererseits bilden selbst offene Kontaktpaare keine elektrisch vollkommene Trennung, weil ihr Isolationswiderstand zwar sehr groß, aber nicht unendlich groß wird und außerdem bei kleinen Kontaktabständen eine merkliche elektrostatische oder induktive Kopplung bestehen bleibt.
Man ist daher bemüht, bei dem Entwurf oder der Auswahl von Schaltern auf hohe Isolation zu achten, aber auch deren Eigenkapazität zweckentsprechend klein zu halten.
Jeder Schaltvorgang leitet einen Ausgleichvorgang ein. Eigentlich müßten beide Vorgänge als Ursache und Wirkung zusammengefaßt eine Beschreibung von Zustandsänderungen liefern, welche sich in stetiger Folge anreihen. Für den theoretischen Ansatz wird jedoch hierauf verzichtet und unvermittelt mit der Darstellung der Ausgleichvorgänge begonnen. Dieses Vorgehen zwingt zur Einführung von Sprungfunktionen, weil als Ursache der Zustandsänderung ein plötzliches (unstetiges) Auftreten oder Verschwinden einer EMK angenommen wird. Hierdurch wird bewußt eine vereinfachte Aufgabe gestellt, deren Ergebnis in den meisten Fällen ausreicht, obwohl ein unstetiger Vorgang nicht vorstellbar ist.
Der Verlauf der Ausgleichsvorgänge wird durch die Anwendung von Gleich- oder Wechselstrom und durch den Aufbau der geschalteten Anlage bestimmt. Als typische Vorgänge seien angeführt:

1. Aperiodischer Ausgleich bei Gleichstrom:
   a) mit ohmischen Widerständen,
   b) mit überwiegender Induktivität,
   c) mit überwiegender Kapazität;
2. Periodischer Ausgleich bei Gleichstrom:
   a) mit gedämpftem Einschwingen,
   b) mit ungedämpftem Einschwingen;

3. Aperiodisches Einschwingen bei Wechselstrom:
   a) mit Wirkwiderständen,
   b) mit induktiven Scheinwiderständen,
   c) mit kapazitiven Scheinwiderständen;
4. Periodisches Einschwingen bei Wechselstrom:
   a) mit gedämpftem Schwingungskreis,
   b) mit ungedämpftem Schwingungskreis.

Ferner ist zu berücksichtigen, daß neben dem Ausschalten auch das Kurzschließen eines Gerätes in der Schwachstromtechnik angewendet wird und sich deshalb zwei Schaltungsgruppen ergeben. Die eine Gruppe arbeitet mit fester Urspannung U_0, die andere mit festem Urstrom I_0.

Die erste Gruppe ist bestens bekannt, weil sie den üblichen Verteilungen elektrischer Energie mit gleichbleibender Spannung für alle Verbraucher entspricht.

Die zweite Gruppe ergibt sich aus Fällen, bei denen der Innenwiderstand der Quelle und der Zuleitungswiderstand groß gegenüber dem Belastungswiderstand sind (Bild 5).

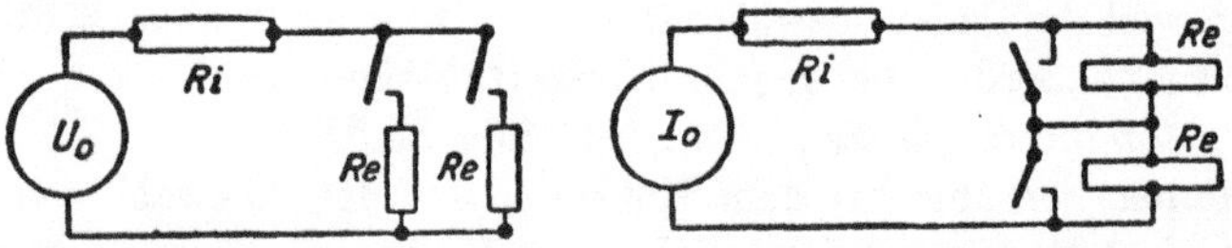

Bild 5. Speisung mit fester Urspannung oder festem Urstrom

In anderer Fassung ist auszusagen, daß eine Konstant-Spannungsverteilung sich besser für die Linienschaltung (nebeneinander) und eine Konstant-Stromverteilung für die Reihenschaltung (hintereinander) der Verbraucher eignet. Bei der Behandlung der Ausgleichvorgänge ist somit entweder von einem Spannungssprung oder einem Stromsprung als Ursache auszugehen.

4. Ausgleichvorgänge in induktiven Gleichstromkreisen

In weitaus den meisten Fällen sind elektromagnetische Geräte, Relais oder Wähler zu schalten, welche Widerstand und Induktivität besitzen (Bild 6).

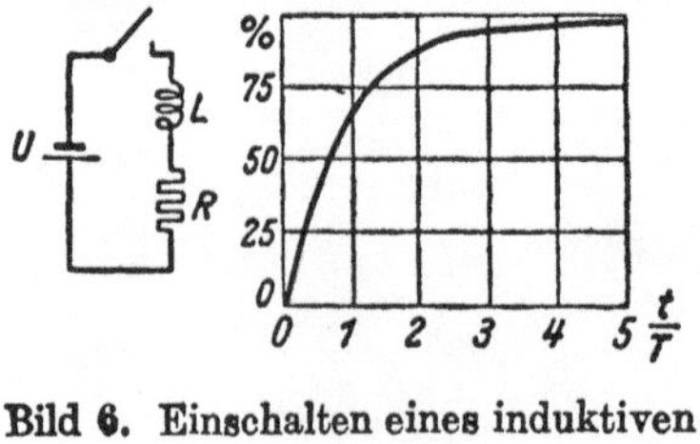

Bild 6. Einschalten eines induktiven Gleichstromkreises

Die Induktivität der Wicklung erzeugt nach Schließung des Stromkreises eine elektrische Spannung, welche anfänglich gleich der angelegten Gleichspannung ist, allmählich abnimmt und asymptotisch gegen Null konvergiert. Umgekehrt wächst der Strom vom Nullwert beginnend bis zu seinem durch Spannung und Widerstand bedingten Dauerwert.

Das Einschalten einer Induktivität verglichen mit dem bei Widerstandslast beansprucht einen Kontakt weniger.

Der Verlauf des Einschaltvorganges sei abgeleitet. Hierin bedeuten

U Gleichspannung der Batterie,
I Dauerwert des Stromes,
i Augenblickswert des Stromes,
R Widerstand des Stromkreises,
L Induktivität des Elektromagneten.

Die feste Spannung der Quelle ist während des Stromanstiegs in jedem Augenblick gleich der Summe aus dem ohmischen Spannungsabfall und der induzierten elektromotorischen Kraft:

$$U = i\,R + L\,(di/dt) \qquad (di/dt) + i\,(R/L) = U/L.$$

Die Ableitung des Änderungsgesetzes für den Einschaltvorgang ergibt

$$(d^2 i/dt^2) + (R\,di/L\,dt) = 0.$$

Hierbei ist angenommen, daß die Selbstinduktion L sich nicht während des Stromanstieges ändert, also die magnetische Sättigung des Eisenweges nicht erreicht wird.

Zur Lösung der Differentialgleichung sei eine Exponentialfunktion eingeführt

$$i = a e^{kt} + b$$

und die erste und zweite Ableitung gebildet

$$di/dt = a k e^{kt} \qquad d^2 i/dt^2 = a k^2 e^{kt}.$$

Zur Bestimmung der unbekannten Konstanten a, b und k sind diese Differentialquotienten einzusetzen:

$$a k^2 e^{kt} + (R/L)\,a k e^{kt} = 0.$$

Zuerst ergibt sich aus dieser Gleichung:

$$k = -R/L.$$

Zwei Lösungen sind bekannt; zur Zeit $t = 0$ ist $i = 0$

$$0 = a + b \quad \text{oder} \quad -a = b,$$

ferner erreicht für $t \to \infty$ der Strom i seinen Dauerwert

$$I = U/R = 0 + b = b = -a.$$

Die Lösungsgleichung lautet nach Einsatz der Konstanten:

$$i = -I e^{-(R/L)\,t} + I = I\,(1 - e^{-(R/L)\,t}).$$

Für den Stromanstieg ist der Exponent von e maßgebend. Deshalb wird die Größe $T = L/R$ als Zeitkonstante bezeichnet. Die Lösung gewinnt dann die Form:

$$i = I\,(1 - e^{-t/T}).$$

In kurzer Zeit (in Sekunden) steigt der Strom an, wenn $L \ll R$ ist. Vergleicht man zwei verschiedene Stromkreise, so sind nur die Zeitkonstanten zu ermitteln, um zu erkennen, in welchem Kreis der Strom schneller ansteigt.

Beispiel: $U = 24$ V, $R = 600\,\Omega$, $L = 12$ H. Gesucht ist die Zeit für den Stromanstieg von 0 bis 30% des Endwertes I.
Hierbei sind $T = L/R = \frac{1}{50}$ s und $I = U/R = 40$ mA.

$12 = 40\,(1 - e^{-50t})$ $\qquad e^{50t} = 1{,}428$ $\qquad t = \log 1{,}428/50 \log e = 7{,}1$ ms.

Das Ausschalten eines induktiven Gleichstromkreises ist durch keine eindeutige Funktion zu erfassen, weil der Schaltfunke von der jeweiligen Beschaffenheit der Kontaktflächen abhängt; jeder Schaltvorgang greift die Oberflächen etwas an, daß sich nie der gleiche Verlauf wiederholen kann.
Ein magnetisches Feld entsteht während des Stromanstieges beim Einschalten und induziert in Voltsekunden

$$U \cdot t = L \cdot \Delta i.$$

Der Stromanstieg Δi begann mit dem Wert $i = 0$ und endete mit $I = U/R$; beim Ausschalten verschwindet das magnetische Feld und der Strom sinkt wieder auf $i = 0$. Im Mittel ist dieser Strom gleich $I/2$ und die Energie wird

$$W = \tfrac{1}{2}\,LI^2.$$

Bild 7. Überspannungsanzeige an Kontakten

Durch wiederholte Schaltversuche ist ungefähr die beim Öffnen entstehende Induktionsspannung U_i einzugrenzen, wenn soviel in Reihe liegende Glimmlampen dem Kontakt parallelgeschaltet werden (Bild 7), daß sie kaum noch aufleuchten.
Die mittlere Zeit t_s des Öffnungsfunkens in Sekunden läßt sich dann berechnen:

$$t_s = \tfrac{1}{2}\,LI^2/\tfrac{1}{2}\,(U_i I + I^2 R) \approx LI/U_i.$$

Beispiel: $I = 40$ mA, $R = 600\,\Omega$, $L = 12$ H. Die induzierte Spannung beim Öffnen ist $U_i = 300$ V.

$$t_s = (12 \cdot 40 \cdot 10^{-3})/300 = 1{,}6 \text{ ms}.$$

Bei genauer Rechnung wäre noch zu der Induktionsspannung der innere Spannungsabfall zu addieren, der im allgemeinen bei niedrigen Betriebsspannungen 12 ... 60 V unwesentlich ist, weil der Meßfehler von U_i etwa den gleichen Betrag erreicht.

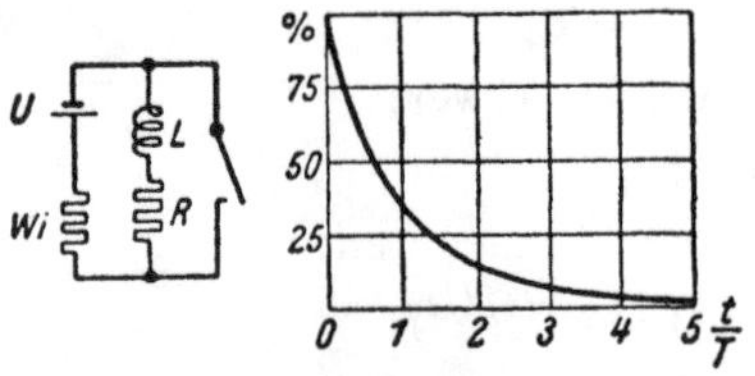

Bild 8. Kurzschließen eines induktiven Gleichstromkreises

Das Kurzschließen einer induktiven Belastung wird angewandt, wenn in Reihe mit dieser noch genügend Widerstand eingeschaltet bleibt, um ein schädliches Kurzschließen der Stromquelle zu vermeiden (Bild 8).
Hierfür ergibt sich wieder eine Exponentialfunktion. In der Ansatzgleichung, ähnlich wie beim Einschalten, ist nur die Spannung der Quelle gleich Null zu setzen:

$$0 = iR + L\,(di/dt).$$

Zur Lösung wird die gleiche Exponentialfunktion benutzt $i = ae^{kt} + b$.

Zwei bekannte Lösungen sind: zur Zeit $t = 0$ ist $i = U/R$, wobei U die Klemmenspannung vor dem Kurzschließen bedeutet; ferner wird für $t \to \infty$ der Strom $i = 0$. Die Zeitkonstante T ist wieder bestimmt durch

$$k = -R/L,$$

also wird $$U/R = a + b \quad \text{und} \quad b = 0.$$

Die Lösungsgleichung lautet nach Einsatz der Konstanten

$$i = I e^{-(R/L)t} \quad \text{oder} \quad i = I e^{-t/T}.$$

Beispiel: $U = 60$ V, $R = 600\,\Omega$, $L = 12$ H, Vorwiderstand $R_1 = 600\,\Omega$. Ein Kontakt schließt einen Nebenwiderstand $R_2 = 200\,\Omega$, der Strom im Elektromagneten sinkt. Wann erreicht der Magnetisierungsstrom 50% seines ursprünglichen Wertes? (Bild 9).

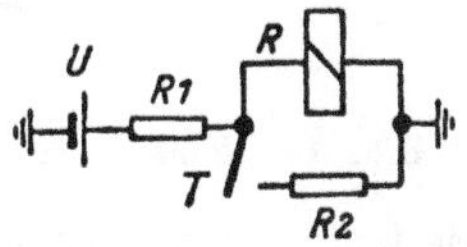

Bild 9. Schaltungsbeispiel

Zunächst ist I zu bestimmen, das sich aus der Differenz $I_1 - I_2$ ergibt, nämlich den Stromstärken im Elektromagneten ohne und mit dem Nebenschluß R_2:

$$I_1 = U/(R_1 + R) = 60/1200 = 50 \text{ mA}$$

$$I_2 = U\,R_2/(R_1 R + R_1 R_2 + R R_2) = 60 \cdot 200/600000 = 20 \text{ mA}.$$

$$I = I_1 - I_2 = 30 \text{ mA}.$$

Um diesen Betrag ändert sich der Magnetisierungsstrom bei völligem Ausgleich. Soll nun die gesamte Magnetisierung auf die Hälfte fallen, also von 50 auf 25 mA, so ist als zeitlicher Endwert einzusetzen:

$$i = 30 - 25 = 5 \text{ mA}.$$

Als Zeitkonstante ergibt sich, weil die magnetische Energie sich über den Innen- und Nebenwiderstand ausgleicht,

$$T = L/(R_2 + R) = 12/(200 + 600) = 0{,}015 \text{ s}.$$

Die Zeit t ist zu berechnen aus:

$$5 = 30\,e^{-66{,}7\,t} \qquad t = 26{,}9 \text{ ms}.$$

Die Beanspruchung des Kontaktes ist 30 V, 30 mA. Bei völligem Kurzschluß oder $R_2 = 0$ wäre die Rechnung einfacher gewesen, weil die Zwischenrechnung für die Ermittlung des Ausgleichanteils entfällt.

5. Ausgleichvorgänge in kapazitiven Gleichstromkreisen

Ein widerstandsloses Einschalten eines Kondensators wirkt anfänglich wie ein Kurzschluß; durch einen Vorwiderstand wird der Ladestrom begrenzt, sinkt mit zunehmender Ladespannung und konvergiert asymptotisch gegen Null (Bild 10).

Das Einschalten beansprucht den Kontakt, verglichen mit ohmischer Last, mehr.

Der Verlauf des Einschaltvorganges sei nachstehend abgeleitet. Es bedeuten:

U Gleichspannung der Batterie,
I Anfangswert des Ladungs- bzw. Entladungsstromes,
u Augenblickswert der Spannung am Kondensator,
i Augenblickswert des Stromes,
R Vorwiderstand des Stromkreises,
C Kapazität des Kondensators.

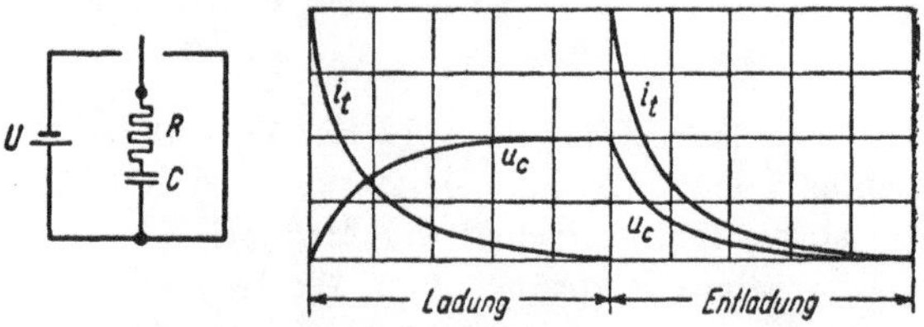

Bild 10. Einschalten und Kurzschließen eines kapazitiven Gleichstromkreises

Die feste Spannung der Quelle ist während der Ladung in jedem Augenblick gleich der Summe der veränderlichen Spannungen am Widerstand und an der Kapazität. Daraus ergibt sich als Ansatzgleichung: $U = u + iR$ oder, wenn q die jeweilig zufließende Elektrizitätsmenge ist,

$$U = q/C + (dq/dt)\,R.$$

Durch Differenzieren ist das Änderungsgesetz abzuleiten

$$(d^2q/dt^2) + [dq/(CR \cdot dt)] = 0.$$

Zur Lösung der Differentialgleichung sei eine Exponentialfunktion eingeführt:

$$q = a e^{kt} + b$$

und die erste und zweite Ableitung gebildet

$$dq/dt = ak e^{kt} \qquad d^2q/dt^2 = ak^2 e^{kt}.$$

Zur Bestimmung der unbekannten Konstanten a, b und k sind diese Differentialquotienten einzusetzen:

$$ak^2 e^{kt} + (1/CR)\, ak e^{kt} = 0.$$

Zuerst ergibt sich aus dieser Gleichung

$$k = -1/CR.$$

Zwei bekannte Lösungen sind: zur Zeit $t = 0$ ist $q = 0$ oder

$$0 = a + b,$$

ferner erreicht für $t \to \infty$ die Ladung ihren Höchstwert $Q = UC$

$$Q = 0 + b = b = -a.$$

Die Lösungsgleichung lautet nach Einsatz der Konstanten:

$$q = -Qe^{-t/CR} + Q = Q\,(1 - e^{-t/CR}).$$

Für den Ladungsanstieg ist die Zeitkonstante $T = CR$ maßgebend. Die Lösung erhält, wenn $q = uC$ und $Q = UC$ gesetzt werden, die Form:

$$u = U\,(1 - e^{-t/T}).$$

Beispiel: $C = 2\,\mu\text{F}$, $R = 1000\,\Omega$. Gesucht ist die Spannung der Quelle, wenn die Ladespannung $u = 24$ V nach 1 ms erreicht werden soll.

$$24 = U\left[1 - e^{-\left(\frac{10^{-3}}{2 \cdot 10^{-6} \cdot 1000}\right)}\right] \qquad U = 24/(1 - e^{-0,5}) = 61,1\ \text{V}.$$

Das Abschalten einer geladenen Kapazität ist mit einfachen Abhebekontakten möglich, weil bei fester Gleichspannung alle Ausgleichvorgänge fehlen.
Die Entladung durch Kurzschließen eines Kondensators beansprucht den Kontakt mit voller Ladespannung und mit einem sehr starken Strom, der nur durch den geringen inneren Widerstand begrenzt wird. Die Kontaktoberflächen werden dabei oft durch Punktschweißung beschädigt.
Die Entladung über einen Widerstand ergibt eine ähnliche Exponentialfunktion, nur ist $U = 0$ zu setzen. Die Ansatzgleichung lautet:

$$0 = (q/C) + (dq/dt)\,(1/CR).$$

Zur Lösung wird die Exponentialfunktion wie bei der Ladung benutzt. Aus den bekannten Lösungen $t = 0$ mit $i = dq/dt = U/R$ und $t \to \infty$ mit $q = 0$ sind die Konstanten a, b und k zu bestimmen. Als Zeitkonstante ist einzusetzen

$$T = CR,$$

im übrigen wird $a = Q$ und $b = 0$ und damit die Lösung erhalten:

$$q = Q e^{-t/CR}.$$

Mit Bezug auf die auftretenden Spannungen ergibt sich:

$$u = U e^{-t/T}.$$

Beispiel: $C = 4\,\mu$F, $R_a = 100\,\Omega$, $R_i = 200$ MΩ, $U = 220$ V. Diese Kapazität wird nach Ladung mit U während 10 min sich selbst überlassen und dann über R_a entladen. Gesucht ist die Beanspruchung des Entladekontaktes.
Die innere Entladung während der Wartezeit über den Isolationswiderstand R_i ergibt eine kleinere Spannung

$$u = 220\, e^{-\frac{600}{4\cdot 10^{-6}\; 2\cdot 10^{8}}} = 220\, e^{-0{,}75} \qquad u = 220 \cdot 0{,}4724 = 104 \text{ V}.$$

Die äußere Entladung über R_a beginnt mit einem Strom:

$$I = 104/100 = 1{,}04 \text{ A}$$

und ist nahezu beendet, wenn $t/T = 5$ wird; die entsprechende Zeit ist

$$t = 5\,C R_a = 5 \cdot 4 \cdot 10^{-6} \cdot 100 = 2 \text{ ms}.$$

Diesem Ergebnis ist zu entnehmen, daß die langsamer verlaufende innere Entladung vernachlässigt werden kann.

6. Freischwingende Ausgleichvorgänge

Bei einer Reihenschaltung von Widerstand, Induktivität und Kapazität oder einer praktischen Anordnung mit einem Elektromagneten und einem Kondensator können nach Einschalten mit einer konstanten Spannung oder allgemein durch einen Spannungssprung aperiodische oder periodische Ausgleichvorgänge erfolgen (Bild 11). Der Spannungssprung kann hierbei positiv oder negativ entsprechend einer Ladung oder Entladung sein, in besonderen Fällen also mit Null beginnen oder enden.
Der Verlauf des Ausgleichsvorganges sei nachstehend abgeleitet. Es bedeuten:

U Spannungssprung (konstant),
i Augenblickswert des Stromes,
q Augenblickswert der Ladung,
u Augenblickswert der Kondensatorspannung,
R Widerstand } des Elektromagneten,
L Induktivität } des Elektromagneten,
C Kapazität des Kondensators.

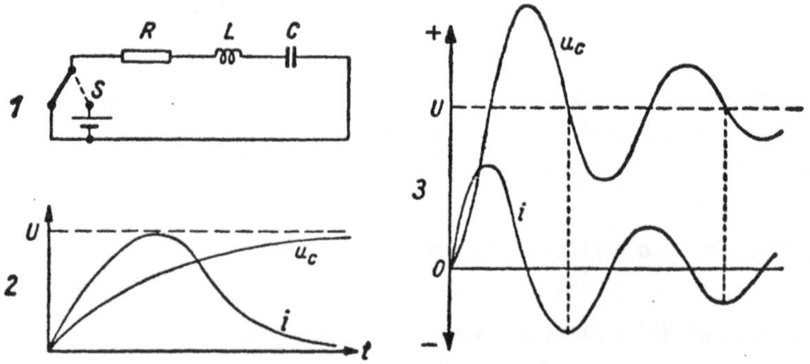

Bild 11. Schaltung *(1)* mit aperiodischen *(2)*) oder periodischen *(3)* Ausgleichvorgängen

Der feste Sprung der Gleichspannung (Stromquelle, Netzspannung) ist in jedem Augenblick gleich der Summe des ohmischen Spannungsabfalls, der induzierten Spannung und der mit der Ladung veränderlichen Kondensatorspannung:

$$Ri + L\,(di/dt) + (q/C) = U.$$

Durch Differenzieren ist das Änderungsgesetz abzuleiten:

$$(d^2q/dt^2) + (R/L)\,(dq/dt) + (q/CL) = 0.$$

Zur Lösung dieser Differentialgleichung wird folgende Exponentialfunktion angesetzt und deren Ableitungen gebildet:

$$q = ae^{kt}, \qquad dq/dt = ake^{kt}, \qquad d^2q/dt^2 = ak^2e^{kt}.$$

Damit erhalten wir die eine Konstante k:

$$k^2 + (R/L)\,k + (1/LC) = 0.$$

$$k_{1,2} = -(R/2\,L) \pm \sqrt{(R^2/4\,L^2) - (1/LC)}\,.$$

Der Ausgleichstrom in der Spule und dem Kondensator wird

$$i = C\,(du/dt) = a_1 k_1 C e^{k_1 t} + a_2 k_2 C e^{k_2 t}.$$

Bekannt ist, daß zur Zeit $t = 0$ auch $u = 0$ und $i = 0$ sind und damit sich ergeben:

$$k_1 + k_2 + U = 0, \qquad a_1 k_1 + a_2 k_2 = 0.$$

Für die Konstanten a_1 und a_2 erhalten wir:

$$a_1 = U[k_2/(k_1 - k_2)] \quad \text{und} \quad a_2 = U\,[k_1/(k_2 - k_1)].$$

Die Kondensatorspannung wird dabei

$$u = U\left(1 + \frac{a_2}{a_1 - a_2}\,e^{k_1 t} - \frac{a_1}{a_1 - a_2}\,e^{k_2 t}\right).$$

Da die Konstanten $k_{1,2}$ je nach Größe der Werte für R, L und C reell oder komplex sein können, ergeben sich verschiedene Verläufe der Kondensatorspannung bzw. des Stromes.

1. Fall. Es sei
$$R^2/4\,L^2 > 1/LC$$
und beide Konstanten $k_{1,2}$ reell und negativ. Der Ausgleich vollzieht sich aperiodisch oder mit einer Schwingung, deren Periodendauer unendlich groß wird.

2. Fall. Es sei
$$1/LC > R^2/4\,L^2$$
und beide Konstanten $k_{1,2}$ komplex und von der Form
$$k_1 = -(1/T) + j\omega \quad \text{und} \quad k_2 = -(1/T) - j\omega\,.$$
Entsprechend den gefundenen Lösungen sind die Zeitkonstante und die Kreisfrequenz der freien Schwingungen
$$T = 2\,L/R \quad \text{und} \quad \omega = \sqrt{(1/LC) - (1/T^2)}.$$
Damit wird der Verlauf der Kondensatorspannung:
$$u = U\,[1 - e^{-t/T}\cos\omega t - e^{-t/T}\,(R/2\,\omega L)\sin\omega t].$$
Wiederum interessieren die Höchstwerte der perodischen Schwingungen, welche nach einer Exponentialfunktion abnehmen. Bei verschwindend kleinem Wert von R entfällt der Sinusanteil, die Spannung u erreicht fast $2\,U$; andererseits wird dabei der Strom
$$i = U\,\sqrt{C/L}\cdot e^{-t/T}\sin\omega t.$$

7. Bedeutung der Zeitkonstanten

Die Ausgleichvorgänge verlaufen entsprechend Exponentialfunktionen von der Form
$$f_1(e) = 1 - e^{-p} \quad \text{oder} \quad f_2(e) = e^{-p},$$
wobei der Parameter $p = t/T$ zeitbestimmend ist. Der Verlauf dieser Kurven zeigt, daß alle Ausgleichvorgänge bis auf 0,7% Rest beendet sind, wenn $p = 5$ wird (Bild 12).

p	f_1	f_2
0,5	0,39	0,61
1,0	0,69	0,31
1,5	0,78	0,22
2,0	0,86	0,14
2,5	0,92	0,08
3,0	0,95	0,05
3,5	0,97	0,03
4,0	0,98	0,02

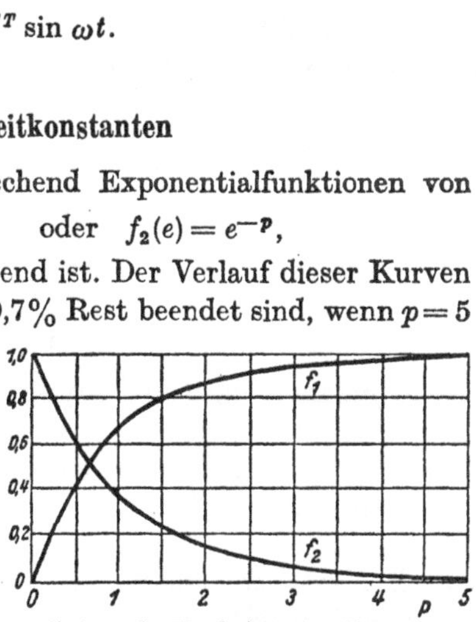

Bild 12. Ausgleichkennlinien als Funktion des Zeitparameters

Die Zeitkonstante T für Ausgleichvorgänge hat immer die Dimension einer Zeit, auch wenn Stromkreise oder Netzwerke beliebiger Zusammenstellung vorliegen, für welche eine Gesamtkonstante aufzustellen ist. Die Bezeichnung »Konstante« verdient T nur, wenn es aus konstanten Grundgrößen R, L, G und C abgeleitet wird.

Die Induktivität eines Elektromagneten ist aber veränderlich und hängt von der jeweils erreichten Eisensättigung ab. Um jedoch eine einfache Rech-

nung zu gewinnen, wird ein mittlerer Wert, der sich von Fall zu Fall als »Betriebsinduktivität« ergibt, wie eine Konstante eingesetzt.
Für die Dimension der Zeitkonstanten seien die vorher abgeleiteten Beziehungen als Beispiele herangezogen.

$$T = \frac{L}{R} \qquad \frac{\text{Henry}}{\text{Ohm}} = \frac{\text{Voltsek. Amp.}}{\text{Amp. Volt}} = \text{Sekunde}$$

$$T = CR \quad \text{Farad Ohm} = \frac{\text{Ampsek. Volt}}{\text{Volt Amp.}} = \text{Sekunde.}$$

Der Parameter $p = t/T$ ist daher eine unbenannte Zahl ohne Dimension bzw. ein konstanter Exponent.
Ferner ist zu erkennen, daß die Summe beider Funktionen den Wert 1 bei gleichem Parameter p annimmt und diese Kennlinien beide Spannungsanteile angeben, am Widerstand und an der Induktivität bzw. Kapazität.
Für die Beanspruchung der Kontakte durch Spannungen und Ströme geben diese Kennlinien einen Hinweis dafür, wann das Unterbrechen eines Stromkreises leichtere oder schwerere Schaltarbeit verursacht.

8. Ausgleichvorgänge in Wechselstromkreisen

Im eingeschwungenen Zustand sind Spannung und Strom durch das erweiterte Ohmsche Gesetz für Wechselstrom bestimmt:

$$\mathfrak{U} = \mathfrak{I}\,[R + j\omega L - (j/\omega C)] \qquad \mathfrak{I} = \mathfrak{U}\,[G + j\omega C - (j/\omega L)].$$

Dieser allgemeine Belastungsfall ergibt eine beliebige Phasenverschiebung von U gegen I zwischen $+90°$ und $-90°$. In Hintereinanderschaltung wird der Phasenwinkel des Stromes

$$\operatorname{tg} \varphi_H = j\,\frac{\omega L - (1/\omega C)}{R}.$$

In Nebeneinanderschaltung wird der Phasenwinkel der Spannung

$$\operatorname{tg} \varphi_N = j\,\frac{\omega C - (1/\omega L)}{G}.$$

Nicht immer werden alle drei Größen R bzw. G, L und C vorliegen. So ergeben sich drei typische Sonderfälle: Ohmsche, induktive oder kapazitive Last. Bezogen auf die Spannung wird der Strom bei Induktivität nacheilen, bei Kapazität voreilen.
Das Einschalten eines Wechselstromes erfolgt willkürlich. Es bleibt dem Zufall überlassen, mit welchem Augenblickswert die Wechselspannung einsetzt. Anfänglich wird in der Regel der Phasenwert des Stromes noch nicht mit der später sich ergebenden Phasenverschiebung zwischen Spannung und Strom übereinstimmen. Der Strom muß nach dem Einschalten mit dem Nullwert einsetzen und kann sich erst dann auf den endgültigen stationären Zustand einschwingen. Ein Ausgleichvorgang ist unvermeidlich, falls der Kontakt nicht einen Zeitpunkt trifft, der einem Nulldurchgang des Stromes im eingeschwungenen Zustand entspricht.

Bei rein ohmischer Last müßte das Einschalten dann erfolgen, wenn die Wechselspannung gleich Null wird. In induktiv oder kapazitiv belasteten Stromkreisen wäre das Einschalten entsprechend dem Phasenwinkel zu vollziehen, der im eingeschwungenen Zustand sich bilden muß. Bei rein induktiver oder kapazitiver Last wird der Kontakt also geschont, wenn beim Schließen die Spannung gerade ihren Scheitelwert durchläuft (Bild 13) und deswegen Ausgleichströme ausbleiben.

Der Verlauf solcher Ausgleichvorgänge ist nun für beliebige Stromkreise und einen willkürlich gewählten Zeitpunkt des Schaltens zu ermitteln. Im allgemeinen Fall werden sich zwei gleichzeitige Vorgänge überlagern.

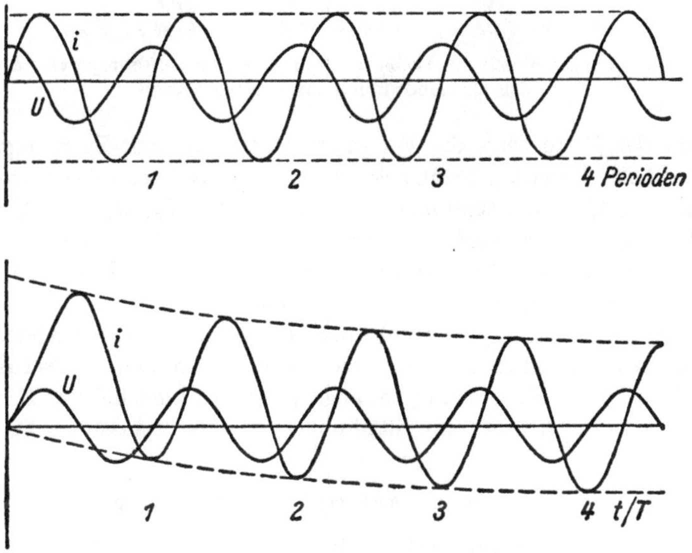

Bild 13. Einschaltvorgang in einem überwiegend mit Blindwiderstand belasteten Wechselstromkreis: oben beim Scheitelwert, unten beim Nullwert der Spannung

1. erzwungene Schwingungen bestimmt durch die Netzfrequenz der Stromquelle,
2. freie Schwingungen hervorgerufen durch die Zustandsänderung eines Stromkreises.

Diese Überlegungen lassen sich auf zwei gegensätzliche Schaltungsfälle anwenden, welche als Grenzfälle einer allgemeinen Schaltung anzusehen sind (Bild 14).

Teil 1 des Bildes zeigt eine Quelle mit unveränderlicher Klemmenspannung, deren Innenwiderstand R_0 hinreichend klein sei, um diese Bedingung zu erfüllen. Der Schalter schließt den Stromkreis für den Verbraucher R_1. Neben dem geöffneten Schalter liegt ein Widerstand $R_2 \to \infty$.

Teil 3 des Bildes entspricht einem Betrieb mit unveränderlichem Klemmenstrom. Diese Bedingung ist annähernd erfüllt, wenn der Widerstand R_0 hinreichend groß ist. Dieser Widerstand kann entweder in der Stromquelle vorhanden oder als Leitungswiderstand zwischen Quelle und Last gegeben sein. Der Schalter setzt den Verbraucher R_3 durch Kurzschließen außer Betrieb und durch Öffnen in Betrieb. In Reihe mit dem geöffneten Schalter liegt ein Widerstand $R_1 = 0$.

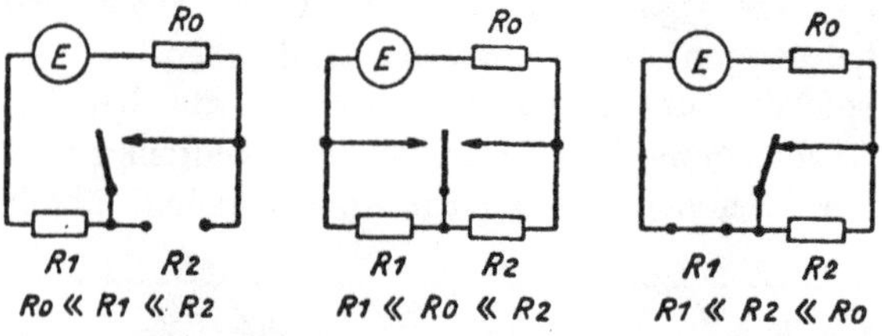

Bild 14. Verschiedenes Verhalten von Stromkreisen entsprechend der Größenordnung ihrer Widerstände

Teil 2 in der Mitte zeigt die Vereinigung des Konstant-Spannungssystems (links) und des Konstant-Stromsystems (rechts). Während der Mittelstellung des Schalters fließt ein schwacher Ruhestrom über R_0, R_1 und R_2. Nach links geschaltet, wird R_1 kurzgeschlossen und R_2 weiter mit mittlerer Stromstärke betrieben. Nach rechts geschaltet wird aber R_2 kurzgeschlossen, und über R_1 fließt ein starker Strom. Da angenommen ist, daß $R_1 \ll R_0 \ll R_2$ ist, ähnelt die Schaltung nach links dem Kurzschließen des Verbrauchers R_1 in einem Konstant-Stromsystem und nach rechts dem Einschalten desselben R_1 in einem Konstant-Spannungssystem. In umgekehrter Folge zuerst nach rechts, hernach nach links gilt ähnliches für den Verbraucher R_2.

Das Konstant-Spannungssystem

Durch Schalten in einem induktiv belasteten Kreis werde eine Änderung des Stromes von I_1 nach I_2 eingeleitet. Während des Ausgleichs fließt ein Strom

$$i = i_e + i_f,$$

bestehend aus einem erzwungenen und einem freien Anteil. Zwecks besseren Überblicks ist die Ableitung so angesetzt, daß die Formeln für Gleich- und Wechselstrom gelten können.

Anfänglich ist zur Zeit $t = 0$:

$$I_1 = U_1/R_1 \quad \text{und} \quad U_1/R_1 = i_e + i_f.$$

Der freie Ausgleichstrom beginnt mit

$$i_f = \text{const} \cdot e^{-t/T}.$$

Der Endzustand ergibt einen Strom

$$I_2 = U_2/R_2 \quad \text{und} \quad U_2/R_2 = i_e.$$

Also wird der freie Ausgleichstrom

$$i_f = [(U_1/R_2) - (U_2/R_2)]\, e^{-t/T}$$

und der Gesamtstrom während des Ausgleichvorganges, wobei sich die Klemmenspannung am Verbraucher von U_1 nach U_2 ändert:

$$i = (U_2/R_2) + [(U_1/R_1) - (U_2/R_2)]\, e^{-t/T}.$$

Als Zeitkonstante eines induktiven Stromkreises mit Selbstinduktion und Widerstand ist einzusetzen

$$T = L/R.$$

Für das Einschalten wird $U_1 = 0$ und bekanntlich

$$i = (U_2/R_2)\,(1 - e^{-(R_2/L)t}).$$

Für das Kurzschließen wird $U_2 = 0$ und ergibt

$$i = (U_1/R_1)\, e^{-(R_1/L)t}.$$

Schließlich kann der Widerstand in beiden Schaltfällen gleich groß sein, so daß sich setzen läßt: $R = R_1 = R_2$.

Dieser Grundgedanke, daß ein Ausgleichvorgang sich stets aus einem erzwungenen und einem freien Anteil zusammensetzt, läßt sich auch auf Wechselstromkreise anwenden, wenn eine periodische sinusförmige Wechselspannung an Stelle der Gleichspannung gesetzt wird.

Das Einschalten eines induktiven Stromkreises mit dem Scheinwiderstand

$$R_s = \sqrt{R^2 + w^2 L^2} \text{ ergibt}$$

$$i = i_e + i_f.$$

Zur Zeit $t = 0$ eingeschaltet, bildet sich ein Strom

$$i = (U_{max}/R_s) \sin(\omega t + \alpha - \varphi) + \text{const} \cdot e^{-t/T}.$$

Da anfänglich für $t = 0$ auch $I = 0$ sein muß, wird

$$\text{const} = -(U_{max}/R_s) \sin(\alpha - \varphi),$$

wobei φ der Phasenverschiebungswinkel ist ($\text{tg}\,\varphi = \omega L/R$).

Der Gesamtstrom während des Ausgleichs wird

$$i = (U_{max}/R_s)\,[\sin(\omega t + \alpha - \varphi) - e^{-t/T} \sin(\alpha - \varphi)].$$

Als Zeitkonstante gilt $T = L/R$, ferner wird $\text{tg}\,\varphi = \omega T$. Von allen anfänglich möglichen Augenblickswerten interessieren besonders zwei Fälle:

$\alpha - \varphi = 0°$. Die Spannung setzt mit einem Voreilwinkel ein, welcher dem endgültigen Nacheilwinkel des Stromes entspricht. Der freie Anteil tritt nicht auf. Der eingeschwungene Zustand ist sofort erreicht.

$\alpha - \varphi = 90°$. Die Spannung setzt nach einem Nulldurchgang mit einem um 90° verschobenen Winkel ein. Der freie Anteil erreicht Höchstwerte. Mit der Annahme, daß die e-Funktion in der ersten nach $t = 0$ folgenden Periode wenig gegen Eins abweicht, wird fast als Höchstwert erreicht:

$$i_{max} = 2\,(U_{max}/R_s).$$

Streng genommen ergibt sich diese Verdopplung nur, wenn $T \to \infty$ oder der Wirkwiderstand $R \to 0$ wird. Angenähert ist diese Bedingung mit verlustarmen Drosselspulen oder Umspannern erfüllbar. Da dem Nulldurchgang der Spannung positive oder negative Werte folgen können, ergäbe sich bei verlustfreier Induktivität eine zur Zeitabszisse einseitig liegende sinusähnliche Wertefolge des Wellenstromes, welcher sich nicht mehr symmetriert:

0°	45°	90°	135°	180°	225°	270°	315°	360°
0	∓ 0,59	∓ 1	∓ 1,71	∓ 2	∓ 1,71	∓ 1	∓ 0,59	0

Das Einschalten eines kapazitiven Stromkreises mit dem Scheinwiderstand $R_s = \sqrt{R^2 + 1/\omega^2 C^2}$ ergibt bei Reihenschaltung eines Widerstandes und eines Kondensators an der Kapazität eine veränderliche Spannung

$$u = u_e + u_f.$$

Bei der Ableitung dieser Formel ist zu beachten, daß der Strom gegen die Spannung im eingeschwungenen Zustand voreilt und deshalb das Vorzeichen von φ sich umkehrt:

$$u = (I_{max}/\omega C)\,[\sin(\omega t + \alpha + \varphi) - e^{-t/T} \sin(\alpha + \varphi)].$$

Als Zeitkonstante gilt $T = CR$, ferner wird $\operatorname{tg} \varphi = 1/\omega T = 1/\omega CR$. In diesem Fall wird der freie Anteil für $\alpha + \varphi = 0$ entfallen und der Dauerzustand sich sofort einstellen; für $\alpha + \varphi = 90°$ erhält man ähnlich

$$u_{max} = 2\,(I_{max}/\omega C).$$

Beispiel: Einschalten eines Signalumspanners 220/20 V, 60 VA, 50 Hz. Gemessen: $I_0 = 80$ mA, $N_0 = 5{,}3$ W. Berechnet: $\cos \varphi_0 = 0{,}3$ und $\varphi_0 = 72{,}5°$. Gesucht der größte Einschaltstromstoß.

Bei sinusförmiger Netzspannung wird im Dauerzustand

$$I_{max} = U_{max}/R_s = 220\,\sqrt{2}/2750 = 113 \text{ mA}.$$

Als Höchstwert für $\alpha - \varphi = 90°$ ist eine Stromschwingung zu erwarten

$$i = i_e + i_f = 2\,(U_{max}/R_s) = 226 \text{ mA}.$$

Die Dauer des Einschwingens ist aus dem Phasenwinkel φ_0 und der Kreisfrequenz ω zu bestimmen. Als Zeitkonstante erhält man

$$T = \operatorname{tg} \varphi/\omega = (1/\omega)\,\sqrt{(1/\cos^2 \varphi) - 1}.$$

Der Ausgleich ist praktisch beendet, wenn $t/T = 5$ ist. Mit Einsatz von $\cos \varphi_0 = 0{,}3$ ist

$$t = 5\,T = (5/314)\,\sqrt{(1/0{,}09) - 1} = 50{,}6 \text{ ms}$$

und das Einschwingen bei der Netzfrequenz 50 Hz nach rund 2,5 Perioden beendet.

Der wirkliche Überstrom erreicht jedoch bedeutend höhere (10- bis 20fache) Beträge des Leerlaufstroms, weil die Sättigung des Eisenkerns bereits bei einem 1,4fachen Magnetisierungsstrom überschritten wird und die Induktivität L nicht mehr als konstant gelten kann. Die Kontaktbeanspruchung ist daher erheblich größer als es die obige Rechnung ergibt.

9. Funkenlöschung an Kontakten

Die Unterbrechung eines Stromes verursacht einen für den Kontakt schädlichen Funken. Ein funkenfreies Öffnen ist ausgeschlossen.

Naheliegend ist der Gedanke, eine Schaltarbeit auf mehrere Kontakte zu verteilen, die sich nacheinander öffnen. Jede einzelne Schaltstufe darf nur 0,5 A abschalten, um nicht die lichtbogenfreie Grenze bei rein ohmischer Last zu überschreiten. Ein Kurbelschalter mit passenden Widerstandsstufen kann diese Bedingung erfüllen.

Beispiel: Ein Stromkreis mit 120 V, 3 A ist auszuschalten. Gesucht sind Anzahl und Größe der Widerstandsstufen.

Diese Last entspricht einem Widerstand von 40 Ω. Die zusätzlichen Stufen sind so zu bemessen, daß der Gesamtwiderstand eine Verminderung de- Stromstärke um je 0,5 A ergibt. Die Ergebnisse sind nachstehend zusammenr gestellt:

Stromstärke .... A	3,0	2,5	2,0	1,5	1,0	0,5	0
Gesamtwiderstand ..... Ω	40	48	60	80	120	240	∞
Widerstandsstufe ...... Ω	—	8	12	20	40	120	∞

Die stufenweise Abschaltung (sechs Stufen) erfordert mehr Zeit als die Trennung mit einem einzigen Kontakt. Deshalb begnügt man sich, besonders bei Abhebekontakten, mit zwei Stufen und einem Doppelarbeitskontakt, wenn das Schalten schnell erfolgen soll. Entsprechend dem Kontaktwerkstoff lassen sich nur schwächere Ströme lichtbogenfrei abschalten.

Eine Anordnung mit Parallelkontakten wäre verfehlt. Die Annahme, daß der Gesamtstrom sich in gleiche Anteile zerlegt und jeder Kontakt nur einen Teilstrom abzuschalten habe, ist unzutreffend. Jede Kontaktfläche verändert sich im Gebrauch, das Abheben erfolgt nacheinander und die gesamte Schaltarbeit belastet den jeweils zuletzt sich öffnenden Kontakt.

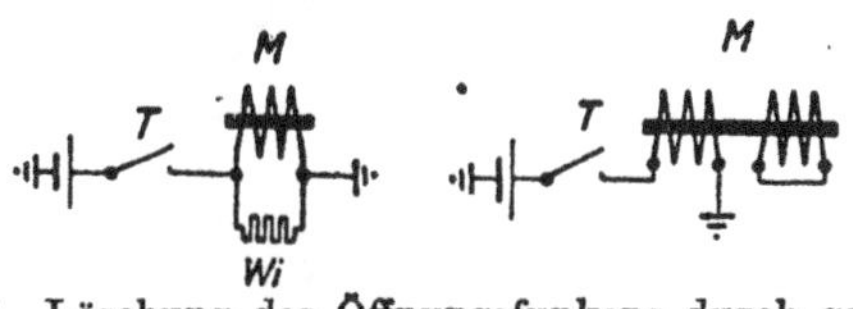

Bild 15. Löschung des Öffnungsfunkens durch galvanischen Nebenschluß und induktive Kopplung

Beim Abschalten von Gleichstrommagneten erfolgt eine Entlastung des Kontaktes, wenn die freiwerdende magnetische Energie sich über einen galvanischen oder einen induktiven Nebenschluß ausgleichen kann. Der Elektromagnet ist mit einem induktionsfreien Nebenwiderstand, einer zweiten in sich kurzgeschlossenen Wicklung oder einem zwischen Wicklung und Eisenkern liegenden Kupfermantel zu versehen. Die letztgenannte Anordnung ist am besten wirksam, weil der Mantel den geringsten Innenwiderstand hat und die während des Ausschaltens induzierte Energie fast restlos aufnimmt (Bild 15).

Im Augenblick des Öffnens ist zwar der Kontakt mit voller Spannung und Stromstärke belastet. Jedoch entsteht sofort eine Induktion: die Entlastung des Kontaktes setzt schnell ein, die Dauer des schädlichen Funkens wird verkürzt.

Mit zwei folgezeitigen Kontakten läßt sich die Funkenbildung auch vermindern, wenn zuerst die Wicklung kurzgeschlossen und dann der Erregerstrom unterbrochen wird. Der zusätzliche Verlust im Widerstand kann lästig sein (Bild 16).

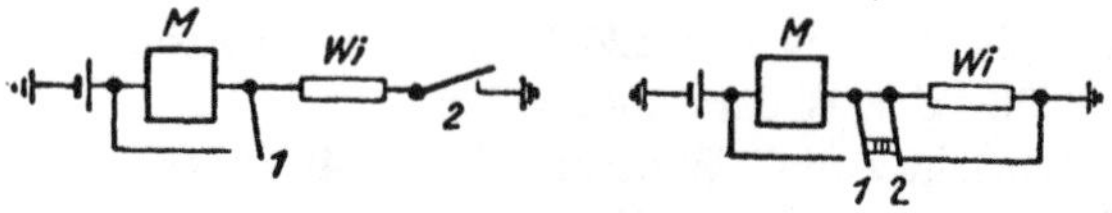

Bild 16. Aberregung eines Kraftmagneten durch Kurzschließen

Am häufigsten werden für die Funkenlöschung Kapazitäten angewendet. Im Nebenschluß zum Kontakt liegt ein Kondensator. Wird der Kontakt geöffnet, so beginnt ein Induktionsstoß und versucht sich über die Funkenstrecke auszugleichen. Die parallel liegende Kapazität bildet mit der Induktivität ihrer Zuleitungen einen Schwingungskreis. Der freie Schwingstrom überlagert sich dem Gleichstromlichtbogen, der Gesamtstrom wird schließlich ein Wechselstrom, die Nulldurchgänge lassen Zeit zur Abkühlung und Löschung, der zunehmende Abstand der Kontakte verhütet eine Rückzündung. So verläuft eine Funkenlöschung mit verlustarmer Kapazität, wobei sich der Schwingstrom mit schnell wachsenden Scheitelwerten entwickelt (Bild 17).

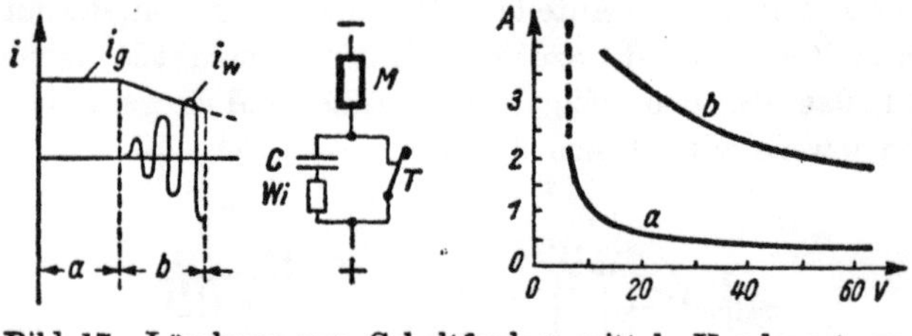

Bild 17. Löschung von Schaltfunken mittels Kondensatoren: Lichtbogengrenze *a* ohne und *b* mit Kondensator

Beispiel: Der Schalter für einen Kraftmagneten ist mit Funkenlöschung zu versehen. Batterie: $U = 24$ V, $I = 0{,}5$ A, $R = 48\,\Omega$, $L = 1{,}5$ H. Gesucht eine passende Kapazität.

Durch Abschalten des Elektromagneten wird seine magnetische Energie frei und verwandelt sich in elektrostatische Energie im Kondensator:

$$\tfrac{1}{2} L I^2 = \tfrac{1}{2} C U^2.$$

Die Kondensatorspannung U, die auch an der Wicklung liegt, soll zweckmäßig die Glimmspannung 300 V in Luft nicht überschreiten. Mit diesem kritischen Wert ergibt sich:

$$C = L\,(I^2/U^2) = (1{,}5 \cdot 0{,}25)/(9 \cdot 10^4) = 4{,}2\ \mu\text{F}.$$

In vielen Fällen liegen die Wicklungsverhältnisse nicht so günstig, daß man mit Kapazitäten von 0,25 bis 4 μF auskommen kann.
Beispiel: Ein Kraftmagnet wird mit einer Löschkapazität $C = 2\,\mu$F versehen. Batterie: $U = 60$ V, $I = 1{,}1$ A, $L = 0{,}5$ H. Gesucht ist die am Kondensator auftretende Höchstspannung.

$$U = I\sqrt{L/C} = 1{,}1\sqrt{0{,}5/(2\cdot 10^{-6})} = 550 \text{ V}.$$

Wird die Kapazität zu sparsam bemessen, so können hohe Überspannungen auftreten, welche die Isolation aller im Stromkreis liegenden Geräte gefährden.
Der Schließungsfunke entlädt schlagartig den Kondensator und schadet dem Kontakt, wenn nicht ein Vorwiderstand benutzt wird, der sowohl beim Schließen die Entladung, als auch beim Öffnen die Überspannung abschwächt.
Diesem Vorteil steht nachteilig die höhere Dämpfung des Löschkreises gegenüber. Im Grenzfall werden die Eigenschwingungen aperiodisch, wenn das Dämpfungsdekrement

$$\delta = \pi R\sqrt{C/L} \geqq 2\pi$$

wird. Die Löschwirkung wird viel schwächer und beruht nur noch auf einer vorübergehenden Absaugung eines Teilstromes.
Beispiel: Eine Funkenlöschung versagt, wenn $C = 2\,\mu$F und $R > 10\,\Omega$ ist. Gesucht sind die Grenzfrequenz und Induktivität des freien Schwingungskreises.

$$L = R^2C/4 = (100\cdot 2\cdot 10^{-3})/4 = 50\,\mu\text{H}.$$

Die Grenzfrequenz ist $f = 1/2\pi\sqrt{LC} = 15{,}9$ kHz.

Um die Überspannung am Kondensator nicht unnötig zu erhöhen, ist ein unifilarer Drahtwiderstand mit geringer Selbstinduktion vorzuschalten, meist in der Größenordnung $5 \ldots 50\,\Omega$ liegend.
In Wechselstromkreisen mit induktiver Last ist die Kapazität nicht zum Kontakt, sondern zur Induktivität parallel zu schalten. Es kommt darauf an, die Phasenverschiebung aufzuheben, welche den Lichtbogen zu erhalten sucht.

Hierfür sind zwei Schaltungen gebräuchlich: parallel zur primären oder zur sekundären Wicklung eines Übertragers oder Umspanners. Zweckmäßig ist der Kondensator mit derjenigen Wicklung zu verbinden, welche die höhere Spannung hat, weil dann eine kleinere Kapazität ausreicht. Die Kapazität berechnet sich aus der Beziehung $\omega^2 LC = 1$, wobei $\omega = 2\pi f$ die Kreisfrequenz der Stromquelle ist.

B. Widerstand und Leitfähigkeit

1. Grundbegriffe

Sämtliche Stoffe werden in Leiter und Nichtleiter entsprechend ihrer Verwendbarkeit eingeteilt. Nach dieser Einteilung eignen sich Werkstoffe mit verhältnismäßig kleinen Widerständen zur Fortleitung von Strömen, solche mit großen Widerständen zur Isolation von Spannungen. Der Widerstand

ist eine Stoffeigenschaft, welche die durch eine Spannung verursachte Strömung begrenzt. Als Maßeinheit gilt das Ohm ($R = 1\,\Omega$).
Dem Kehrwert des elektrischen Widerstandes entspricht die Leitfähigkeit. Die Leitfähigkeit ist klein, wenn der Widerstand groß ist. Als Maßeinheit gilt das Siemens ($G = 1$ S).
Das Ohmsche Gesetz ist daher in zweierlei Form gegeben:

$$U = IR \quad \text{und} \quad I = UG.$$

Für Umrechnungen von Widerstands- und Leitwerten gilt die Beziehung: $RG = 1$ ($1\,\Omega = 1$ Siemens, 1 Megohm = 1 Mikro-Siemens).
In gestreckten Leitern, deren Durchmesser klein gegen die Drahtlänge ist, verteilt sich die elektrische Strömung gleichmäßig auf den gesamten Querschnitt. Der Widerstand solcher Drähte mit der Länge l in m und dem Querschnitt F in mm^2 wird unter dieser Voraussetzung

$$R = \varrho\,(l/F) \quad \text{oder} \quad R = l/\varkappa F,$$

und als Kehrwert ihre Leitfähigkeit

$$G = \varkappa\,(F/l) \quad \text{oder} \quad G = F/\varrho l,$$

wobei ϱ der spezifische elektrische Widerstand und $\varkappa$ die spezifische elektrische Leitfähigkeit heißen. Die praktisch gebräuchlichen Einheiten geben die Werte für ϱ in $\Omega\,mm^2/m$ und für $\varkappa$ in $S\,m/mm^2$ an, welche bei einer Temperatur von 20° C gemessen werden.
Im Bereich zulässiger Temperaturen für Leitungen, Widerstände und Wicklungen ändert sich deren Widerstand und nimmt in der Regel bei Metallen zu, aber bei Nichtmetallen und Lösungen ab. Zur Berechnung der Widerstände bei anderen Wärmegraden wird ein Temperaturkoeffizient α eingeführt und als Erfahrungsformel benutzt:

$$R = R_{20}\,(1 + \alpha\vartheta).$$

Hierbei ist ϑ die positive Über- oder die negative Untertemperatur bezogen auf den Wert R_{20} bei 20° C.
Bei reinen Metallen bleibt α in einem weiten Bereich konstant, erst bei sehr tiefen Gradzahlen nahe dem absoluten Nullpunkt oder bei Näherung an die Rotglutgrenze treten erhebliche Abweichungen auf. Die Angaben der beistehenden Zahlentafel beziehen sich auf 20° C, andererseits finden sich vielfach Zahlentafeln für andere Bezugstemperaturen, z. B. 15° oder 0°.
Der Umrechnung auf andere beliebige Bezugstemperaturen dient im Bereich linearer Widerstandsänderungen die Formel

$$\alpha_x = 1/(\vartheta_0 + \vartheta_x),$$

wobei ϑ_0 eine Stoffkonstante ist und α_x der Temperaturkoeffizient für die Bezugstemperatur ϑ_x°. Als Werkstoffkonstanten seien genannt: Kupfer 235°, Aluminium 250°, Zink 250°, Eisen 200°.
Gleichströme ohne Welligkeit oder Änderungen durchfluten einen Leiter gleichmäßig. Wellen- und Wechselströme verdrängen sich im Leiter mit steigender Frequenz von innen nach außen (Hauteffekt, Skineffekt oder Stromverdrängung) so, daß der gemessene Leiterwiderstand zunimmt.

Zahlentafel 1: **Werkstoffe für elektrische Leiter**

Werkstoff	Spezifischer Widerstand ϱ [Ω mm²/m]	Spezifische Leitfähigkeit $\varkappa$ [S m/mm²]	α bei 20° C
Silber	0,0161	62	$3{,}8 \cdot 10^{-3}$
Kupfer	0,0175	57	$3{,}9 \cdot 10^{-3}$
Aluminium	0,0330	30	$3{,}7 \cdot 10^{-3}$
Zink	0,0625	16	$3{,}7 \cdot 10^{-3}$
Messing	0,080	12,5	$1{,}5 \cdot 10^{-2}$
Eisen	0,125	8	$4{,}5 \cdot 10^{-3}$

Der Ohmsche Widerstand eines Leiters hängt ferner von der Stromart ab. Man unterscheidet daher zwischen einem Gleichstrom- und einem Wechselstromwiderstand.
Gleichstromwiderstand ist ein Meßwert bei gleichmäßiger Durchflutung oder Stromdichte (A/mm²) im Leiter.
Wechselstromwiderstand ist ein mit Wechselstrom von bestimmter Frequenz gemessener Wert einschließlich der Erhöhung durch Stromverdrängung.
Wird eine geschlossene Leiterschleife mit Induktivität von einem Wechselstrom durchflossen, so entsteht durch das magnetische Feld eine Wechselspannung. Liegt an einer offenen Leiterschleife mit Kapazität eine Wechselspannung, so entsteht durch das elektrische Feld ein Wechselstrom.
Dem Stromkreis wird im ersten Fall ein Blindwiderstand, im zweiten ein Blindleitwert zugeschrieben; die außerhalb der Leiter entstehenden periodischen Energieverluste im Dielektrikum oder im Eisen werden den Verlusten im Leiter hinzugerechnet. So entsteht der Begriff eines Wirkwiderstandes durch Addition von Verlustwiderständen zum Ohmschen Widerstand eines Leiters.
Wirkwiderstand R_w ist der mit Wärmeverlusten verbundene Anteil eines Scheinwiderstandes.
Blindwiderstand R_b ist der verlustfreie, mit magnetischen und elektrischen Feldern verbundene Anteil eines Scheinwiderstandes.
Scheinwiderstand R_s ist eine geometrische Summe von Wirk- und Blindwiderständen.
Wirk-, Blind- und Schein-Widerstände sind frequenzabhängig, Sinngemäß bildet man die Begriffe Wirk-, Blind- und Scheinleitwert.

$$R_s = \sqrt{R_w^2 + R_b^2} \qquad G_s = \sqrt{G_w^2 + G_b^2}.$$

Der Wärmeverlust in W ist gleich dem Produkt aus Spannung und Strom

$$U I = N \quad \text{oder}$$

$$N_r = I^2 R = U^2 R^{-1} \quad \text{bzw.} \quad N_g = U^2 G = I^2 G^{-1}.$$

Bei Wellengleich- und Wechselspannungen oder -strömen sind deren Effektivwerte einzusetzen.

2. Belastbarkeit von Widerständen

Für feste und regelbare Widerstände werden als Werkstoffe besondere Legierungen verwendet, deren Temperaturkoeffizient klein und nahezu unveränderlich ist.

Zahlentafel 2:

Werkstoffe für Drahtwiderstände

Benennungen	Neusilber	Konstantan	Nickelin	Isabellin	Novokonstant	Megatherm I	Megatherm II	Megapyr	Ferropyr	Kanthal
Zusammensetzung in %-Teilen	58 Cu 22 Ni 20 Zn	54 Cu 45 Ni 1 Mn	67 Cu 30 Ni 3 Mn	84 Cu 13 Mn 3 Al	82,5 Cu 12 Mn 4 Al 1,5 Fe	30 Cr 3,5 Si 66,5 Fe	18 Cr 3,5 Si 79,5 Fe	30 Cr 5 Al 65 Fe	12 Cr 2 Al 86 Fe	25 Cr 5,5 Al 2 Co 67,5 Fe
Einheitswiderstand bei 20° C in Ohm mm²/m	0,36	0,50	0,40	0,50	0,45	0,95	1,05	1,4	1,22	1,45
Widerstands-Temperaturzahl mal 10^{-3}	0,31	0,03	0,11	−0,02	−0,04	0,02	0,02	0,025	0,02	0,014
Wärmeleitwert bei 20° in cal/cm s °C	0,048	0,048	0,047	0,047	0,045	0,06	0,05	0,03	0,04	0,03
Längen-Dehnungszahl von 20° bis 100° mal 10^{-6}	16,8	14,0	16,0	16,0	18,0	10,6	10,9	15,5	15,0	17,0
Einheitswärme in cal/g °C	0,097	0,098	0,095	0,096	0,098	0,11	0,11	0,118	0,12	0,12
Dichte in g/cm³	8,7	8,9	8,9	8,0	7,9	7,45	7,45	6,9	7,0	6,9
Schmelztemperatur in °C	1125	1275	1230	1200	970	1470	1460	1500	1480	1500
Zugfestigkeit in kg/mm²	51–83	50–75	44	50	50–55	70	70	80	78	80
Höchstzulässige Temperatur in °C	350	400	300	400	400	1050	900	1350	1000	1300

Die Belastbarkeit eines Widerstandes hängt von seiner Wärmeableitung ab. Als bezogenes Leitvermögen gilt:

$$a = \frac{N}{\vartheta F}\left[\frac{\mathrm{W}}{{}^\circ\mathrm{C\,cm^2}}\right] \qquad \mathrm{A} = aF\left[\frac{\mathrm{W}}{{}^\circ\mathrm{C}}\right].$$

Im Beharrungszustand wird dem Widerstand eine Leistung $N = I^2 R$ zugeführt, so daß er bei Dauerbelastung und gegebener Kühlfläche F allmählich eine Übertemperatur ϑ erreicht. Die Größe A ist keine Konstante, sondern eine durch Versuchsreihen gewonnene Erfahrungsfunktion, die mit wachsender Übertemperatur abnimmt.

Die in einem Widerstandskörper gespeicherte Wärmemenge entspricht seiner Masse m [g], seiner Übertemperatur ϑ [°C] und der auf den Stoff bezogenen Einheitswärme c [cal/g°C] und ergibt in Grammkalorien:

$$b = m\vartheta c.$$

Für die Umrechnung der Wärmeeinheit in elektrische Einheiten ist einzusetzen:

$$1 \text{ cal} = 4{,}186 \text{ Ws}, \qquad 1 \text{ Joule} = 1 \text{ Ws} = 0{,}239 \text{ cal}.$$

In einer praktischen Rechnung begnügt man sich, mit dem Gewicht $G = \gamma V$ [γ spez. Gew. in g/cm³, V Rauminhalt in cm³] und der mittleren spezifischen Wärme c_m die erhaltene Wärmestauung anzugeben, weil diese Angaben leicht zugänglich sind. Damit wird die Wärmestauung B in Ws mit dem Gewicht G in g und der Temperatur ϑ

$$B = 4{,}184\, c_m G\vartheta.$$

Die mittlere Einheitswärme zwischen 0° und 100° beträgt für Aluminium 0,21, Konstantan 0,098, Kupfer 0,094, Messing 0,092, Eisen 0,115, Glas 0,20, Graphit 0,20, Holz 0,60, Gesteine 0,22 [10^{-3} cal/g °C].

Im Betriebszustand eines Widerstandes ist stets die Wärmeaufnahme gleich der Summe aus Wärmeabgabe und Wärmestauung:

$$N\,dt = A\,\vartheta\,dt + B\,d\vartheta,$$

$$dt/B = d\vartheta/(N - A\vartheta).$$

Die Integration führt auf die allgemeine Lösung:

$$t = -(B/A)\ln(N - A\vartheta) + C.$$

Die Integrationskonstante C wird, wenn für $t = 0$ auch $\vartheta = 0$ ist

$$C = (B/A)\ln N.$$

Für die Erwärmung eines Widerstandes durch eine Leistung N bis zur Temperatur ϑ ergibt sich eine Zeit in s:

$$t = (B/A)\ln[N/(N - A\vartheta)].$$

Durch Umformung der logarithmischen in eine Exponentialfunktion ist der Verlauf des Temperaturanstieges zu erkennen:

$$\vartheta_t = (N/A)\,(1 - e^{-t(A/B)})$$

oder

$$\vartheta_t = \vartheta_{max}\,(1 - e^{-t/T}),$$

wobei als Zeitkonstante T in s einzusetzen ist:

$$T = B/A = (4{,}186 \cdot V \cdot \gamma c_m)/aF.$$

Für die Abkühlung gilt die Spiegelfunktion (vgl. Bild 12):

$$\vartheta_t = \vartheta_{max} \cdot e^{-t/T}.$$

Bei praktischen Auswertungen ist zu beachten, daß A entsprechend der Temperatur sich zeitlich ändert. Da nach kurzer Zeit $t = T$ schon 63,2% des Endzustandes, aber nach $t = 5\,T$ erst 98% der Endtemperatur erreicht werden, ist es zweckmäßig, für Erwärmungen A_{min} und für Abkühlungen A_{max} einzusetzen, um diesen Fehler zu vermindern. Die Ergebnisse werden dabei etwas ungünstiger als in Wirklichkeit.

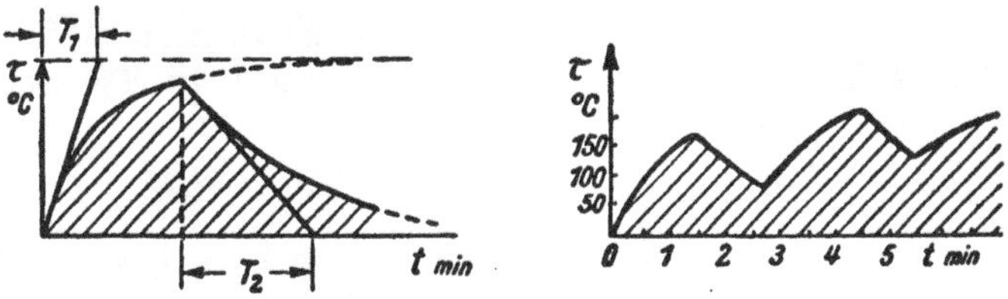

Bild 18. Temperaturänderungen eines Widerstandes (links) bei einmaliger, (rechts) bei aussetzender Belastung

Sehr häufig sind Fälle mit aussetzendem Betrieb. Auf kurzzeitige Erwärmungen folgen Abkühlungspausen. Liegen regelmäßige Arbeitsspiele vor, so ist es möglich, ein Sägendiagramm zu erhalten, mit dem die zeitweise Überlastbarkeit eines Widerstandes bestimmt werden kann (Bild 18).

Im Dauerbetrieb erreicht ein belasteter Widerstand eine Übertemperatur in °C:

$$\vartheta = N/A.$$

Die aufgenommene elektrische Leistung $N = UI = I^2 R$ ist durch die wirksamen Kühlflächen F an die Umgebung abzuführen. Die Wärmeabfuhr durch Luft als Kühlmittel beruht größtenteils auf freiem Umlauf, sehr gering ist die Wärmeableitung durch stehende oder unter Kunststoffkappen eingeschlossene Luftmassen.

Wirksame Kühlflächen bilden daher alle Metallteile wie die freiliegenden Widerstandsdrähte oder die Eisenkerne in Spulen. Dagegen sind die Oberflächen nichtmetallischer Spulenkörper oder von Papphülsen (Beklebungen) wenig wirksam.

Das bezogene Leitvermögen $a = N/\vartheta F$ (Wärmeabgabezahl) ist abhängig von der Art der Kühlung und beträgt etwa 0,001 ... 0,0015 W/cm² °C bei ruhender und 0,0025 ... 0,0036 W/cm² °C bei bewegter Luft. Damit ergibt sich als dauernde Übertemperatur für Wicklungen:

$$\vartheta = N/a \cdot F.$$

Ist andererseits die zulässige Höchsttemperatur eines Widerstandes vorgeschrieben, so ist damit die notwendige Kühlfläche zu berechnen, welche für eine verlangte Belastung ausreicht.

Als zulässige Höchsttemperaturen sind zu nennen:

75° für Drahtwicklungen auf Preßstoffen, Kohlemasse, Hartkohle,
160° für Drahtwicklungen auf keramischen Rohren,
400° für Drahtwicklungen auf Rohren mit Emailleüberzug.

Die Wicklungsoberfläche als erforderliche Kühlfläche in cm² ergibt sich aus:

$$F = N/a \cdot \vartheta.$$

Bei Rohrwiderständen darf $a = 3{,}5 \ldots 4 \cdot 10^{-3}$ (Lackschutzschicht) und $a = 4 \ldots 5 \cdot 10^{-3}$ (Emailleschutzschicht) in W/cm² °C eingesetzt werden.

Für den Gebrauch von Widerständen werden als Nennwerte die Ohmzahl und die dauernd zulässige Stromstärke angegeben. Zu beachten ist die quadratische Beziehung zwischen Spannung bzw. Stromstärke und Wärmeleistung. Eine Überlastung von 10% erhöht die zugeführte Leistung um 21%, bei 50% Überstrom sogar um 125%, ist also im Dauerbetrieb unzulässig.

3. Nutzung des Temperaturkoeffizienten

Der Temperaturkoeffizient ist nur in einem engen Bereich kleiner Temperaturen hinreichend konstant. Mit wachsender Temperatur ändert sich dieser Koeffizient und damit der Betrag eines Widerstandes unlinear.

Bei Werkstoffen mit positivem Koeffizienten wird mit zunehmender Spannung die Stromstärke nicht in gleichem Maße ansteigen. Der Beharrungszustand ist stabil.

Bei Werkstoffen mit negativem Temperaturkoeffizienten wird mit zunehmender Spannung die Stromstärke stärker ansteigen, weil der Widerstand gleichzeitig abnimmt. Der Beharrungszustand ist labil, nach einem Kippen des Widerstandsbetrages und besonders starkem Stromanstieg wird ein Endzustand erreicht, der oft nahe der Rotglutgrenze liegt.

Eisenwasserstoffwiderstände nutzen den mit der Temperatur wachsenden positiven Koeffizienten aus. Eisendrahtwendel sind unter Glas luftdicht abgeschlossen und der Innenraum der glühlampenähnlichen Anordnung ist mit Wasserstoffgas gefüllt. Das indifferente Gas verhütet die Oxydation der Eisendrähte und verteilt die Wärme. Das Glas bestimmt durch Wandstärke und Art die Wärmestauung, um die Erhitzung bis zur Rotglut zu treiben. Trotz steigender Spannung bleibt in diesem Zustand die Stromstärke annähernd gleich groß. Der nutzbare Spannungsbereich erstreckt sich auf 30 ... 100% des zulässigen Höchstwertes, die Stromänderung beträgt etwa 10%. Die Selbstregelung ist träge. Eine Parallelschaltung ist zulässig, wenn alle Widerstände für gleiche Spannungsbereiche gebaut sind. Eine Reihenschaltung ist unmöglich, weil die geringen unvermeidbaren Unterschiede der Kennlinien genügen, um die Leistungsanteile völlig ungleich auf die einzelnen in Reihe geschaltenen Widerstände zu verteilen.

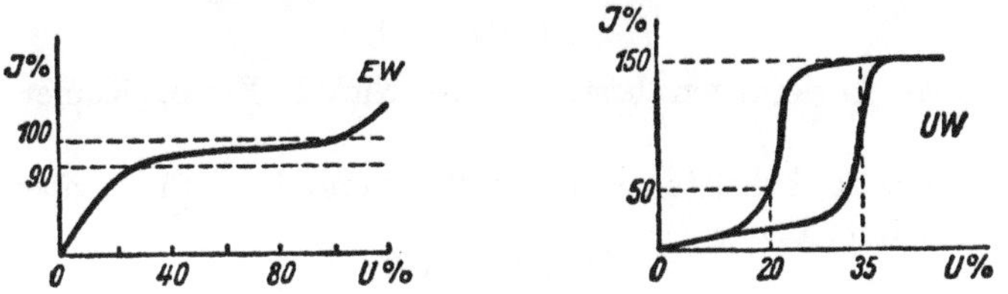

Bild 19. Kennlinien von Spannung und Strom bei Eisenwasserstoffwiderständen (*EW*) und Urdoxwiderständen (*UW*)

Silit-, Kohle- oder Ozelitstäbe nutzen den negativen Temperaturkoeffizienten. Nur bei geringen Belastungen bleibt die Stromstärke nach Einregelung unverändert bestehen. Mit steigender Belastung nimmt der Widerstand zunächst langsam bis zur Kippgrenze ab, um dann schnell auf einen kleinen Betrag abzusinken. Weitere Erhöhung der Last ergibt eine weitere geringere Widerstandsabnahme. Die Kippgrenzen bei steigender und fallender Belastung liegen bei verschiedenen Stromstärken.

Die Kennlinien beider Widerstandsarten zeigt Bild 19. Als Ausgleich werden Urandioxyd-, Kupferoxyd- oder Titandioxyd-Widerstände in Reihenschaltung mit Heizdrähten von Röhren oder Eisenwasserstoffwiderständen verwendet, um den anfänglichen Überstrom nach dem Einschalten zu vermeiden. Auch diese Widerstände werden glühlampenähnlich ausgeführt.

4. Nutzung der Wärmedehnung

Durch Erwärmung ändern sich alle Körpermaße. Werden zwei verschiedene Metallstreifen gleicher Länge an den Enden hart verlötet, so krümmen sich bei Erwärmung diese aufeinandergewalzten Bimetallstreifen. Hierauf beruht die Arbeitsweise von Thermokontakten, welche auch Thermorelais genannt werden. Eine Heizwicklung umgibt die eine Feder eines Kontaktpaares, die andere auch aus Bimetall bestehende Feder bleibt unbeheizt (Bild 20).

Die Schließungszeiten eines derartigen Heizfeder- oder Wärmeschalters liegen zwischen 5 und 50 s, die Öffnung erfolgt nach etwa 0,5 s, die Rückstellung in die Ruhelage erfordert längere Zeit. Für einmalige Schaltungen mit angemessenen Zwischenpausen sind daher Thermorelais verwendbar. Die Heizleistung liegt zwischen 1 ... 3 W je Heizfeder.

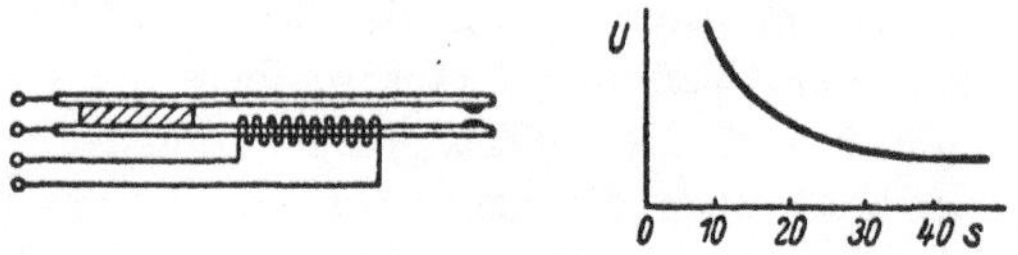

Bild 20. Anordnung und Kennlinie eines Thermokontaktes

Die spezifische Ausbiegung a einer Bimetallfeder mit der Länge $l = 100$ mm und der Dicke $d = 1$ mm bei $\vartheta = 1°$ Temperaturerhöhung beträgt etwa 0,05 bis 0,4 mm. Die Ausbiegung f in mm wird demnach

$$f = a\,(l^2\vartheta/d)\,10^{-4}.$$

Gebräuchliche Legierungen bestehen aus Nickel, Eisen, Kupfer und Molybdän.

Ist l_0 die Länge der beheizten Feder bei 0°, so ergibt sich für Temperaturen bis 100° eine gedehnte Länge

$$l = l_0\,(1 + \alpha\vartheta),$$

wobei ϑ die Übertemperatur ist. Über 100° ist ein weiteres quadratisches Glied β zu berücksichtigen, so daß die genauere Formel lautet:

$$l = l_0\,(1 + \alpha\vartheta + \beta\vartheta^2).$$

Geeignete Metalle und ihre Längendehnungszahlen α und β je °C sind:

Werkstoffe	α	β	Temperaturbereich
Aluminium	$23{,}5 \cdot 10^{-6}$	$7{,}07 \cdot 10^{-9}$	0 ... 610°
Bronze	$18 \cdot 10^{-6}$	—	0 ... 150°
Eisen, Stahl	$11{,}5 \cdot 10^{-6}$	$5{,}25 \cdot 10^{-9}$	0 ... 600°
Kupfer	$16{,}7 \cdot 10^{-6}$	$4{,}03 \cdot 10^{-9}$	0 ... 625°
Messing	$19 \cdot 10^{-6}$	—	0 ... 150°
Nickel	$13{,}5 \cdot 10^{-6}$	$3{,}32 \cdot 10^{-9}$	0 ... 1000°
Platin	$9 \cdot 10^{-6}$	—	0 ... 150°

Die Abmessungen solcher Wärmekontakte entsprechen ungefähr den Längen gebräuchlicher Relaiskontaktfedern. Für größere Schaltleistungen werden längere und stärkere Bimetallfedern verwendet.

C. Kapazität

1. Grundbegriffe

Das ruhende elektrische Feld ist ein Raum, beherrscht von elektrischen Potentialunterschieden oder Spannungen, deren Kraftlinien von einem Leiter ausgehen und an einem anderen Leiter enden. Die beide Leiter trennende nichtleitende Schicht (Dielektrikum) enthält Elektronen, welche nicht frei beweglich sind. Durch die angelegte Spannung entsteht ein Verschiebungsstrom, der nach der Elektrisierung aufhört. Diese Ladung mit einer Elektrizitätsmenge erhält sich nach Abschalten der äußeren Spannung, soweit nicht die Leitfähigkeit im Dielektrikum einen inneren Entladungsstrom verursacht. Die Eigenschaft dieser Anordnung (Leiter, Nichtleiter, Leiter), eine Elektrizitätsmenge zu speichern, heißt Kapazität. Als Maßeinheit der Kapazität gilt das Farad. (C = 1 F).

$$C = Q/U \quad [As/V = \text{Farad}].$$

Entsprechend praktisch vorkommenden Werten bevorzugt man als Einheiten das Mikro- und Picofarad: 1 μF = 10^{-6} F und 1 pF = 10^{-12} F.

Zahlentafel 3:

Elektrische Werte von Isolierstoffen

Isolierstoff	Dielektrizitätskonstante ε	Spez. Widst. 20° C Ω/cm³	Verlustwinkel bei 800 Hz 10^{-6} tg δ	Durchschlagfestigkeit kV/cm
Bakelit	6	10^{7}	200	80–100
Calan	6,6	10^{14}	—	400
Condensa C	80	10^{14}	300	350
Frequenta	6	10^{14}	10	470
Glas, üblich	7	$5 \cdot 10^{13}$	200	150
Glimmer	7	$5 \cdot 10^{16}$	10	800
Hartgummi	3	10^{18}	170	340
Hartpapier	5,4	10^{12}	800	150
Holz, imprägniert	4	10^{13}	—	40
Kerafar	48	10^{15}	30	3000
Marmor	8,5	10^{11}	1000	20
Novotext	4	10^{9}	1000	200
Papier, paraffiniert	3,5–6	10^{16}	20–100	300
Paraffin	2,2	10^{17}	5	400
Plexiglas	3,5	10^{12}	500	450
Porzellan	5,5	$3 \cdot 10^{14}$	120	360
Quarzglas	4,2	10^{16}	2	250
Schiefer	7	10^{8}	3400	10
Steatit	6,5	10^{14}	30	300
Trolitul	2,3	10^{13}	3	500

Die Begriffe des elektrischen Feldes sind einer Anordnung zu entnehmen, bestehend aus zwei ebenen parallelen Kreisplatten mit einem Abstand $d = 1$ cm und den wirksamen Flächen $F_1 = F_2 = F$ in cm². Aus der Mitte sei ein würfelförmiges Stück mit der Raumeinheit 1 cm³ ausgeschnitten, dessen Dielektrizitätskonstante ein Erfahrungswert ist:

$$\varepsilon_0 = 8{,}8543 \cdot 10^{-14}\ \text{As/Vcm}.$$

Die absolute Dielektrizitätskonstante für beliebige Nichtleiter ergibt sich aus dem Produkt $\varepsilon = \varepsilon_0\, \varepsilon_r$, wobei ε_r die relative Dielektrizitätskonstante oder Elektrisierungszahl genannt wird.

Für trockene Luft bei 760 Torr, 0° C ist gemessen:

$$\varepsilon_r = 1{,}0006 \quad \text{und} \quad \varepsilon = 8{,}8596\,\text{pF/cm}.$$

Die Kapazität eines Kondensators in Farad mit beliebigem Dielektrikum, einer wirksamen Fläche F in cm² und einem Abstand d in cm ist:

$$C = \varepsilon_0\,\varepsilon_r\,(F/d) = 8{,}8543 \cdot 10^{-14} \cdot \varepsilon_r\,(F/d).$$

Dabei hat ε_0 die Dimension Farad/cm, dagegen ist ε_r eine reine Zahl. Der berechnete Wert heißt die statische Kapazität, weil eine feste Gleichspannung angelegt ist.

Das elektrische Feld beansprucht das Dielektrikum mit einer elektrischen Feldstärke in V/cm:

$$\mathfrak{E} = U/d.$$

Im ruhenden Feld besteht eine Verschiebung mit einer elektrischen Dichte in As/cm² entsprechend der Feldstärke und Dielektrizitätskonstante:

$$\mathfrak{D} = \varepsilon \cdot \mathfrak{E}.$$

Damit läßt sich die Ladung (Amperesekunde gleich Coulomb) auf einer wirksamen Fläche berechnen:

$$Q = \mathfrak{D} \cdot F.$$

Die Feldstärke übt eine mechanische Kraft in kg (Kilopond gleich Kraftkilogramm) auf die Ladung bzw. die Belegungen aus:

$$P = 10{,}2 \cdot Q \cdot \mathfrak{E}.$$

Das Laden einer Kapazität ist eine elektrische Arbeit:

$$\mathrm{A} = \tfrac{1}{2}\,(U_0 - U_1)\,Q = \tfrac{1}{2}\,U \cdot Q.$$

Im Dielektrikum ist eine Energie in Ws gespeichert:

$$W = \tfrac{1}{2}\,C U^2.$$

Bei Gleichspannung erfolgt eine einmalige Ladung, bei Wechselspannung ergeben sich periodische Energieaufnahmen und -abgaben.

Der sinusförmige Wechselstrom einer verlustfreien Kapazität wird

$$I = dQ/dt = C\,(dU/dt) = U j\omega C.$$

Die Phasenverschiebung ergibt sich aus dem Ladungsgesetz: der Schwund der Spannung erzeugt einen positiven Entladestrom. Der Strom eilt gegen die Spannung um 90° vor. Völlig verlustfrei sind Kapazitäten im leeren Raum und praktisch verlustfrei Kondensatoren mit Luft als Dielektrikum.

In allen Isolierstoffen treten Verluste durch Ableitung und durch dielektrische Nachwirkung auf, eine Arbeit, welche bei jedem Polwechsel zur Verschiebung der Elektronen aufzuwenden ist. Beide Verluste werden von einem Verlustleitwert G erfaßt, den man sich parallel zu der Kapazität C geschaltet denkt:

$$I = U\,\sqrt{G^2 + \omega^2 C^2}.$$

Als Maß für die Verluste wird meistens der Verlustwinkel δ genannt: $\operatorname{tg}\delta = G/\omega C \approx \delta$. Der Verlustwiderstand ist frequenzabhängig.

2. Grundformen elektrischer Felder

Verlangt werden klein bemessene Kondensatoren mit großer Kapazität. Neben großen wirksamen Oberflächen sind also kleine Abstände und eine Isolation mit großer Dielektrizitätskonstante zu fordern. Der Werkstoffaufwand sinkt durch Verminderung der Dicke der isolierenden Schichten.

Eine untere Grenze der Abstände bildet aber bei gegebener Spannung die Durchschlagfestigkeit. Gefährdet sind stets Stellen, welche der größten Feldstärke ausgesetzt sind. Maßgebend für den Bau von Kondensatoren ist also eine günstige Feldverteilung, welche durch Formgebung zu erreichen ist.

Im gleichartigen Dielektrikum zwischen zwei abstandsgleichen Ebenen verlaufen die Kraftlinien geradlinig, wenn das Verhältnis von Höhe bzw. Breite zum Abstand der Flächen größer als 10 ist. An den Rändern entstehen gekrümmte Feldlinien mit abnehmender Dichte (Bild 21).

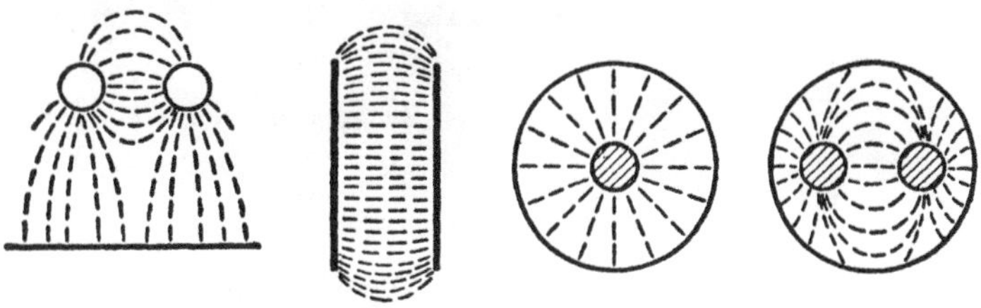

Bild 21. Grundformen elektrischer Felder

Zwischen ungleichen Flächen steigt die Feldstärke von der großen nach dem Rand der kleinen Fläche an. Einen Sonderfall bilden konzentrische Kabel oder abstandsgleiche Krümmungen. Die Feldstärke wird bei einem Halbmesser r etwa $\mathfrak{E} \approx r^{-1} \cdot k$ und

$$-dU/dr = k/r = \mathfrak{E}.$$

Die Integration ergibt für r_i Innenradius, r_a Außenradius, r beliebigen Radius zwischen r_i und r_a

$$U = r \cdot ln\,(r_a/r_i) \qquad \mathfrak{E} = U/r\,ln\,(r_a/r_i)$$

Die gefährliche Feldstärke $\mathfrak{E}$ wächst, wenn r_i verringert oder $r_a - r_i$ klein wird. Die günstigste Beanspruchung liegt bei $r_i = 0{,}368\,r_a$. Dle zulässige Feldstärke beträgt bei sinusförmiger Wechselspannung für Glimmer 285, Papier 200, Paraffin 185, Porzellan 100, Luft 20 kV_{eff}/cm.

Bei Gleichspannung gelten für jene Effektivwerte um $\sqrt{2} = 1{,}414$ höhere, weil der Durchschlag abhängig von den Scheitelwerten erfolgt. Die Rechnung mit zulässigen Feldstärken ist abwärts bis zu 250 ... 300 V anwendbar, der durchschnittlichen Glimmspannung zwischen Metallen in Luft, bei der selbst dünnste Schichten nicht mehr durchschlagen werden.

Beispiel: Kondensatorwickel, Papier-Paraffin isoliert, Folienabstand 0,02 mm Krümmung $r_i = 0{,}5$ mm. Prüfspannung $U = 500$ V.

Zulässige Feldstärke $\mathfrak{E}_{max} = 260$ kV/cm (Gleichspannung)
Berechnete Feldstärke $\mathfrak{E} = 500/2 \cdot 10^{-3} = 250$ kV/cm,

Innere Belegung $\mathfrak{E} = 255{,}1$ kV/cm,
Äußere Belegung $\mathfrak{E} = 245{,}4$ kV/cm.

Die Prüfspannung ist scharf angesetzt, um etwaige Lufteinschlüsse zwischen Folie und Papier aufzudecken.

In geschichteten Dielektriken mit verschiedenen Konstanten ε können die Kraftlinien senkrecht, schräg oder waagerecht zur Übergangsschicht verlaufen (Bild 22).

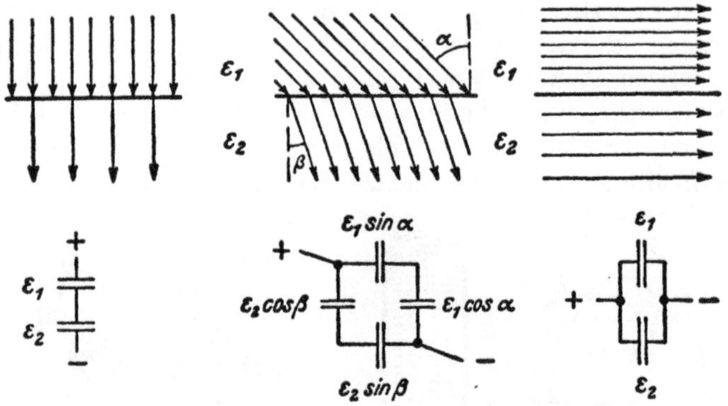

Bild 22. Feldlinienverlauf in einem zweischichtigen Dielektrikum und seine Ersatzschaltungen

Für beide Seiten der Übergangsschicht gelten die Beziehungen

$$\mathfrak{D}_1 = \varepsilon_1 \mathfrak{E}_1 \quad \text{und} \quad \mathfrak{D}_2 = \varepsilon_2 \mathfrak{E}_2,$$

damit ergibt sich für die Kraftlinien, welche von der Plus- zur Minusbelegung laufen:

senkrecht	$\mathfrak{D}_1 = \mathfrak{D}_2$	$\mathfrak{E}_1 : \mathfrak{E}_2 = \varepsilon_2 : \varepsilon_1$
schräg	$\mathfrak{D}_1 : \mathfrak{D}_2 = \mathfrak{E}_2 : \mathfrak{E}_1$	
waagerecht	$\mathfrak{D}_1 : \mathfrak{D}_2 = \varepsilon_1 : \varepsilon_2$	$\mathfrak{E}_1 = \mathfrak{E}_2$.

Die Brechungswinkel der Kraftlinien entsprechen den Dielektrizitätskonstanten (Elektrisierungszahlen)

$$\operatorname{tg} \alpha : \operatorname{tg} \beta = \varepsilon_1 : \varepsilon_2.$$

Die zugeordneten Ersatzschaltungen in Bild 22 veranschaulichen die Wirkungen. Bei Reihenschaltung verhalten sich die Teilspannungen umgekehrt wie die Kapazitäten, bei Nebeneinanderschaltung liegen die Kapazitäten an gleicher Spannung, aber die Ladungen sind verschieden.

3. Elektrische Kondensatoren

Luft als Dielektrikum wird bei Plattenkondensatoren verwendet. Die genaue Einhaltung der Flächen und Abstände ergibt Kapazitätswerte mit etwa 0,5 ... 2% Abwich vom Sollwert, deshalb eignen sich Luftkondensatoren vorwiegend als Abstimmittel. Die erreichbaren Kapazitätswerte dieser Bauart liegen meist unter 1 nF (10^{-9} F) und sind nur für Hochfrequenzzwecke wirtschaftlich verwendbar.

Beispiel: 2 · 10 Platten je 30 cm², Abstände 2 mm. Wirksame Oberfläche $F = 19 \cdot 30 = 570$ cm².

$$C = 0{,}8854\,(570/0{,}2)\,10^{-12} = 252\ \text{pF} = 252 \cdot 10^{-12}\ \text{F}.$$

Block- oder Wickelkondensatoren haben Belegungen aus Aluminiumfolien (etwa 0,006 mm) mit zwei bis drei dünnen saugfähigen Papierzwischenlagen (0,01 ... 0,03 mm), welche unter Hitze und Vakuum mit Paraffin getränkt sind. Die Anschlüsse bestehen aus schmalen Metallstreifen (Elektroden), welche in der Mitte der Folien eingelegt sind oder es stehen die Aluminiumfolien auf beiden Seiten über, so daß auf der einen Seite alle Plus-, auf der anderen alle Minusbelegungen sich berühren. Diese teuere Bauart wird für mittlere Frequenzen verwendet, um die Wärmeverluste in der Folie bei höheren Stromstärken klein zu halten.

Beispiel: Wickel 1 μF. Aluminiumfolie: 6 m lang, 39 mm breit, 0,005 mm dick. Anschlüsse in der Mitte.

$$R = \varrho\, l/F = (0{,}033 \cdot 3)/(39 \cdot 0{,}508) = 0{,}446\ \Omega.$$

Einzelne Wickel haben Kapazitäten von 0,1 bis 2 μF, größere Einheiten enthalten mehrere Wickel in Parallelschaltung. Die üblichen Prüfspannungen (500, 750, 1000, 1500, 2000 V) sind keine Betriebsspannungen, mit Rücksicht auf Schaltvorgänge ist durchschnittlich eine dreifache Sicherheit anzusetzen. Bei Funkenlöschung an Kontakten erreicht die durch Abschalten eines Magneten entstehende Überspannung oft überraschend hohe Werte.

Beispiel: Kraftmagnet $R = 55\ \Omega$, $L = 0{,}5$ H, $U = 60$ V. Funkenlöschung mittels eines Kondensators $C = 2\ \mu$F, 1000 V Prüfspannung, $I = 1{,}1$ A.

$$\tfrac{1}{2} L I^2 = \tfrac{1}{2} C U^2$$

$$0{,}5 \cdot 1{,}21 = 2 \cdot 10^{-6} \cdot U^2$$

$$U = \sqrt{0{,}5 \cdot 1{,}21/2} \cdot 10^3 = 560\ \text{V}.$$

Die Spannungsprüfung von Kondensatoren auf Durchschlagsfestigkeit erfordert einen Vorwiderstand, um die bei Gruppeneinschaltung auftretenden Reflektionen (bis zur vierfachen Spannung) zu verhüten. Bei Wecshelstrombetrieb ist für solche Prüfungen der Scheitelwert, nicht der Effektivwert der Spannung maßgebend. Die Stromwärme ist zu beachten, weil der mit Paraffin vergossene Kondensator keine wesentliche Abkühlung aufzuweisen hat ($N_{max} = 0{,}01$ W/cm² bei 10° C Übertemperatur).

Beispiel: $C = 4\ \mu$F, 2000 V geprüft, mit 3 Wickeln je 1,4 μF parallel. Becher 35 × 45 × 50 mm. Innerer Widerstand der Folien $R = 0{,}18\ \Omega$, $U = 220$ V, $f = 50$ bzw. 500 Hz.

$$N = I_1^2\, R = 0{,}276^2 \cdot 0{,}18 = 0{,}014\ \text{W}\ (50\ \text{Hz})$$

$$N = I_2^2\, R = 2{,}76^2 \cdot 0{,}18 = 1{,}37\ \text{W}\ (500\ \text{Hz}).$$

Die Wärmeleistung $N_{max} = 1{,}37/111 = 0{,}0123$ W/cm² bei 500 Hz liegt etwas zu hoch.

Bei Unterbrecherbetrieb mit parallel geschalteten Kondensatoren treten wegen oberwellenreicher Ausgleichvorgänge oft große Spannungen und Überströme auf, welche sich nicht vorausberechnen lassen und unerwartet zu Durchschlägen führen.

Die Istwerte der Kapazität weichen bei Kondensatoren über 1 μF um 5 %, bei kleineren um 10 % vom Sollwert ab. Unter 0,1 μF sind größere Toleranzen zuzulassen. Als Isolationswiderstand werden mindestens 200 Megohm bei 1 μF verlangt, neue Kondensatoren weisen erheblich bessere Werte bis $10^{-9}\,\Omega/\mu$F auf.

Beispiel: $C = 4\,\mu$F, $R = 50$ MΩ (Isolation). Stille Entladung mit Spannungsrückgang um 50 % ($T = C\,R = 200$ s). Berechnung der Entladungszeit:

$$\tfrac{1}{2}\,U = U \cdot e^{-t/T} \qquad 0{,}5 = 1 \cdot e^{-t/200}$$

$$\log 2 = t\,200 \log e \qquad t = 0{,}30103/0{,}4343 \cdot 200 = 138 \text{ s}.$$

Ölisolierte Kondensatoren eignen sich für Hochspannung und größere Kapazitäten, bei denen eine sichere Paraffinfüllung ohne Lufteinschlüsse nicht mehr zu gewährleisten oder die Stromwärme durch Ölumlauf abzuführen ist. Nur ausgekochtes Öl ist einwandfrei. Der Isolationswiderstand beträgt etwa $10^{10} \ldots 4 \cdot 10^{10}\,\Omega/\mu$F, der Verlustwinkel $\operatorname{tg}\delta = 50 \cdot 10^{-4}$ bis $80 \cdot 10^{-4}$ bei 800 Hz.

Bei Elektrolytkondensatoren besteht das Dielektrikum aus einer sehr dünnen Oxydhaut, welche durch Elektrolyse auf der Oberfläche von Aluminium, Tantal, Titan, Niobium und Zirkon sich bildet und den Strom in Richtung von der oxydierten Anode nach einer Gegenelektrode sperrt, aber in der Gegenrichtung durchläßt. Als Elektrolyte werden bei Aluminium verwendet: $Na_2B_2O_7$, Na_2MoO_4, Na_2WO_4, $KMnO_4$, K_2CrO_4, K_2CO_3, $KAlO_2$. Die Formierung dieser sehr dünnen Gashaut ergibt schon mit kleinen wirksamen Belegungen eine große Kapazität (10 ... 60 cm²/μF) im Betrieb mit 10 ... 400 V Gleichspannung. Der Reststrom, der die Formierung unterhält, liegt unter 0,01 mA/μF. Nach längerer Lagerung oder falscher Polung ist die Oxydschicht nahezu zerfallen, erneuert sich aber sehr schnell bei richtig gepolter Klemmenspannung, der Polarisationsstrom ist dabei aber nicht kurzschlußähnlich.

Temperaturänderungen beeinflussen Kapazität und Reststrom. Unter —40° nähert sich die Kapazität dem Nullwert, oberhalb 0° steigt die Kapazität fast geradlinig an. Der Reststrom steigt bis 70° mäßig, über 80° stärker an, umgekehrt fällt der Innenwiderstand (Oxydschicht—Kathode). Die Kapazitätswerte haben daher starke Streuung, die Toleranzen bei gegebener Temperatur belaufen sich auf ± 20 ... 30 % des Sollwertes. Als Glättungsmittel für Wellengleichspannungen 10 ... 550 V mit großen Kapazitäten 10 ... 500 μF sind Elektrolytkondensatoren sehr geeignet.

D. Magnetismus

1. Grundbegriffe

Das magnetische Feld ist ein Raum, beherrscht von elektrischen Strömen in Leitern. Jede Strömung erzeugt ein Wirbelfeld magnetischer Kräfte, welche ihren Leiter umkreisen und auch das Leiterinnere durchsetzen. Dieser Wirbel wandert mit dem Strom in gleicher Richtung weiter und dreht sich rechtsgängig. Das magnetische Feld entsteht und verschwindet mit seinem Strom und enthält eine kinetische Energie.

Eine Sonderstellung nehmen Eisen, Nickel und Kobalt ein. Die Atome dieser Stoffe besitzen Elektronenbahnen, die gleichläufig liegen und wie Elementarströme wirken. Im unmagnetischen Zustand liegen die Moleküle dieser Stoffe beliebig gerichtet, nach außen heben sich diese Wirkungen nahezu auf. Durch ein magnetisches Feld oder umkreisende Ströme richten sich die Moleküle mit ihren Atomen und Elektronen aus, bis der Erregungsstrom und die Elementarströme gleichläufig liegen. Die Wirkungen des Wirbels werden verstärkt, die Magnetisierung wächst.

Dauermagnete bestehen aus Eisenlegierungen, deren Moleküle nach der Magnetisierung in einem Kristallgitter starr gelagert sind. Die Ausrichtung der Elektronenbahnen bleibt deshalb erhalten. Auf diesen Elementarströmen beruht der Bestand des magnetischen Feldes.

Diese Deutung magnetischer Felder zeigt, daß Elektrizität und Magnetismus wesensgleich sind.

Die Begriffe des magnetischen Feldes stützen sich auf eine Anordnung, bestehend aus einer Wicklung mit der Windungszahl w, der Spulenlänge l und der Stromstärke I. Der Kern kann aus Luft, beliebigem Stoff oder aus Eisen bestehen. Diese Wicklung erzeugt eine magnetische Feldstärke oder eine magnetische Erregung in A/cm:

$$\mathfrak{H} = Iw/l.$$

Die Windungszahl ist unbenannt, Amperewindungen wirken wie ein vervielfachter Strom in einer einzigen Windung.

Der leere Raum hat eine Permeabilität, dessen Induktionskonstante ein Erfahrungswert ist:

$$\mu_0 = 0{,}4 \cdot \pi \cdot 10^{-8} = 1{,}256637 \cdot 10^{-8}\ \mathrm{Vs/Acm}.$$

Die absolute Permeabilität beliebiger paramagnetischer oder diamagnetischer Stoffe ergibt sich aus dem Produkt $\mu = \mu_0 \mu_r$, wobei μ_r die relative Permeabilität genannt wird und ein dimensionsloser Faktor ist. Demnach wird als magnetische Induktion in Vs/cm² erhalten:

$$\mathfrak{B} = \mu\, \mathfrak{H} = \mu_0 \mu_r\, \mathfrak{H}.$$

Diese Induktion bezieht sich auf 1 cm² des durchsetzten Querschnitts. Die Permeabilität μ_r ist für Luft und die meisten Stoffe wenig von 1 verschieden. In ferromagnetischen Stoffen ist μ_r erheblich größer und abhängig von der Sättigung, Temperatur und Beschaffenheit.

Der gesamte von der magnetischen Induktion $\mathfrak{B}$ erfaßte Querschnitt F ergibt einen magnetischen Bündelfluß Φ in Weber oder in Vs:

$$\Phi = \mathfrak{B} F = \mu \mathfrak{H} F.$$

Im bisher üblichen elektromagnetischen *CGS*-Maßsystem waren für Feldstärke, Induktion und Fluß andere Einheiten vorgesehen, die noch heute gebraucht werden:

$\mathfrak{H}$ Feldstärke in Oersted:	$1\ \text{Ö} = (4\pi/10)$ A/cm,
$\mathfrak{B}$ Induktion in Gauß:	$1\ \text{G} = 10^{-8}$ Vs/cm²,
Φ Fluß in Maxwell:	$1\ \text{M} = 10^{-8}$ Vs.

Das magnetische Feld entsteht durch eine elektrische Arbeit während des Stromanstieges nach dem Einschalten. Durch Selbstinduktion entsteht im eigenen Leiter eine elektromotorische Kraft, die bei gleichmäßigem Stromanstieg von i_0 bis i_1 während der Zeit Δt einen magnetischen Fluß in Vs ergibt:

$$E \cdot \Delta t = (i_0 - i_1) \cdot \mu (w/l) F.$$

Ist anfänglich $i_0 = 0$ und steigt bis $i_1 = I$, so wird die elektromotorische Kraft der Selbstinduktion:

$$e_s = -(\Delta i/\Delta t) \cdot \mu (w/l) \cdot F.$$

An den Enden einer Wicklung mit w-Windungen entsteht als gesamte induzierte Spannung:

$$U = -(d i/d t) \cdot \mu (w^2/l) F = -(d i/d t) \cdot L.$$

Die Größe L heißt Selbstinduktion und gibt die Anzahl der Voltsekunden an, die bei einer zeitlichen Stromänderung in der eigenen Wicklung induziert werden. Als Maßeinheit für die Induktion einer Voltsekunde bei einer Stromänderung um ein Ampere gilt das Henry ($L = 1$ H).

$$L = \mu (w^2/l) \cdot F = U (dt/di) \qquad [\text{Vs/A} = \text{Henry}].$$

Der Aufbau eines magnetischen Feldes erfordert Arbeitszugabe, der Abbau erfolgt unter Arbeitsabgabe. Während der Stromänderung von i_0 nach i_1 werden $U \cdot t = L \cdot I$ Voltsekunden induziert, im Mittel während dieser Zeit beträgt der Strom $\frac{1}{2} I$ und das Produkt ergibt als Energie in Ws:

$$W = \tfrac{1}{2} L I^2 = U \cdot I \cdot t.$$

Unabhängig von dieser Energie entstehen laufend Wärmeverluste

$$N = I^2 R.$$

Das magnetische Feld übt Anziehungskräfte aus, welche aus der Beziehung Arbeit gleich Kraft mal Weg erhalten werden. Für die Umrechnung ist einzusetzen:

$$1\ \text{kg} = 9{,}80665\ \text{Ws/cm} \quad \text{oder} \quad 1\ \text{Ws} = 10{,}1972\ \text{cmkg}.$$

Die Zugkraft P in kg (Kraftkilogramm) des magnetischen Feldes ist bei einem mittleren Eisenweg l in cm und ringförmigem Eisenschluß ohne Luftspalt:

$$P = 10{,}2\, L I^2 / 2 l.$$

2. Neutrale Relais

Die Hauptbestandteile eines Relais sind: Eisenkern, Wicklung, Joch und ein beweglicher Anker. Der Luftspalt, den der Anker überbrückt, besitzt im Vergleich zum Eisenweg eine geringe magnetische Leitfähigkeit. Die Kraftlinien streuen daher stark zwischen Kern und Joch bei offenem Spalt und abstehendem Anker. Bei angezogenem Anker ist die Streuung schwächer, aber nie beseitigt, weil immer ein Mindestluftspalt bleiben muß, um ein Klebenbleiben des Ankers durch Remanenz zu verhüten.

Der Betrag der Remanenz (Restmagnetismus) ist unbestimmt und hängt von der Dauer und Häufigkeit der Arbeitsspiele ab (1 ... 10 AW). Verlangt werden

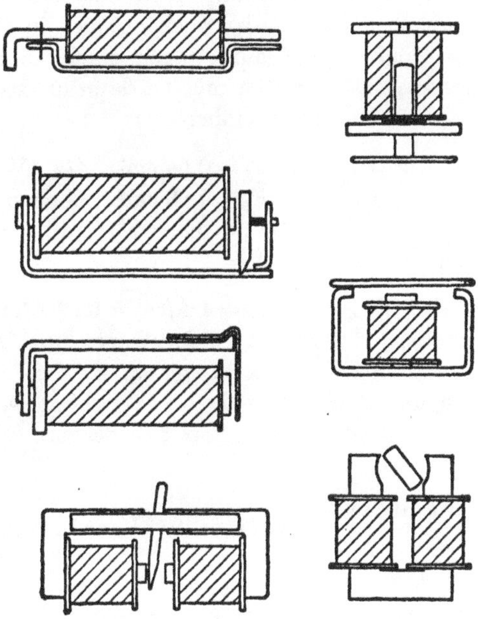

Bild 23. Grundformen elektromagnetischer Relais ohne Kontaktsätze

aber bestimmte Erregungswerte für Anzug und Abfall des Ankers, deshalb darf die Remanenz nicht als Beitrag zur Zugkraft auftreten oder deren Wert wesentlich beeinflussen.

Die Grundformen magnetischer Kreise (Bild 23) zeigen mit einer Spule einen Einweg-, mit zwei Spulen einen Zweiweg-Kraftschluß. Beim Einwegschluß wird der Anker durch Federdruck in der Ruhelage gehalten, beim Zweiwegschluß ergeben sich zwei Stellungen, die der Anker nach jedem Arbeitsspiel einnehmen kann.

Die Zugkraft in kg (Kraftkilogramm) in einem geschlossenen Eisenring ist:

$$P = 10{,}2 \cdot \tfrac{1}{2} L I^2/l = 10{,}2 \cdot \tfrac{1}{2} I^2 w^2 F \mu / l^2 = 10{,}2 \cdot \tfrac{1}{2} \mathfrak{H}^2 F \mu$$
$$= 10{,}2 \cdot \tfrac{1}{2} \mathfrak{B}^2 F/\mu = 10{,}2 \cdot \tfrac{1}{2} \Phi^2 / F \mu .$$

Ist dagegen der Eisenweg l_1 (F_1, μ_1) durch einen Luftspalt l_0 ($F_0 \mu_0$) unterbrochen, so wird bei gegebenem AW-Wert der Fluß in Vs:

$$\Phi = 0{,}4\,\pi\,10^{-8}\, I\, w/[(l_1/\mu_1 F_1) + (l_0/\mu_0 F_0)].$$

Bei gegebener Gestalt des Eisenkörpers ist zunächst ein AW-Wert anzunehmen und sind daraus Φ und P zu berechnen. Mit der Permeabilität $\mu_0 = 0{,}4\,\pi \cdot 10^{-8}$ [Vs/Acm] wird nach Vereinigung der Konstanten die Zugkraft in Kraftkilogramm:

$$P = 4{,}06 \cdot 10^{-8}\,(\Phi^2/F_1).$$

Hervorgehoben sei, daß in der vorstehenden Ableitung als Grundeinheiten Volt, Ampere, Zentimeter und Sekunde einzusetzen sind. Außerdem ist zu beachten, daß die üblichen Magnetisierungskennlinien in Oersted und Gauß und nicht in A/cm und Vs/cm² aufgetragen sind. Diese Abweichungen von den jetzt geltenden Maßeinheiten müssen dann in Rechnungen berücksichtigt werden. (Vgl. Anhang: Maßeinheiten.)

Beispiel:	Kern	$l_1 = 7$ cm,	$F_1 = 0{,}64$ cm²	(72 AW Erregung
	Joch	$l_1 = 9$ cm,	$F_1 = 0{,}60$ cm²	angenommen)
	Anker	$l_1 = 2$ cm,	$F_1 = 0{,}26$ cm²,	
	Luftspalt	$l_0 = 0{,}1$ cm,	$F_0 = 2{,}00$ cm².	

Die Permeabilität wird für $\mathfrak{H} = 72/18 = 4$ A/cm $= 0{,}04$ A/m: $\mu_1 = 2000$.
Als mittlerer Querschnitt des Eisens ist der Querschnitt F_1 des Kerns einzusetzen, um die überschlägliche Rechnung zu kürzen. Streng genommen müßten Kern, Joch und Anker anteilig berücksichtigt werden. Der Querschnitt des Luftspaltes ist zu schätzen. Somit erhält man für den Fluß Φ und die Zugkraft P:

$$\Phi = \frac{1{,}257 \cdot 10^{-8} \cdot 72}{\dfrac{18}{2000 \cdot 0{,}64} + \dfrac{0{,}1}{1 \cdot 2}} = 1{,}414 \cdot 10^{-5}\,\text{Vs} = 1414\,\text{Maxwell}$$

$$P = 4{,}06 \cdot 10^{8} \cdot 1{,}414^2 \cdot 10^{-10}/0{,}64 = 0{,}125\,\text{kg}.$$

Soll die verlangte Zugkraft kleiner oder größer sein, so ist die Rechnung mit einem anderen AW-Wert zu wiederholen. Zu beachten ist, daß $P \sim \Phi^2 \sim I^2 w^2$ sich ändert.
Bleibt die erregende Feldstärke unter 4 A/cm, so ist eine weitere Vereinfachung möglich, weil μ unterhalb der Sättigung annähernd gleichbleibt. Der Fluß in Vs wird nach Vereinigung der Konstanten:

$$\Phi \approx 157\,\sqrt{PF}.$$

Mit einer festen Permeabilität einer bestimmten Eisenart ist unmittelbar die AW-Zahl für eine verlangte Zugkraft erhältlich (Zahlentafel 4).

$$I\,w = (157/0{,}4\,\pi) \cdot \sqrt{P F_1}\,[(l_1/F_1 \mu_1) + (l_0/F_0\, \mu_0)] =$$
$$= 125{,}6\,\sqrt{P F_1}\,[(l_1/F_1\, \mu_1) + 0{,}8\,(l_0/F_0)].$$

Zahlentafel 4:

Werkstoffe für Elektromagnete

Eisen: Bezeichnung	Eisen: Legierung	Koerzitivkraft Oersted	𝔅 für A/cm: 10	25	50	Sättigung Gauss
Flußeisen . .	unlegiert	1,5 ... 3	14000	16000	17000	21300
Hyperm 0 . .	Reineisen mit Schlacke	0,8 ... 1,5	14000	15500	16500	21000
Siliziumstahl.	3 ... 4% Si	0,5 ... 0,8	13500	15000	16000	20000
Hyperm 4 . .	3 ... 4% Si	0,1 ... 0,4	14100	14500	15500	20000
Nickelstahl .	36 ... 70% Si	0,05 ... 0,3	14000	15500	15500	16000

Beispiel: Verlangt $P = 0{,}1$ kg, gesucht AW-Zahl.

Kern $l_1 = 7$ cm, $F_1 = 0{,}64\ \text{cm}^2$
Joch $l_1 = 9$ cm, $F_1 = 0{,}60\ \text{cm}^2$
Anker $l_1 = 2$ cm, $F_1 = 0{,}25\ \text{cm}^2$ ($\mu = 2000$)
Spalt $l_0 = 0{,}1$ cm, $F_0 = 2{,}00\ \text{cm}^2$

$$I w = 125{,}7 \cdot \sqrt{64}\left(\frac{18}{0{,}64 \cdot 2000} + 0{,}8\,\frac{0{,}1}{2}\right) =$$
$$= 125{,}7 \cdot 8\,(0{,}014 + 0{,}04) = 54{,}3\ \text{AW}.$$

Diese überschlägliche Rechnung genügt in den meisten Fällen, weil Relaiswicklungen so bemessen werden, daß der Ankerhub noch unterhalb der magnetischen Sättigung einsetzt.

Der Luftspalt beträgt bei offenem Anker 0,5 ... 2 mm, geschlossen noch 0,1 ... 0,3 mm. Ein Klebstift verhütet die Haftung durch Remanenz.

Der Federdruck liegt im Bereich 5 ... 50 g und beträgt im Mittel 25 g für die einzelne Feder. Ein Arbeits- oder Ruhekontakt belastet also den Anker mit etwa 50 ... 60 g. Das Übersetzungsverhältnis von Kraft- zu Lastarm ist in der Regel 1 : 1, doch sind Abweichungen zu beachten.

Die Zugkraft wächst mit dem Quadrat der Stromstärke bzw. der Amperewindungen. Durchschnittliche Werte sind:

Bauarten	Anziehen AW	Abfallen AW
Rundrelais	200...250	150...180
Flachrelais	100...150	70...120
Sonderrelais	25... 50	5... 10

Die AW-Zahlen enthalten eine statische Sicherheit von 200 %, weil Spannung, Windungszahl und Widerstand vom Sollwert um je 10 % abweichen können und durch Erwärmung 20 % Widerstandszunahme möglich ist. Sicheres Schalten mit schnellen Schrittfolgen erfordert jedoch eine dynamische Sicherheit von 300 ... 500 % (z. B. 500 ... 600 AW).

Übliche Wicklungen haben etwa Drahtdurchmesser 0,03 ... 0,9 mm, Windungszahlen 100 ... 40000, Widerstände 0,1 ... 6000 Ω und sind damit sehr anpassungsfähig. In der Regel werden 0,1 ... 0,4 mm dicke Kupferlackdrähte, auch ein- oder zweimal mit Seide besponnene für Spannungen unter 100 V verwendet, dagegen ist Baumwollisolation bei Feindrahtwicklungen nicht mehr üblich, weil der Wickelraum dabei nur schlecht mit Kupfer ausgefüllt wird. Bei Lackdrahtwicklungen ist mit einem Füllfaktor in den Grenzen 0,7 ... 0,9, bei Seidenumspinnung mit etwa 0,5 ... 0,8 zu rechnen.

Die Dauerbelastung einer Spule soll 6 W nicht übersteigen (Länge etwa 50 ... 60 mm, innen 8 ... 9 mm, außen 20 ... 25 mm). Hierin eingeschlossen sind sämtliche, auch die bifilaren (gegenläufigen) Widerstandswicklungen aus Manganin- oder Konstantandraht, welche auf der gleichen Spule liegen.

Beispiel: Relais mit den Wicklungsangaben:

Wicklung I: 60 Ω, 3400 Wdg., 0,24 mm CuL,
Wicklung II: 1000 Ω, 4500 Wdg., 0,08 mm CuL.

Einstellung des Kontaktsatzes auf einen solchen gesamten Federdruck, daß der Relaisanker bei einer magnetischen Erregung von 120 AW anzieht und sich danach noch mit 80 AW hält oder bei weiterer Schwächung abfällt.

Der Berechnung dienen die Formeln:

$$U = (\mathrm{AW}/w)\, R, \qquad I = \mathrm{AW}/w, \qquad N = U^2/R = I^2 R$$

Die zulässigen Höchstwerte von Spannung und Strom sind durch die Grenzleistung der Spule im Dauerbetrieb ($N = 6$ W) bestimmt.

Wicklung I: $U_{max} = 19{,}0$ V, $I_{max} = 317$ mA, 1078 AW_{max}.
Wicklung II: $U_{max} = 77{,}5$ V, $I_{max} = 77{,}5$ mA, 349 AW_{max}.

Beide Wicklungen in Reihe geschaltet ergeben:

$$U_{max} = \sqrt{6 \cdot 1060} = 80 \text{ V} \quad \text{und} \quad I_{max} = 75 \text{ mA}, \; 592{,}5\, \mathrm{AW}_{max}.$$

Eine vergleichende Berechnung für Wicklung I und II entsprechend den eingangs geforderten AW-Zahlen zeigt die nachstehende Aufstellung mit den Ergebnissen bei verschiedenen magnetischen Erregungen:

Magnetische Erregungen	Wicklung I			Wicklung II		
AW	U V	I mA	N mW	U V	I mA	N mW
80	1,41	23,5	33,2	17,8	17,8	316
120	2,12	35,3	74,8	26,7	26,7	717
160	2,83	47,1	133,1	35,3	35,3	1248
200	3,53	58,8	207,4	44,4	44,4	1975
240	4,24	70,6	299,1	53,3	53,3	2844

Die innere Wicklung I mit kleineren Windungslängen arbeitet erheblich günstiger.

3. Relaiswicklungen

In einer Spule lassen sich eine oder mehrere Wicklungen unterbringen, welche meistens über-, seltener nebeneinander angeordnet sind. Innen liegen die Wicklungen mit dickeren, außen mit dünneren Drähten. Eine Sonderaufgabe ist die Herstellung von Symmetriewicklungen mit gleichem Widerstand, gleicher Selbstinduktion, Windungszahl und Drahtdicke. Da die Windungslänge von Lage zu Lage wächst, ist bei gleicher Windungszahl und Drahtdicke der Widerstand einer inneren Wicklung stets kleiner als bei äußeren Wicklungen. Deshalb werden drei Teilwicklungen (innen, Mitte, außen) aufgebracht und die Wicklungen I und III hintereinander verbunden. Die mittlere Windungslänge von I und III ist dann der in der Mitte liegende Teilwicklung I angeglichen und der Widerstand I + III = II geworden.

Die verschiedenen Wicklungen eines Relais können in getrennten Stromkreisen liegen oder lassen sich hinter-, neben- und gegeneinander schalten.

Beispiele für Wicklungsangaben von

Rundrelais				Flachrelais			
Nr.	Ω	Windungen	mm	Nr.	Ω	Windungen	mm
1	12	1600	0,37	2	1350	14550	0,10
	600	4100	0,10		1650	bif450	0,10
3	220	5150	0,14	4	500	6100	0,10
	220	3550	0,14		1000	5900	0,08
					500	4000	0,10
5	165	3300	0,12	6	1500	14000	0,08
	500	6600	0,12		1000	10000	0,10
	335	3300	0,12		500	bif550	0,12
7	1000	12500	0,11	8	400	8600	0,15
	700	4500	0,10		100	700	0,10
	700	bif	0,13		300	bif	0,09

Gegenläufige Widerstandswicklung = bif (bifilar)

Solche Schaltungen ergeben sich durch entsprechende Verbindungen der »Anfänge« und »Enden«:

Hintereinander: $A_1 - E_1$ mit $A_2 - E_2$,
Nebeneinander: A_1 mit A_2 und E_1 mit E_2,
Gegeneinander: $A_1 - E_1$ mit $E_2 - A_2$,
oder A_1 mit E_2 und A_2 mit E_1.

Die Berechnung einer Wicklung setzt folgende Angaben voraus: Vom Wickelraum die Länge l in mm, den Innen- und Außendurchmesser Di und Da in mm, AW-Wert und Spannung U in V oder Widerstand R in Ω.

In Ortsstromkreisen ist die Betriebsspannung (24, 36, 48, 60 V) gegeben; sind mehrere Relais in Reihe zu schalten, so verhalten sich dabei die Teilspannungen wie die verlangten AW-Werte.

In Fernstromkreisen überwiegt der Leitungswiderstand gegenüber dem Relaiswiderstand und begrenzt die verfügbare Stromstärke. Also ist der Relaiswiderstand dem Leitungswiderstand anzupassen oder, wenn Leitungen mit verschiedener Länge vorliegen, gleich dem größten vorkommenden Schleifenwiderstand zu setzen.

Allgemein wird als Widerstand für Kupferwicklungen mit $K = 22{,}28\ \Omega/\text{km}$ für $d = 1$ mm Drahtdurchmesser erhalten:

$$R = \pi/2\,(Da + Di)\,w \cdot (K/d^2)\,10^{-6}.$$

Sind AW-Wert und Betriebsspannung gegeben, so wird

$$AW/U = w/R = d^2/[(Da + Di)\,35 \cdot 10^{-6}]$$
$$d^2 = (AW/U)\,(Da + Di)\,35 \cdot 10^{-6}$$

und die Windungszahl erhalten

$$w = [(Da + Di)/2\,d] \cdot (l/d) = Ul10^6/70\,AW.$$

Zunächst ist w bei gegebener Spulenlänge l in mm zu bestimmen, Widerstand und Drahtdurchmesser sind in gewissen Grenzen freigestellt. Soll der Wickelraum nun voll ausgenutzt werden, so erhält man als größtmöglichen Drahtdurchmesser in mm

$$d = 5{,}9 \cdot 10^{-3} \sqrt{(AW/U)\,(Da + Di)}$$

und den Widerstand der Wicklung in Ω

$$R = (w/d^2)\,(Da + Di) \cdot 35 \cdot 10^{-6}.$$

Sollen dagegen Kupfer gespart oder mehrere Wicklungen untergebracht werden, so sucht man den kleinstmöglichen Durchmesser. Die Beanspruchung darf bei Dauerlast 0,8 A/mm betragen und bei kurzzeitigem (10 s) Betrieb sogar bis 2,4 A bei 1 mm Durchmesser ansteigen (Stromdichte etwa 1 ... 3 A/mm²).

d [mm]	0,1	0,2	0,3	0,4	0,5	0,6	0,8	1,0
I [A]	0,008	0,04	0,08	0,13	0,2	0,3	0,5	0,8

Demnach wird $I = AW/w \cdot 10^3$ [mA] und die gesuchte Drahtstärke in mm erhalten:

$$d = \sqrt{I/500} = 0{,}045 \sqrt{I}.$$

Der Widerstand ist entsprechend dem Innen- und Außendurchmesser der einzelnen Wicklungen zu berechnen. Die doppelte Wicklungshöhe wird

$$Da - Di = (2\,wd^2/l)\ [\text{mm}].$$

Um diesen Betrag vergrößert sich der Innendurchmesser jeder weiteren Wicklung, bis der gesamte Spulendurchmesser ausgefüllt ist. Zu beachten ist, daß die berechnete Drahtdicke auf handelsübliche Größen nach unten abzurunden ist und dieser Wert der Widerstandsberechnung zugrunde liegt. Damit ist für Lackdrähte genügend genau der Füllfaktor berücksichtigt. Eine genauere Rechnung ist wertlos, weil durch gegebene Toleranzen der Feindrähte und infolge der Dehnung beim Aufwickeln bereits Widerstand und Windungszahl bis zu 10% vom Sollwert abweichen können.

Häufig liegen für gebräuchliche Relaistypen Tafeln mit praktisch ausgeführten Wicklungsangaben vor und sind lediglich Zwischenwerte zu bilden. Vergleicht

Handelsübliche Kupferdrähte

Durchmesser mm		Querschnitt mm²		
Nennmaß	Abmaß	kleinster	Nennwert	größter
0,16	± 0,02	0,015	0,02	0,03
0,25	± 0,02	0,04	0,05	0,06
0,4	± 0,03	0,11	0,13	0,14
0,7	± 0,04	0,34	0,38	0,43
1,0	± 0,04	0,72	0,79	0,85
1,5	± 0,05	1,65	1,76	1,89

Ferner 0,03...0,16 mm in Stufen von 0,01 mm.

man alte und neue Wicklung, so muß offenbar $AW_1 = AW_2$ und $I_1^2 R_1 = I_2^2 R_2$ sein, um nach der Umwicklung ein gleichwertiges Relais zu erhalten.

$$U_1/U_2 = I_2/I_1 = w_1/w_2 = \sqrt{R_1/R_2} = d_2^2/d_1^2.$$

Mit dieser Kettenformel ergeben sich alle erforderlichen Wicklungsangaben, allerdings ohne Berücksichtigung des Füllfaktors. Brauchbare Ergebnisse liefern Umrechnungen bei Lackdrähten für Zwischenwerte im Bereich von ± 25 %, bezogen auf bekannte Wicklungsangaben.

4. Verzögerungen

Jeder Schaltvorgang erfordert Zeit. Nach dem Einschalten eines Relais steigt der Erregungsstrom an, bis der Kraftfluß die Federspannung überwindet und die Ankerbewegung beginnt. Stufenweise hebt sich der Ruhekontakt ab, schlägt die Kontaktfeder um, trifft auf den Arbeitskontakt und spannt dessen Feder. Als Schaltzeit gilt die Arbeitsdauer vom Einschalten einer Wicklung bis zum Öffnen eines Ruhekontaktes oder Schließen eines Arbeitskontaktes. Nach dem Ausschalten des Erregungskreises werden umgekehrt zuerst die Arbeitskontakte geöffnet, dann die Ruhekontakte geschlossen. Diese Reihenfolgen sind für den Verlauf von Schaltvorgängen wesentlich, wenn auch die einzelnen Teilzeiten sehr kurz sind (Bild 24).

Die Einschaltzeit hängt von der aufgewendeten elektrischen Energie, die Ausschaltzeit von der gespeicherten mechanischen Energie ab. Höhere Betriebsspannungen und größere Federspannungen verkürzen die Schaltzeiten. Nach oben ist die Umschlaggeschwindigkeit wegen auftretender Kontaktprellungen begrenzt, welche durch wiederholtes Schließen und Öffnen die Schaltzeit verlängern und außerdem die Kontaktstellen durch Schaltfunken beschädigen.

Die üblichen Schaltzeiten liegen im Bereich 5 ... 15 ms. Durch besondere Anordnungen des elektrischen und magnetischen Kreises sind längere Zeiten oder Verzögerungen zu erreichen.

Anzugverzögerungen bei Relais beruhen auf Anordnungen mit

a) elektrischen Ausgleichvorgängen,

b) magnetischen Flußverlagerungen.

In einem induktiven Stromkreis erfolgt der Stromanstieg nach der Funktion $i = I\,(1 - e^{-t/T})$, wobei im Exponent $T = L/R$ zeitbestimmend ist. Induktiv beeinflußte Verzögerungen zeigt Bild 25.

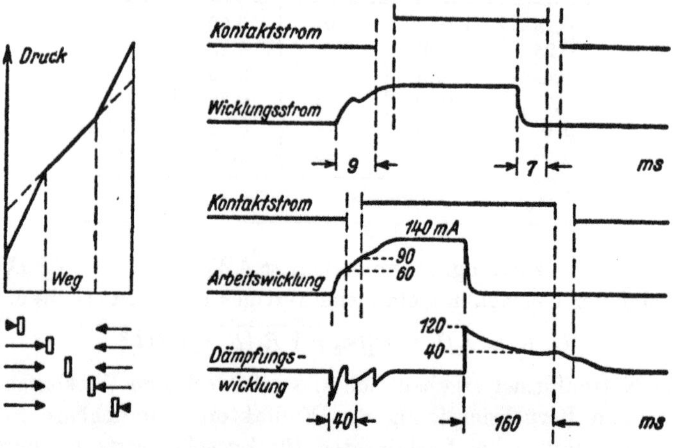

Bild 24. Oszillographische Aufnahmen der Schaltvorgänge an einem unverzögerten und einem verzögerten Relais

Teil 1. Ein Relais werde abwechselnd mit niedriger oder hoher Spannung eingeschaltet. Die Anzuggrenze wird bei hoher Spannung nach kurzer Zeit t_1 überschritten, bei niedriger Spannung verzögert sich der Ankeranzug um den Zeitunterschied $t_2 - t_1$. Nur geringe Verzögerungen (10 ... 20 ms) sind nutzbar, weil mit diesem Verfahren eine Schwächung der Anzugsicherheit verbunden ist, für die mindestens 50 %, meistens aber 100 % Zuschlag verlangt werden.

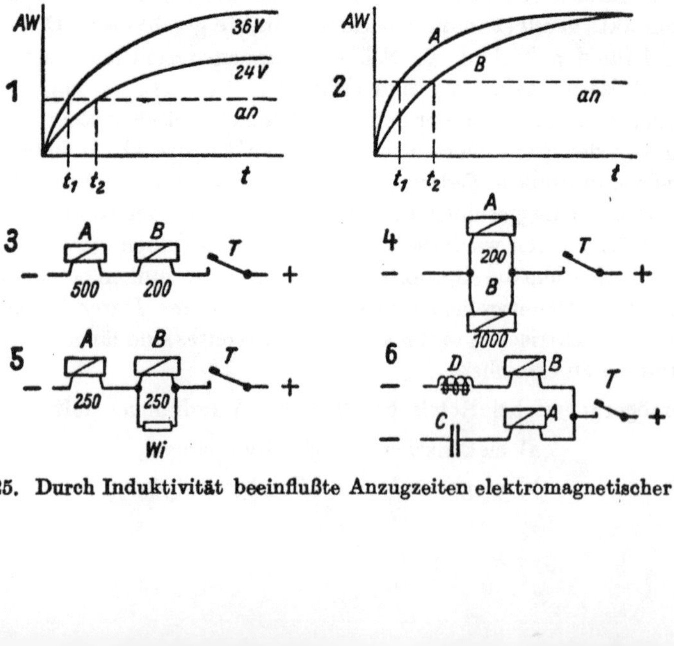

Bild 25. Durch Induktivität beeinflußte Anzugzeiten elektromagnetischer Relais

Teil 2. Zwei verschiedene Relais werden gleichzeitig eingeschaltet. *A* mit kleiner Selbstinduktion spricht nach kurzer Zeit t_1, *B* mit großer Selbstinduktion nach langer Zeit t_2 an. Bei gleicher Anzugsicherheit ergeben sich Zeitunterschiede bis zu 50 ms. Die durch die Ankerbewegung verursachte Kurveneinsattelung ist nicht eingezeichnet.

Teil 3. In Reihenschaltung liegen zwei Relais mit gleichem Verlauf des Stromanstieges. *A* spricht früher als *B* an, weil sein Anzugstrom kleiner ist. *B* mit kleinerem Widerstand hat weniger Windungen und benötigt mehr Strom, um eine gleich starke Erregung wie *A* zu erreichen. Die Kontaktlast sei bei beiden Relais dabei gleich groß.

Teil 4. In Nebeneinanderschaltung spricht umgekehrt das niederohmige Relais *A* zuerst an, weil der Stromanstieg in beiden Zweigen unabhängig verläuft. *B* mit größerem Widerstand, mehr Windungen, zieht deshalb verzögert an, weil beide Relais gleiche Füllung des Wicklungsraumes haben, aber die Ohmzahl von *B* sich stärker als die Windungszahl vergrößert hat und so der zum Ankeranzug erforderliche AW-Wert später als bei *A* erreicht wird. Da beide Relais an der gleichen Spannung liegen, muß nach beendetem Stromanstieg die Haltesicherheit (Verhältnis des Dauerstromes zum Anzugstrom) von *A* auch größer als von *B* werden.

Teil 5. Der Nebenschlußwiderstand *Wi* bedingt eine Stromverzweigung und verschiedenen Stromanstieg in *A*, *B* und *Wi*. Ist $Wi \gg B$, so ziehen *A* und *B* fast gleichzeitig an, ist $Wi \ll B$, so wird *B* verzögert. *Wi* bestimmt die an *A* und *B* liegenden Teilspannungen. Für eine stichhaltige Rechnung müssen neben *U* und *R* auch bestimmte *L*- und AW-Werte bekannt sein.

Teil 6. In unabhängigen Zweigen liegen zwei gleiche Relais *A* und *B*. Der Kondensator verkleinert T_A, die Drosselspule vergrößert den Exponent T_B. Gleichzeitig eingeschaltet spricht *A* beschleunigt, *B* verzögert an. *A* fällt danach wieder ab. Der Mehraufwand an Geräten ergibt größere Zeitunterschiede bis zu 200 ms.

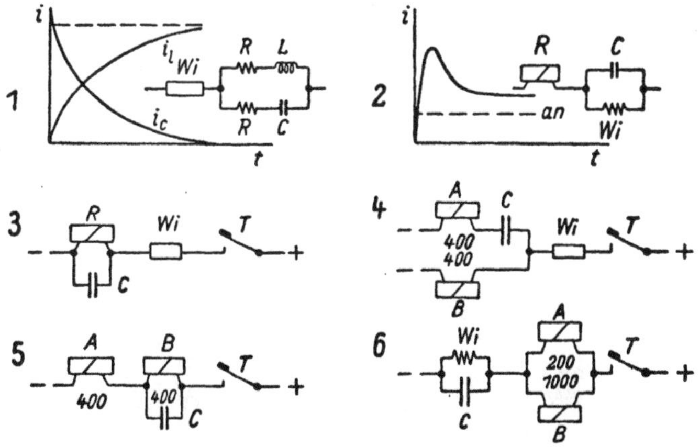

Bild 26. Durch Kapazität beeinflußte Anzugzeiten elektromagnetischer Relais

In einem kapazitiven Stromkreis beginnt der Ladungsstrom mit einem Höchstwert. Der Stromabstieg erfolgt nach der Funktion $i = I \cdot e^{-t/T}$, wobei im Exponent $T = CR$ zeitbestimmend ist. Kapazitiv beeinflußte Verzögerungen zeigt Bild 26.

Teil 1. Die zeitlichen Stromänderungen in einem L/R- und in einem CR-Stromkreis verlaufen spiegelbildlich.

Teil 2. Eine Stromverzweigung mit R und C vor einem Stromkreis mit R und L ergibt anfänglich einen Überstrom, bis die Kondensatorladung beendet ist. Diese Schaltung wirkt beschleunigend.

Teil 3. Der Widerstand *Wi* begrenzt den Gesamtstrom. Zuerst nimmt der Kondensator C den Hauptanteil auf, während der Stromanstieg im Relais durch seine Selbstinduktion verzögert wird. Allmählich schwindet der Ladungsstrom, zuletzt nimmt das Relais den Gesamtstrom auf. Man vergleiche hierzu die Kurven in Teil 1.

Teil 4. In dieser Schaltung spricht beschleunigt Relais A kurzzeitig an, nach seinem Abfall zieht Relais B verzögert an.

Teil 5. In der Reihenschaltung wird A durch den Ladungsstrom beschleunigt, dagegen B verzögert, obwohl gleiche Relais verwendet sind.

Teil 6. Der durch die Kapazität beschleunigte Stromanstieg beschleunigt nur die Erregung von A, mit Verzögerung zieht das hochohmige Relais B an, weil seine Selbstinduktion erheblich höher ist.

In einem magnetischen Kreis treten Streuflüsse zwischen Kern und Joch auf, welche bei Rundrelais zum Ankeranzug nichts beitragen. Diese Streuung ist bei abstehendem Anker größer als bei anliegendem wegen des Luftspaltunterschiedes. Hierdurch wird der Hauptfluß geschwächt und die Anzugzeit verlängert. Vorteilhaft ist es, daß nach Anliegen des Ankers der Hauptfluß größer und der Streufluß kleiner werden, also durch diese Flußverlagerung neben der Verzögerung auch nachher eine gute Haltesicherheit des Ankers erreicht wird (Bild 27).

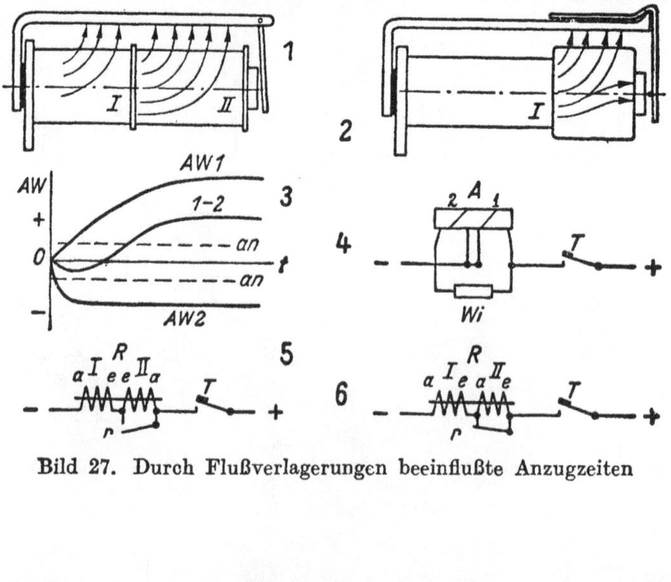

Bild 27. Durch Flußverlagerungen beeinflußte Anzugzeiten

Teil 1. Ein Relais trägt zwei Wicklungen, welche die Spule hälftig teilen. Einzeln geschaltet hat Wicklung I mehr Streuung als Wicklung II. Mit I zieht der Anker später als mit II an. Durch Nebeneinanderschaltung wird umgekehrt der Streufluß von II nach dem Joch größer. Die Selbstinduktion von I überwiegt (unter Annahme gleicher Wicklungen) gegen II, der Stromanstieg in I verläuft langsamer als in II (deshalb ist es auch kein Symmetrierelais). Durch Reihenschaltung wird der Stromanstieg in I und II zwangläufig gleich. Durch Gegenaneinanderschaltung wird der Streufluß beträchtlich vergrößert. Diese Vorgänge sind schaltungsmäßig als Verzögerungen auszuwerten.

Teil 2. Das dem Anker zugekehrte Ende des Wickelraumes ist mit Eisen gefüllt. Vor dem Anziehen überwiegt ein starker Streufluß zum Joch, der sich während der Ankerbewegung verlagert. Nach dem Anliegen überwiegt der Hauptfluß vom Kern zum Anker. Dieses Verfahren eignet sich für Rundrelais; bei Flachrelais bleibt die Verzögerung aus, weil das bewegliche Joch vom Streufluß mit erfaßt wird und daher schnell anzieht.

Teil 3. Dieses Relais besitzt zwei gegenläufige, aber verschieden erregte Wicklungen. In der stark induktiven Wicklung steigt der AW_1-Wert langsam an. Die schwach induktive Wicklung entwickelt schnell Gegen-AW_2, die aber zum Ankeranzug allein nicht ausreichen. Die resultierende AW-Zahl wird anfänglich negativ, dann über Null nach positiven Werten ansteigen. Der Anker wird verzögert angezogen.

Teil 4. Die innere Wicklung 2 hat weniger Windungen als die äußere Wicklung 1, der bifilare Vorwiderstand erniedrigt die Zeitkonstante T_2 und den AW-Wert. Beide Wicklungen überdecken die ganze Länge des Wickelraumes und ergeben gegenläufige Erregungen. Die Verzögerung erreicht bis 200 ms und eignet sich für Flach- und Rundrelais.

Teil 5. Zwei ungleiche Wicklungen liegen nebeneinander gewickelt, die schwächere (II) dem Anker benachbart. Die Streuung wird besonders groß, wenn II gegenläufig zu I geschaltet ist. Nach dem verzögerten Anzug schließt der eigene Kontakt die Gegenwicklung kurz und erhöht die Haltesicherheit durch Stromanstieg und Flußverlagerung. Diese Anordnung besitzt auch eine Abfallverzögerung.

Teil 6. Am Jochende liegt die Wicklung I, am Ankerende die Wicklung II. Nach dem Einschalten wird in der vom eigenen Kontakt kurzgeschlossenen Wicklung ein kräftiger Wirbelstrom induziert, der anfänglich den Flußanstieg schwächt. Verzögert zieht der Anker an, öffnet den Ruhekontakt und verstärkt durch Freigabe von II den Kraftfluß.

Abfallverzögerungen beruhen auf Anordnungen, wobei die freiwerdende magnetische oder elektrische Energie zum Weiterbestehen des Feldes und der Zugkräfte in einem Relais benutzt wird, anstatt in einem Schaltfunken als Wärme verloren zu werden (Bild 28):

Teil 1. Zwischen Eisenkern und Wicklung liegen ein Kupfermantel (0,5 ... 2 mm) oder einige Lagen blanker Kupferdraht mit verlöteten Enden. Nach dem Ausschalten überträgt sich durch Induktion ein Magnetisierungs-

strom auf das Kupferrohr im gleichen Umlaufsinn, der entsprechend der Zeitkonstante $T = M/R$ nach einer Exponentialfunktion abnimmt.
Teil 2. Durch den Stromabstieg vermindert sich der AW-Wert bis zur Haltegrenze. Der Anker fällt verzögert ab (nach 0,1 ... 0,5 s). Große Abfallzeiten setzen voraus

a) hohe magnetische Sättigung des Eisens durch kleinen Luftspalt
b) geringen Widerstand des Kupfermantels.

Die Anzugverzögerung durch Gegen-AW im Kupfermantel ist zu vernachlässigen (5 ... 10 ms), weil der Kraftfluß bei offenem Luftspalt klein ist und dabei die Selbstinduktion schwach bleibt.
Teil 3. Ein Kupferklotz am Jochende verursacht eine große Anzugverzögerung (50 ... 100 ms), aber nur geringe Abfallverzögerung, weil dabei der Kraftfluß am Ankerende überwiegt.

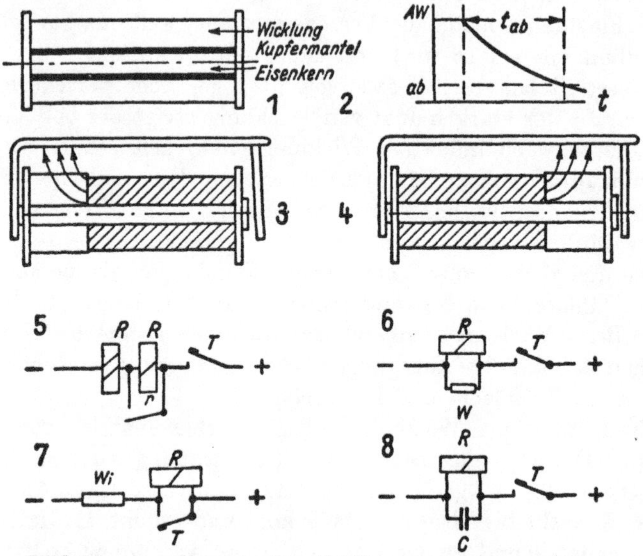

Bild 28. Anordnungen für Abfallverzögerungen an Relais

Teil 4. Ein Kupferklotz am Ankerende bewirkt nur geringe Anzugverzögerung, weil die Streuung zwischen Wicklung und Joch bei offenem Luftspalt groß ist. Dagegen ist die Abfallverzögerung beträchtlich (0,3 ... 0,8 s).
Teil 5. Eine kurzgeschlossene Teilwicklung, die innen liegt, ergibt lange Abfallzeiten. Dabei kann der Kontakt *r* zum eigenen Relais gehören oder fremd geschaltet werden. Nach Belieben läßt sich die Verzögerung dieses Relais durch Öffnen des Kontaktes vor dem Abschalten aufzuheben.
Teil 6. Ein Nebenwiderstand (induktionsfrei) verzögert den Abfall, weil der Ausgleichstrom über den Nebenschluß zur eigenen Wicklung zurückkehrt. Die magnetische Energie verschwindet schneller wegen der Wärmeverluste im Widerstand. Die Abfallverzögerung beträgt immerhin 0,1 ... 0,4 s.

Teil 7. Durch Kurzschließen eines Relais entsteht eine Abfallverzögerung, welche nur von dem Sättigungsgrad der Magnetisierung abhängt und lange Abfallzeiten ergibt.
Teil 8. Ein Parallelkondensator zur Relaiswicklung verzögert den Abfall, weil seine elektrische Ladung sich nach dem Abschalten über die Wicklung ausgleicht. Kleine Betriebsspannungen (unter 60 V) erfordern aber große Kapazitäten (über 100 μF), wenn wesentliche Abfallzeiten (1 ... 60 s) erreicht werden sollen.
Durch mechanisches Beschweren des Ankers (5 ... 50 g) ergeben sich kleine Verzögerungen (5 ... 50 ms) beim Anzug wie beim Abfall des Ankers.

5. Dauermagnete

Ältere Ausführungen bevorzugten Kreis-, Hufeisen- oder Stabformen, neuere Dauermagnete mit legierten Stählen erlauben beliebige Formgebung und örtliche Einprägung magnetischer Nord- und Südpole. Der Kraftfluß verläuft teils im Stahl, teils in Luft, um durch Induktion einen Anker anzuziehen. Durch Magnetisieren mit einer äußeren Feldstärke $\mathfrak{H}_a$ entsteht eine innere Induktion $\mathfrak{B}$ und eine molekulare Induktion $\mathfrak{J}$:

$$\mathfrak{B}_m = \mathfrak{B} + \mathfrak{J} = \mu_0 \mathfrak{H}_a + \mathfrak{J} \qquad \mathfrak{J} = \mathfrak{B}_m - \mu_0 \mathfrak{H}_a .$$

Die Magnetisierungskurve (Bild 29) zeigt die Abhängigkeit der Induktion von der Feldstärke mit und ohne Luftspalt. Zu erkennen ist die Remanenz $\mathfrak{B}_r$ (die bei $\mathfrak{H}_a = 0$ verbleibende Induktion) und die Koerzitivkraft $-\mathfrak{H}_k$ (die gegen $\mathfrak{B}_r$ aufzuwendende Feldstärke).

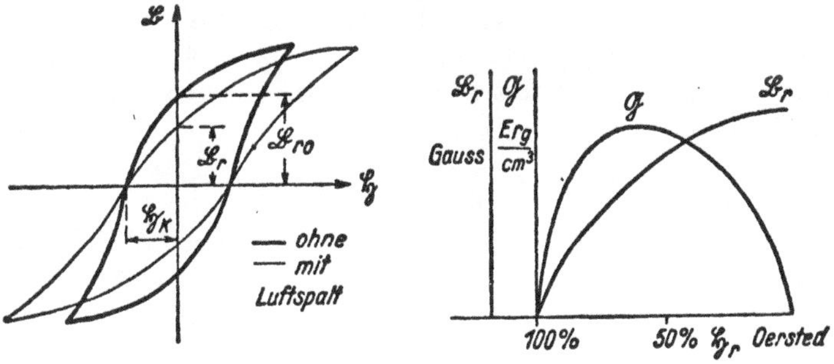

Bild 29. Auswertung der Hystereseschleife und Bestimmung des Gütegrades von Dauermagneten

Die Feldstärken im Dauermagnet $\mathfrak{H}_m$ und im Luftspalt $\mathfrak{H}$ sind gegenseitig abhängig:

$$\mathfrak{H}_m l_m = \mathfrak{H} l .$$

In Luft ist ferner der Zahlenwert $\mu_r = 1$, also wächst die Luftinduktion mit schwindendem Luftspalt l oder Annäherung des Ankers, da die Länge l_m des Eisenweges sich kaum ändert:

$$\mathfrak{B} = \mu_0 (l_m / l) \cdot \mathfrak{H}_m .$$

Je nach der Gestaltung des Dauermagneten und des äußeren magnetischen Schlusses liegt eine Streuung $\sigma = 0{,}4 \ldots 0{,}8$ vor und ergibt für die Kraftflüsse Φ_m im Eisen und Φ im Luftspalt die Beziehung

$$\mathfrak{B}_m F_m \sigma = \mathfrak{B} F.$$

Die magnetische Energie im Luftspalt ist entweder rechnerisch nach der Formel

$$W = (\mathfrak{B}^2 F l / 8\pi)\, 10^{-3}\ [\mathrm{Ws}]$$

oder graphisch durch Auswerten der Hystereseschleife zu erhalten. Die Fläche f der Schleife sei in Quadratmillimeter ausgemessen, die Feldstärke in Oersted/mm und die Induktion in Kilogauß/mm aufgetragen. Dann erhält man als Energie für die Raumeinheit oder als Kraft je Flächeneinheit:

$$\Sigma(\mathfrak{B}\mathfrak{H}) = f \cdot 10^{-3}\ [\text{Gauß Oersted}] = f \cdot 0{,}796 \cdot 10^{-3}\ [\mathrm{Ws/cm^3}]$$
$$\Sigma(\mathfrak{B}\mathfrak{H}) = f \cdot 0{,}796 \cdot 10^{4}\ [\mathrm{erg/cm^3}] = f \cdot 0{,}796 \cdot 10{,}2 \cdot 10^{-3} [\mathrm{kg/cm^2}].$$

In der Regel wird eine bestimmte Zugkraft verlangt (P in g) und ist die hierzu notwendige Induktion zu ermitteln:

$$\mathfrak{B} = \sqrt{(P \cdot 4\pi \cdot 9{,}81)/(F \cdot l)}\ [\text{Gauß}].$$

Daraus ergeben sich dann die Länge in cm und der Querschnitt in cm² des Dauermagneten:

$$l_m = l\,(\mathfrak{B}/\mathfrak{B}_m) \quad \text{und} \quad F_m = F\,(\mathfrak{B}/\sigma\mathfrak{B}_m).$$

Für Dauermagnete wird eine Güteziffer oder genauer eine Auswertung des Energiegehalts je Volumeneinheit angegeben. Diese Güte $\mathfrak{G}$ wird durch eine Kurve ($\mathfrak{B}_r \cdot \mathfrak{H}_k / 8\pi$ in erg/cm³) dargestellt; aus der Magnetisierungskurve und einer Bewertungsgraden ist dann der beste Arbeitspunkt zu finden. Mit dieser Güteziffer wird unter Berücksichtigung der Streuung die bestmögliche Luftspaltinduktion erhalten:

$$\mathfrak{B} = \sqrt{\mathfrak{G}_{max} F_m l_m \sigma\, 8\pi / F l}\ [\text{Gauß}].$$

Die nachstehende Zahlentafel 5 gibt eine Auswahl einiger Mittelwerte neuerer Legierungen für Dauermagnete. (10^7 erg = 1 Ws = 10,2 cmkg.)

Zahlentafel 5:

Werkstoffe für Dauermagnete

Werkstoff	Gewichtsteile %	$\mathfrak{B}_r$ Kilogauß	$\mathfrak{H}_k$ Oersted	$\mathfrak{G}_{max}$ erg/cm³ · 10³
Werkzeugstahl	1,1 C 0,1 V	10,3	23	4,4
Chromstahl	1,1 C 2...6 Cr	10,4	63	14,0
Wolframstahl	0,7 C 6 W	10,5	75	14,0
Molybdänstahl	1,0 C 3...4 Mo	10,0	70	13,2
Kobaltstahl	36 Co 6 W 5 Cr	8,7	260	38,0
Oerstid 500	15 Al 24...28 Ni	6,2	525	50,0
Oerstid 900	18 Ni 17 Ti 23 Al	6,3	875	72,0
Platin-Kobalt	76,7 Pt 23,3 Co	4,4	1650	140,0

6. Gepolte Relais

Der magnetische Aufbau gepolter Relais setzt sich aus Elektromagneten und Dauermagneten zusammen. Eine sehr einfache Anordnung setzt die Wicklungen und Weicheisenkerne als Polschuhe auf die Dauermagnete, um den Dauerfluß zu stärken oder zu schwächen. Der Ankerabfall wird durch Flußschwächung bewirkt. Anziehen und Abstoßen erfordern entgegengesetzte Stromrichtungen.

Andere übliche Anordnungen zeigt Bild 30. In beiden Stellungen hält sich der Anker durch einseitigen Dauerfluß. Durch Spaltung des Flusses entstehen

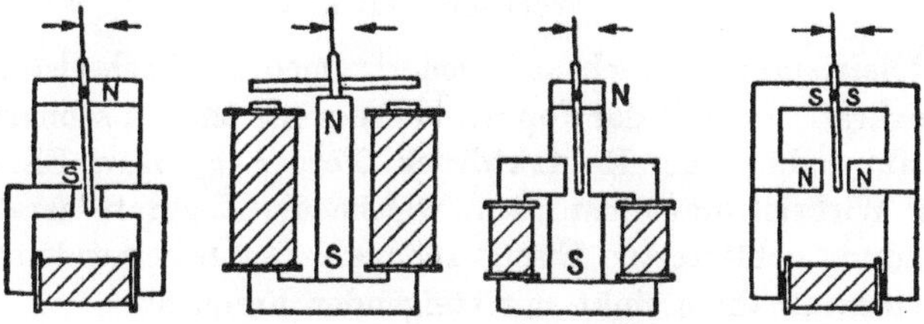

Bild 30. Grundformen des magnetischen Aufbaues gepolter Relais

zwei magnetische Haltungen, der bewegliche Anker ist Kontaktträger, wie die abgebildeten Grundformen zeigen. Die Empfindlichkeit gepolter Relais hängt von dem Unterschied der Dauerflüsse Φ_1 und Φ_2 ab:

$$(\Phi_1 + \Phi)^2 - (\Phi_2 - \Phi)^2 = (\Phi_1^2 - \Phi_2^2) + 2\,\Phi\,(\Phi_1 + \Phi_2).$$

Der elektromagnetische Fluß Φ steuert den Anker und muß folgende Bedingung erfüllen:

$$2\,\Phi > (\Phi_1^2 - \Phi_2^2)/(\Phi_1 + \Phi_2) = \Phi_1 - \Phi_2.$$

Kräftige Dauerflüsse sichern einen guten Kontaktdruck, schwache Ströme sollen zum Umschlagen des Ankers ausreichen. Diese gegensätzlichen Forderungen sind zu erfüllen, wenn der Kontaktweg klein (0,05 ... 0,1 mm) und damit der Flußunterschied $\Phi_1 - \Phi_2$ durch kleine Erregungsströme (0,2 ... 3 mA) zu überwinden ist. Die Umschlagzeit beträgt bei gepolten Relais etwa 1 ... 2 ms, auf Verzögerungen wird kein Wert gelegt.

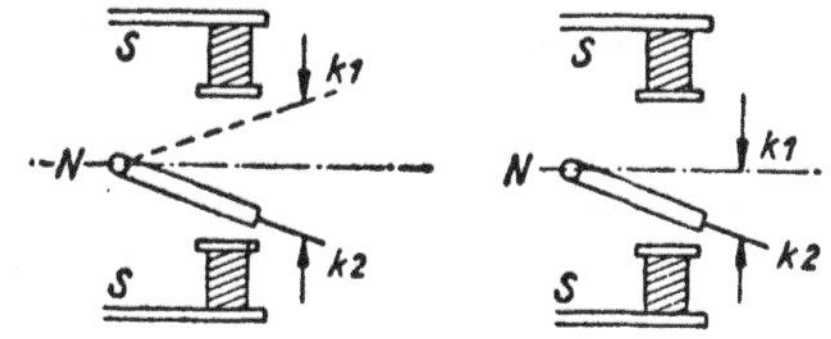

Bild 31. Polarisierte und neutrale Einstellung des Wechselkontaktes an gepolten Relais

Die Kontakte lassen sich auf Richtungs- oder Wendestrombetrieb einstellen (Bild 31). Bei Richtungseinstellung stehen die Kontakte unsymmetrisch zur magnetischen Mittellage, der Ankeranzug erfolgt entweder durch positiven oder negativen Strom, nach dem Ausschalten des Stromes fällt der Anker zurück (neutrale Einstellung). Bei Wendestrom stehen die Kontakte symmetrisch zur labilen Mittellage, entsprechend der Stromrichtung schlägt

der Anker entweder nach links oder rechts um und verharrt nach jedem Stromschritt in der Endstellung (polarisierte Einstellung).
Besonders bei schwacher Empfangsenergie ist das gepolte Relais dem neutralen Relais überlegen.
Auch neutrale Relais ziehen durch Hinter- oder Nebeneinanderschalten mit Trockengleichrichtern abhängig von der Stromrichtung an, allerdings nur bei Spannungen von mindestens einigen Volt, weil die Sperrwirkung eines Trockengleichrichters bei sehr niedrigen Spannungen aussetzt.

7. Wechselstromrelais

Neutrale Relais sprechen auch auf niederfrequenten Wechselstrom an. Weil aber die Zugkraft sich mit der doppelten Frequenz ändert, schnarrt der Anker und schwankt dadurch der Kontaktdruck. Ferner treten im Eisenkern, Joch und Anker Wirbelstromverluste auf, welche die Zugkraft herabsetzen und zur Verwendung geblätterten Eisens zwingen. Der Scheinwiderstand wächst und die Stromaufnahme sinkt mit steigender Frequenz:

$$I = U/(R + jwL).$$

Die Zugkraft eines Relais entspricht der zweiten Potenz des sinusförmigen magnetischen Flusses:

$$P = \tfrac{1}{2}\,\mathfrak{B}\mathfrak{H}F = \Phi^2/2\,\mu F.$$

Hierbei sind Φ in Vs, F in cm² und als Induktionskonstante $\mu_0 = 4\pi \cdot 10^{-9}$ Vs/Acm eingesetzt. Die Zugkraft ergibt sich in Kraftkilogramm:

$$P = \Phi^2/2\,\mu\, 9{,}81\, F.$$

Bei Benutzung der früher geltenden Maßeinheiten mit Φ in Maxwell, F in cm², l in cm und mit $\mu_0 = 1{,}256 \cdot 10^{-8}$ Vs/Acm gelangt man, wenn in Annäherung $\mu_r = 1$ oder $\mathfrak{B} = \mu_0\mathfrak{H}$ im Eisen wegen des großen Luftspaltes gesetzt werden darf, zu den bekannten praktischen Formeln:

$$P \approx \Phi^2/(8\,\pi \cdot F \cdot 981),$$

so daß bei kleinem Verlust- oder Wirkwiderstand gesetzt werden darf

$$\Phi_{\max} = I_{\text{eff}}\sqrt{2}\,(wF\mu/l)$$

oder erhält in Kraftgramm

$$P = I^2 \sin^2 \omega t \cdot w^2\,(F\mu^2/8\,\pi\, 981\, l^2).$$

Die Zugkraft durchläuft im Beharrungszustand eine Sinusquadratkurve, nach dem Anlegen einer Spannung bei einem Einschaltwinkel $\alpha \neq 0$ ergibt sich ein Ausgleichvorgang, der jedoch bei den oft beträchtlichen Leitungsverlusten fast aperiodisch verläuft.
Da zwischen Stromquelle und Relais oft erhebliche Leitungswiderstände liegen, läßt sich durch Verminderung der Windungszahl und des Wicklungswiderstandes der Erregungsstrom nicht wesentlich erhöhen. Der Scheinwiderstand ist besser durch Zuschalten eines Kondensators herabzusetzen,

wenn man bei einer bestimmten Frequenz den größtmöglichen Empfangsstrom erreichen will:

$$\mathfrak{R} = R + j\,[\omega L - (1/\omega C)] \approx R.$$

Durch Reihen- oder Parallelresonanz-Schaltung erhält man trotz hoher Induktivität einen kräftigen Erregungsstrom und ein auf eine bestimmte Frequenz abgestimmtes Relais. Die Schnarrneigung läßt sich bei Niederfrequenz (10 ... 50 Hz) durch Beschweren des Ankers wenig dämpfen. Bei Mittelfrequenz (200 ... 600 Hz) reicht die Masse des unbeschwerten Ankers aus, um durch seine Trägheit sicher anzuliegen, bei Hochfrequenz nehmen indes die Eisenverluste so stark zu, daß eine Verwendung solcher Relais ausscheidet.
Für Nieder- und Mittelfrequenz sind ferner Gleichrichterschaltungen anwendbar (Bild 32). Etwaige Schnarrneigung bei Frequenzen unter 20 Hz läßt sich durch einen Kupfermantel oder einen Nebenwiderstand dämpfen.

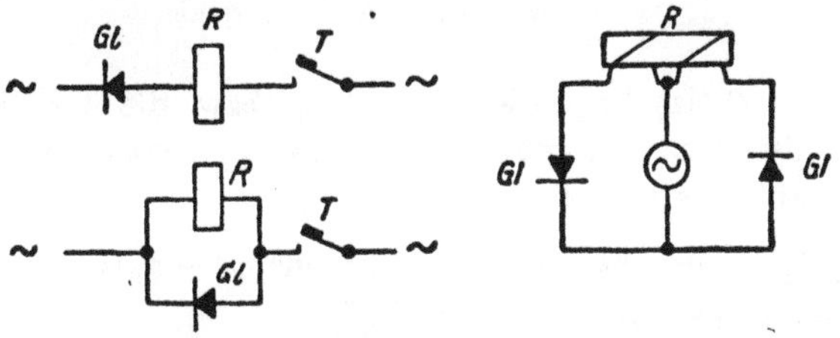

Bild 32. Anordnung von neutralen Relais mit Trockengleichrichtern für Wechselstrombetrieb

Ohne Trockengleichrichter sprechen Kupfermantelrelais auf Wechselstrom bei mäßiger Erregung nicht an, weil die Wirbelströme entmagnetisierend wirken. Die Eisenteile des Relais sind auch bei Betrieb mit gleichgerichteten Wechselströmen zu blättern, weil infolge fehlender Glättung sonst Wirbelstromverluste auftreten.
Damit sind zunächst Verfahren gezeigt, neutrale elektromagnetische Relais mit Wechselstrom zu betreiben. Die notwendigen Dämpfungsmittel verlängern indes die Anzug- und Abfallzeiten. Zum Empfang von Dauerzeichen (Rufstrom) eignen sich diese Anordnungen, aber nicht zur Übertragung von Stromschritten (Wählimpulsen).
Der Nulldurchgang und die Schwankungen der Kraftkurve lassen sich vermeiden durch Verwendung eines Zweiphasenwechselstromrelais mit zwei getrennten Kernen, Wicklungen und Jochen, das aber nur einen Anker hat (Bild 33). Werden diese Wicklungen mit phasenverschobenen Strömen betrieben, so wirken zwei zeitlich verschobene Kraftflüsse auf den Anker. Die Überlagerung beider Wirkungen ergibt zwar auch noch eine wellenförmige Zugkraft, welche aber nicht mehr unter den Federdruck der Kontakte sinkt und so einen ruhigen Kontaktschluß gewährleistet. Der Anker kann so leicht gebaut sein, wie es mit Rücksicht auf einen guten magnetischen Schluß

möglich ist. Daher eignet sich diese Bauart für kurzzeitige und periodische Schaltfolgen (Wählimpulse mit Wechselstrom).
Die gegenseitige Phasenverschiebung der Erregerströme wird durch Vorschalten von Kondensatoren vor eine oder beide Wicklungen erhalten. Bei

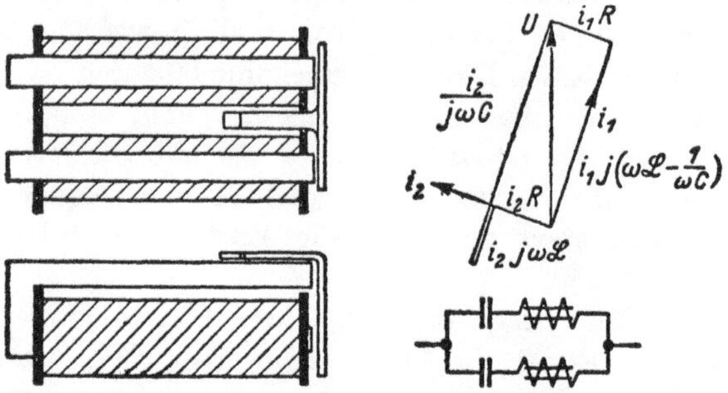

Bild 33. Magnetischer Kreis, Schaltung und Zeigerdiagramm eines Wechselstromphasenrelais

Niederfrequenz (50 Hz) liegt die Nacheilung bzw. die Voreilung der Teilströme gegen den Gesamtstrom um φ_1 bzw. $\varphi_2 = 90° - \varphi_1$ verschoben, so daß als Zugkraft erhalten wird $(\mu = \mu_0 \cdot \mu_r)$.

$$P = \mu I_1^2 w_1^2 \sin^2(\omega t + \varphi_1) + \mu I_2^2 w_2^2 \sin^2(\omega t - \varphi_2) =$$
$$= \mu I^2 w^2 (\cos^2 \varphi + \sin^2 \varphi) = I^2 w^2.$$

Bei höheren Frequenzen wird das Verhältnis des Blind- zum Wirkwiderstand $\operatorname{tg}\varphi = \omega L/R$ günstiger, weil der gleiche magnetische Fluß sich mit weniger Windungen und auch weniger Kupferwiderstand erreichen läßt, was aus der folgenden Beziehung hervorgeht:

$$U_{\text{eff}} = 4{,}44 \cdot f \cdot w \cdot \Phi_{\max}.$$

Da bei gegebener Spannung U_{eff} und benötigtem Fluß $\Phi_{\max}$ das Produkt $f \cdot w$ gleich groß bleiben muß, wird $R \ll \omega L$ und die Nacheilung in der einen Wicklung größer. Für die andere Wicklung genügt dann ein kleinerer Kondensator, weil bei höherer Frequenz nur eine kleine Voreilung notwendig wird, um eine gegenseitige Verschiebung von 90° zu erreichen.
Das Ansprechen des Ankers hängt von Ausgleichvorgängen ab, in deren Verlauf sich die Phasenverschiebung beider Teilströme erst bildet. Nach einigen Millisekunden ist der Aufbau der magnetischen Felder so weit vorgeschritten, daß die Wechselströme in richtiger Phasenlage wirken. Mit dem Beginn der Ankerbewegung verbessert sich der magnetische Kreis, es ändern sich Strom I, Selbstinduktion L, Phasenwinkel φ und es steigen Fluß Φ und Zugkraft P.
Die vorgeschalteten Übertragungsleitungen dämpfen die Energie oft so erheblich, daß sich der Gesamtstrom wenig, aber die Phasenlage der Teilströme mehr ändert. Diese Änderungen sind klein zu halten, wenn der Luftspalt oder der Ankerabstand groß gegen den Ankerhub eingestellt wird.

Nach dieser Regel verfährt man bei Wechselstromrelais ebenso wie bei Gleichstromrelais, um den Betragsunterschied zwischen Anzug- und Abfallstrom zu verringern, der sonst etwa 1,5 : 1 ist. Die Schaltzeiten der Phasenrelais liegen zwischen 5 und 15 ms, die erforderliche Erregung beträgt 50 bis 100 AW.

8. Wähler

Die Hauptbestandteile eines Wählers sind: der elektrische Antrieb, die Einstellglieder und die Kontaktbänke.

Als Antrieb dienen vorwiegend Kraftmagnete, deren Hübe über eine Stoßklinke und ein Zahnrad in Drehschritte umgesetzt werden oder unmittelbar zu Hebschritten führen. Der Anzug des Ankers erfolgt elektromagnetisch, der Abfall durch Federkraft.

Die Einstellglieder können entweder beim Anzug oder Abfall des Ankers vorrücken. Diese Glieder sind meistens leitende Kontaktarme, welche die einzelnen Lamellen der Kontaktbank bestreichen. Sonderbauarten verwenden Nockenscheiben oder Nockenwellen, von denen Federsätze mit Abhebekontakten abwechselnd bei jedem Schritt geschaltet werden.

Drehwähler. Entsprechend der Anzahl der Ausgänge oder Schritte bezeichnet man diese Wähler als 10-, 12-, 16-, 25-, 50teilig. 100teilige Drehwähler sind selten. Der Kontaktkranz umfaßt ein Drittel oder die Hälfte des Kreisumfanges. Die Anzahl der Arme hängt von den Erfordernissen der Schaltung ab und schwankt zwischen 1 und 10, gebräuchlich sind drei- bis vierarmige Drehwähler. Ein Arm hat bei Drittelteilung *Y*-Form, bei Halbteilung des Kontaktkranzes I-Form. In einem Halbkreis 50 Schritte unterzubringen ist schwieriger als 25 Schritte mit breiteren Lamellen, welche geringere Einstellgenauigkeit erfordern und kürzere Arme ermöglichen. Mit versetzten Armen können während einer vollen Umdrehung nacheinander zwei parallele Kontaktbänke mit je 25 oder 50 Lamellen bestrichen werden (Bild 34).

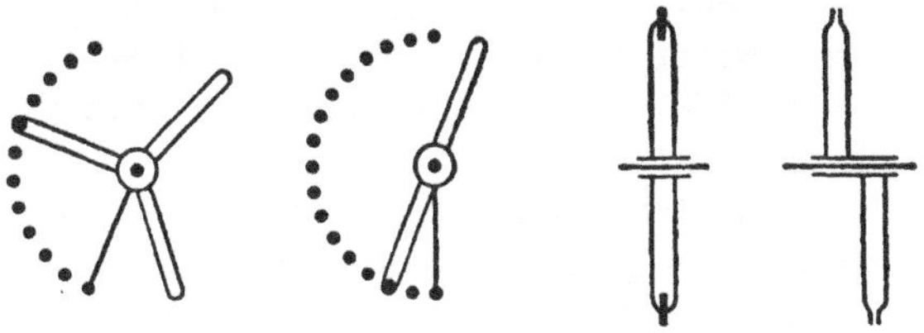

Bild 34. Schaltarmformen von Drehwählern

Der Antrieb erfordert bei 60 V und leichten Wählern etwa 1 A, bei schweren Wählern mit mehr Armen 1,5 ... 2 A; bei 24 V nur wenig mehr Strom, etwa 1,5 ... 3 A.

Volt	Amp.	Ohm	Windungen	AW	Watt
24	1,4	17	1400	1960	34
36	1,1	33	1800	1980	40
60	1,1	55	2500	2750	65

Für die Arbeitsweise eines Kraftmagneten ist eine Wicklung mit einer kleinen Zeitkonstanten $T = L/R$ vorteilhaft, um durch schnellen Stromanstieg zu hohen Schrittzahlen (30 ... 40 je s) zu gelangen. Deshalb werden niederohmige Wicklungen verwendet, obwohl damit die Gefahr unzulässiger Erwärmungen verbunden ist. An sich zieht der Anker etwa mit 30% des vollen Stromes schon an, auch die gefährliche Wärmeleistung tritt nur dann auf, wenn der Wähler in Störungsfällen hängen bleibt, aber dieser Energieüberschuß ist notwendig, um mit guter dynamischer Sicherheit zu arbeiten. Die Betriebszeiten eines Wählers sind kurz (0,5 ... 1 s) und ergeben nur geringe Erwärmungen, die Abkühlungspausen erstrecken sich auf Minuten bis Stunden. Jeder Kraftmagnet wird daher mit einer Einzelsicherung versehen, deren Nennstrom etwa 30 ... 50% des in Störungsfällen zu erwartenden Dauerstromes beträgt und bei langzeitiger Beanspruchung des Wählers sicher ansprechen muß. Will man diese Einzelsicherungen vermeiden, so bleibt nur der Ausweg, die Magnetwicklungen stromsicher auszuführen und die Drahtwicklung unmittelbar auf den gut wärmeleitenden Eisenkern ohne den wärmeisolierenden Spulenkörper zu wickeln.

Ein Drehwähler kann nach Bedarf mit besonderen Kontakten ausgerüstet werden:

w_0, w_{11} Wellenkontakte, welche in der Grundstellung (0) oder bei Erreichen bestimmter Schritte (11) schalten,

d Drehkontakt, schaltet bei jedem Anzug und Abfall des Kraftmagneten wie ein Relaiskontakt,

δ Selbstunterbrecher, schaltet den Kraftmagneten nach jedem Anzug aus und nach dem Abfall wieder ein.

Als Blankkontakt wird die Vereinigung mehrerer Lamellen zu einer glatten Kontaktbahn bezeichnet.

Hebdrehwähler. In der Regel sind 100 Ausgänge über 10 Höhen- und 10 Drehschritte zu erreichen und drei Kontaktarme für je eine *a*-, *b*- oder *c*-Ader vorgesehen. Das Vorrücken der Arme erfolgt beim Anzug des Heb- oder Drehmagneten. Nach der Art der Auslösung werden zwei Bauarten unterschieden (Bild 35).

Der Strowgerwähler besitzt einen Auslösemagneten, der eine Klinke löst; die Welle dreht sich dann durch Federkraft zurück und fällt durch Eigengewicht in die Grundstellung.

Eine Abart dieses Wählers besitzt eine elfte Kontaktreihe, welche unterhalb der zehn Höhenschritte liegt. Die Lamellen dieser Reihe werden von den Armen durch Eindrehen ohne vorhergehende Höhenschritte erreicht, die Rückstellung vollzieht sich durch den Auslösungsmagneten.

Der Viereckwähler hat ebenso einen Heb- und Drehmagnet, benutzt aber zur Auslösung seinen Drehmagnet. Die Arme drehen weiter bis über den letzten Kontakt hinaus, die Welle fällt durch Federkraft und Eigengewicht und schnellt nach Ausschalten des Kraftmagneten in die Grundstellung zurück, so daß die Arme im Viereck über den Kontaktsatz geführt werden.

Durch Doppelkontakte ist es möglich, den Kontaktsatz auf 200 Anschlüsse zu erweitern. Die Kontaktarme, welche bei einfachen Lamellen paarig die Ober- und Unterseite bestreichen, sind mit einer Zwischenisolation versehen, so daß 2 × 3 Arme gebildet werden, welche sich auf je 100 Oben- und Unterlamellen mit isolierender Zwischenlage wahlweise schalten lassen.

Der Energiebedarf ist ähnlich dem Drehwähler, nur der Auslösungsmagnet, welcher langsamer arbeiten darf, besitzt eine Wicklung mit doppelt so hohem Widerstand und ist für geringere Stromstärke (0,5 A) bemessen.

Nach Bedarf werden Hebdrehwähler mit folgenden Sonderkontakten versehen:

k Kopfkontakt, schaltet einmalig beim Verlassen und Erreichen des untersten Höhenschrittes,

h Hebkontakt, schaltet bei jedem Anzug und Abfall des Hebmagneten wie ein Relaiskontakt,

w_0 w_{12} Wellenkontakt, schaltet einmalig beim ersten (0) oder einem beliebigen (12) Drehschritt,

d Drehkontakt, arbeitet bei jedem Anzug und Abfall des Drehmagneten wie ein Relaiskontakt,

δ Selbstunterbrecher, wie bei Drehwählern beschrieben,

m_0 Auslösekontakt, schaltet beim Anzug und Abfall des Auslösemagneten.

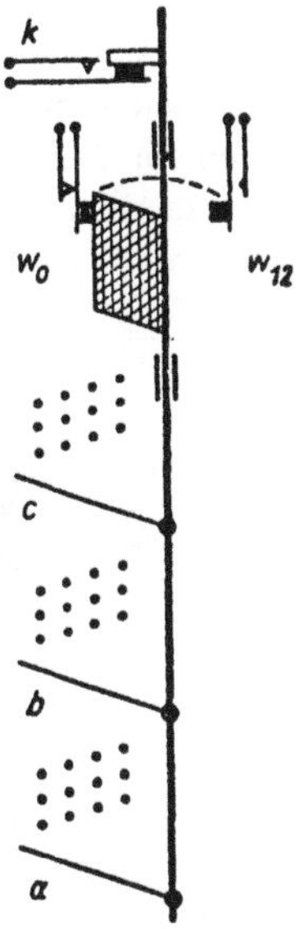

Bild 35. Grundform der Schalteinrichtung von Hebdrehwählern

Jeder der Sonderkontakte (ausgenommen der Selbstunterbrecher) kann als einzelner Arbeits-, Ruhe- oder Umschaltekontakt ausgeführt sein oder einen beliebig zusammengesetzten Kontaktsatz bilden.

Wählerart	Anzug ms	Abfall ms
Drehwähler 15 tlg. . . .	6–11	4– 6
Drehwähler 50 tlg. . . .	8–12	6– 8
Strowgerwähler	28–32	8–14
Viereckwähler	15–20	8–14
Wählerrelais	20–30	15–20

Wählerrelais. Ein Nachteil aller großen Wähler ist der hohe Strombedarf, der eine Verwendung nur in Ortsstromkreisen zuläßt, dagegen eine Fernsteuerung über Leitungen ausschließt, weil dabei mit Schleifenwiderständen bis zu 500 Ω und mehr zu rechnen ist. Erwünscht sind für diese Zwecke leichte Wähler, die mit wenigen Milliampere betriebssicher arbeiten, wobei unter Umständen auch höhere Spannungen als 60 V zuzulassen sind.

Ein Wählerrelais stellt eine leichte Bauart dar, dessen Kraftmagnet dem Rundrelais ähnlich ist und einen kurzen Kontaktarm antreibt, der sich auf 1 × 36 oder 2 × 18 Ausgänge einstellt oder mit Sickenscheiben ausgerüstet ist, durch deren Drehung in bestimmten Stellungen Abhebekontakte geschaltet werden.

E. Induktivität

1. Grundbegriffe

Das elektromagnetische Feld ist ein Raum, beherrscht von elektrischen und magnetischen Feldstärken, deren Energien gegenseitig verknüpft sind. Das elektrische Feld beruht auf den auftretenden Spannungen, das magnetische Feld auf den erzeugten Strömen.
Bei Gleichstrom entspricht die elektrische Feldstärke dem Spannungsabfall in einem Leiter und die magnetische Feldstärke seiner Stromstärke. Bei weitem überwiegt in diesem Fall die magnetische Feldstärke.

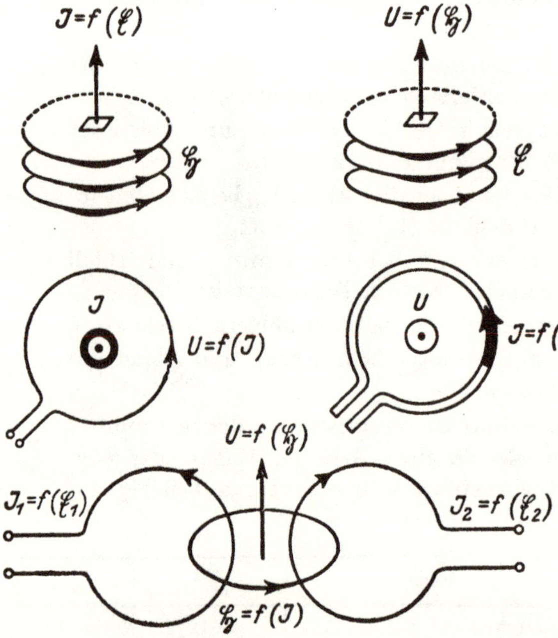

Bild 36. Verkettung elektrischer und magnetischer Wechselfelder

Bei Änderungen dieses Zustandes treten Ausgleichvorgänge auf. Durch Einschalten einer Spannung entsteht ein elektrisches Feld, dessen statische Energie sich in dynamische Energie verwandelt. Die Strömung beginnt unter Induktion einer gleich großen Gegenspannung. Nähert sich der Strom seinem durch Spannung und Widerstand bedingten Grenzwert, so verschwindet die Gegenspannung. Das magnetische Feld bleibt erhalten, so lange der Strom unverändert fließt.
Verschwindet sprunghaft die angelegte Spannung, so sucht die Strömung vermöge ihrer magnetischen Energie zu beharren. Eine induzierte elektromotorische Kraft in gleicher Richtung entsteht. Mit abnehmender Stromstärke sinkt diese und verschwindet mit dem Strom. Das magnetische Feld ist abgebaut, seine Energie setzt sich wegen des Leitungswiderstandes in Wärme um.

Bei Wechselstrom erfolgen im eingeschwungenen Zustand periodische Änderungen des elektromagnetischen Feldes. Der periodische Induktionsvorgang läßt sich mit zwei Sätzen beschreiben (Bild 36):

1. Ein elektrisches Wechselfeld verursacht einen Wechselstrom in einem Leiter, der von einem Wirbel magnetischer Feldlinien umgeben ist.

2. Ein magnetisches Wechselfeld erzeugt eine Wechselspannung in einem Leiter, der von einem Wirbel elektrischer Feldlinien umgeben ist.

Gedacht ist dabei an eine Anordnung aus zwei abstandsgleichen Leiterschleifen. Am ersten Leiter liegt die Spannung U_1 (elektrisches Feld), es fließt der Strom I_0 (magnetisches Feld) und erzeugt eine induzierte Spannung im ersten und im zweiten Leiter (elektrisches Feld).

Sind beide Leiter verlustfrei, so gilt für je eine Windung:

$$-I_0 = dQ/dt = F(d\mathfrak{D}/dt) = \varepsilon F(d\mathfrak{E}/dt) = (\varepsilon F/l) \cdot (dU_1/dt)$$
$$-U_0 = d\Phi/dt = F(d\mathfrak{B}/dt) = \mu F(d\mathfrak{H}/dt) = (\mu F/l) \cdot (dI_0/dt).$$

Die im eigenen und im fremden Leiter induzierten elektrischen Spannungen sind bei beliebigen Windungszahlen w_1 und w_2:

$$-U_{01} = w_1 (d\Phi/dt) = L_1 (dI/dt) = I_0 \cdot j\omega L_1$$
$$-U_{02} = w_2 (d\Phi/dt) = M_{12} (dI/dt) = I_0 \cdot j\omega M_{12}.$$

Die Phasenverschiebung ergibt sich aus dem Induktionsgesetz: der Schwund des Stromes erzeugt eine positive Spannung. Gegen U_1 eilt I_0 um 90° nach; gegen I_0 eilt U_{01} bzw. U_{02} um 90° nach; also sind U_1 und U_{01} bzw. U_{02} bei verlustfreier Übertragung um 180° phasenverschoben oder liegen entgegengesetzt.

Als Maßeinheit für die gegenseitige Induktion M gilt wie für die Selbstinduktion L das Henry ($M = 1$ H).

2. Drosselspulen

Ein geschlossener Eisenkern trägt eine Wicklung (Bild 37), welche an einer Wechselspannung mit bestimmter Frequenz liegt. Das magnetische Wechselfeld induziert durch Selbstinduktion in der eigenen Wicklung und durch gegenseitige Induktion im Eisenkern eine elektrische Spannung.

Im Eisenkern entstehen Verluste durch Wirbelströme und Hysterese, welche klein zu halten sind. Weitere Verluste entstehen durch den Widerstand der Kupfer- oder Aluminiumwicklung. Sämtliche Verluste werden vom Wirkwiderstand der Drosselspule erfaßt:

$$R_w = R_{ei} + R_{ku}.$$

Der Wirkwiderstand ist also größer als der Gleichstromwiderstand einer Drosselspule bzw. ein Wechselstromelektromagnet weist größere Verluste als ein Gleichstromelektromagnet auf. Der Unterschied zwischen dem Wirk- und Gleichstromwiderstand heißt der Verlustwiderstand. Durch den Wirkwiderstand entsteht in Phase mit dem Strom ein Spannungsabfall und durch die

Selbstinduktion eine um 90° gegen den Strom voreilende Blindspannung, deren geometrische Summe gleich der angelegten Wechselspannung ist:

$$U = I R_w + I j R_b = I (R_w + j\omega L).$$

Diese vereinfachte Darstellung ist anwendbar, wenn ein bestimmter Betriebsfall vorliegt, bei dem Spannung, Frequenz und Kurvenform des Wechselstromes ohne erhebliche Oberwellen gegeben sind. Das entsprechende Dia-

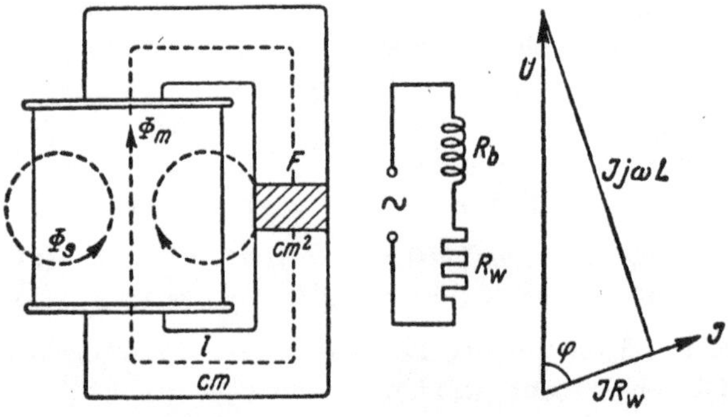

Bild 37. Aufbau, Ersatzschaltung und Zeigerdiagramm von Drosselspulen

gramm (Bild 37) zeigt die Phasenverschiebung zwischen Spannung und Strom; der Phasenwinkel φ ergibt sich entweder aus der Beziehung $\cos \varphi = I R_w / U$ oder aus $\operatorname{tg} \varphi = \omega L / R_w$.

Bei genauerer Betrachtung des Wirkwiderstandes zeigt sich eine verwickelte Abhängigkeit der Eisen- und Kupferverluste von der Frequenz, Kurvenform und Permeabilität.

Die Eisenverluste setzen sich aus folgenden Anteilen zusammen:

a) Hystereseverluste. Bei einem periodischen Durchlaufen mit einer sinusförmigen Feldstärke $\mathfrak{H}$ entstehen Induktionen $\mathfrak{B}$, welche wegen der veränderlichen Permeabilität μ des Eisens nicht mehr sinusförmig sind. Außerdem decken sich nicht die Wertefolgen des auf- und absteigenden Astes der Magnetisierungskurve $\mathfrak{B} = f(\mathfrak{H})$. Es verbleibt eine Restmagnetisierung abhängig von der Eisenbeschaffenheit und seiner magnetischen Höchstbeanspruchung. Diese Verluste sind proportional der Eisenmasse, der Frequenz und der dritten Potenz der Höchstfeldstärke. Entsprechend dem Jouleschen Gesetz von der Stromwärme wird ein Hysteresewiderstand eingeführt: $R_h = N/I^2 \approx k_1 f I$.

b) Wirbelstromverluste. Im Eisenkern kreisen induzierte Ströme, deren Wärmeverluste bei tiefen Frequenzen proportional dem Quadrat, bei hohen Frequenzen der Wurzel aus der Frequenz sind und außerdem von der zweiten Potenz der Höchstinduktion abhängen. Sinngemäß wird ein Wirbelstromwiderstand der Spule eingeführt: $R_w = N/I^2 \approx k_2 f^2$.

Die Kupferverluste wachsen bei höheren Frequenzen infolge Stromverdrängung im Leiter etwa mit der Wurzel aus der Frequenz. Der Wechselstromwiderstand wächst etwa mit der Wurzel aus der Frequenz.

Eine genaue Aufteilung aller Verluste erübrigt sich, wenn innerhalb des zu drosselnden Frequenzbereiches der Wirkwiderstand klein gegen den Blindwiderstand bleibt.

Die Selbstinduktion L hängt von der Windungszahl, der Länge und dem Querschnitt des magnetischen Kreises und seiner Sättigung ab, wenn man vorerst von Streuungen absieht:

$$L = w^2 \mu \, (F/l).$$

Mit wachsender Sättigung sinkt die Zunahme der Magnetisierung. Die Selbstinduktion und der Blindwiderstand der Drosselspule nehmen ab.

Die veränderliche Magnetisierung μ ergibt ähnliche Änderungen der Induktivität L und des magnetischen Flusses Φ. Im Laufe einer Periode entsteht trotz Anlegen einer sinusförmigen Spannung ein verzerrter Magnetisierungsstrom und eine Induktionsspannung, deren noch anders gestaltete Kurvenform sich aus den verzerrten Änderungen des Flusses ableitet (Bild 38).

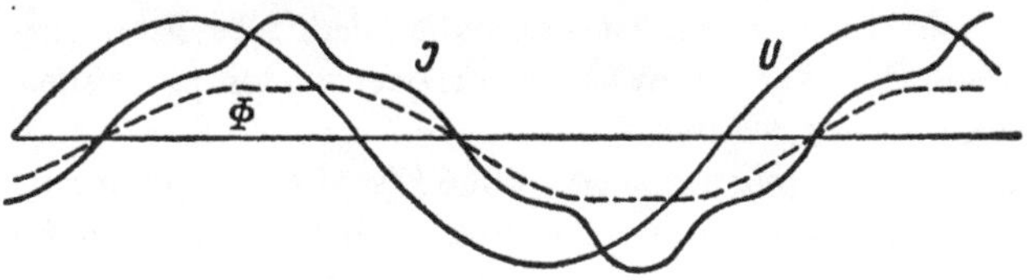

Bild 38. Einfluß der Eisenübersättigung auf den Verlauf des magnetischen Flusses in einer Drosselspule

In eigenem Belieben steht es, Eisenkern und Wicklung zu bemessen. Bei hoher Sättigung bilden sich starke Oberwellen aus, durch niedrige Sättigung mit annähernd gleichbleibender Magnetisierung sind sie zu vermeiden. Das eine Verfahren bildet die Grundlage zur Frequenzvervielfachung, das andere ist notwendig, wenn Sprech- oder Signalströme unverzerrt bleiben sollen. Die Grenze beider Bereiche liegt beim Knie der Magnetisierungskurven, richtet sich also nach der verwendeten Eisenart.

Bei schwacher Sättigung oder geringer Nutzung des Eisen- und Kupfergewichts sinken die Verluste erheblich. In guter Annäherung gilt dann für sinusförmige Spannungen und Ströme:

$$U_{\text{eff}} = I_{\text{eff}} \cdot 2\pi f \,(w^2 F \mu / l) = 4{,}44\, f w \Phi_{\max} \quad \text{oder} \quad U = I j \omega L.$$

3. Berechnung von Drosselspulen

Eine Drosselspule ist für eine verlangte Induktivität bei einer gegebenen Strombelastung zu berechnen. Der Strom bedingt die Wahl des Drahtdurchmessers, wobei die Stromdichte entweder durch eine zulässige Übertemperatur oder durch eine zulässige Verlustleistung begrenzt ist. Die Belastbarkeit hängt von der Formgebung der Wicklung ab. Ein quadratischer Querschnitt des Wickelraumes ergibt geringste Kühlflächen bei kleinem Raumbedarf, eine langgestreckte Wicklung mit wenigen Lagen führt zu großen Kühlflächen bei etwa gleichen Windungszahlen, auch wird der Widerstand je Windungslänge kleiner ausfallen, als Mittelweg werden daher Wicklungen bevorzugt, welche sich mehr der Rechteckform nähern, wobei sich ein Verhältnis der Wicklungshöhe zur Wicklungslänge etwa wie 1 : 1,5 bis 1 : 5 ergibt.

Die Stromdichte hängt bei Schwachstromspulen oft nur von einer Gleichstrombelastung ab, weil häufig die besondere Aufgabe besteht, Wechselströme innerhalb eines gewissen Frequenzbereiches nahezu zu sperren und Gleichstrom mit geringem Spannungsabfall durchzulassen. Die zweite Bedingung für den Gleichstrom führt zwangläufig auf Drahtquerschnitte, die so schwach belastet werden, daß sich eine Berechnung auf zulässige Übertemperatur erübrigt. Bei Starkstromspulen für größere Leistungen (über 10 VA) lohnt sich eine Erwärmungsberechnung, wohingegen Schwachstromspulen oft nur kleine Leistungen (unter 1 VA) aufnehmen müssen.

Das Hauptziel der Berechnung von Drosselspulen ist, eine ausreichende Selbstinduktion zu erhalten. Bei Starkstromspulen ist in der Regel nur eine bestimmte Frequenz vorgeschrieben, bei Schwachstromspulen jedoch ein Frequenzbereich. Einzusetzen ist dann die niedrigste Frequenz, besonders bei Spulen ohne Eisenkern, weil höhere Frequenzen auf alle Fälle stärker und ausreichend gedrosselt werden.

Die Verwendung von Spulen mit oder ohne Eisenkern hängt von folgenden Erwägungen ab. Soll trotz veränderlicher Strombelastung die Induktivität gleichbleiben, so wird man versuchen ohne Eisenkern auszukommen, weil dessen Permeabilität von der magnetischen Induktion abhängt. Der Wicklungsaufwand wird groß. Darf dagegen die Induktivität im Belastungsbereich sich ändern und lassen sich die Energieverluste im Eisen klein halten, so ist die Eisenkernspule hinsichtlich der Werkstoffeinsparung beträchtlich überlegen.

Die Höchstwerte der Permeabilität ergeben sich für übliche Eisenbleche bei Induktionen zwischen 5000 und 8000 Gauß, oberhalb und unterhalb fallen die Werte stark ab. (1 Gauß = 10^{-8} Voltsek./cm².)

$\mathfrak{B}$	1	2	3	4	5	6	7	8	9	10	11	12	kG
μ	1,0	1,5	2,1	2,6	2,9	3,2	3,3	3,0	2,7	2,2	1,7	1,2	10^3

Durch eine Gleichstromvormagnetisierung wird der bis zur Eisensättigung nutzbare Bereich eingeschränkt. Für die Magnetisierung durch den zu drosselnden Wechselstrom ergeben sich geringere Permeabilitäten als bei fehlender Vormagnetisierung. Die Betriebsinduktivität, d. h. der sich aus $L = U/I\omega$ ergebende Effektivwert, sinkt mit steigender Gleichstromlast. Eine Abschwächung dieser Änderungen von Permeabilität und Induktivität erfährt der magnetische Kreis durch den Luftspalt, welchen offene oder überlappte Stoßfugen rechteckiger Eisenkerne bilden, die notwendig sind, um einen Zusammenbau mit dem fertig bewickelten Spulenträger zu ermöglichen. Solche Luftspalte (etwa 0,5 mm und mehr) erhöhen den magnetischen Widerstand bei kleinen Drosselspulen so beträchtlich, daß die Größe der magnetischen Induktion überwiegend von der gleichbleibenden Luftpermeabilität abhängt. Die Berechnung solcher Spulen wird hierdurch einfacher.

Jede mit Wechselstrom oder Wellengleichstrom belastete Drosselspule hat allgemein Wicklungs- und Eisenverluste.

Bei Starkstromspulen (meistens für 50 Hz) werden Wicklungen und Eisen hoch beansprucht. Die innerhalb einer Periode auftretenden Höchstwerte der Eiseninduktion belaufen sich auf 10 ... 12 kG ohne Rücksicht auf die entstehende Verzerrung der Spannungs- und Stromkurvenform.
Bei Schwachstromspulen (meist für 100 ... 10000 Hz) wird mit Rücksicht auf die mit der Frequenz steigenden Ummagnetisierungsverluste eine niedrigere Induktion (etwa 500 ... 1000 G) gewählt, um die üblichen legierten Eisenbleche (0,35 oder 0,5 mm) verwenden zu können. Je niedriger die Induktion ist, desto enger wird die Scherung der Magnetisierungskurve, so daß sich schließlich Magnetisierungen ergeben, bei denen der auf- und absteigende Ast auf einer gemeinsamen Geraden liegen. Man spricht dann von einer reversiblen (umkehrbaren) Permeabilität. Um besonders bei schwacher elektrischer Energie (Sprechstrom) ausreichende magnetische Wirkungen zu erzielen, werden Sonderlegierungen mit sehr hoher Anfangspermeabilität verwendet.
Bei Hochfrequenzspulen wachsen andrerseits die Wirbelstromverluste mit der zweiten Potenz der Frequenz und erhöhen dadurch beträchtlich den Verlustwiderstand. Um auch dann noch Eisenkerne verwenden zu können und die Wicklungen klein zu halten, sind weitere Sonderlegierungen (Massekerne u. ä.) entwickelt, deren Wirbelstromverluste auch bei Hochfrequenz erträglich bleiben.
Die Berechnung der Wicklungen von Drosselspulen muß sich daher der gewählten Bauart des Eisenkörpers und dem vorgeschriebenen Verwendungszweck hinsichtlich der Wicklungsverluste anpassen.
Die Stromdichte für Kupferdrähte kann zwischen 1 ... 3 A/mm² liegen. Der Gleichstromwiderstand einer Wicklung wird

$$R_0 = k w \pi D \, 10^{-3} [\Omega],$$

wenn w die Windungszahl, $D = \frac{1}{2}(D_a + D_i)$ der mittlere Wicklungsdurchmesser in mm und k eine Konstante für Kupferdrähte bei 20° C mit einem Drahtdurchmesser d in mm nach beistehender Zahlentafel 6 ist.

Zahlentafel 6:

Windungszahlen und Widerstandsangaben für Feindrähte

d mm	w/cm² Querschnitt Cu L	Cu S	k Ω/m	d mm	w/cm² Querschnitt Cu L	Cu S	k Ω/m
0,05	17000	11000	8,91	0,15	2700	1900	0,990
0,06	13000	8400	6,19	0,18	1900	1400	0,688
0,07	10000	6500	4,55	0,20	1550	1160	0,557
0,08	8000	5200	3,48	0,22	1300	1000	0,460
0,09	7200	4500	2,75	0,25	1000	840	0,357
0,10	5800	3600	2,23	0,30	720	590	0,248
0,11	4800	3000	1,85	0,35	520	450	0,182
0,12	4100	2700	1,55	0,40	410	360	0,139
0,13	3500	2400	1,32	0,45	330	310	0,110
0,14	3200	2100	1,14	0,50	260	250	0,089

Die Verlustleistung der Wicklung ist $N = I^2 R$ und liegt in der Größenordnung von einigen Watt. Die Erwärmung bleibt in zulässigen Grenzen, wenn die Mantelfläche der Wicklung und die freie Oberfläche des Eisenkerns mit etwa 0,5 ... 0,7 W/cm² insgesamt beansprucht werden.

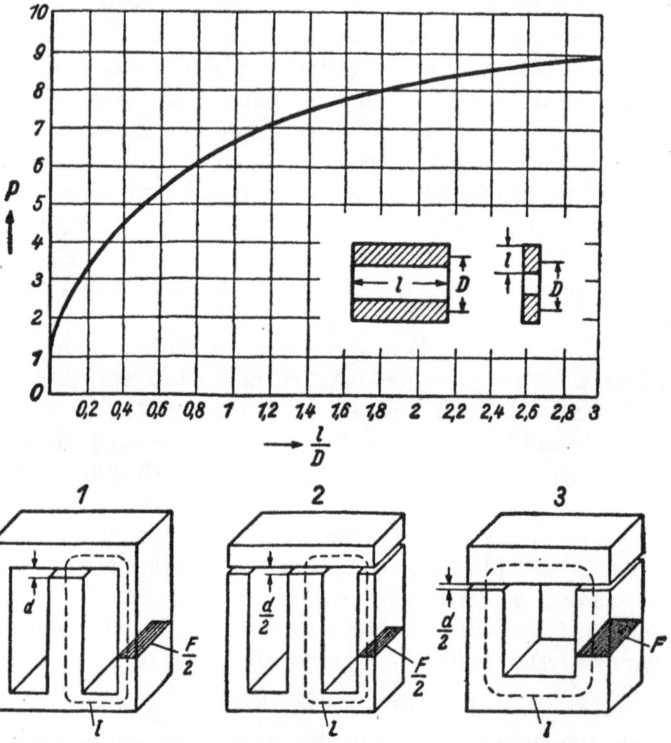

Bild 39. Induktionsfaktor p und Eisenaufbau von (*1* und *2*) Kerndrosselspulen und (*3*) Manteldrosselspulen

1. **Ringspulen mit Eisenkernen.** Die Induktivität der Wicklung einer Ringdrossel oder eines Ringübertragers mit dem mittleren Durchmesser D des Ringkernes in cm, dem Kernquerschnitt F in cm², der Windungszahl w und der Permeabilität $\mu = \mu_0 \mu_r$ ist aus der Beziehung

$$w\Phi = LI$$

abzuleiten, wobei als magnetischer Fluß in Vs (Weber) einzusetzen ist

$$\Phi = \mathfrak{B} F = \mu \mathfrak{H} F = \mu F \, (Iw/\pi D)$$

und sich eine Induktivität in H ergibt

$$L = w^2 \, (\mu F/\pi D).$$

Für Spulen ohne Eisenkern wird $\mu = \mu_0$ gesetzt, mit Eisenkern ist der Betrag der Permeabilität entsprechend der Eisenlegierung aus Magnetisierungskennlinien zu entnehmen.

2. **Spulen ohne Eisenkern.** Die Induktivität solcher Spulen ist ähnlich abzuleiten, wenn sinngemäß D als mittlerer Durchmesser zwischen den äußer-

sten und innersten Windungslagen in cm und für zylindrische oder rechteckförmige die Länge, für hochkant gewickelte Flachspulen die Höhe zwischen Innen- und Außendurchmesser, beide mit l in cm bezeichnet, in Rechnung gesetzt werden. Die übrigen Konstanten (μ_0, $\pi/4$) und die durch die Spulenform bedingte Streuung können dann durch einen gemeinsamen Faktor $p = f(l/D)$ erfaßt werden und führen auf eine praktische Formel (Bild 39) für die Induktivität in H:

$$L = (p w^2 D^2 / l) \cdot 10^{-9}.$$

3. Eisendrosseln mit Luftspalt. Der Aufbau des Eisenkerns ist dem Bild 39 zu entnehmen. Die Querschnitte des Spulenkernes, der Joche und äußeren Schenkel sind dabei gleich groß angenommen, bei der Mantelbauart sind die seitlichen Schenkel halb so breit wie der Kern, der magnetische Kreis hat über seine gesamte Länge praktisch gleichmäßig verteilten Widerstand. Der Luftspalt ist bei solchen kleinen Netz- oder Tonfrequenzdrosselspulen so groß, daß sein Abstand d im Vergleich zu der weit größeren Länge l des Eisenweges doch den größeren Anteil des magnetischen Widerstandes bildet und Hauptsitz der magnetischen Energie ist.

Deshalb ist es zweckmäßig, die Induktivität so zu berechnen, als ob nur der Luftspalt als Hauptlänge des magnetischen Weges vorhanden wäre und für den besser leitenden Eisenweg ein kleiner Zuschlag einzusetzen ist. Bei großen Drosseln und Umspannern der Starkstromtechnik beschreitet man bekanntlich den umgekehrten Weg, vom Eisenweg auszugehen und für die vorzusehenden Stoßfugen einen Zuschlag hinzuzurechnen.

Die Induktivität in H wird dann mit $\mu_0 = 4\pi \cdot 10^{-9}$ Vs/Acm:

$$L = 4\pi w^2 (F/d_1)\, 10^{-9}$$

mit F in cm² und d in cm. Als Zuschlag für den Eisenweg mit der Länge l in cm, der Permeabilität μ entsprechend der Induktion $\mathfrak{B}$ und einem Eisenfüllfaktor k wird

$$d_1 = d + (l/\mu k) \text{ [cm]}.$$

Der Füllfaktor k ist bei Eisenblechen etwa 0,9 und bei Massekernen etwa 0,5.

4. Übertrager

Ein geschlossener Eisenkern trägt ein oder mehr Wicklungspaare, welche zwischen zwei Stromkreisen als induktive Kopplung liegen. Die Übertragungsrichtung ist beliebig: eine erste (primäre) Wicklung nimmt Energie auf, eine zweite (sekundäre) gibt Energie ab. Zu übertragen ist ein Frequenzband von Wechselströmen oder Wellenströmen, zu sperren ist Gleichstrom (Bild 40). Folgende Bezeichnungen für die erste und zweite Seite sind einzuführen:

U_1	Klemmenspannung	U_2	M_{12}	Gegeninduktivität	M_{21}
I_1	Wicklungsstrom	I_2	Φ_1	Erzeugter Fluß	Φ_2
R_1	Wirkwiderstand	R_2	Φ_{1s}	Streufluß	Φ_{2s}
L_1	Selbstinduktivität	L_2	Φ_m	Kopplungsfluß	Φ_m.
L_{1s}	Streuinduktivität	L_{2s}			

Allgemein sind die Beziehungen zwischen den Größen Spannung, Strom, Phasenverschiebung und Leistung der ersten und zweiten Seite gesucht.

Der unbelastete Übertrager (Leerlauf, Zweitwicklung offen) nimmt einen Leerlaufstrom auf, der von der Klemmenspannung, dem Wirk- und Blindwiderstand abhängt:

$$\mathfrak{U}_{10} = \mathfrak{J}_{10} (R_1 + j\omega L_1).$$

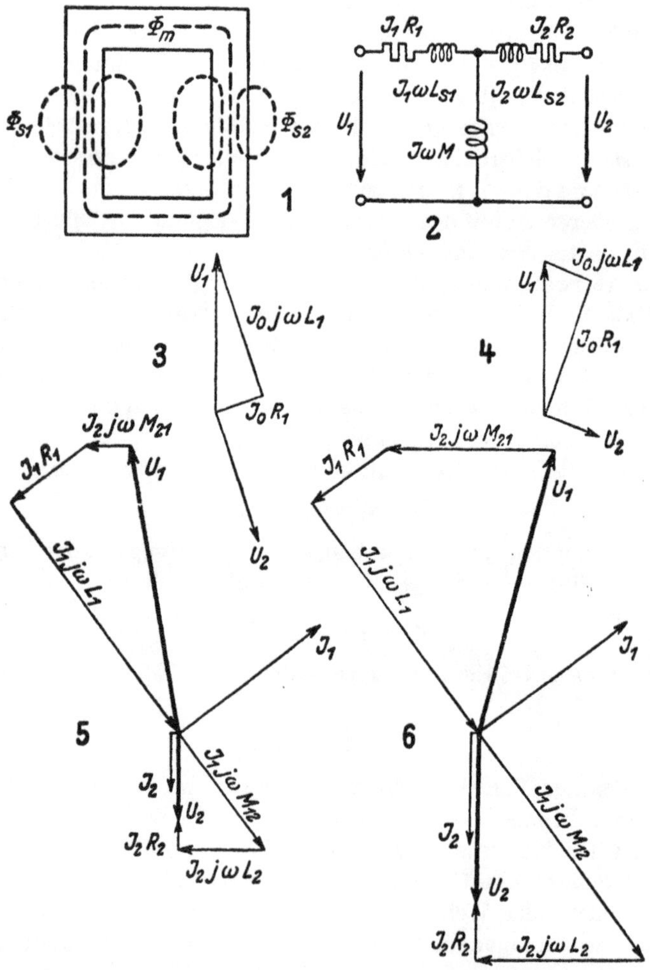

Bild 40. **Arbeitsweise von Übertragern:** (*1*) Pfade des Kopplungsflusses und der Streuflüsse, (*2*) Ersatzschaltung für die Erklärung des Verhaltens bei einer Übersetzung der Windungszahlen von 1 : 1, (*3*) Leerlaufzeigerdiagramm bei kleinen Verlusten und geschlossenem Eisenpfad, (*4*) dasselbe bei großen Verlusten und offenem Eisenpfad, (*5*) Zeigerdiagramm bei ohmischer Belastung und großen und (*6*) bei kleinen Streuflüssen

Dieser Strom deckt mit seinem Wirkanteil die Eisen- und Wicklungsverluste, sein Blindanteil erzeugt einen Fluß Φ_1 mit einem Streuanteil Φ_{1s}, der die Zweitwicklung verfehlt, und mit einem Kopplungsanteil Φ_m, der beide Wicklungen durchflutet:

$$\Phi_1 = \Phi_{1s} + \Phi_m.$$

Sinngemäß setzen sich die zu den Windungen gehörenden Induktivitäten aus je einer Streuinduktivität und einer Gegeninduktivität zusammen:

$$L_1 = L_{1s} + M_{12} \qquad L_2 = L_{2s} + M_{21}.$$

Die entsprechenden Induktivitäten der Übertragerwicklungen sind

$$L_1 = \mu\,(w_1^2/l)\,F_1 \qquad L_2 = \mu\,(w_2^2/l)\,F_2$$

$$M_{12} = \mu\,(w_1 w_2/l)\cdot F_1 \qquad M_{21} = \mu\,(w_1 w_2/l)\,F_2$$

ohne Berücksichtigung der Streuung wird $F_1 = F_2 = F$ und

$$M = \sqrt{L_1 \cdot L_2},$$

mit Berücksichtigung der Streuung wird die Gegeninduktivität

$$M = \sqrt{(L_1 - L_{1s})\,(L_2 - L_{2s})} = \varkappa \sqrt{L_1 L_2} < \sqrt{L_1 L_2}.$$

Der (Kopplungsfaktor) Kopplungsgrad $\varkappa$ ist bei loser Kopplung klein, bei fester groß und ändert sich innerhalb der Grenzen 0 und 1. Eine andere Auffassung definiert einen (Streufaktor) Streugrad nach folgender Formel

$$\sigma = 1 - (M^2/L_1 L_2).$$

Zwischen dem Kopplungsgrad $\varkappa$ und dem Streugrad σ besteht die Beziehung

$$\varkappa = \sqrt{1 - \sigma} = M/\sqrt{L_1 L_2}.$$

Hierbei kann man ebenfalls einen Streugrad σ_1 für die eine und σ_2 für die andere Wicklung festlegen und ansetzen

$$\sigma_1 = L_{1s}/L_1 \quad \text{und} \quad \sigma_2 = L_{2s}/L_2.$$

Dabei erhält man als gegenseitige Beziehung zwischen dem Gesamtstreugrad und den Einzelstreugraden

$$\sigma = 1 - \frac{1}{(1+\sigma_1)\,(1+\sigma_2)} = \frac{\sigma_1 + \sigma_1\sigma_2 + \sigma_2}{1 + \sigma_1 + \sigma_2 + \sigma_1\sigma_2}.$$

In vielen Fällen mit symmetrischem Aufbau der Wicklungen ist es zulässig

$$M = M_{12} = M_{21}$$

zu setzen, weil beide Wicklungen gleichartig auf dem Eisenkern verteilt liegen und dadurch beide Streuinduktivitäten gleich groß werden. Zu beachten ist, daß Innen- und Außenwicklung, Röhren und Scheibenwicklung Unterschiede der Streu- und Gegeninduktivität aufweisen, welche besonders bei offenem oder fehlendem Eisenkern beträchtlich sind.

Durch gegenseitige Induktion erzeugt der Magnetisierungsstrom in der zweiten Wicklung eine elektrische Spannung. Die Klemmenspannung ist im Leerlauffall:

$$\mathfrak{U}_{20} = \mathfrak{J}_{10}\, j\omega M_{12} \approx \mathfrak{J}_{10}\, j\omega M.$$

Die Phasenlage der Spannungen $\mathfrak{U}_{20}$ und $\mathfrak{U}_1$ hängt bei Leerlauf nur von den Anteilen R und ωL der Erstwicklung ab. Nach dem Induktionsgesetz induziert ein Magnetisierungsstrom eine um 90° nacheilende Spannung. Seine Phasenverschiebung gegen die eigene Klemmenspannung nähert sich bei Eisenübertragern ($\omega L \gg R$) 90°, bei eisenlosen Kopplungsspulen ($\omega L \ll R$) dem Wert 0°. Die Summe beider Phasenverschiebungen von $\mathfrak{U}_{10}$ gegen $\mathfrak{U}_{20}$ schwankt also je nach Bauart des Übertragers mit fehlendem, offenem oder geschlossenem Eisenkreis zwischen 90 und 180°. Bei gegebener Bauart hängt andrerseits die Phasenlage und Größe der zweiten Spannung von der Frequenz ab, je nachdem der Wirkwiderstand der Erstwicklung größer, gleich oder kleiner als ihr Blindwiderstand ist.

Der belastete Übertrager nimmt die Spannung U_1 und den Strom I_1 auf und gibt die Spannung U_2 und den Strom I_2 ab. Die Belastung der Zweitwicklung übt eine Rückwirkung auf die Erstwicklung aus. Der zweite Strom schwächt den Kopplungsfluß, welcher durch Anwachsen des ersten Stromes ergänzt wird:

$$\mathfrak{U}_1 = (R_1 + j\omega L_1)\,\mathfrak{J}_1 - j\omega M_{21}\mathfrak{J}_2$$
$$-\mathfrak{U}_2 = (R_2 + j\omega L_2)\,\mathfrak{J}_2 - j\omega M_{12}\mathfrak{J}_1.$$

Das negative Vorzeichen der zweiten Spannung entspricht dem Brauch, gegensinnige Wicklungen vorauszusetzen und die Klemmen oder Lötösen der Übertrager mit »Anfang« und »Ende« (AP—EP, ES—AS) sinngemäß zu bezeichnen.

Das Verhältnis der Windungszahlen ist $w_1 : w_2$; die Übersetzung der Spannungen und Ströme deckt sich hiermit nicht.

Im Leerlauffall ($\mathfrak{J}_2 = 0$) wird die Spannungsübersetzung:

$$\frac{\mathfrak{U}_1}{\mathfrak{U}_2} = \frac{R_1 + j\omega L_1}{j\omega M_{12}}, \quad \frac{\mathfrak{U}_2}{\mathfrak{U}_1} = \frac{R_2 + j\omega L_2}{j\omega M_{21}}.$$

Im Kurzschlußfall ($\mathfrak{U}_2 = 0$) wird die Stromübersetzung:

$$\frac{\mathfrak{J}_1}{\mathfrak{J}_2} = \frac{R_2 + j\omega L_2}{j\omega M_{12}}, \quad \frac{\mathfrak{J}_2}{\mathfrak{J}_1} = \frac{R_1 + j\omega L_1}{j\omega M_{21}}.$$

Zwischen diesen beiden Grenzen liegen alle Betriebsfälle. Ohne Einbeziehung der Verluste und Streuung ($R = 0$, $L_s = 0$, $M_{12} = M_{21} = M$) ergeben sich die Näherungsformeln:

$$\left|\frac{\mathfrak{U}_1}{\mathfrak{U}_2}\right| = \frac{L_1}{M} = \frac{M}{L_2} = \frac{w_1^2}{w_1 w_2} = \frac{w_1 w_2}{w_2^2} = \frac{w_1}{w_2}$$
$$\left|\frac{\mathfrak{J}_1}{\mathfrak{J}_2}\right| = \frac{L_2}{M} = \frac{M}{L_1} = \frac{w_2^2}{w_1 w_2} = \frac{w_1 w_2}{w_1^2} = \frac{w_2}{w_1}.$$

Die Spannungen entsprechen den Windungszahlen, die Ströme verhalten sich umgekehrt. Gute Eisenübertrager erreichen einen Wirkungsgrad $\eta = 90\ldots95\%$ und 0,5 … 2 % Streuung. Die Anwendung der Näherungsformeln für eine mittlere Belastung ist unter diesen Voraussetzungen zulässig.

Beispiel: Ein Ringübertrager mit $w_1 = w_2$ sei mit $\mathfrak{R} = R_2 + j\omega L_2$ belastet. Die Übersetzungen der Spannungen und Ströme sind gesucht.

$$L = L_1 = L_2, \qquad M_{12} = M_{21} = M \quad \text{und} \quad R_1 = R_2 = R.$$

Für die zweite Seite gilt

$$0 = 2\,(R + j\omega L)\,\mathfrak{J}_2 - j\omega M\,\mathfrak{J}_1,$$

also wird

$$\frac{\mathfrak{J}_1}{\mathfrak{J}_2} = \frac{2\,(R + j\omega L)}{j\omega M} \approx 2\left(\frac{R}{j\omega L} + 1\right)$$

und

$$\frac{\mathfrak{U}_1}{\mathfrak{U}_2} = \frac{R + j\omega L + [\omega^2 L^2/2\,(R + j\omega L)]}{\frac{1}{2}\,j\omega M} \approx \frac{1}{2}\left(\frac{R}{j\omega L} + 1\right) - \frac{j\omega L}{R + j\omega L}.$$

Für Fernsprechübertrager sind bei höheren Frequenzen (über 1000 Hz) die Eisenverluste und die Wicklungskapazitäten beachtlich; letztere betragen bis 50 nF bei älterer und nur 1 nF bei neuerer Ausführung. Die Ersatzschaltung zeigt als Querglieder einen Widerstand R und eine Kapazität C.

5. Berechnung von Übertragern

Die Übertragung eines Frequenzbandes soll im gesamten Bereich mit verhältnisgleichen Spannungen, Strömen und Phasenverschiebungen erfolgen. Durch entsprechende Maßnahmen lassen sich Verzerrungen von Signal- und Sprechströmen vermeiden, wenn die Verzerrungsursachen klarliegen.

Die Magnetisierung (Permeabilität) μ verläuft bei kleinen Feldstärken fast linear, bei Sättigung des Eisens fallen nach Überschreiten eines Höchstwertes wieder μ und L. Diese nichtlineare Abhängigkeit der Induktion verzerrt die Übertragung, weil weder der Magnetisierungsstrom noch die übertragene Spannung der angelegten Spannung ähnlich werden. Geringe Feldstärken werden bevorzugt. Damit fallen besonders die Wirbelstromverluste, es bleiben die Hystereseverluste, welche linear mit der Frequenz zunehmen. Der Wirkwiderstand und der Wirkspannungsabfall werden nur noch schwach frequenzabhängig.

Eine Stromverdrängung ist bereits an der oberen Grenze im Tonfrequenzbereich vorhanden und steigt beträchtlich bei Übertragung höherer Trägerfrequenzen an. Hierdurch nimmt der Wirkwiderstand etwa mit der zweiten Wurzel aus der Frequenz zu. Dünne Feindrahtwicklungen vermindern den infolge Stromverdrängung entstehenden und von der Frequenz abhängigen Widerstandszuwachs.

Die Remanenz bewirkt im allgemeinen eine Scherung der Hystereseschleife, welche aber mit geringer werdenden Feldstärkenänderungen verschwindet. In diesem geradlinigen Bereich entfallen solche Verzerrungen, die durch unterschiedlichen Verlauf des auf- und absteigenden Astes der Magnetisierung entstehen können (Reversibler Remanenzbereich).

Der Nulldurchgang ist mit einem Richtungswechsel der Magnetisierung verbunden. Diese magnetische Umpolung vollzieht sich mit einem Hysteresesprung, der kurzzeitig kleine elektromotorische Kräfte induziert. Die Umlagerung der Moleküle erfolgt in unregelmäßigen Gruppen, so daß nacheinander eine Reihe von Einzelinduktionen auftritt. Kleinste Spannungen und Ströme, wie sie im Sprechverkehr gelegentlich zu übertragen sind, werden hierdurch gestört. Die zu übertragende Energie muß erheblich größer als die Remanenzenergie sein, um Verzerrungen durch Hysteresesprung zu vermeiden.

Durch die Streuung des magnetischen Flusses entsteht bei Belastung ein induktiver, frequenzabhängiger Spannungsabfall. Tiefe Frequenzen werden davon weniger, höhere mehr betroffen. Weiterhin wird die Phasenlage der Primär- zur Sekundärspannung durch diese Streuinduktivität frequenzabhängig und ändert sich außerdem mit dem Phasenwinkel der Belastung. Größere Unterschiede der Phasenlagen entstehen bei kapazitiver, kleinere bei induktiver Last.
Für die Übertragung von Sprechströmen oder Frequenzbereichen ergeben sich somit eine störende Dämpfungsverzerrung und eine kaum hörbare Phasenverzerrung. Beide lassen sich vermindern, wenn

a) der Wirkwiderstand groß gegen den Blindwiderstand wird,
b) durch überlappte Stoßfugen oder Ringform der magnetische Schluß des Eisenpfades verbessert wird,
c) durch schwache Feldstärken eine Eisensättigung und die damit verbundene Streuneigung vermindert wird.

Durch etwaige Gleichstromvorerregung wird die sonst symmetrisch verlaufende Magnetisierung einseitig ins Sättigungsgebiet verschoben. Die Induktionsänderungen werden kleiner als es der Feldstärkenänderung entspricht, der gekrümmte Teil der Magnetisierungskurve verzerrt die Übertragung. Soweit es schaltungsmäßig möglich ist, sind solche Übertrager durch Reihenschaltung von Kondensatoren gegen Gleichströme zu sperren. Die dadurch entstandene kapazitive Frequenzabhängigkeit der gesamten Übertragung ist oft das kleinere Übel.
Die Wicklungen besitzen eine geringe Windungskapazität, welche wie eine frequenzabhängige Belastung wirkt. Im Tonfrequenzbereich ist der Einfluß noch gering. Bei höheren Frequenzlagen gleichen sich Induktivität und Kapazität an, es ergeben sich unerwünschte Resonanzstellen, welche eine lineare Übertragung unmöglich machen. Vergußmassen mit kleinen Dielektrizitätskonstanten sind als Abhilfe nur beschränkt anwendbar, weil dadurch die Durchschlagsfestigkeit und der Isolationswiderstand sinken. Eine Anordnung mit Scheibenwicklungen ist günstig, sie verringert die Streuinduktivität und die Eigenkapazität, ebenso wird die gegenseitige Kapazität dabei kleiner.. Wesentlich sind letztens die Beträge der Erdkapazitäten, welche durch Erdung des Gehäuses eindeutig festzulegen sind.
Wegen der sehr geringen zu übertragenden Leistungen (Größenordnung $10^{-2} \ldots 10^{-4}$ W), Spannungen und Ströme ergeben sich so geringe magnetische Feldstärken, daß für die Kerne der Spulen hochpermeable Eisenlegierungen verwendet werden müssen.

Magnetische Werte	Permalloy	Megaperm	Permenorm	Silizium-Eisen
Anfangspermeabilität	10000	4800	2500	500
Höchstpermeabilität	50000	26000	19000	7000
Größte Feldstärke . . . . Ö	0,09	0,08	0,2	1,2
Magn. Induktion . . . . . G	4500	2000	4500	6000
Sättigung . . . . G	9000	8500	14000	20000
Koerzitivkraft . . . . . . Ö	0,035	0,08	0,2	0,5

Ein Übertrager bildet stets ein Zwischenglied, welchem aus einer Stromquelle über Leitungen elektrische Energie zukommt und welches über Leitungen an einen Verbraucher wieder Energie abgibt. Die Primär- und Sekundärspannungen hängen von den äußeren Widerständen ab, weil diese verhältnismäßig groß im Vergleich zu den inneren Übertragerwiderständen ausfallen. Diese eigentümlichen Betriebsbedingungen zwingen dazu, das Verhalten eines Übertragers aus dem Zusammenwirken aller Glieder einer Übertragungskette zu erklären, und nicht, wie beim Umspanner (Transformator), eine gleichbleibende Primärspannung vorauszusetzen und sein Verhalten aus einer veränderlichen, aber begrenzten Sekundärbelastung abzuleiten.

In der Regel liegt eine gleichbleibende Urspannung U_0 der Quelle vor, ferner ein innerer Widerstand der Quelle und ein äußerer der Leitungen vom Gesamtbetrag R_a, dazwischen befindet sich der Übertrager mit den Angaben für R_1, L_1, M, L_2, R_2 und schließlich die Last (Leitungen und Verbraucher) mit einem äußeren Widerstand R_e. Mit Rücksicht auf eine frequenzunabhängige Übertragung sind zumeist R_a und R_e in dem verlangten Frequenzbereich so beschaffen, daß ihre Beträge hinreichend als konstante anzusehen sind.

Für die Berechnung eines Übertragers muß man die für die Bemessung maßgebende Frequenz eines Bereiches und angepaßte Induktivitäten bzw. Windungszahlen ermitteln. Hierbei ist die weitere Vernachlässigung zulässig, die inneren Wirkwiderstände R_1 und R_2 als frequenzunabhängig anzunehmen.

Ohne die Widerstände R_1 und R_2 lassen sich folgende Ansatzgleichungen aufstellen:

$$\mathfrak{U}_0 + \mathfrak{J}_1 R_a + \mathfrak{J}_1 j\omega L_1 + \mathfrak{J}_2 j\omega M = 0$$
$$\mathfrak{J}_2 R_e + \mathfrak{J}_2 j\omega L_2 + \mathfrak{J}_1 j\omega M = 0$$

$$\mathfrak{J}_1 = -\mathfrak{J}_2 \left[(R_e + j\omega L_2)/j\omega M\right] \qquad \mathfrak{U}_2 = \mathfrak{J}_2 R_e .$$

Als Übersetzungsverhältnis der Spannungen $\mathfrak{U}_2/\mathfrak{U}_0$ wird nach Einsetzen der unteren in die oberen Gleichungen und Umformen erhalten:

$$\ddot{u} = \frac{\mathfrak{U}_2}{\mathfrak{U}_0} = \frac{j\omega M}{R_a + j\omega\left[L_1 + R_a\,(L_2/R_e)\right]} = \frac{\mathfrak{Z}_2}{\mathfrak{Z}_0}.$$

Hierin werden die Scheinwiderstände

$$\mathfrak{Z}_2 = Z_2\, e^{\varphi_2 j} \quad \text{mit} \quad \varphi_2 = 90° = \pi/2 \quad \text{und} \quad Z_2 = \omega M$$

$$\mathfrak{Z}_0 = Z_0\, e^{\varphi_0 j} \quad \text{mit} \quad \operatorname{tg}\varphi_0 = \frac{\omega\left[L_1 + L_2\,(R_a/R_e)\right]}{R_a} \quad \text{und}$$

$$Z_0 = \sqrt{R_a^2 + \omega^2\left[L_1 + L_2\,(R_a/R_e)\right]^2}$$

und ergibt sich ein komplexes Übersetzungsverhältnis, wenn

$$\delta = \varphi_2 - \varphi_0 = 90° - \varphi_0$$

gesetzt wird:

$$\ddot{u} = \mathfrak{U}_2/\mathfrak{U}_0 = (Z_2/Z_0)\, e^{j\,(90° - \varphi_0)} = \ddot{u}\,(\cos\delta + j\sin\delta).$$

Für $\delta = 45° = \pi/4$ werden der Wirk- und der Blindanteil als absolute Werte gleich groß. In diesem Falle wird der Winkel $\varphi_0 = \varphi_2 - \delta = 90° - 45°$ und $\operatorname{tg} \varphi_0 = 1$ und es liegt eine Anpassung des äußeren Wirk- und des inneren Blindwiderstandes vor. Man erhält mit $\operatorname{tg} \varphi_0 = 1$ einen ausgezeichneten Wert

$$\omega_1 = \frac{1}{(L_1/R_a) + (L_2/R_e)}$$

und nennt ω_1 die angepaßte Frequenz, welche zugleich der unteren Grenzfrequenz eines zu übertragenden Frequenzbandes entspricht. Oberhalb ω_1 liegt das Frequenzband mit der oberen Grenzfrequenz ω_2 (z. B. $f = 30 \ldots 7000$ Hz oder rund $\omega = 200 \ldots 45000\ \mathrm{s}^{-1}$). Das größte Übersetzungsverhältnis wird für $\omega \to \infty$ erreicht. In diesem Fall ist

$$\ddot{u}_{\max} = \frac{M}{L_1 + (R_a/R_e) L_2}$$

und kann man nun L_1 bzw. L_2 bei gegebenen Widerständen R_a und R_e entsprechend der zu fordernden größten Übersetzung ermitteln:

$$\frac{d\ddot{u}}{dL_1} = \frac{d\left(\dfrac{M}{L_1 + (R_a/R_e) L_2}\right)}{d L_1} = 0.$$

Diese Ableitung zur Bestimmung der Höchstwerte ergibt zunächst

$$\tfrac{1}{2} [L_1 + (R_a/R_e) L_2] \sqrt{L_2/L_1} - \sqrt{L_1 L_2} = 0$$

und die Lösung

$$L_1 : R_a = L_2 : R_e.$$

Damit sind die Regeln für die Vorberechnung eines Übertragers gefunden.

Als Sonderfall seien die Beziehungen für $R_a = 0$ abgeleitet. Es ergeben sich mit dem Übersetzungsverhältnis die Windungszahlen w:

$$\ddot{u} = \mathfrak{U}_2/\mathfrak{U}_0 = \sqrt{M/L_1} = \sqrt{L_2/L_1} = w_2/w_1.$$

Diese einfache Beziehung gilt noch, wenn $R_a \ll \omega L_1$ bleibt.

Die Anpassungsbedingung ist stets zu berücksichtigen, wenn R_a und ωL_1 in gleicher Größenordnung auftreten. Im allgemeinen Fall wird

$$w_1 = \sqrt{\frac{L_1 l 10^{10}}{0{,}4\pi \mu F}} = \frac{10^5}{1{,}12} \sqrt{\frac{L_1 l}{\mu F}},$$

einzusetzen ist L_1 in Henry, die mittlere Länge des magnetischen Eisenpfades l in cm, die Permeabilität μ entsprechend der zu erwartenden Feldstärke (ohne Vormagnetisierung die kleinste Feldstärke) und der Eisenquerschnitt F in cm². Die zulässigen größten Feldstärken sind entsprechend der gewählten Eisenlegierung anzunehmen (für übliche Bleche etwa $\mathfrak{H} = 2{,}5 \ldots 4{,}5$ A/cm).

Zur Berechnung müssen demnach bekannt sein: R_a, R_e, ω_1 und ein passender Eisenkern (Ring- oder Rechteckform). Als Voranschlag kann etwa

$F = 14\sqrt{N/f}$ [cm²] für eine Übertragerleistung N und die Frequenz $2\pi f = \omega_1$ gewählt werden ($\mu \approx 500$). Als Formeln dienen:

$$\frac{L_1}{R_a} = \frac{L_2}{R_e} \quad \text{und} \quad \omega_1 = 1\Big/\left(\frac{L_1}{R_a} + \frac{L_2}{R_e}\right).$$

Hieraus ergeben sich die Beträge von L_1 und L_2. Nach der Leistung N richtet sich die Wahl des Kernquerschnitts und nach der Permeabilität und den Eisenmaßen die Windungsanzahl:

$$F \approx 35\sqrt{N/\omega_1} \quad \text{und} \quad w \approx 4000\sqrt{L_1\,(l/F)}.$$

6. Kleinumspanner

Ein Umspanner (Transformator) soll zwei Wechselstromnetze mit verschiedenen Betriebsspannungen, aber nur einer bestimmten Frequenz koppeln, die elektrische Energie mit geringen Verlusten übertragen und mit kleinstem Eisen- und Kupferaufwand hergestellt sein.

Die üblichen Starkstromnetze werden mit Wechselstrom oder Drehstrom, 127/220 V oder 220/380 V, 50 Hz betrieben. In Fernmeldenetzen liegen die Spannungen unter 100 V, als gefahrlose Spannung bei Berührung gilt 24 V, für Signalanlagen sind 3, 5, 8 V oder 8, 12, 20 V gebräuchlich.

Kleinumspanner mit Leistungen bis 1 kVA werden durchweg einphasig ausgeführt, weil die dreiphasige Bauart unwirtschaftlich ist. Die Eisensättigung wird hoch gehalten, um die Werkstoffe gut zu nutzen; da auf Verzerrungen keine Rücksicht genommen wird, ist die obere Grenze der Sättigung nur durch das Anwachsen der Leerlaufverluste gezogen.

Der Wirkungsgrad beläuft sich bei Vollast und 10 VA Nennleistung auf 85% und steigt bis 1000 VA Nennleistung auf 95%. Weil die Leerlaufzeiten bei Fernmeldeumspannern oft überwiegen, wird darauf geachtet, daß die Ummagnetisierungsverluste im Eisen kleiner als die Wärmeverluste in den Wicklungen ausfallen.

Im allgemeinen sind zwei Bauarten zu unterscheiden: der Licht- und der Signalumspanner, welche verschiedene Betriebseigenschaften haben.

Für Kleinbeleuchtungsanlagen und Belastungsarten, welche eine gleichbleibende Betriebsspannung erfordern, wird eine Bauart mit 5 ... 10% Spannungsabfall von Leerlauf bis Vollast gewählt. Diese Eigenschaft wird durch reichliche Bemessung der Wicklungen (kleine Stromdichte 2 A/mm²) und geringe Streuung des magnetischen Flusses erhalten. Notwendig ist ferner ein reichlicher Querschnitt des Eisenkerns (schwache Induktion mit $\mathfrak{B} = 7000 \ldots 8000$ G) und ein guter magnetischer Schluß (kleine oder überlappte Stoßfugen) des Eisenpfades. Die Sekundärseite (Kleinspannung) ist durch geeignete Sicherungen gegen Überlastung und Kurzschlüsse zu schützen. Die Primärseite (Netzspannung) ist bei Nennleistungen bis 100 VA durch eine gemeinsame Netzsicherung hinreichend geschützt, über 100 VA sind gesonderte Sicherungen für jeden Umspanner vorzuziehen.

Für Signalanlagen, Läute- oder Blockwerke oder Belastungen, welche als Ganzes eingeschaltet bleiben, wie sie bei Netzanschlußgeräten für Rundfunkempfänger vorkommen, sind Umspanner mit größerem Spannungsabfall (etwa 10 ... 20% bei Vollast) zu gebrauchen. Besonders die Abmaße von Kern, Jochen und Schenkel (Eisenpfad) können knapp bemessen und hoch beansprucht werden ($\mathfrak{B} = 10000 \ldots 13000$ G), soweit es mit Rücksicht auf die oberhalb der Sättigung stark anwachsenden Ummagnetisierungsverluste möglich ist. Sehr kleine Nennleistungen von 5 ... 50 VA für Klingelanlagen und ähnliche Zwecke werden sekundärseitig nicht mit Sicherungen versehen, weil solche Leitungsnetze nicht laufend überwacht werden. Als geeignete Bauart für betriebsmäßige Überlastung werden besondere stromsichere Umspanner hergestellt. Durch Einfügen eines verhältnismäßig großen Luftspalts (1 ... 5 mm) wird die Streuung und der induktive Spannungsabfall groß (etwa 25 ... 30% bei Vollast), so daß der Kurzschlußstrom auf den 3- bis 4fachen Nennwert des Vollaststromes begrenzt bleibt.

Signalumspanner mit großer Streuung zeigen ein eigentümliches, von der Belastungsart abhängiges Verhalten mit großem Spannungsabfall bei induktiver, kleinerem bei ohmischer Last und sogar Spannungsanstieg bei kapazitiver Last.

Das Diagramm des Eisenumspanners (Bild 41) erlaubt eine Vereinfachung, weil die Gegeninduktivitäten ($M_{12} = M_{21} = M$) unter sich gleich sind und

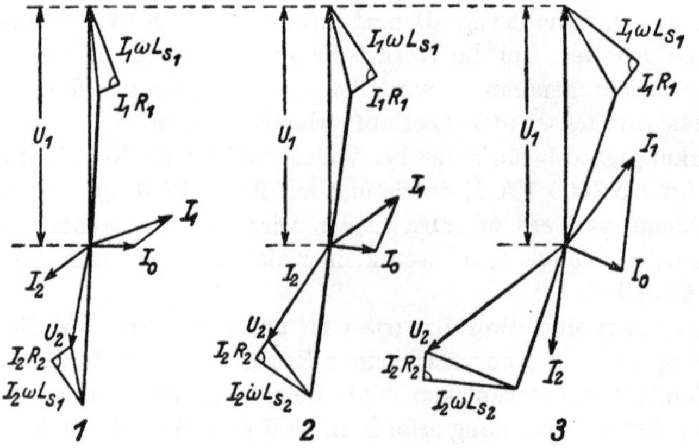

Bild 41. Zeigerdiagramm der Spannungen und Ströme von Wechselstrom-Umspannern: (1) bei induktiver, (2) bei ohmischer, (3) bei kapazitiver Belastung und gleichbleibender Netzspannung

man annehmen darf, daß die induzierten elektrischen Spannungen auf der ersten und zweiten Seite entgegengesetzt und gleich groß sind.

Vorausgesetzt ist im Bild 41 ein Übersetzungsverhältnis 1 : 1 der Windungszahlen und dargestellt induktive, ohmische und kapazitive Last bei gleichem Sekundärstrom. Die Phasenlage und das Verhältnis der Spannungen zeigen sich, wie vorstehend erwähnt, sehr unterschiedlich.

7. Berechnung von Kleinumspannern

Für die Berechnung eines Umspanners müssen folgende Angaben vorliegen:

1. Netzspannungen und Netzfrequenz,
2. Schaltplan der Primär- und Sekundärwicklungen,
3. Nennwerte der sekundären Spannungen und Ströme für jede einzelne Wicklung,
4. Verwendungs- oder Belastungsart.

Die Berechnung erstreckt sich auf folgende Hauptbestandteile: Bemessung des Eisenkernes und der Drahtwicklungen. Eine Vorschrift für den Wirkungsgrad, wie es bei großen Leistungen selbstverständlich ist, besteht für Kleinumspanner nicht, weil mit Rücksicht auf eine wirtschaftliche Fertigung bestimmte Größen von Eisenblechen und Stufungen von Drahtdurchmessern festgelegt und handelsüblich nur erhältlich sind. Die Toleranzen dieser Halbfabrikate wirken sich beim Zusammenbau so weit aus, daß es mit abnehmender Nennleistung immer schwieriger wird, bestimmte Wirkungsgrade für eine Fertigungsreihe zu gewährleisten, falls die Lieferung durch Sonderarbeitsgänge nicht verteuert werden soll.
Trotzdem wird der Wirkungsgrad nicht vernachlässigt. Es ist nämlich möglich, für eine gegebene Nennleistung das Verhältnis vom Eisen- zum Kupfergewicht zu verändern und damit die Verlustanteile zu verlagern. Die Eisenverluste wachsen bei festliegender Frequenz mit der Höchstinduktion $\mathfrak{B}_{max}$ stark an. Die üblichen Angaben in W/kg bei 50 Hz und einer Blechdicke 0,35 mm zeigt die Zahlentafel 7 für unlegierte und mit Silizium legierte Blechsorten. Die Verlustwerte für 0,5 mm Eisenbleche liegen etwa 10% höher, bei 25 Hz sinken die Verluste im Mittel auf etwa 40 % der beistehend angegebenen Werte.

Zahlentafel 7:

Verluste in W/kg für verschiedene Blechsorten

$\mathfrak{B}_{max}$ G	I	II 1% Si	III 2,5 % Si	IV 4 % Si
		Legierte Eisenbleche		
2500	0,31	0,25	0,21	0,12
5000	0,97	0,79	0,63	0,36
7500	1,95	1,59	1,23	0,73
10000	3,35	2,68	2,06	1,22
12500	5,48	4,15	3,15	1,93
15000	8,60	6,78	4,62	2,89

Für Umspanner, welche ständig betriebsbereit am Netz liegen, werden geringe Leerlaufverluste verlangt und durch schwächere Induktion (8 ... 10 kG) oder legierte Blechsorten eingehalten. Die Wicklung kann mit hoher Stromdichte belastet werden, weil diese Verluste nur kurzzeitig während einer Signalgabe auftreten.

Für Netzanschlußgeräte, bei denen der Umspanner gleichzeitig mit der Belastung in und außer Betrieb gesetzt wird und Leerlaufzeiten entfallen, ist es zweckmäßig durch stärkere Induktion (12 ... 15 kG) den Eisenaufwand zu verringern und die höheren Ummagnetisierungsverluste durch Wahl größerer Drahtdicken auszugleichen.

Für Beleuchtungszwecke oder eine wechselnde Belastung ist es erwünscht, den Spannungsunterschied zwischen Leerlauf und Vollast möglichst klein zu halten. Diese Bedingung ist nur durch Umspanner mit mäßiger Induktion, geringer Streuung und reichlich bemessenen Wicklungen zu erfüllen.

Für stromsichere Umspanner (Signaltransformatoren) soll bei sekundärem Dauerkurzschluß der Strom so weit begrenzt bleiben, daß seine zulässige Übertemperatur (70 ... 80°) nicht überschritten wird. Durch Einbau erheblicher Luftspalte wird die Streuinduktivität und der induktive Spannungsabfall so groß gewählt, daß sich bereits bei Vollast 30% Blindspannungsabfall ergibt.

Die nachstehenden Richtlinien für die Berechnung gelten für Einphasenumspanner bis 250 V Netzspannung, einer Frequenz von 25 ... 60 Hz und Nennleistungen bis 500 VA.

1. Die Nennleistung. Ein Umspanner wird häufig mit mehreren Sekundärwicklungen versehen, welche teils umschaltbare Anzapfungen haben, teils getrennte Stromkreise mit verschiedenen Spannungen und Strömen versorgen sollen. Die gesamte Nennleistung ergibt sich aus der Summe der Einzelleistungen bei Vollast mit einem Zuschlag für Wärmeverluste. In der Starkstromtechnik decken sich die Nennspannungen mit den Werten bei Leerlauf (unbelasteter Umspanner), dagegen ist es in der Schwachstromtechnik üblich, als sekundäre Nennspannungen die sich bei Vollast (mit dem Nennstrom) ergebenden Werte auf dem Leistungsschild zu verzeichnen. Entsprechend den erreichbaren Wirkungsgraden für kleine Leistungen beträgt dieser Zuschlag 10 ... 20% der sekundären Nennleistung.

Somit wird die dem Netz entnommene primäre Leistung

$$N = 1{,}15 \sum_{1}^{n} U_2 I_2 = 1{,}15\,(U_{21} I_{21} + U_{22} I_{22} + \cdots).$$

Hiermit ist ein Richtwert für die Berechnung des Eisenkernquerschnitts geschaffen.

2. Der Eisenaufbau. Der magnetische Kreis eines Umspanners kann als Mantel- oder als Kerntype gestaltet werden (Bild 42). Bei der Mantelbauart liegt die Spule mit den Wicklungen auf dem inneren Kerneisen, die äußeren Schenkel und die Joche ummanteln die Wicklungen. Der magnetische Fluß im Kern verteilt sich hälftig über den äußeren Eisenpfad, weshalb die Breiten der Kernbleche doppelt so groß als die der Joche und Schenkel sind. Bei der Kerntype verläuft der Fluß über einen ungeteilten Pfad von gleichbemessenem Querschnitt, wobei die Wicklungen nur auf einem Schenkel oder auf beiden verteilt liegen können.

Der Zusammenbau erfordert wegen der Aufbringung der bewickelten Spulen eine oder zwei Stoßfugen, welche den magnetischen Schluß vermindern und einen zusätzlichen großen magnetischen Widerstand verursachen. Um diese Wirkung abzuschwächen, werden die Eisenbleche umschichtig aufgelegt, um überlappte Stoßstellen mit besserer magnetischer Leitfähigkeit zu erhalten.

Bei Verwendung von Ringkernen entfallen solche Stoßfugen, der Widerstand und die Streuung des magnetischen Kreises werden hervorragend klein, jedoch bleibt diese teure Sonderfertigung nur auf solche Fälle beschränkt, wo besondere Ansprüche gestellt werden.

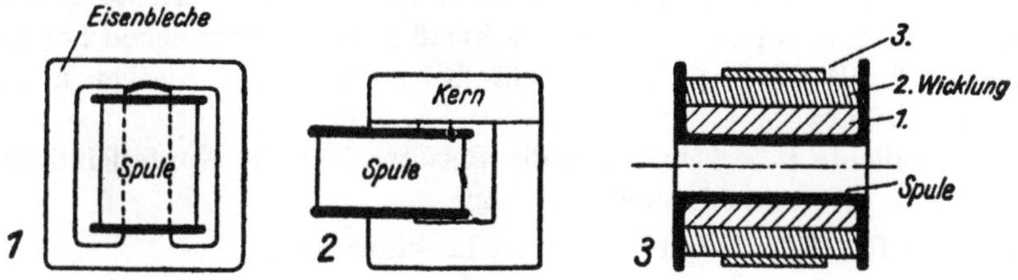

Bild 42. Bauteile von Kleinumspannern: (*1*) Mantelbauart, (*2*) Kernbauart, (*3*) Wicklungsanordnung

Mit der Berechnung des Kernquerschnitts aus der Leistung liegen bereits die Hauptmaße von Kern, Jochen und Schenkeln eines Umspanners fest. Der Querschnitt wird annähernd quadratisch oder rechteckig (Seitenverhältnis 1 : 1 bis 1 : 2) ausgelegt.

Aus der allgemeinen Gleichung für Wechselstromelektromagnete

$$U = 4{,}44\, f w \Phi_{max}$$

ist zu ersehen, daß eine passende Bemessung von dem Produkt der Größen

$$w\Phi_{max} = w\mathfrak{B}_{max} F = w\mu\,\mathfrak{H}_{max} F$$

abhängt. Man sucht den Kernquerschnitt F so klein zu halten, daß die Permeabilität μ möglichst hoch liegt. Eine Grenze ist dadurch gezogen, daß dann bei gegebener Spannung U eine größere Windungsanzahl w benötigt und der Raumbedarf der Wicklungen so groß wird, daß schließlich diese nicht mehr im Eisenfenster einzubringen sind.

Die Berechnung stützt sich daher auf ein probierendes Verfahren, weil nur eine Gleichung für zwei Veränderliche f und Φ vorliegt. Für den Voranschlag des Kernquerschnitts in cm² bei niederen Spannungen mit Luftkühlung ist anzusetzen:

$$F = 700\sqrt{Ng/\mathfrak{B}_{max} f i k}.$$

N [VA] gesamte sekundäre Nennleistung einschließlich eines Zuschlages für Verluste,

g Faktor entsprechend dem gewählten Verhältnis von Eisen- zum Kupfergewicht,

$\mathfrak{B}_{max}$ [G] Scheitelwert der magnetischen Induktion entsprechend dem Stromscheitelwert bei sinusförmigem Verlauf,

f [Hz] Netzfrequenz zwischen 25 und 60 Hz,

k Faktor bei Entnahme von periodisch unterbrochenen Strömen.

Der Faktor g entspricht der gewählten Eisenblechsorte, wofür in Zahlentafel 7 (S. 85) einige Angaben für unlegierte und legierte Bleche als Anhaltspunkte vorliegen. Hierfür ist anzusetzen:

$g_{I} = 1{,}0$ bis $1{,}2$. $g_{II} = 2{,}0$ bis $2{,}5$. $g_{III} = 2{,}5$ bis $3{,}0$. $g_{IV} = 3{,}0$ bis $3{,}5$.

Damit werden die verschieden großen Ummagnetisierungsverluste berücksichtigt, welche in W/kg angegeben sind. Um die Eisenverluste den Wicklungsverlusten anzupassen, ist es zweckmäßig, bei verlustreichen Sorten den Umspanner mit weniger Eisengewicht, bei hochlegierten Blechen mit mehr Gewicht zu entwerfen.

Die Stromdichte $\mathfrak{i}$ berücksichtigt die Belastbarkeit für Kupferfeindrähte in Wicklungen mit verschiedener Isolation:

2,5 A/mm² für CuL (Kupferdraht mit Lackisolation),

2,2 A/mm² für CuS (desgl. mit Seidenbespinnung),

2,0 A/mm² für CuSS (desgl. mit zwei Lagen Seide besponnen),

1,8 A/mm² für CuBw (desgl. mit Baumwolle besponnen).

Die Abkühlungsverhältnisse sind bei Lackdraht, die Durchschlagsfestigkeit ist dagegen bei Baumwolldrähten günstiger.

Der Faktor k ist bei Entnahme von sinusförmigem Wechselstrom gleich Eins zu setzen. Eine Belastung des Umspanners durch einen beliebigen Gleichrichter ergibt indessen eine pulsierende Stromentnahme, weil infolge seiner Sperrwirkung von den einzelnen Halbwellen gewisse Anteile ausfallen, bei Einweg- (Halbperioden-) Gleichrichtern eine volle Halbwelle unterdrückt wird, bei Zweiweg- (Vollperioden-) Gleichrichtern immer noch eine Stromkurvenverzerrung verbleibt. Der Effektivwert des Stromes setzt sich daher wegen der Sperrzeiten aus beträchtlich höheren Einzel- oder Augenblickswerten zusammen, wodurch ein größerer Spannungsabfall entsteht, der entweder durch eine höhere Windungsanzahl oder einen größeren Drahtdurchmesser auszugleichen ist. (Einweggl. $k \approx 0{,}7$; Zweiweggl. $k \approx 0{,}8$).

Die Induktion $\mathfrak{B}_{max}$ ist zweckmäßig zu veranschlagen:

5500 ... 7500 G für Lichtbetrieb bei unlegiertem Blech,

10000 ... 12000 G für Lichtbetrieb bei legierten Blechen,

11000 ... 13000 G für Signalbetrieb (beliebige Eisenbleche).

Entsprechend dem berechneten Kernquerschnitt F in cm² sind eine passende Blechform aus handelsüblichen Schnitten zu wählen und die Anzahl der Bleche zu bestimmen. Als Eisenfüllfaktor ist 0,9 für 0,5 mm und 0,85 für 0,35 ... 0,25 mm dicke Bleche einzusetzen. Sind Tafeln hierfür nicht zur Hand, so rechne man mit einer Kernlänge gleich der dreifachen Kernbreite (quadratischer Querschnitt) und einer Breite des Fensters gleich der

0,8 ... 0,9fachen Kernbreite. Schenkel- und Jochbreiten haben bei Kerntypen gleiche, bei Manteltypen die halbe Breite des Kerns.

3. Berechnung der Wicklungen (Windungszahlen und Drahtdurchmesser). Die Windungsanzahl wird bei $f = 50$ Hz

$$w = \frac{U\,10^8}{4{,}44 f \Phi} = \frac{U\,10^8}{4{,}44 \cdot 50 \cdot \mathfrak{B} F} \approx \frac{45\,U}{F},$$

hierbei ist für die primäre Wicklung die Netzspannung U_{eff} oder, falls Anzapfungen für den Ausgleich bei schwankender Spannung (z. B. 200—220—240 V) vorzusehen sind, die höchste Anschlußspannung einzusetzen; für die sekundäre Wicklung ist die Nennspannung mit einem Zuschlag von 25% für Signalbetrieb oder 10% für Lichtbetrieb oder 15% für Netzanschlußgeräte zu veranschlagen.

Der Drahtquerschnitt in mm² ist mit einer der Isolation (Lack oder Spinnstoff) angepaßten Stromdichte $\mathfrak{i}$ [A/mm²]:

$$(\pi/4)\, d^2 = I/\mathfrak{i}.$$

Der Drahtdurchmesser d [mm] ist nach der Formel $d = k\sqrt{I}$ zu bestimmen, wobei k von der Stromdichte in A/mm² abhängt:

$\mathfrak{i}$	1,8	2,0	2,2	2,5
k	0,84	0,80	0,76	0,71

Aus den Windungszahlen und Querschnitten der Drähte ist der gesamte Querschnitt des Wickelraumes zu ermitteln. Wegen des Raumes für die Zwischenlagen und eines bequemen Zusammenbaues von Spulenkörper und Kernblechen ist ein Fensterfüllfaktor mit etwa 0,2 ... 0,3 anzunehmen, so daß also die Fensteröffnung 3- ... 5mal größer als der blanke Wicklungsquerschnitt wird.

Angaben für Einphasenstrom-Umspanner

Leistung VA	Kern Breite cm	Kern Höhe cm	Eisenquerschnitt cm²	Fensterquerschnitt cm²	Windungsanzahl je Volt
25	2,0	2,8	5,0	8,4	7,5—9,0
50	2,6	3,0	7,0	11,4	5,4—6,4
100	2,5	4,5	10,0	15,5	3,8—4,5
180	3,3	4,6	13,5	29,5	2,8—3,3
250	3,3	5,4	15,0	39,5	2,5—3,1

4. Nachrechnung. Die veranschlagten Abmessungen erfahren durch die Anpassung an handelsübliche Blechschnitte und Drahtdicken gewisse Abrundungen. Die Verluste dieses abgerundeten Entwurfs sind nachzuprüfen und, falls sich erhebliche Unterschiede des Wirkungsgrades, der Leerlaufleistung, des Spannungsabfalles oder Werkstoffaufwandes ergeben, durch Änderungen zu verbessern. Unter Umständen kann sich eine geeignete Ausführung erst nach einer Reihe von Rechnungen herausstellen.

F. Signalströme

1. Grundbegriffe

In Fernmeldeanlagen werden Signalströme gebraucht, welche der Ankündigung, Vorbereitung und Erhaltung von Betriebszuständen dienen.
Durch Meldeströme werden folgende Zeichen empfangen:

1. Rufzeichen, 2. Amtszeichen, 3. Freizeichen,
4. Besetztzeichen, 5. Schlußzeichen.

Durch Steuerströme wird eine verlangte Verbindung vorbereitet, hergestellt und wieder getrennt:

1. Wählstrom, 2. Prüfstrom, 3. Auslösungsstrom.

Durch Betriebsströme werden Anlagen gespeist, in Bereitschaft gehalten und die Nachrichtenübertragung unterstützt:

1. Speisungsstrom, 2. Belegungsstrom,
3. Trägerstrom, 4. Verstärkerstrom.

Als Stromquellen stehen bei Fremdbezug zur Verfügung:

1. Unmittelbarer Bezug aus einem Starkstromnetz mit 110, 220 oder 440 V Gleichstrom, 127/220 oder 220/380 V Drehstrom, 50 Hz oder in kleinen Anlagen ein einphasiger Anschluß an ein Drehstromnetz.
2. Mittelbarer Bezug über Umformer oder Gleichrichter und Akkumulatoren mit 24, 36, 48, 60 V oder auch 110, 220 V Gleichstrom.

Als Stromquellen für die Eigenerzeugung sind zu nennen:

1. Galvanische Elemente für Arbeits- und Ruhestrombetrieb in kleinen Anlagen mit Einzelversorgung von Betriebsstellen.
2. Kurbelinduktoren für Erzeugung niederfrequenter Wechselströme geringer Leistung.
3. Dieseldynamo als Notstromerzeugung bei Ausfall eines Starkstromnetzes und bei nicht ausreichendem oder fehlendem Energierückhalt durch Akkumulatoren.

Von diesen Stromquellen ausgehend sind die benötigten Signalströme entweder unmittelbar zu entnehmen oder durch Umformer, Wechsel- oder Gleichrichter mittelbar zu erzeugen. Für angestrengten Dauerbetrieb und größere Leistungen eignen sich nur elektrische Maschinen wie Umspanner, Motorgeneratoren, Einankerumformer oder Quecksilberdampf-, Röhren- und Trockengleichrichter.
Bei aussetzendem Betrieb und kleineren Leistungen sind vorteilhaft Geräte wie Summer, Gleich- und Wechselrichter oder ähnliche Sondergeräte zu gebrauchen.
In der Regel müssen einzelne Adern oder Schleifen die Übertragung verschiedener Signale übernehmen. Deshalb ist es erforderlich, für Melde-, Steuer- und Betriebsströme unterscheidende Merkmale anzuwenden, damit auswahlweise bestimmte Ankündigungen oder Schaltungen vollzogen werden können.

Der wahlweise Empfang ist mit Hilfe folgender Schaltmerkmale (Schaltkriterien) möglich:

1. Gleichstrom: durch verschiedene Stromrichtung, durch Spannung- und Stromstufen,
2. Wechselstrom: durch verschiedene Frequenz, durch Phasenverschiebungen,
3. Beliebige Stromart: durch Zeiten und Schrittfolgen.

Die Anwendung von Signalströmen geschieht zeitlich teils außerhalb, teils innerhalb der eigentlichen Nachrichtenübertragung. Im letzten Fall sind solche Signale zu benutzen, welche Verwechslungen oder Fehlschaltungen ausschließen.

2. Gleichrichter

Ein Wechselstrom wird gleichgerichtet, wenn dabei:

1. beide Halbwellen die gleiche Stromrichtung annehmen,
2. nur eine Halbwelle durchgelassen, die andere gesperrt wird,
3. beide Halbwellen mit ungleichen Anteilen durchgelassen werden.

Einige gebräuchliche Schaltungen, welche bei allen üblichen Kleingleichrichtern anwendbar sind, zeigt Bild 43.

Immer entsteht auf der Gleichstromseite ein Wellenstrom, bei dem letztgenannten Verfahren sogar eine unvollkommene Gleichrichtung mit einem verbleibenden Wechselstromanteil. Die Gleichrichtung einphasiger Ströme ergibt größere, mehrphasiger Wechselströme kleinere Welligkeit. Unter Welligkeit wird das Verhältnis des Effektivwertes des Wellenanteiles zum arithmetischen Mittelwert der Spannung oder des Stromes verstanden.

Alle Gleichrichter arbeiten mit richtungsabhängigen Widerständen, klein in der Durchlaß-, groß in der Sperrichtung. Eine völlige Sperrung ist nicht immer vorhanden. Gebräuchlich sind:

Quecksilberdampf-Gleichrichter. Durchlaßrichtung von der Anode zur Quecksilberkathode. Sperrwirkung vollkommen. Zünd-, Brenn- und Löschspannung liegen zwischen 15 und 20 V. Der innere Spannungsabfall ist fast gleichbleibend bei allen Belastungen. Mindeststrom 10% der Nennstromstärke. Für höhere Spannungen wirtschaftlich. Der Wirkungsgrad des Glaskolbens ohne Umspanner und Regel- oder Glättungseinrichtungen richtet sich nach der Höhe der gleichgerichteten Spannung:

Gleichspannung . . V	6	24	60	110	220	440
Wirkungsgrad . . %	25	57	77	85	93	96

Glühkathodengleichrichter. Durchlaß von der Anode zur Heizdrahtkathode. Sperrwirkung vollkommen. Innerer Spannungsabfall entsteht durch einen konstanten Kathodenfall (etwa 15 V) und einen veränderlichen, der Stromstärke entsprechenden Anteil (insgesamt bis 25 V). Für Ströme von 10 mA bis 20 A und mittlere und höhere Spannungen wirtschaftlich. Wirkungsgrad ähnlich dem Quecksilberdampfgleichrichter, jedoch wegen der notwendigen Heizung der Glühkathode etwas geringer.

Trockengleichrichter. Die Berührungsfläche zweier Metallscheiben bildet nach Vorbehandlung eine Sperrschicht. Die Durchlaßrichtung der gebräuchlichen Bauarten ist bei dem Selengleichrichter: Eisenanode — Selenschicht — Gegenelektrode und bei dem Kupferoxydgleichrichter: Gegenelektrode — Kupferoxydul — Kupferkathode.

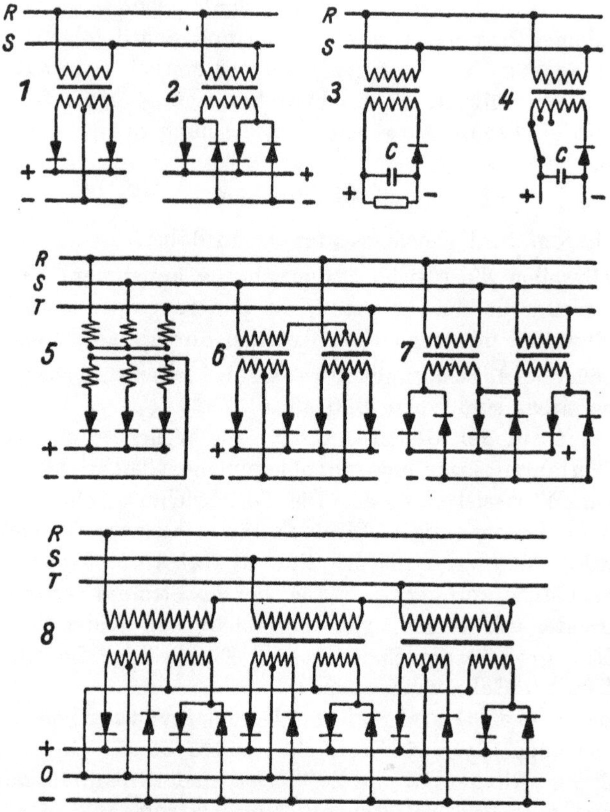

Bild 43. Schaltungsanordnungen für Kleingleichrichter: (*1*) Mittelpunkt- oder Zweiwegschaltung für Vollperiodengleichrichter, (*2*) Brücken- oder Kreuzschaltung für Vollperiodengleichrichter, (*3*) Einwegschaltung ohne und (*4*) mit Spannungsstufen für Halbperiodengleichrichter, (*5*) Drehstromsternpunkt- oder Drehstromeinwegschaltung, (*6*) Umspanner in Dreiphasen-Zweiphasenschaltung und Gleichrichter in Mittelpunktschaltung, (*7*) zwei Einphasenumspanner in V-Schaltung mit Gleichrichtern in Zweiwegverbundschaltung, (*8*) Drehstrom-Dreileitergleichstrombetrieb mit drei Einphasenumspannern in gemischter Ein- und Zweiwegschaltung

Die Sperrwirkung ist unvollkommen und von der Betriebsspannung abhängig. Je Element werden etwa 4 ... 16 V gesperrt, mindestens sind 0,2 V erforderlich oder 5 ... 40 mA/cm² wirksamer Fläche. Das Verhältnis der Ströme von Sperr- zu Durchlaßbereich beträgt 1 : 5000. Der Wirkungsgrad bei Spannungen unter 60 V ist den vorerwähnten Gleichrichtern überlegen (etwa 40 ... 60%) (Bild 44).

Elektrolytgleichrichter. In eine wässerige Lösung von Alaun oder Natronbikarbonat tauchen eine Kohle-, Eisen- oder Bleiplatte als Anode und eine Aluminiumkathode. Eine angelegte Wechselspannung überzieht in kurzer Zeit das Aluminiumblech mit einer dünnen Oxydschicht, welche bei Alaunlösung bis 20 V, bei Natronlösung bis 100 V sperrt. Die Scheitelwerte höherer Spannungen schlagen durch, die Oxydschicht erneuert sich wieder nach Spannungsrückgang. Seine Sperrwirkung ähnelt dem Trockengleichrichter. Der Wirkungsgrad erreicht infolge der mäßigen Lösungsleitfähigkeit etwa 30 ... 50 % bei Vollast. Für kleine Leistungen ist er ausreichend.

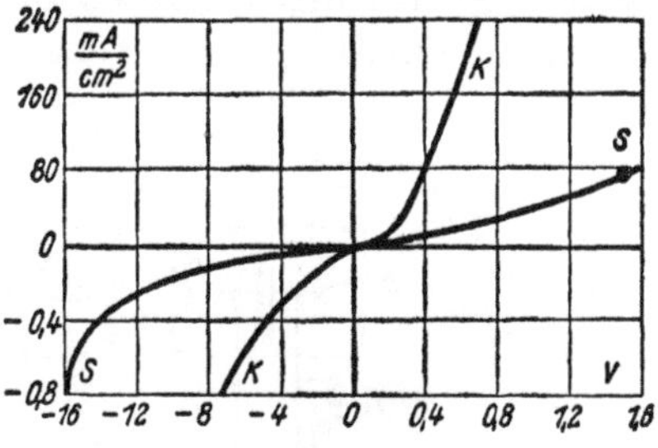

Bild 44. Gleichrichterkennlinien: *K* Kupferoxydgleichrichter, *S* Selengleichrichter

Pendelgleichrichter. Eine Schwingfeder mit Kontakten ist auf die Netzfrequenz abgestimmt. Das freie Ende schwingt zwischen den Polen eines Dauermagneten, wenn die Feder durch eine Wechselspule erregt wird. Die Magnetfelder sind vertauschbar. Die Kontakte schließen und öffnen im Takt der Netzfrequenz. Der Erregerstrom erhält durch eine vorgeschaltete Drosselspule oder einen Kondensator eine Phasenverschiebung von fast 90° gegen die Netzspannung, damit die Kontaktfeder phasengerecht bei Richtungswechsel bzw. Nulldurchgang umschlägt. Die Sperrung ist vollkommen. Ein lichtbogenfreies Arbeiten hängt von den gleichen Voraussetzungen ab, wie sie auch für das Schalten von Abhebekontakten gelten. Der Wirkungsgrad erreicht 80 ... 95%. Die Einstellung der Kontakte ist je nach der Art der Belastung verschieden, insbesondere müssen bei Ladebetrieb die Kontakte oberhalb der Batteriespannung ein- und ausschalten, um Ziehen von Lichtbögen zu vermeiden.

3. Wechselrichter

Ein Gleichstrom wird in Wechselstrom umgeformt, wenn dabei

1. periodische Änderungen mit induktiver Übertragung oder
2. periodische Umschaltungen mit Richtungswechsel erfolgen.

Diese Geräte sind als Summer (Tonfrequenz) und Polwechsler (Niederfrequenz) bekannt, neuerdings in ähnlicher Ausführung als Zerhacker und Wechselrichter bezeichnet anzutreffen.

Periodische Unterbrechungen ergeben Ausgleichvorgänge, welche sich induktiv durch Umspanner übertragen lassen (unsymmetrische Kurvenform).

Periodische Umschaltungen in Verbindung mit Umspannern erzeugen zwei spiegelbildliche Halbwellen (symmetrische Kurvenform).

Von der idealen Sinusform weichen diese Wechselströme stark ab und genügen daher nur, wenn keine besonderen Ansprüche an Oberwellenfreiheit

gestellt werden oder kleine Leistungen (10 ... 200 W) zu erzeugen sind (Bild 45).
Gebräuchlich sind meist mechanische Wechselrichter mit abgestimmten Schwingfedern, deren Antrieb durch Erregerspule und Selbstunterbrecher (ähnlich dem Klöppel von Gleichstromweckern) erfolgt.

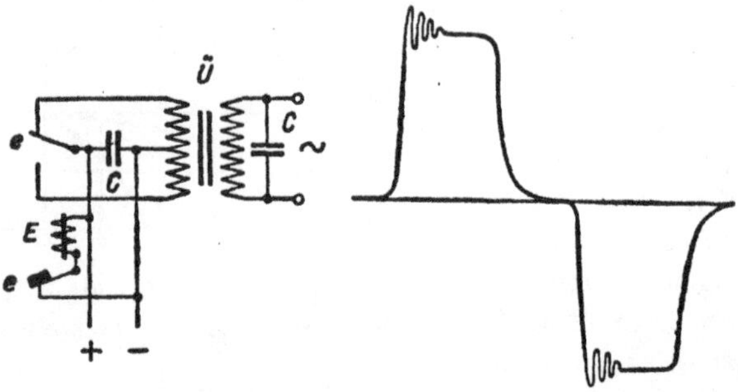

Bild 45. Schaltung und Wechselspannung eines Wechselrichters

Eine derartige Schaltung mit wechselnden Gleichstromstößen überträgt eine fast rechteckige Wechselspannung, die man bei geringen Leistungen durch Kondensatoren vor und hinter dem Umspanner abrundet. Für die Berechnung des Übersetzungsverhältnisses ist das Verhältnis $U_{eff} : U_{max}$ und der Spannungsabfall bei Vollast zu berücksichtigen.

$\delta°$	0	5	10	15	20	25	30
U_{eff}	1,00	0,97	0,94	0,91	0,88	0,85	0,82

Während des periodischen Umschlagens eines Pendels ergibt sich eine zeitweise Unterbrechung, so daß von jeder vollen Viertelwelle (mit 90° eingesetzt) ein Teil $\delta°$ unausgenutzt bleibt. Der Effektivwert sinkt daher je nach Kontaktabstand unter den idealen Höchstwert $U_{max} = U_{eff}$. Durchschnittlich sind für U_{eff} Werte zwischen $\delta = 15° \ldots 25°$ liegend einzusetzen. Der Spannungsabfall im Umspanner beträgt etwa 10 ... 20%. Demnach wird im Mittel $U_w = U_g \cdot 0{,}88 \cdot 0{,}85 = 0{,}75\ U_g$ für ein Übersetzungsverhältnis 2:1 der Erst- zur Zweitwicklung erhalten.

4. Tonräder

Vor den Polschuhen eines Gleichstromelektromagneten dreht sich ein eisernes Zahnrad (Bild 46). Der magnetische Fluß schwankt periodisch ohne Richtungsumkehr. In einer zweiten, auf den gleichen Spulen aufgebrachten Wicklung entsteht durch Induktion eine Wechselspannung. Die Frequenz (100 ... 4000 Hz) ergibt sich aus der minutlichen Drehzahl n und der Zähnezahl z

$$f = zn/60.$$

Die Wechselspannung ist bei Leerlauf

$$U_0 = 2{,}22 \cdot f \cdot w\,(\Phi_1 - \Phi_2),$$

wobei der Fluß sich zwischen Φ_1 und Φ_2 in Vs ändert und die Zweitwicklung

w Windungen hat. Mit derartigen Tonrädern erhält man etwa $U_0 = 30 \ldots 45$ V und im Kurzschluß $I_k = 0{,}4 \ldots 0{,}6$ A. Die mittlere Leistung üblicher Bauart beträgt etwa 5 VA. Für größere Leistungen empfehlen sich Einankerumformer. Bei Antrieb der Tonräder durch Induktionsmotoren (Kurzschlußläufer) entfallen alle Schleifringe oder Kollektoren; Wartung und Abnutzung sinken auf ein Mindestmaß, wie es für Dauerbetrieb erwünscht ist.

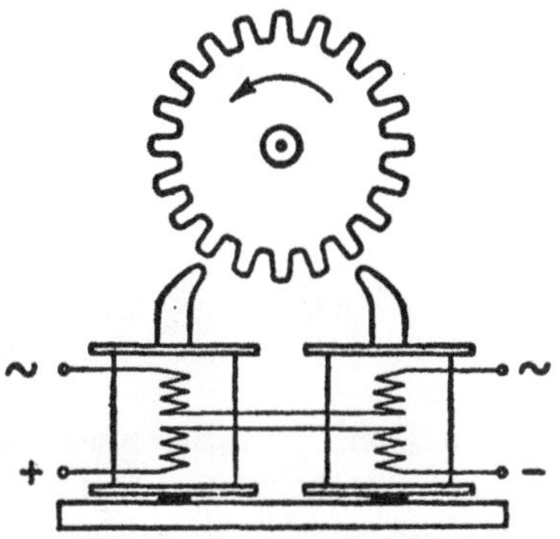

Bild 46. Anordnung und Schaltung eines Tonrades

5. Frequenzvervielfachung

In Fernmeldeanlagen werden Signalströme mit verschiedenen Periodenzahlen gebraucht; die benötigten Leistungen sind oft so gering, daß eine gesonderte Erzeugung der verschiedenen Frequenzen sich nicht lohnt, besonders wenn die verlangten Frequenzen in einem ganzzahligen Verhältnis stehen.
Unter diesen Umständen ist es zweckmäßig, aus einer Grundfrequenz durch Vervielfachung höherfrequente Signalströme zu gewinnen.
Eine Frequenzverdoppelung entsteht durch eine Gleichrichtung beider Halbwellen eines Wechselstromes und Umspannung des erhaltenen Wellengleichstromes (Bild 47). Eine Gleichstromdrosselspule verrundet die Halbwellen doppelter Frequenz, ein Kondensator auf der $2f$-Seite ist auf die Gegeninduktivität M des Ausgangsübertragers abzustimmen ($\omega^2 MC = 1$). Wird die doppelte Frequenz einer weiteren Gleichrichterstufe zugeleitet, so entsteht die vierfache Grundfrequenz. Werden n Stufen zusammengeschaltet, so erhält man als Frequenz

$$F_n = 2^n \cdot f \,[\text{Hz}]$$

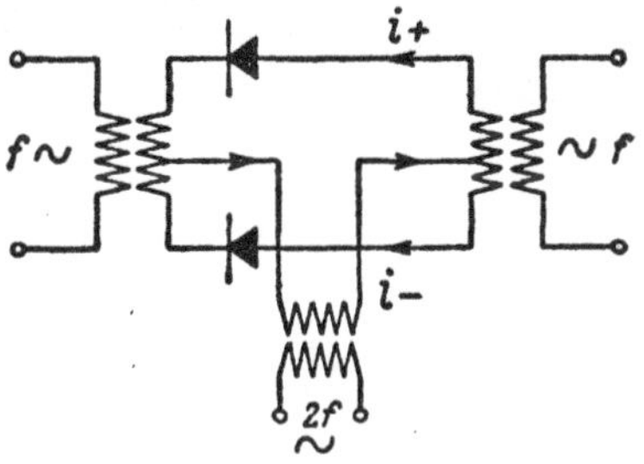

Bild 47. Frequenzverdopplung durch Gleichrichtung

und als Wirkungsgrad, der für alle n Stufen gleich groß sei

$$\mathrm{H} = \eta^n$$

Nach wenigen Frequenzstufen ist ein Zwischenverstärker nicht mehr zu umgehen, weil der Wirkungsgrad mit der n-ten Potenz schwindet.

Eine dreifache Frequenz entsteht durch Dreiphasen-, eine sechsfache durch Sechsphasengleichrichtung und Umspannung des Wellengleichstromes. Da die Welligkeit mit Zunahme der Phasenzahl aber abnimmt, ist eine höhere Vervielfachung wenig wirtschaftlich, falls es nicht möglich ist, in Reihe mit dem Frequenzübertrager eine Batterie zu laden (Bild 48).

Die dreifachen (3., 9., 15. usw.) Harmonischen eines Drehstromes liegen gleichphasig. Stärker ausgeprägt und nutzbar ist nur die dritte Harmonische, welche über eine Umspannerschaltung (primär geschlossenes, sekundär

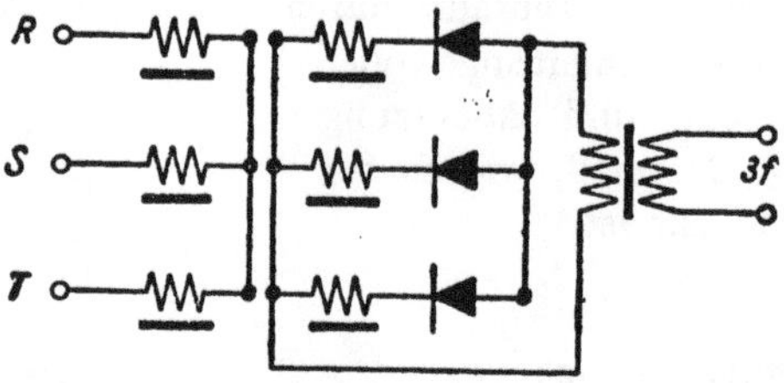

Bild 48. Erzeugung der dreifachen Frequenz aus Drehstrom durch Halbperiodengleichrichtung

offenes Dreieck) abzunehmen ist. Hierbei entstehen nur geringe Leerlaufverluste im Umspanner. Ist auch die dritte Harmonische nur schwach vertreten, so werden entweder übersättigte Drosselspulen vorgeschaltet oder der Umspanner selbst mit Übersättigung betrieben, um einen verzerrten Magnetisierungsstrom zu erhalten.

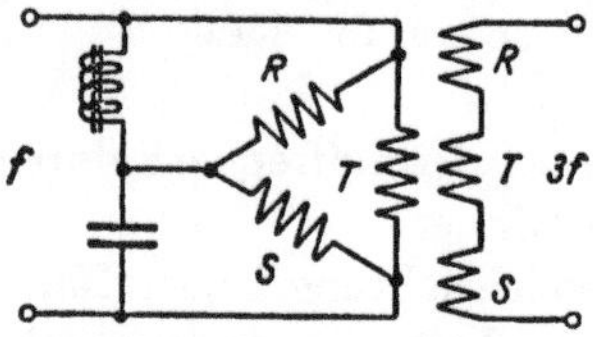

Bild 49. Schaltungsanordnung für Frequenzverdreifachung mit Einphasen-Wechselstrom

Steht nur Einphasenstrom zur Verfügung, so ist eine Phasenverschiebung künstlich herzustellen, welche ein gleichseitiges Dreieck bildet. Die dreifache Frequenz wird der offenen Dreieckschaltung der drei Übertrager *R*, *S* und *T* entnommen (Bild 49).

6. Wellenströme

Ein Wellenstrom ist durch periodischen Verlauf gekennzeichnet. Die Symmetrie der Halbwellen, bezogen auf eine Nullinie, fehlt. Die üblichen Beziehungen zwischen Scheitelwert und arithmetischem und geometrischem Mittelwert sind zu bestimmen. Häufige Wellenformen sind (Bild 50):

a: Überlagerung eines Gleich- und Wechselstromes,
b: Gleichrichtung mit Teilzeitschwellen,
c: Gleichrichtung mit Mindestwertschwellen,
d: Gleichrichtung mit Höchstwertschwellen.

Für Wechselströme gelten die Begriffe allgemeiner periodischer Schwingungen, wenn regelmäßige und formgetreue Wiederholungen eines bestimmten zeitlichen Verlaufs von der Dauer T vorliegen. Es gilt allgemein für den veränderlichen Augenblickswert des Stromes (und sinngemäß auch für die Spannung):

$$i = I_1 \cdot F(\omega[t + T] + \varphi) + I_2.$$

Mit Bezug auf die Form a im Bild ist I_1 der Scheitelwert (Höchstwert, Amplitude) der Schwingungen, F das Zeichen für eine beliebige Funktion (im

Sonderfall für eine Sinus- oder Kosinusfunktion), $\omega = 2\pi f$ die Kreisfrequenz, t die Zeit, T die Dauer einer Schwingung (Periode), $\omega t + \varphi$ der Phasenwinkel und I_2 ein fester Gleichwert. Die eingezeichnete gestrichelte Linie parallel zur Nullachse heißt Gleichwertachse, ihr Abstand von der Nullachse entspricht dem arithmetischen Mittelwert oder Gleichwert. Der größte und kleinste Wert im Verlauf einer Periode heißen Gipfel- und Talwert, die Unterschiede gegen den Gleichwert jedoch die Scheitelwerte.

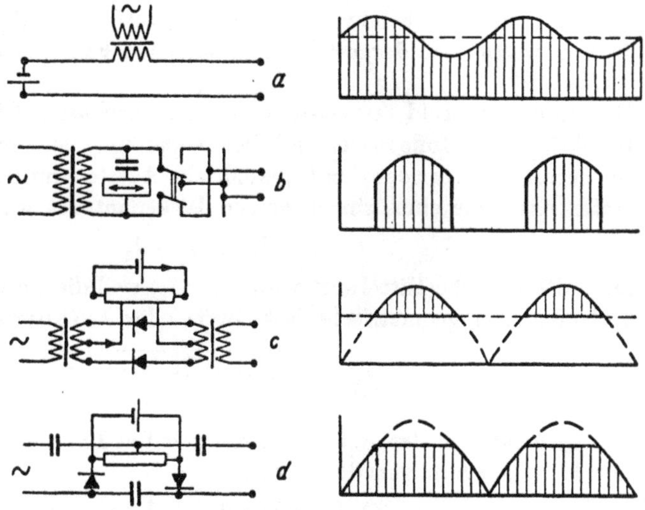

Bild 50. Wellengleichstrom: verschiedene Kurvenformen (a, b, c, d) und ihre Entstehung.

Jede periodische Schwingung ist durch eine Überlagerung eines Gleichwertes und vieler Sinusschwingungen darstellbar, die sich als ganze Vielfache auf einer Grundfrequenz aufbauen. Die Teilschwingung mit der Grundfrequenz heißt Grundwelle (1. Harmonische), mit der zweifachen Frequenz 1. Oberwelle (2. Harmonische), mit der $n$fachen Frequenz $(n-1)$-te Oberwelle ($n$te Harmonische). Daneben findet man häufig die $n$te Oberwelle gleich der $n$ten Harmonischen gesetzt, wobei die Grundwelle als 1. Oberwelle gezählt wird.

Durch Gleichrichtung eines sinusförmigen, oberwellenfreien Wechselstromes ergibt sich ein Wellengleichstrom, dessen Augenblickswerte sich zwischen Null und einem Scheitelwert periodisch ändern.

Bei einer Einweggleichrichtung mit Durchlaß nur einer Halbwelle wird die Funktion der gleichgerichteten Beträge x:

$$f(x) = \sin x \text{ im Bereich } 0 < x < \pi,$$
$$f(x) = 0 \quad \text{ im Bereich } \pi < x < 2\pi$$

und der erhaltene Gleichstrom durch folgende Reihe bestimmt:

$$f(x) = \frac{1}{\pi} + \frac{1}{2}\sin x - \frac{2}{\pi}\left(\frac{\cos 2x}{1\cdot 3} + \frac{\cos 4x}{3\cdot 5} + \frac{\cos 6x}{5\cdot 7} + \ldots\right).$$

Bei Doppelweggleichrichtung oder Verwertung beider Halbwellen wird erhalten

$$f(x) = \sin x \text{ im Bereich } 0 < x < \pi,$$
$$f(x) = -\sin x \text{ im Bereich } \pi < x < 2\pi$$

und der gleichgerichtete Strom durch eine ähnliche Reihe bestimmt:

$$f(x) = \frac{2}{\pi} - \frac{4}{\pi}\left(\frac{\cos 2x}{1\cdot 3} + \frac{\cos 4x}{3\cdot 5} + \frac{\cos 6x}{5\cdot 7} + \dots\right).$$

Praktisch ist jedoch eine völlige Gleichrichtung mit 100% aller möglichen Augenblickswerte nie erfüllt, weil entweder die Gleichrichtung erst nach Überschreiten einer Zündspannung beginnt oder der Gleichstrom erst oberhalb einer Gegenspannung bei Sammlerladungen einsetzen kann.
Deshalb sind abweichend von diesem Ideallfall die in Bild 50 gezeigten Kurvenformen, welche den dargestellten praktischen Fällen entsprechen, näher behandelt.
Die Form *a* in Bild 50 entsteht durch mehrphasige Gleichrichtung, durch Induktion oder Influenz einer Wechselspannung aus einem Starkstrom- in ein Fernmeldenetz oder durch periodische Aussteuerung eines Gleichstromes. Unter Annahme eines sinusförmigen Wellenanteiles wird der Gesamtstrom

$$I = I_1 \sin \omega t + I_2.$$

Der arithmetische Mittelwert wird $I_m = I_2$, weil die Halbwellen symmetrisch verlaufen. Der geometrische Mittelwert oder Effektivwert wird

$$I_{\text{eff}} = \sqrt{\frac{\sum_{0\cdots n}(I_1 \sin \omega t + I_2)}{n}}.$$

Die Quadratur in der ersten und der zweiten Halbwelle ergibt zwei Reihen mit Einzelgliedern von der Form:

$$1)\; I_1^2 \sin^2 \omega t + 2\, I_1\, I_2 \sin \omega t + I_2^2,$$
$$2)\; I_1^2 \sin^2 \omega t - 2\, I_1\, I_2 \sin \omega t + I_2^2.$$

Die mittleren Glieder beider Reihen heben sich aus Symmetriegründen auf und der Effektivwert wird

$$I_{\text{eff}} = \sqrt{\frac{\sum I_1^2 \sin^2 \omega t}{n} + \frac{\sum I_2^2}{n}} = \sqrt{I_{1\,\text{eff}}^2 + I_2^2}.$$

Der Höchstwert bzw. der Mindestwert (Gipfel- bzw. Talwert) wird:

$$I_{\max} = \pm I_1 \sqrt{2} + I_2.$$

Der Scheitelfaktor ($I_{\text{eff}} \cdot p = I_{\max}$) hängt von den Beträgen der Gleichstrom- und Wechselstromanteile ab

$$p = \frac{I_{\max}}{I_{\text{eff}}} = \frac{I_{1\,\text{eff}}\sqrt{2} + I_2}{\sqrt{I_{1\,\text{eff}}^2 + I_2^2}}.$$

$I_1 : I_2$	∞	10	$\sqrt{2}$	1	0,1	0
p	1,414	1,507	1,732	1,707	1,136	1

Die Form *b* in Bild 50 entsteht durch einphasige Gleichrichtung in der Vollperioden- und der Graetzschen Schaltung. Beide Halbwellen werden ausgenutzt und sind mit einem ohmischen Widerstand belastet. Am Anfang und Ende jeder Halbwelle ergeben sich ungenutzte Teilzeiten, welche durch die

Umschlagzeit eines Pendelkontaktes oder durch die Zünd- und Löschspannung einer Röhre bedingt sind. Entsprechend diesen Teilzeitgrenzen ändert sich das Verhältnis $I_m : I_{eff} : I_{max}$.

Die Form *c* (Bild 50) entsteht, wenn die gleichgerichtete Spannung auf eine Gegenspannung arbeitet (Batterie oder Motor.) Diese Gegenspannung bildet eine Mindestwertgrenze, nur der Überschuß bis zum Höchstwert speist die Belastung.

Die Form *d* (Bild 50) entsteht durch Belastung mit einem Höchstwert (Amplituden-) Begrenzer, Knallschutzgerät, einer Glimmröhre oder Gleichrichterschaltung, womit nur bis zu einer bestimmten Höchstwertgrenze die gleichgerichteten Halbwellen durchgelassen werden.

Für elektrolytische Wirkungen (Amperestunden) ist der Mittelwert, für Erwärmungen (Wicklungen, Widerstände) der Effektivwert und für die Beurteilung von schädlichen Überspannungen oder Überströmen der Höchstwert maßgebend.

Zahlentafel 8:

Faktoren zur Berechnung von Mittel- und Effektivwerten aus den Scheitelwerten besonderer Kurvenformen

$\delta°$	Form b		Form c		Form d	
	I_{mit}	I_{eff}	I_{mit}	I_{eff}	I_{mit}	I_{eff}
0	0,636	0,707	0,636	0,707	1,000	1,000
5	0,634	0,707	0,604	0,690	0,972	0,984
10	0,626	0,706	0,571	0,672	0,945	0,964
15	0,614	0,704	0,538	0,641	0,917	0,944
20	0,598	0,701	0,496	0,630	0,890	0,925
25	0,577	0,695	0,470	0,611	0,861	0,905
30	0,551	0,686	0,436	0,588	0,837	0,885
35	0,521	0,674	0,400	0,564	0,812	0,865
40	0,487	0,659	0,364	0,531	0,787	0,846
45	0,450	0,639	0,322	0,513	0,763	0,825
50	0,409	0,615	0,293	0,494	0,741	0,807
55	0,337	0,586	0,256	0,453	0,720	0,789
60	0,290	0,512	0,198	0,423	0,704	0,771
65	0,241	0,510	0,182	0,380	0,683	0,755
70	0,190	0,462	0,162	0,343	0,668	0,739
75	0,137	0,403	0,109	0,299	0,655	0,727
80	0,083	0,331	0,060	0,243	0,645	0,717
85	0,028	0,235	0,001	0,021	0,639	0,710
90	0,000	0,000	0,000	0,000	0,636	0,707

Die einschlägigen Faktoren zeigt die Zahlentafel 8. In den meisten Betriebsfällen weichen die Werte von dem üblichen Verhältnis $I_m : I_{eff} : I_{max} = 0{,}636 : 0{,}707 : 1$ erheblich ab, weil keine volle Ausnutzung der gleichgerichteten Sinushalbwellen möglich ist.

Beispiel: Batterieladung mittels eines Doppelweg- oder Vollperiodengleichrichters. Sekundäre Wechselspannung $U_w = 35$ V, Batteriespannung $U_b = 24$ V, Vorwiderstand (Umspanner, Röhre und Laderegler) $R = 10\,\Omega$. Gesucht sind der Scheitelwert, Effektivwert und Mittelwert des Ladegleichstromes.

Nach Bild 50 hat der Wellengleichstrom die Kurvenform *c*. Zunächst ist der Phasenwinkel δ, bei welchem die Wechselspannung gleich der Batteriespannung wird und der Ladegleichstrom einsetzt, zu bestimmen. Die höchste gleichgerichtete Wechselspannung ist:

$$U_{max} = U_w \sqrt{2} = 35 \cdot 1{,}414 = 49{,}49 \approx 49{,}5 \text{ V}.$$

Der Phasenwinkel δ ergibt sich aus der Beziehung:

$$U_{max} \sin\delta = U_b$$
$$\sin\delta = 24/49{,}5 = 0{,}485$$
$$\delta = 29^\circ.$$

Der Scheitelwert des Ladegleichstromes ergibt sich aus:

$$I_{max} = (U_{max} - U_b)/R = (49{,}5 - 24)/10 = 2{,}55 \text{ A}.$$

Aus der vorstehenden Zahlentafel 8 ist abgerundet für $\delta = 30^\circ$ zu entnehmen $I_m = 0{,}436\, I_{max}$ und $I_{eff} = 0{,}588\, I_{max}$, so daß sich ein Effektivwert ergibt, den man an einem Hitzdrahtstrommesser (oder auch Dreheisenstrommesser) ablesen würde:

$$I_{eff} = 0{,}588 \cdot 2{,}55 = 1{,}50 \text{ A}.$$

Der arithmetische Mittelwert, welchen ein Drehspulstrommesser anzeigen würde, ist danach:

$$I_m = 0{,}436 \cdot 2{,}55 = 1{,}11 \text{ A}.$$

7. Glättung von Wellenströmen

Wellengleichströme besitzen induktive und kapazitive Nebenwirkungen, welche auf der gewendeten Sinuslinie beruhen. Ihr periodischer Verlauf ist durch eine Fouriersche Reihe darzustellen

$$u = U \frac{4}{\pi}\left(\frac{1}{2} - \frac{\cos 2\omega t}{1 \cdot 3} - \frac{\cos 4\omega t}{3 \cdot 5} - \frac{\cos 6\omega t}{5 \cdot 7} - \cdots\right),$$

in der Harmonische jeder Ordnung vorhanden sind. Entsprechend der gebräuchlichen Netzfrequenz von 50 Hz würde noch die siebente Harmonische mit 350 Hz trotz ihres kleinen Anteils im Fernsprechbetrieb sehr stören.

Eine Glättung kann durch Zwischenschalten von Induktivitäten oder Kapazitäten erfolgen. Im Hauptschluß zum Strom liegen Drosselspulen; unbelastet bleibt die Wellenspannung unverändert; erst mit zunehmender Stromentnahme setzt die Glättung ein. Die Drosselspule speichert während des Stromanstieges magnetische Energie und gibt beim Stromabstieg elektrische Energie ab. Die Glättung hängt vom Verhältnis $\omega L : R$ ab, wobei L die gesamte Induktivität (Drosselspule und Umspannerstreuung) und R der Gesamtwiderstand (innen und außen) des Laststromkreises ist. Selbst für $\omega L : R = 10$ beträgt die Welligkeit noch etwa 10 %.

Im Nebenschluß zur Spannung liegen Kondensatoren; unbelastet wird die Wellenspannung gut geglättet und steigt fast auf den Scheitelwert; mit zunehmender Stromentnahme wächst die Welligkeit, weil die Entladungen während des Spannungsschwundes nicht mehr beim Anstieg durch Ladung gedeckt werden. Die Glättung hängt vom Verhältnis $\omega C : G$ ab, wobei C die Kapazität und G der Leitwert des gesamten Stromkreises ist.

Eine vollkommene Glättung wäre nur denkbar, wenn L oder C unendlich groß und R oder G unendlich klein würden. Diese Bedingungen sind wirtschaftlich nicht annähernd erfüllbar.

Allgemein gilt, daß Drosselspulen sich für niedrige Spannungen und große Ströme, Kondensatoren umgekehrt für hohe Spannungen und kleine Ströme als Glättungsmittel besser eignen.

Gleichzeitige Anwendung beider Mittel als Siebkette geschaltet ergibt von Leerlauf bis Vollast eine befriedigende Glättung. Eine zweigliedrige Kette kann die Welligkeit auf 1 % der Grundfrequenz vermindern; überdies ist es möglich, nach Bedarf zwei Glättungsstufen mit einer Zwischenanzapfung zu benutzen: für Signal- und Steuerströme die gröbere, für Speisungsströme die feinere Stufe.

Die Entlastung des zweiten Gliedes verbilligt dessen Drosselspule und Kondensator (Bild 51).

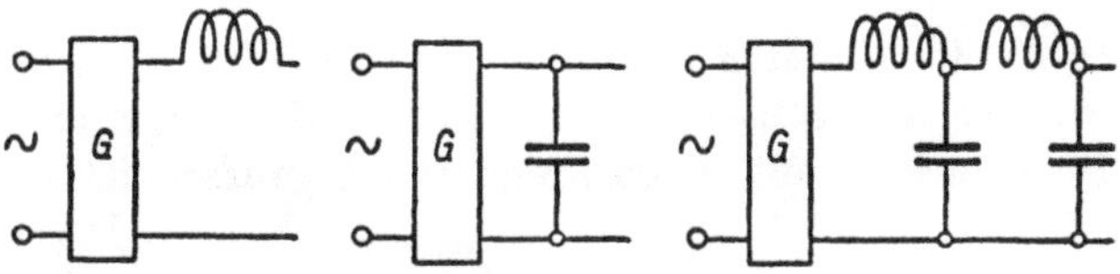

Bild 51. Glättung von welligen Spannungen und Strömen durch Induktivität und Kapazität.

Die Verminderung der störenden Wellenspannung durch Filter ist überschläglich zu erfassen, wenn man nur die bei Vollperiodengleichrichtung entstehende doppelte Frequenz berücksichtigt und die höheren Harmonischen vernachlässigt, weil diese bei ausreichender Unterdrückung der Frequenz $2f$ praktisch völlig unwirksam werden.

Die erste Stufe des Filters nach Bild 51 liefert ein Übersetzungsverhältnis der Spannung am Ende $\mathfrak{U}_1$ zur Spannung am Anfang $\mathfrak{U}_0$ (Ende offen, unbelastet):

$$\frac{\mathfrak{U}_1}{\mathfrak{U}_0} = \frac{\mathfrak{R}_2}{\mathfrak{R}_1 + \mathfrak{R}_2} = -\frac{j}{\omega C j\,[\omega L - 1/\omega C]} = \frac{1}{1 - \omega^2 LC}$$

oder angenähert, weil mindestens eine Verminderung auf $\mathfrak{U}_1 = 0{,}01\,\mathfrak{U}_1$ zu verlangen ist ($f = 100$ Hz):

$$|\mathfrak{U}_1| \approx |\mathfrak{U}_0| \frac{1}{\omega^2 LC} = |\mathfrak{U}_0| \frac{2{,}56}{LC} 10^{-6}.$$

Danach kann eine passende Induktivität und Kapazität angegeben werden, wenn das Übersetzungsverhältnis (die Verminderung) p vorgeschrieben ist ($p = 0{,}01$ und $f = 100$ Hz):

$$\left|\frac{\mathfrak{U}_1}{\mathfrak{U}_0}\right| = p = \frac{1}{\omega^2 \cdot LC} \quad \text{bzw.} \quad LC = p\omega^2$$

mit $L = 40$ H und $C = 100\,\mu$F (abgerundet). Nach einer zweistufigen Glättung ergibt sich als Spannungsverhältnis

$$|\mathfrak{U}_2/\mathfrak{U}_0| \approx |\mathfrak{U}_2/\mathfrak{U}_1| \cdot |\mathfrak{U}_1/\mathfrak{U}_0| = p^2.$$

Dieses praktische Verfahren ist genügend genau, weil ohnehin die Drosselspulen und Kondensatoren dieses Filters verlustfrei angenommen sind und außerdem die Induktivitäten noch von der Eisenpermeabilität abhängen.

Die beste Glättung verspricht eine Akkumulatorenbatterie zu liefern, die im Pufferbetrieb (etwa 2,1 V je Zelle) parallel zum Gleichrichter arbeitet. Entsprechend dem inneren Widerstand und dem welligen Ladestrom entsteht trotzdem an den Klemmen eine geringe Wellenspannung, die als Ladegeräusch im Sprechverkehr hörbar ist. Bei vollem zulässigen Lade- oder Entladestrom beträgt dieser innere Spannungsabfall etwa 2 mV je Bleizelle. Die Geräuschspannung soll aber bei Freileitungen unter 5 mV und bei Kabelleitungen unter 2 mV liegen. Mit Rücksicht hierauf muß die Welligkeit unter 10 % gesenkt werden; ohne besondere Glättungsmittel erfüllen nur Sechsphasengleichrichter im Pufferbetrieb diese Forderung.

8. Wechselströme

In der Regel treten bei allen technischen Wechselströmen neben der Grundwelle (1. Harmonischen) noch mehr oder weniger starke Oberwellen (höhere Harmonische) auf, deren Frequenz ein ganzes Vielfaches der Grundwelle ist. Die Phasenlage der Wellen höherer Ordnung ist beliebig zu denken, es brauchen also die Nullwerte der Oberwellen nicht mit den Nullwerten der Grundwelle zusammenfallen. Bild 52 zeigt zwei typische Kurvenformen mit einer 3. Harmonischen.

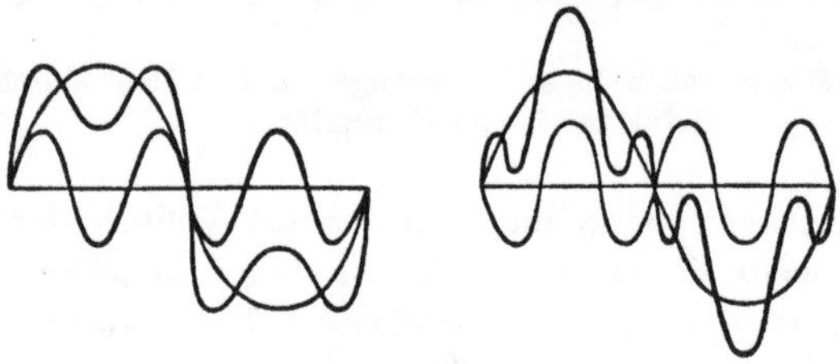

Bild 52. Zusammensetzung einer verzerrten Kurvenform aus 1. und 3. Harmonischen.

Geradzahlige Harmonische werden in umlaufenden Maschinen (Induktor, Dynamo, Umformer) nicht erzeugt, dagegen entstehen sie in Stromkreisen mit vormagnetisierten Elektromagneten oder mit Gleichrichtern.

Der Augenblickswert eines Wechselstromes mit einer Grundwelle und mehreren Oberwellen ist allgemein:

$$i = I_1 \sin \omega t + I_2 \sin 2\,\omega t + I_3 \sin 3\,\omega t + \ldots$$
$$+ I_0 + I_1' \cos \omega t + I_2' \cos 2\,\omega t + I_3' \cos 3\,\omega t + \ldots$$

Dabei können vier typische Gruppen von Kurvenformen unterschieden werden:

1. nur mit Sinuswellen und ohne Gleichwert I_0,
2. » » Kosinuswellen und mit Gleichwert I_0,
3. » » ungeradzahligen Harmonischen,
4. » » geradzahligen Harmonischen.

Entsprechende Kurvenformen zeigt Bild 53. In besonderen Fällen, wenn sich eine Wechselstromkurve einer Dreieck-, Rechteck- oder Trapezform nähert, gelten folgende Formeln:

Dreieck: $i = I\,(8/\pi^2)\;[\sin \omega t - {}^1/_9 \sin 3\,\omega t + {}^1/_{25} \sin 5\,\omega t \mp \ldots]$

$i = I\,(8/\pi^2)\;[\cos \omega t + {}^1/_9 \cos 3\,\omega t + {}^1/_{25} \cos 5\,\omega t + \ldots]$

Rechteck: $i = I\,(4/\pi)\ [\sin \omega t + {}^1/_3 \sin 3\,\omega t + {}^1/_5 \sin 5\,\omega t + \ldots]$

$i = I\,(4/\pi)\ [\cos \omega t - {}^1/_3 \cos 3\,\omega t + {}^1/_5 \cos 5\,\omega t \pm \ldots]$

Trapez: $i = I\,(4/\pi a)\ [\sin a \sin \omega t + {}^1/_9 \sin 3\,a \sin 3\,\omega t \mp \ldots]$

(a Zeitanteil des Anstieges vom Null- zum Scheitelwert).

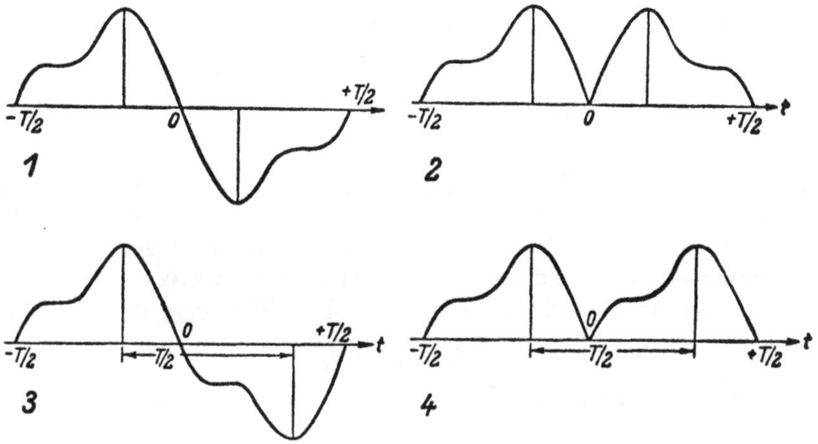

Bild 53. Typische Kurvenformen: (*1*) mit 1. und 2. Harmonischen als Sinuswellen, (*2*) dgl. als Kosinuswellen, (*3*) mit 1. Harmonischen und 3. Harmonischen als Kosinuswelle, (*4*) durch Gleichrichtung nur mit geradzahligen Harmonischen.

Die zuerst angeführten Formeln gelten für Perioden, welche mit dem Nullwert beginnen, die zweiten Formeln für den Beginn einer Periode nach $\pi/2$ mit dem Höchstwert.

Zu beachten ist, daß Spannung und Strom desselben Stromkreises verschiedene Kurvenform besitzen können. Eine schwach gesättigte Drosselspule setzt der n-ten Harmonischen einen n-fachen Blindwiderstand entgegen. Der Strom wird sinusähnlich trotz verzerrter Spannung. Ein Kondensator dagegen bildet für die n-te Harmonische einen n-fachen Leitwert. Der Oberwellengehalt des Stromes wird größer als der der Spannung.

Ein Gleichrichter mit oder ohne Gegenspannung auf der Lastseite entnimmt dem Wechselstromnetz immer einen von der Spannungsform abweichenden Strom.

In allen solchen Fällen wird die Leistung kleiner als aus dem Produkt von Spannung, Strom und Phasenverschiebung zu berechnen ist:

$$N < U\,I \cos \varphi \quad \text{oder} \quad N = g\,U\,I \cos \varphi,$$

wobei $g \leqq 1$ ist. Dieser Faktor ist häufig schwer von einer gleichzeitig vorliegenden Phasenverschiebung des Stromes gegen die Spannung zu trennen. Als Leistungsfaktor wird daher in diesen Fällen angegeben:

$$\lambda = g \cos \varphi_1,$$

wobei sich φ_1 auf die Verschiebung der 1. Harmonischen (Strom gegen Spannung) bezieht. Weiterhin wird, wenn I_1 der Effektivwert der Grundschwingung und I_2, I_3, I_4 die Effektivwerte der höheren Harmonischen sind, der effektive Wechselstrom:

$$I = \sqrt{I_1^2 + I_2^2 + I_3^2 + I_4^2 + \dots}$$

und der Grundschwingungsgehalt (Verzerrungsfaktor)

$$g = I_1 / \sqrt{I_1^2 + I_2^2 + I_3^2 + \dots}$$

und der Oberschwingungsgehalt (Klirrfaktor)

$$k = \sqrt{I_2^2 + I_3^2 + \dots} / \sqrt{I_1^2 + I_2^2 + I_3^2 + \dots}$$

und schließlich, da beide Faktoren unter Eins liegen:

$$g^2 + k^2 = 1.$$

Aus diesen Begriffsbestimmungen folgt, daß bei rein sinusförmigen Wechselströmen (ohne Oberwellen) der Verzerrungsfaktor $g = 1$ und der Klirrfaktor $k = 0$ werden müssen. Mit zunehmendem Oberwellengehalt sinkt der Verzerrungsfaktor auf $g < 1$ und steigt der Klirrfaktor auf $k > 0$.
Beiläufig sei erwähnt, daß vordem sich eine ältere Festlegung des Klirrfaktors findet:

$$k' = \sqrt{(I_2^2 + I_3^2 + I_4^2)/I_1^2}.$$

Für die Umrechnung von Angaben nach dem alten auf den neuen Klirrfaktor gilt dann:

$$k = k' / \sqrt{1 + k'^2}.$$

Der vorerwähnte Leistungsfaktor λ ist das Produkt aus einem Verzerrungsfaktor g und einem Verschiebungsfaktor $\cos \varphi$.
Bei der Auswertung technischer Wechselströme genügt die Berücksichtigung weniger Oberwellen, um praktisch brauchbare Ergebnisse zu erhalten. Die idealen geometrischen Kurvenformen treten selten auf, weil sie durch Induktivität und Kapazität (Drosselspulen, Übertrager, Kondensatoren, Fernleitungen) so beeinflußt werden, daß häufig nur die 3. und 5. Harmonische mit nennenswertem Scheitelwert noch wirksam bleibt.
Für die Analyse von Wechselstromkurven, wie sie mittels eines Schleifen- oder eines Kathodenstrahloszillographen aufgenommen werden, liegen einige Verfahren vor, bei denen eine Periodenlänge auf der waagerechten Zeitachse in eine Anzahl gleicher Teilstrecken zerlegt und dann die zu den Teilpunkten gehörigen Ordinaten der Augenblickswerte ausgemessen werden. Die gefundenen Längen in Millimetern sind maßstäblich in Volt oder in Ampere auszuwerten, wenn auf demselben Kurvenblatt ein bekannter Einzelwert mit aufgenommen ist.
Die vorgefundenen Augenblickswerte werden zu Summen und Differenzen zusammengestellt und mit Fakoren multipliziert, die auf Kosinus- und Sinuswerten der Teilungswinkel an der zerlegten Periode beruhen. So erhält man die Höchstwerte (Amplituden) mehrerer Harmonischer, die in der zu analysierenden Kurve enthalten sind, und stellt sie nach Fourier in einer Reihe zusammen:

$$f(A) = a_1 \sin \omega t + a_2 \sin 2\,\omega t + \cdots + b_0 + b_1 \cos \omega t + b_2 \cos 2\,\omega t + \cdots$$

Das nachstehend ausgewählte Verfahren berücksichtigt ungeradzahlige und geradzahlige Harmonische, weil beide in Fernmeldestromkreisen häufig vorkommen, und liefert Werte für die ersten fünf Harmonischen und einen etwaigen Gleichwert. Es läßt sich demnach sowohl für Wechselströme wie für Wellengleichströme verwenden.

1. Man teile eine Periode der vorliegenden Kurve in 12 gleich lange Teilstrecken und errichte in den Teilpunkten die Lote. So erhält man 12 Einzelwerte in Millimetern bzw. in Volt oder Ampere: von den 13 Teilpunkten darf entweder die Ordinate in 0 oder die in 13 nicht mitgezählt werden, weil eine der beiden schon zur Nachbarperiode gehört. Die ausgemessenen 12 Einzelwerte sind nach der folgenden Aufstellung in zwei Zeilen zu schreiben und damit wird je eine erste Summen- und Differenzenreihe gebildet:

Einzelwerte		c_1 c_{11}	c_2 c_{10}	c_3 c_9	c_4 c_8	c_5 c_7	c_6	
	c_{12}							
1. Summen . . .	s_0	s_1	s_2	s_3	s_4	s_5	s_6	$s_1 = c_1 + c_{11}$
1. Differenzen . .	—	d_1	d_2	d_3	d_4	d_5	—	$d_1 = c_1 - c_{11}$

Beim Einschreiben der Einzelwerte sind ihre Vorzeichen zu beachten.

2. Diese Zwischenwerte der Summen s und der Differenzen d sind entsprechend der folgenden Aufstellung zu ordnen und ist daraus je eine zweite Summen- und Differenzenreihe zu bilden:

Zwischenwerte	s_0 s_6	s_1 s_5	s_2 s_4	s_3	d_1 d_5	d_2 d_4	d_3	
2. Summen . . .	S_0	S_1	S_2	S_3	S_4	S_5	S_6	$S_0 = s_0 + s_6$
2. Differenzen . .	D_0	D_1	D_2	—	D_4	D_5	—	$D_0 = s_0 - s_6$

3. Die Endwerte dieser Summen S und der Differenzen D ergeben die gesuchten Amplituden a_1 bis a_5 der Sinusglieder und b_1 bis b_5 der Kosinusglieder, aus denen sich jede Harmonische zusammensetzen kann, und ein etwa vorhandenes Gleichwertglied b_0 nach der letzten Aufstellung:

$6a_1 = 0{,}5\,S_4 + 0{,}866\,S_5 + S_6$	$6b_1 = D_0 + 0{,}866\,D_1 + 0{,}5\,D_2$
$6a_2 = 0{,}866\,D_4 + 0{,}866\,D_5$	$6b_2 = S_0 + 0{,}5\,S_1 - 0{,}5\,S_2 - S_3$
$6a_3 = S_4 - S_6$	$6b_3 = D_0 - D_2$
$6a_4 = 0{,}866\,D_4 - 0{,}866\,D_5$	$6b_4 = S_0 - 0{,}5\,S_1 - 0{,}5\,S_2 + S_3$
$6a_5 = 0{,}5\,S_4 - 0{,}866\,S_5 + S_6$	$6b_5 = D_0 - 0{,}866\,D_1 + 0{,}5\,D_2$

$$12\,b_0 = S_0 + S_1 + S_2 + S_3$$

4. Diese Amplituden a und b sind in die angegebene Funktion $f(A)$ einzusetzen. Die Grundwelle zählt als 1. Harmonische. Die Effektivwerte der einzelnen Harmonischen mit den Kreisfrequenzen ω, $2\,\omega$ bis $5\,\omega$ und ihre Phasenwinkel gegen den willkürlich gewählten Anfang der ausgemessenen Periode sind:

1. Harmonische: $A_1 = 0{,}707\sqrt{a_1^2 + b_1^2}$ $\quad \varphi_1 = \operatorname{arc\,tg}\,(b_1/a_1)$

2. Harmonische: $A_2 = 0{,}707\sqrt{a_2^2 + b_2^2}$ $\quad \varphi_2 = \frac{1}{2}\operatorname{arc\,tg}\,(b_2/a_2)$

3. und höhere Harmonische dementsprechend weiter.

Abschließend sei das Verfahren von Fischer-Hinnen erwähnt, mit dem alle ungeradzahligen Harmonischen von 1 bis 11 mit Hilfe ähnlicher Aufstellungen zu finden sind. Alle Verfahren sind befriedigend, wenn die Kurven von Einzelfällen zu analysieren sind, wobei man ohne teuere Hilfsmittel auskommen möchte. Bei Untersuchungsreihen wird der Zeitaufwand leider so groß, daß entweder Polarplanimeter oder besser Wechselstromspektroskope vorzuziehen sind.

G. Tonfrequente Ströme

1. Grundbegriffe

An einer elektroakustischen Übertragung sind beteiligt: Schallquelle — Schallfeld — Mikrophon — elektrische Übertragungsglieder — Telephon oder Lautsprecher — Schallfeld — Hörer. Die Beurteilung dieser Übertragungsart stützt sich auf einen Vergleich mit einer natürlichen Übertragung bestehend aus: Schallquelle — Schallfeld — Hörer.

Der Schall ist eine Wellenbewegung in gasförmigen, flüssigen oder festen Massen, welche durch mechanische Kraftänderungen erzeugt wird und deren Schwingungen hörbar sind.

Ein reiner Ton besteht aus rein sinusförmigen Schwingungen mit einer bestimmten Frequenz f [Per./s], welche als Tonhöhe bezeichnet wird. Das Verhältnis der Schwingungszahlen (Frequenzen) zweier Töne heißt Tonstufe (Intervall). Musikalische Intervallmaße sind: Oktave (1 : 2), Quinte (2 : 3), Quarte (3 : 4), große Terz (4 : 5), kleine Terz (5 : 6), große Sekunde (8 : 9), kleine Sekunde (7 : 8). Die Frequenzen aller Töne sind durch die Schwingungszahl des Kammertons $a = 440$ (früher 435) Hz und die Intervalle der Tonleitern festgelegt.

Ein Klang setzt sich aus mehreren Tönen zusammen. Der tiefste Ton heißt Grundton. Obertöne oder höhere Harmonische beziehen sich auf einen Grundton, ihre Schwingungszahlen stehen in einem ganzzahligen Verhältnis zur Schwingungszahl des Grundtones. Formanten heißen Obertöne, deren Schwingungszahlen unabhängig von dem Grundton einer Schallquelle sind.

Die Klangfarbe hängt von dem Energieverhältnis der Grund- und Obertöne und Formanten ab. Geräusche sind aus vielen Einzeltönen beliebiger Tonhöhe und unregelmäßiger Folge zusammengesetzt. Ein Knall ist ein Schallstoß mit großer Schallstärke.

Der Schall pflanzt sich in festen Körpern in Form von Längswellen durch Volumenelastizität und Querwellen durch Formelastizität fort. In Flüssigkeiten und Gasen breitet sich mangels Formelastizität der Schall nur in Längswellen aus. Die Schallgeschwindigkeit beträgt in Luft bei verschiedenen Temperaturen: $c = 330 \pm 0{,}6\, t^\circ$ m/s. In Wasser bei 10° C: 1440 m/s. In Eisen 5000 m/s, Messing 3480 m/s, Blei 1300 m/s.

Das Schallfeld in Luft oder Gasen kann sich mit kugeligen oder ebenen Wellen ausbreiten, welche beim Auftreten auf eine Fläche einen Schalldruck ausüben.

Der Effektivwert dieses sinusförmigen Wechseldruckes wird bei kugelförmiger Ausbreitung in Mikrobar ($1\,\mu b = 1\,dyn/cm^2$):

$$p_{eff} = (A/\sqrt{2}) \cdot \omega \cdot \varrho \cdot c \cdot \cos\varphi\,.$$

Hierin bedeuten

A den Scheitelwert der Schallschwingung in cm,
$\omega = 2\pi f$ die Kreisfrequenz der Schwingung in s^{-1},
ϱ spezifische Dichte des Gases in $g \cdot cm^{-3}$,
c Fortpflanzungsgeschwindigkeit in $cm \cdot s^{-1}$,
$\operatorname{tg}\varphi = \lambda/2\pi r$ oder $\cos\varphi = 2\pi r/\sqrt{4\pi^2 r^2 + \lambda^2}$,
λ Wellenlänge der Schwingung in m,
r Abstand der Schallquelle von der Fläche in m.

$$1\ \text{Mikrobar} = 10^{-6}\ \text{Bar} = 1{,}02 \cdot 10^{-3}\ g/cm^2.$$

Wird $r \gg A$, so wird $\cos\varphi \approx 1$ oder die kugelförmigen Wellen gehen in ebene Wellen über.

Die Schallschnelle ist die Wechselgeschwindigkeit eines schwingenden Massenteils an Ort in cm/s:

$$u = (A/\sqrt{2}) \cdot \omega\,.$$

Der Schallwellenwiderstand ist gleich dem Produkt aus der Dichte ϱ und der Schallgeschwindigkeit c eines Übertragungsmittels in $\mu b \cdot s/cm$:

$$z = \varrho \cdot c\,.$$

Diese akustischen Grundgrößen ergeben für ebene Wellen die Beziehung: Schalldruck gleich Schallschnelle mal Schallwellenwiderstand

$$p = u \cdot z\,.$$

Die Schallstärke ist die in einer Sekunde durch die Flächeneinheit strömende Energie oder Schalleistung in W/cm^2:

$$I = p \cdot u \cdot \cos\varphi \cdot 10^{-7}.$$

Die Schalleistung fortschreitender Schallschwingungen in Watt wird an der Fläche F in cm^2

$$N = F \cdot p \cdot u \cdot \cos\varphi \cdot 10^{-7}.$$

Für Luft wird mit F cm^2 und p μbar eine Schalleistung erhalten:

$$N = F \cdot p^2 \cdot 2{,}42 \cdot 10^{-5}.$$

Die Bewertung einer Übertragung von Sprache oder Musik bezieht sich auf

1. die empfangene Lautstärke,
2. die Verständlichkeit,
3. die Natürlichkeit der Wiedergabe.

Die Empfindung irgendeiner Lautstärke hängt von der Schallfrequenz und vom Gehör der beteiligten Personen ab. Der Hörbereich umfaßt Schallschwingungen von 15 ... 16000 Hz und verengt sich mit zunehmendem Alter auf etwa 8000 Hz. Die Reizschwelle des normalen Ohres liegt bei einem Schalldruck $p_0 = 0{,}0002\,\mu bar = 2{,}04 \cdot 10^{-7}\,g/cm^2$. Bei diesem effektiven Schalldruck beträgt die Lautstärke 0 phon. Da die subjektive Schallempfindung angenähert mit dem Logarithmus des Reizes wächst, ist die Phonskala als logarithmische Funktion festgelegt. Die Lautstärke wird für beliebige Werte von p oder I in der Maßeinheit das phon angegeben:

$$L = 20 \log (p/p_0) = 10 \log (I/I_0).$$

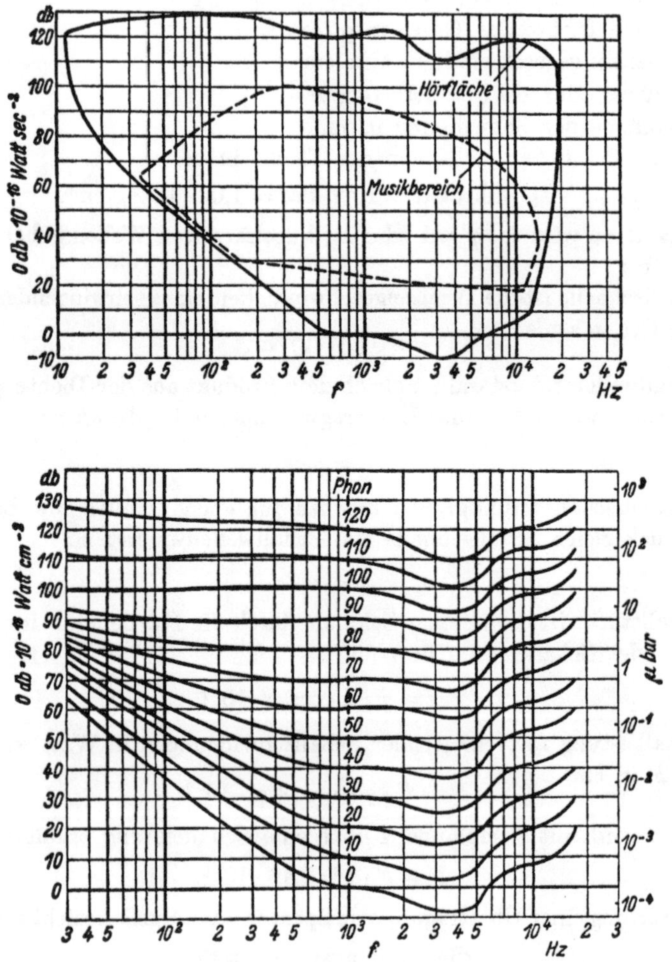

Bild 54. Hörfläche mit den Kurven gleicher Lautstärke nach Fletcher und Munson.

Entsprechend p_0 wird $I_0 = 1 \cdot 10^{-16}$ Wcm^{-2}. Einem Normalschall von 1000 Hz entspricht bei einem Schalldruck von 1 μbar eine Lautstärke von 74 phon. Diese Festsetzung bildet den Eichpunkt der Phonskala, deren subjektiver Bereich von der Hörschwelle 0 phon bis zur Schmerzschwelle 130 phon sich erstreckt (Bild 54 oben).

Die Lautstärkenempfindung hängt von der Frequenz ab, bei tieferen Frequenzen nimmt die Druckempfindlichkeit ab, während bei 4000 Hz sogar Lautstärken unter 0 phon noch wahrgenommen werden (Bild 54 unten).
Die Verständlichkeit als Bewertungsmaß verzichtet bewußt auf Erfassung der klangtreuen Wiedergabe der Sprache. Als wirtschaftliches und ausreichendes Frequenzband wurde früher die Übertragung von Sprechströmen von 300 ... 2400 Hz angesehen. Die Erweiterung nach oben auf 3000 und 3400 Hz ist heute schon teilweise vollzogen und paßt sich damit den Fortschritten in der Entwicklung von Mikrophonen und Telephonen an; nach unten auf 150 Hz herabzugehen, bringt keinen wesentlichen Gewinn an Verständlichkeit.
Als Maß der Verständlichkeit gilt das Verhältnis der richtig gehörten Teile eines Sprechflusses zur gesprochenen Gesamtzahl gleichartiger Teile. Unterschieden werden folgende auszuzählenden Sprechflußanteile:
Silben-, Wort-, Satzverständlichkeit, Band- und Lautverständlichkeit. Zur Durchführung einer Messung bedient man sich eines geschulten Meßtrupps, dessen Übung Sprech- und Hörfehler nahezu ausschließt.
Die Silbenverständlichkeit wird durch Verlesen von Tafeln mit 100 Logatomen oder Wortfetzen bestimmt, die einzeln gesprochen sinnlose Silben sind, also jede Kombinatorik seitens des Hörers ausschließen. Um eine Gewöhnung der Beobachter an die verlesenen Meßtexte auszuschalten, ist eine große Anzahl verschiedener Logatomlisten in Gebrauch, so daß sich Wiederholungen selbst bei häufiger Benutzung vermeiden lassen. Nachstehend sind als Beispiele zwei Listen mit den nötigen Aussprachehinweisen angeführt:

ĜUV	FRIZ	PROR	SLAD	TOM
SUT	KRENG	NID	SEK	PLEL
GLUP	PIV	DREŜ	ĈEST	ŜLIŜ
MAG	KLAFT	SEP	STUC	RUST
VOFT	TRARS	HUZ	ŜTON	ZEG
DONG	GRUS	VAL	NOR	TUM
BEV	VLARS	BIN	BLAT	LIĈ
BROT	SPIL	LIS	ĜIB	FLIN
MOŜ	JOF	RUF	KEB	PSOR
STRAM	ŜAK	ŜREC	CAS	FUĈ

ĜEV	FOS	HER	SEC	KAP
ŜTUST	BEFT	PREM	TRAŜ	COT
VLEM	MOG	BLAFT	ŜUF	TEL
STRARS	VAN	REĈ	GOD	TUN
FLIZ	ŜUF	ŜRUV	ĴUT	MAST
ŜTONG	DRING	RIR	BRIB	ŜLEM
PLAV	KLAS	ĈAT	LEB	VIR
ZAL	LOK	SID	SPUŜ	NIZ
NUG	PSOĈ	SLIRS	FRIS	BIP
DUL	GLUN	KROK	GROŜ	POC

Konsonanten:		Vokale:
C ... z	Ŝ ... sch	A ... saal
Ĉ ... tsch	ŜL ... schl	E ... beere
G ... dj	Ŝt ... scht	I ... liebe
S ... scharfer	V ... W	O ... sohle
St ... S-Laut	Z ... weiches s	U ... schule

Eine gute Silbenverständlichkeit beträgt 70 ... 90 %, unter 60 % gilt sie als ungenügend. Immerhin erzielt man bei 60 % Silben- noch 95 % Satzverständlichkeit. Nachstehend sind einige v. H.-Werte der Silbenverständlichkeit, abhängig von der Einengung durch verschiedene Grenzfrequenzen, angeführt:

Grenzfrequenz	500	1000	1500	2000	2500	3000	3500
als obere Grenze %	3	40	65	75	82	85	87
als untere Grenze %	96	86	70	40	20	10	5

Um elektrische Übertragungen von tonfrequenten Strömen miteinander vergleichen zu können, wurde ein Ureichkreis geschaffen, bestehend aus einem Präzisionsmikrophon, einer Nachbildung der natürlichen Leitung durch Eichleitungen und einem Präzisionstelephon.

In einer mit Wasserstoff gefüllten Kammer befindet sich ein hochgespanntes Konsensatormikrophon, dessen Erregung so eingestellt wird, daß

$$\ddot{u}_a = 0{,}05 \text{ V}/\mu\text{bar}$$

beträgt. Dieser Wert entspricht der mittleren Schalleistung eines Sprechers.

Für Sprechversuche ist vor dem Mikrophon des Eichkreises ein Drahtnetz angebracht, um einen bestimmten Abstand zwischen Mund und Membran einhalten zu können. Als Empfänger dient ein Tauchspulentelephon mit gewölbter Aluminiummembran, dessen abgegebener Schalldruck in einer Druckkammer aus Messing entsprechend der Größe des Gehörganges gemessen wird. Das elektro-akustische Übersetzungsverhältnis dieses Telephones wird auf

$$\ddot{u}_s = 50\ \mu\text{bar/V}$$

eingestellt. Die Eichleitung ist aus rein ohmischen Widerständen zusammengesetzt und überträgt somit Spannungen und Ströme verzerrungsfrei.

Zu Vergleichsmessungen an beliebigen Systemen sind nach diesem Ureichkreis weitere Arbeitseichkreise mit Kohlemikrophonen und fremderregten elektromagnetischen Telephonen hergestellt.

Da die Einsprache in ein Mikrophon verschieden laut erfolgen kann, wird als Übertragungsgröße für Sender ein akusto-elektrisches Verhältnis angegeben:

$$\ddot{u}_a = U : p\ [\text{V}/\mu\text{bar}].$$

Das Verhältnis der erzeugten Klemmenspannung bei beliebiger Frequenz und äußerem reellen Widerstand $R = 600\,\Omega$ zum Schalldruck auf die Membran des Senders.

Umgekehrt wird als Übertragungsgröße für Empfänger ein elektroakustisches Verhältnis angesetzt:

$$\ddot{u}_e = p : (E/2)\ [\mu\text{bar/V}].$$

Das Verhältnis des erzeugten Schalldruckes an einem festgelegten akustischen Belastungswiderstand zur halben elektromotorischen Kraft eines Stromerzeugers mit dem inneren reellen Widerstand $R = 600\,\Omega$ im Eingangskreis des Empfängers.

Die Natürlichkeit der Sprache bleibt gewahrt, wenn sämtliche Frequenzen unbegrenzt durchkommen, für männliche Stimmen von 80 Hz, für weibliche von 120 Hz an bis 12000 Hz für Zischlaute. Größere Anforderungen als die Übertragung von Sprechströmen stellen Musikübertragungen, bei denen 16 ... 10000 Hz erzeugt, aber meist nur 150 ... 7000 Hz übertragen werden. Ein objektives Maß für die Bewertung der Natürlichkeit einer Übertragung ist nicht vorhanden.

2. Mikrophone

Der Umsatz von Schallschwingungen in elektrische Schwingungen erfolgt mit Hilfe von Stromkreisen, in denen durch eine Membran periodisch entweder Widerstände, Induktivitäten oder Kapazitäten geändert werden.

Das Kohlekörnermikrophon beruht auf Widerstandsänderungen, welche durch Wechseldrücke einer vom Schall getroffenen Membran entstehen.

Im Stromkreis sind eine Batterie, dieses Mikrophon und die Erstwicklung eines Übertragers in Reihe geschaltet. Die Gleichstromänderungen induzieren Wechselspannungen, der Zweitwicklung werden Sprechströme entnommen.

Im Ortsbatteriebetrieb (O.B.) beträgt die Spannung am Mikrophon etwa 1 ... 3 V, im Zentralbatteriebetrieb (Z.B.) etwa 4 ... 12 V. Von den üblichen Betriebsspannungen 24 ... 60 V entfällt nur ein Bruchteil auf das Mikrophon. Nachstehend sind einige Angaben von gebräuchlichen Mikrophonen wiedergegeben.

Betrieb	Speisungsstrom	Sprechspannung	Widerstand
O. B.	300 ... 400 mA	0,02 ... 0,03 V	8 ... 12 Ω
O. B.	120 ... 150 mA	0,15 ... 0,05 V	15 ... 25 Ω
Z. B.	20 ... 60 mA	0,5 ... 1,5 V	150 ... 300 Ω
Z. B.	20 ... 60 mA	0,5 ... 1,0 V	60 ... 120 Ω

1. Das Längsstrommikrophon ist die ältere Bauart (Bild 55, Teil 1). Die Grießkörner haben 0,1 ... 1,5 mm Dmr., der Strom fließt von der Kohlemembran nach einem Bodenkontakt, beide Elektroden tauchen in den Kohlegrieß ein. Die mittleren Frequenzen 1 ... 2,5 kHz werden mit etwa 100 mV/μbar, die Seitenbänder 0,3 ... 3 kHz nur mit 10 ... 50 mV/μbar umgesetzt. Die Druckwellen werden in der Grießschüttung gedämpft, nur die oberen Schichten beteiligen sich an der Widerstandsänderung.

2. Das Querstrommikrophon ist die neuere Bauart (Bild 55, Teil 2). Der Strom fließt von einer äußeren Ringelektrode parallel zur Membran nach der inneren Mittelelektrode. Hierdurch wird wegen der dünneren Grießschicht die Druck-

wellendämpfung kleiner und die Aussteuerung größer. Die Übertragung erreicht von 0,5 ... 5 kHz etwa 10 ... 14 mV/μbar, die ausgeprägten Resonanzlagen im Mittelbereich fehlen.

3. Das Sternmikrophon (Bild 55, Teil 3) vermeidet einen Nachteil des Querstrommikrophons, der allerdings nur bei sehr dünnen Schichten auftritt, wie sie in dem beschränkten Raum einer Kapsel für Handapparate nicht zu umgehen sind. Explosionslaute verursachen einen Packeffekt, die Grießschüttung lockert sich nicht mehr, die Aussteuerung sinkt erheblich. Von der Mittelelektrode gehen deshalb sternförmig Grießrinnen zur äußeren Ringelektrode, in denen die Füllung nicht sintern kann. Bei 1000 Hz ergeben sich 160 mV/μbar, ausgeprägte Resonanzstellen sind vermieden.

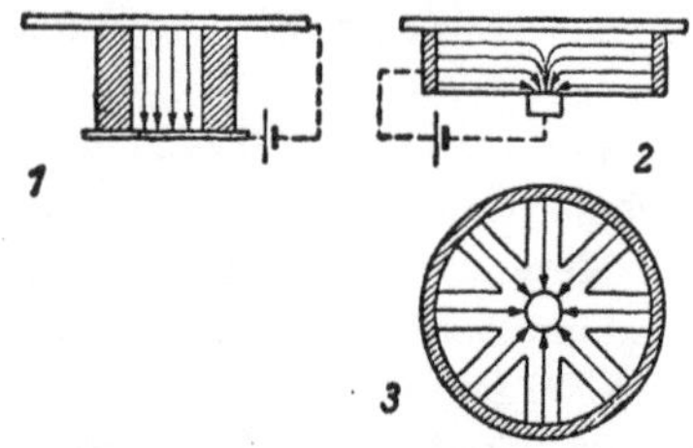

Bild 55. Stromverteilung (*1*) in Längsstrom-, (*2*) in Querstrom- und (*3*) in Stern-Mikrophonen.

4. Das elektrodynamische Mikrophon benutzt eine sehr dünne Leichtmetallfolie, welche vor einem kräftigen Dauermagneten schwingt. Die Übertragung erreicht 0,5 ... 2 mV/μbar, das Schwingsystem (Bändchen oder Tauchspule) wiegt nur 0,5 ... 0,7 mg. Ohne Verstärker können die Sprechströme nicht zur Übertragung ausreichen.

5. Das Kondensatormikrophon verwendet ebenfalls eine Leichtmetallfolie, die gegen eine feste Belegung eine Kapazität von etwa 1000 pF (Picofarad) aufweist. An 100 V Gleichspannung liegend entstehen durch Druckwellen eine Kapazitätsänderung und eine Wechselspannung von 1 ... 2 mV/μbar. Auch dieses Mikrophon erfordert eine Verstärkung der Sprechströme.

Ein ideales Mikrophon mit frequenzgetreuer Erzeugung von Sprechströmen stellt keine der genannten Bauarten dar. Das Kohlemikrophon mit verhältnismäßig hoher Sprechspannung behauptet sich, obwohl sein Klirrfaktor häufig Beträge über 10 ... 25 % bei lauter Einsprache erreicht. Eine Verminderung der Oberwellen i_1, i_2, i_3 usw. gegenüber dem Grundton i wäre durch Schwächung des Speisungsstromes möglich, damit sinkt aber das Übertragungsmaß so erheblich, daß auch für diese gebräuchliche Bauart ein Röhrenverstärker nötig wäre. Dieses Verfahren verbietet sich aber aus wirtschaftlichen Gründen.

Die Mikrophone werden im allgemeinen nach der Frequenzkurve, der Störgeräuschfreiheit und der Klangtreue beurteilt. Hinsichtlich der Richtwirkung oder der Abhängigkeit der erzeugten elektromotorischen Kraft von der Schallrichtung sind weitere Unterschiede festzustellen, welche auf verschiedenen Bauarten beruhen, die sich wiederum den Forderungen der Aufnahmetechnik angepaßt haben.

Entsprechend den Richtwirkungskurven (Bild 56) sind gebräuchlich:

1. Druckempfänger mit allseitiger Richtkurve,
2. Geschwindigkeitsempfänger mit Achterkurve,
3. vereinigte Empfänger mit einseitiger Richtkurve.

Beim Druckempfänger werden alle Einfallsrichtungen des Schalls fast gleich empfindlich aufgenommen, falls die räumliche Ausdehnung des Mikrophons kleiner ist als die umzusetzenden Schallwellenlängen. Die kugelförmige Richtkurvenschaar (räumlich gesehen) erfährt mit steigender Frequenz eine Abplattung oder zeigt (ausgeweitet) eine Richtwirkung für senkrecht von vorn einfallende Schallstrahlen (Bild 56, Teil 1).
Beim Geschwindigkeitsempfänger wird die Membran beiderseitig vom Schall getroffen. Die Membranbewegungen hängen vom Gradienten des Schalldrucks ab. Von vorn und hinten ist die Aufnahmeempfindlichkeit am größten und nimmt nach den seitlichen Richtungen entsprechend dem Kosinus des Einfallswinkels ab. Die Richtwirkung erstreckt sich auf das gesamte Frequenzband (50 ... 10000 Hz) (Bild 56, Teil 2).

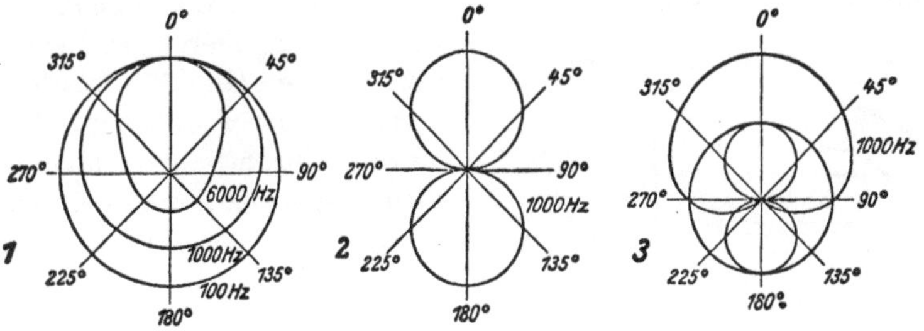

Bild 56. Richtwirkungen von (*1*) Druckempfängern, (*2*) Geschwindigkeitsempfängern und (*3*) vereinigt wirkenden Mikrophonen.

Beim vereinigten Druck- und Geschwindigkeitsempfänger ist zwar eine hohe Empfindlichkeit für eine bevorzugte Richtung vorhanden, jedoch erstreckt sich diese über das gesamte Frequenzband ohne merkliche Abweichungen. Diese Bauart eignet sich für den Empfang einer räumlich ausgedehnten Schallquelle über einen großen Öffnungswinkel (Bild 56, Teil 3).
Diese besonderen Bauarten lassen sich allerdings nicht in den winzigen Abmessungen von Kapseln herstellen, wie sie bei Handapparaten üblich sind, obschon bei diesen durch veränderte Einsprache (Entfall des Einsprechtrichters) die Richtungsabhängigkeit gegenüber älteren Typen erheblich vermindert worden ist.

3. Telephone

Eine Membran befindet sich vor den Polen eines Elektromagneten, der von Sprechströmen erregt wird. In dieser einfachsten Anordnung führt die Membran je Periode zwei Schwingungen aus, der erzeugte Schall erfährt eine Frequenzverdopplung.
Aus diesem Grunde wird die Eisenmembran durch einen Dauermagneten vorgespannt, auf seinen Polansätzen befinden sich die von den Sprechströmen erregten Wicklungen, die Flußänderungen schwanken je Periode zwischen einem Höchst- und einem Mindestwert und die Frequenzverdopplung wird vermieden.

Stielfernhörer mit großen Hufeisenmagneten sind heute wegen ihrer hohen Stromempfindlichkeit (0,1 ... 1 μA) nur noch für Meßzwecke gebräuchlich.

Dosenfernhörer besitzen ringförmige Magnete. Die Membran ist verstellbar, bei kleinem Abstand von den Polen steigen die Lautstärke und der Klirrfaktor, große Abstände ergeben leisere, aber reinere Sprachwiedergabe. Die ankommenden Sprechströme betragen etwa 0,01 ... 1 mA. Schädliche Resonanzstellen treten durch die Membran und den Luftraum im Fernhörer auf. Das Übertragungsverhältnis ist im Durchschnitt:

f	500	1000	1500	2000	2500	3000	Hz
$ü$	45	100	30	25	55	3	μ bar/mV

Entsprechend der heutigen Forderung, ein Frequenzband von 300 ... 3400 Hz brauchbar zu übertragen, ist die Bauart verbessert (Bild 57). Aus dem Lautsprecherbau wurde eine Anordnung mit einer Kolbenmembran übernommen, die aus einem 50 μ starken Aluminiumblech besteht. Die mittlere kleine Eisenblechscheibe wird von einem Dauermagneten vorgespannt und durch die in der Mitte liegende Sprechstromwicklung in Schwingungen versetzt. Das Übertragungsverhältnis ist gleichmäßiger, die Bandbreite größer:

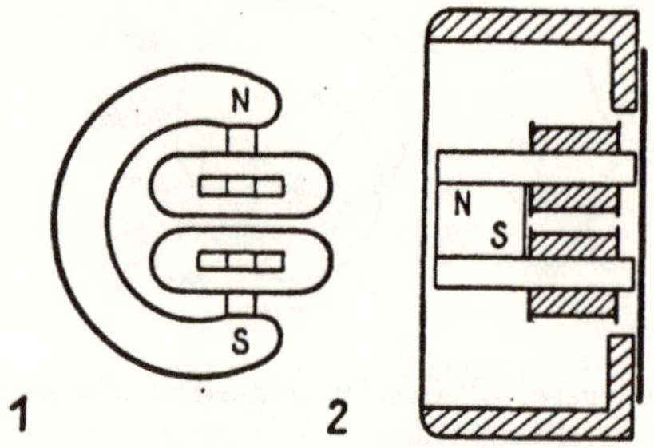

Bild 57. Grundform eines Fernhörers mit (*1*) Ringmagnet und (*2*) Würfelmagnet.

f	500	1000	1500	2000	2500	3000	4000	Hz
$ü$	60	50	80	200	70	30	25	μbar/mV

II. SCHALTUNGSLEHRE

A. Berechnung von Stromläufen

1. Innere und äußere Schaltung

Die Hauptbestandteile einer Fernmeldeanlage sind: Geber, Fernleitung und Empfänger. Die Stromquellen sind bei Eigenerzeugung als Zubehör, bei Fremdbezug als selbständiger Anlagenteil anzusehen.

Die Geber sind Geräte, welche als Schaltmittel die Abgabe elektrischer Energie regeln. Die Übertragung erfolgt über Fernleitungen und eingeschaltete Zwischenstellen. Die Empfänger sind Geräte, welche auf die ankommende Energie ansprechen und sie in akustische oder optische Zeichen, Sprache oder Schrift umsetzen.

Die gesamte elektrische Übertragung setzt sich aus Schaltanordnungen zusammen, in denen Quellen, Geber, Zwischenstellen und Empfänger geschlossene Einheiten bilden und durch Leitungen verbunden sind. Die Grenze zwischen der inneren Anordnung und den äußeren Verbindungen bilden die Anschlußklemmen. Man spricht daher von einer inneren und einer äußeren Schaltung. Diese Scheidung ist üblich, um zunächst die Betriebseigenschaften eines jeden Anlagenteils für sich zu beurteilen und daraus Rückschlüsse auf sein Verhalten innerhalb einer Gesamtanlage zu ziehen.

Ein Leiternetz besteht aus beliebig vielen Maschen, die durch Knoten verbunden sind. Die einzelnen Maschen denkt man sich unbedingt isoliert, irgendwelche Ableitungen oder gegenseitige Verknüpfungen durch elektromagnetische Felder fehlen, dagegen kommt jedem Leiter ein Wirk-, Blind- oder Scheinwiderstand zu, der sich aber unabhängig von seiner Beanspruchung durch Spannungshöhe, Stromstärke, Frequenzhöhe oder Stromrichtung vorfindet. Unter diesen vereinfachten Annahmen ist jede Verteilung von Teilspannungen und Teilströmen zu berechnen, wenn an beliebigen Stellen dieses Leiternetzes eine elektrische Urspannung (EMK) eingeschaltet wird.

Diese Berechnungen oder allgemein die Erfassung eines elektrischen Netzes beruhen auf einigen erkannten Grundsätzen, nach denen man vorgeht:

1. Der Überlagerungssatz (Superposition). Eine auf ein Netz geschaltete Urspannung (EMK) verursacht eine bestimmte Verteilung von Strömen. Werden mehrere Urspannungen an verschiedenen Stellen desselben Netzes eingeschaltet, so überlagern sich sämtliche Wirkungen störungsfrei. Dieser Satz gilt für Gleichspannungen mit beliebiger Polung und gleichzeitig für Wechselspannungen mit verschiedener Frequenz.

2. Der Abgleichungssatz (Kompensation). In jedem stromdurchflossenen Leiter entsteht ein seinem Widerstand entsprechender Spannungsabfall. Wird

ein beliebiges Leiterstück aus einem Netz herausgeschnitten und an die Enden eine gleich große Gegenspannung gelegt, so bleibt die übrige Verteilung der Teilspannungen und Teilströme unverändert erhalten.

3. Der Verkehrungssatz (Reziprozität). In einem Netz befinden sich an einem Klemmenpaar (Eingang) eine Quelle und an einem anderen Klemmenpaar (Ausgang) eine Last angeschlossen. Werden die Anschlüsse der Quelle und der Last vertauscht, so wird die Übertragungsrichtung verkehrt und es ergeben sich die gleichen Beträge der Spannungen und der Ströme an den verkehrten Eingangs- und Ausgangsklemmen bei Netzanordnungen, die spiegelbildlich (symmetrisch) zwischen beiden Klemmenpaaren angeordnet sind.

4. Der Umbildungssatz (Transformation). Ein gegebenes Netz mit beliebigen Maschen und Knoten ergibt einen Gesamtwiderstand. Das gesamte Netz und auch jeder Netzteil läßt sich durch einen entsprechenden Widerstand ersetzen. Wird ein Netzteil so umgebildet, daß sich weniger Maschen und Knoten ergeben, aber die übrige Verteilung erhalten bleibt, so findet sich damit eine Ersatzschaltung mit zusammengefaßten Betriebseigenschaften vor. Solche Umbildungen heißen auch Nachbildschaltungen.

5. Der Höchstleistungssatz (Maximaleffekt). Ein elektrisches System, das nur aus einer Quelle und einer Last besteht, liefert die größte Nutzleistung, wenn der innere Widerstand gleich dem äußeren Widerstand ist. Werden zwischen Quelle und Last beliebige Übertragungsglieder gelegt, so lassen sich immer Höchstleistungen durch Widerstandsanpassung, durch magnetische oder elektrische Koppelungen, durch Übersetzungsverhältnisse oder durch Frequenzfilter erreichen.

2. Linien- und Reihenschaltung

Die verschiedenen Stromquellen, Geber und Empfänger werden als Zweipole angesehen, deren Anschlußklemmen durch paarige Leitungen oder Vierpole verbunden sind. Unterschieden werden aktive Zweipole (Stromquellen mit eingeprägter oder induzierter elektromotorischer Kraft) und passive Zweipole oder Verbraucher mit einem Scheinwiderstand.

Mit passiven Zweipolen lassen sich zwei Schaltungen herstellen:

a) die Linien-, Nebeneinander- oder Parallelschaltung,
b) die Reihen-, Hintereinander- oder Serienschaltung.

In der Linienschaltung liegen sämtliche Zweipole an gleicher Spannung, ihre Teilströme entsprechen den Ableitungsbeträgen.

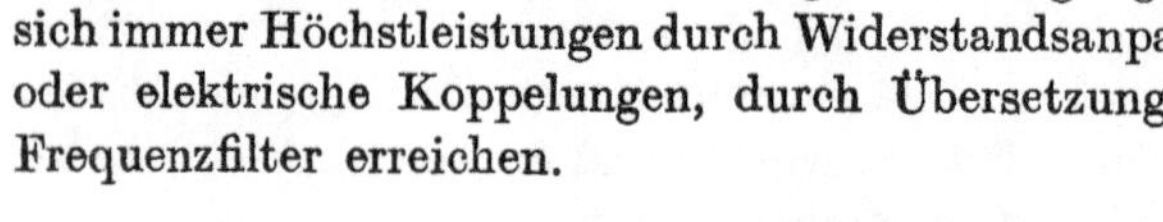

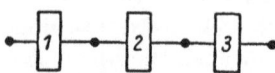

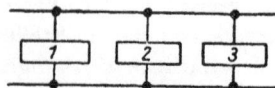

Bild 58. Reihenschaltung und Linienschaltung.

In der Reihenschaltung fließt durch sämtliche Zweipole der gleiche Strom, ihre Teilspannungen entsprechen den Widerstandsbeträgen.

Die Gesamtbeträge (Bild 58) mehrerer Widerstände oder Ableitungen ergeben sich aus den allgemeinen Beziehungen:

Reihenschaltung:
$$\mathfrak{R}_0 = \sum_1^n \mathfrak{R} = \mathfrak{R}_1 + \mathfrak{R}_2 + \mathfrak{R}_3 + \cdots + \mathfrak{R}_n$$
$$\frac{1}{\mathfrak{G}_0} = \sum_1^n \frac{1}{\mathfrak{G}} = \frac{1}{\mathfrak{G}_1} + \frac{1}{\mathfrak{G}_2} + \frac{1}{\mathfrak{G}_3} + \cdots + \frac{1}{\mathfrak{G}_n}$$

Linienschaltung:
$$\mathfrak{G}_0 = \sum_1^n \mathfrak{G} = \mathfrak{G}_1 + \mathfrak{G}_2 + \mathfrak{G}_3 + \cdots + \mathfrak{G}_n$$
$$\frac{1}{\mathfrak{R}_0} = \sum_1^n \frac{1}{\mathfrak{R}} = \frac{1}{\mathfrak{R}_1} + \frac{1}{\mathfrak{R}_2} + \frac{1}{\mathfrak{R}_3} + \cdots + \frac{1}{\mathfrak{R}_n}.$$

Will man die Rechnung mit Kehrwerten vermeiden, so setze man für Widerstände die Leitwerte und entsprechend umgekehrt für Leitwerte die Widerstände ein. Die Auflösungen der Formeln mit Kehrgliedern haben die allgemeine Form des harmonischen Mittels

$$\frac{ab}{a+b}, \quad \frac{abc}{ab+ac+bc}, \quad \frac{abcd}{abc+abd+acd+bcd}$$

für zwei, drei und vier Summanden.

Diese Formeln gelten für Gleich- und Wechselströme und sind bequem anwendbar, wenn nach dem Verfahren der symbolischen Rechnung an Stelle der Gleichstromwiderstände mit skalaren Beträgen für rein sinusförmige Wechselströme die Scheinwiderstände in der Komponentenform $a + bj$ oder in der Exponentialform $re^{\varphi j}$ eingesetzt werden.

Für den Übergang von der einen zur anderen Form ist im Anhang ein Umrechnungsverfahren mittels einer Zahlentafel angegeben.

Beispiel: Mehrere Geräte mit dem gleichen Widerstand R bilden den Abschluß einer Fernleitung mit dem Widerstand Z. Welche Abschlußschaltung (Reihen- oder Linienschaltung) ergibt größere Amperewindungszahlen und Wärmeleistungen für jedes Gerät?

Für die Reihenschaltung von n Geräten ergibt sich:

$$I_r = U/(Z + nR) = U/[(x+n)R].$$

In der Linienschaltung erhält jedes Gerät einen Strom:

$$I_l = U/\,[n\,(Z + R/n)] = U/[(nx+1)\,R].$$

Hierbei ist $Z = xR$ eingesetzt. Durch Division der vorstehenden Gleichungen entsteht eine Funktion, welche einen Vergleich beider Schaltungen bietet:

$$y = I_r/I_l = (nx+1)/(x+n).$$

Wird $y > 1$, so ist der Strom in der Reihenschaltung und umgekehrt für $y < 1$ der Strom in der Linienschaltung für jedes Gerät größer geworden. Zunächst sei $y = 1$ gesetzt, also der Fall betrachtet, in dem beide Abschlußschaltungen gleich große Ströme liefern, und die Anzahl n der Geräte verändert. Damit entsteht eine Funktion $x = f(n)$:

$$nx + 1 = x + n$$

$$x = (n-1)/(n-1).$$

Es zeigt sich, daß für eine beliebige ganze Zahl n der Wert x konstant bleibt und gleich Eins wird. Beide Abschlußschaltungen liefern demnach gleiche Gerätestöme, wenn $Z = R$ wird.

Ändert sich das Verhältnis $x = Z/R$ um einen Betrag $\pm \Delta x$, so wird $y \neq 1$, sondern ergibt:

$$y = \frac{n(x \pm \Delta x) + 1}{x \pm \Delta x + n}.$$

Für $+\Delta x$ wird $y > 1$ und für $-\Delta x$ wird $y < 1$, wenn $n \geqq 2$ ist. Somit ist die Reihenschaltung günstiger, wenn $Z > R$ ist, und die Linienschaltung der Geräte anzuwenden, wenn $Z < R$ ist.

3. Netzumbildungen

Einfache Verzweigungen. Mit drei Widerständen ergeben sich drei Teilspannungen und Teilströme (Bild 59). Der Gesamtstrom wird

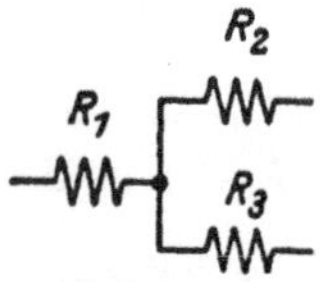

Bild 59. Verzweigung mit drei Widerständen.

$$\mathfrak{J} = \mathfrak{U}\frac{\mathfrak{R}_2 + \mathfrak{R}_3}{\mathfrak{R}_1\mathfrak{R}_2 + \mathfrak{R}_1\mathfrak{R}_3 + \mathfrak{R}_2\mathfrak{R}_3}$$

und der Teilstrom in $\mathfrak{R}_3$, wenn dieser Zweig als Verbraucher gilt,

$$\mathfrak{J}_3 = \mathfrak{J}\frac{\mathfrak{R}_2}{\mathfrak{R}_2 + \mathfrak{R}_3} = \mathfrak{U}\frac{\mathfrak{R}_2}{\mathfrak{R}_1\mathfrak{R}_2 + \mathfrak{R}_1\mathfrak{R}_3 + \mathfrak{R}_2\mathfrak{R}_3}$$

und die Teilspannung an $\mathfrak{R}_3$ bzw. $\mathfrak{R}_2$:

$$\mathfrak{U}_3 = \mathfrak{J}_3\mathfrak{R}_3 = \mathfrak{U}\frac{\mathfrak{R}_2\mathfrak{R}_3}{\mathfrak{R}_1\mathfrak{R}_2 + \mathfrak{R}_1\mathfrak{R}_3 + \mathfrak{R}_2\mathfrak{R}_3}.$$

Die Lösung der allgemeinen Aufgabe, die Verteilung der Spannungen und Ströme mit beliebig vielen Knoten und Maschen im Netz zu berechnen, ist möglich, wenn es gelingt, ein verwickeltes Netz durch ein gleichwertiges vereinfachtes zu ersetzen. Im einzelnen müßte also an Stelle zweier nebeneinander liegender Widerstände ein einziger Gesamtwiderstand oder für eine Dreieckschaltung als Ersatz eine Sternschaltung treten.

Durch solche schrittweisen Umbildungen, die widerstandsgetreu erfolgen müssen, werden der Gesamtstrom und darauf auch die Teilströme der Berechnung zugänglich.

Reihen-Linien-Schaltung. Eine Linienschaltung ist in eine gleichwertige Reihenschaltung umzubilden. Zwei Bedingungen sind zu stellen: 1. gleicher Gesamtwiderstand vor und nach der Umbildung, 2. die Teilströme der alten

Schaltung sollen sich wie die Teilspannungen in der neuen verhalten (Bild 60).
Die Ansatzgleichungen lauten:

$$x + y = ab/(a+b) \qquad xa = yb.$$

Die Lösung führt auf einen Parameter für die Umbildung

$$p = [ab/(a+b)]^2$$

und man erhält die neuen Werte x und y:

$$x = (1/a) \cdot p \qquad y = (1/b) \cdot p.$$

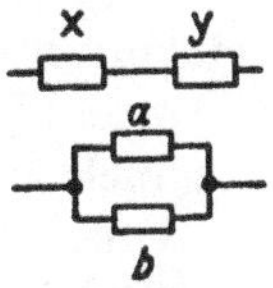

Bild 60. Reihen-Linien-Schaltung.

Dreieck-Stern-Schaltung. Die Ansatzgleichungen erfüllen die Bedingung: zwischen je zwei Klemmen in der Urform und nach der Umbildung liegen gleiche Widerstände (Bild 61).

$$x + y = \frac{c(a+b)}{a+b+c}$$

$$y + z = \frac{a(b+c)}{a+b+c}$$

$$z + x = \frac{b(a+c)}{a+bc}.$$

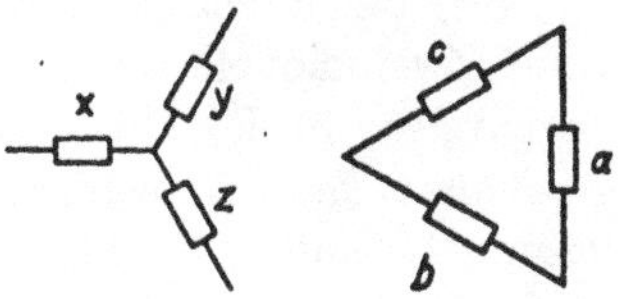

Bild 61. Dreieck-Stern-Schaltung.

Als Zwischenrechnung wird unter anderem erhalten:

$$(x+y) - (y+z) + (x+z) = 2x.$$

Die Auflösung der Gleichungen führt auf einen Parameter:

$$p = abc/(a+b+c).$$

Die drei Sternwiderstände ergeben sich aus folgenden Gleichungen:

$$x = (1/a) \cdot p \qquad y = (1/b) \cdot p \qquad z = (1/c) \cdot p.$$

Beispiel: Gegeben eine Dreieckschaltung mit den komplexen Widerständen $\mathfrak{R}_a = 120 e^{60°j} \Omega$, $\mathfrak{R}_b = 60 e^{-45°j} \Omega$, $\mathfrak{R}_c = 180 e^{0°j} \Omega$. Gesucht sind die Scheinwiderstände $\mathfrak{X}$, $\mathfrak{Y}$, $\mathfrak{Z}$ für die Umbildung in eine widerstandstreue Sternschaltung.

Der allen drei Widerständen gemeinsame Parameter wird:

$$\mathfrak{p} = \frac{\mathfrak{R}_a \mathfrak{R}_b \mathfrak{R}_c}{\mathfrak{R}_a + \mathfrak{R}_b + \mathfrak{R}_c} = \frac{1,2 \cdot 0,6 \cdot 1,8 \cdot 10^6 \cdot e^{(60° - 45°)j}}{(120 \cos 60° + 60 \cos 45° + 180) + j(120 \sin 60° - 60 \sin 45°)}$$

$$= \frac{1,30 \cdot 10^6 \cdot e^{-15°j}}{2,89 \cdot 10^2 \cdot e^{12°j}} = 0,45 \cdot 10^4 \cdot e^{-3°j} \text{ [Dimension: } \Omega^2].$$

Damit die gesuchten Sternwiderstände:

$$\mathfrak{X} = \frac{0.45 \cdot 10^4 e^{-3°j}}{1,20 \cdot 10^2 e^{60°j}} = 37,5 e^{-63°j} [\Omega] \qquad \mathfrak{Y} = \frac{0,45 \cdot 10^4 \cdot e^{-3°j}}{0,60 \cdot 10^2 \cdot e^{-45°j}} = 75,0 e^{42°j} [\Omega]$$

$$\mathfrak{Z} = \frac{0.45 \cdot 10,4 \cdot e^{-3°j}}{1,8 \cdot 10^2} = 25,0 e^{-3°j} [\Omega].$$

4. Längs- und Querschaltung

Bei kurzen Verbindungsleitungen zwischen Quelle oder Geber und Empfänger sind Widerstand und Ableitung dieser Leitungen gering. Im praktischen Gebrauch wird bei mäßigem Spannungsabfall zwischen zwei Zweipolen noch von einer Nebeneinanderschaltung gesprochen. Auch bei einer mäßigen Stromableitung zwischen Anfang und Ende einer Fernleitung ist es üblich, eine Reihenschaltung der beiderseits liegenden Geräte als vorhanden anzusehen.

Streng genommen sind die Merkmale der Hinter- und Nebeneinanderschaltung nicht mehr erfüllt.

Mit zunehmender Streckenlänge wachsen die Widerstände und Ableitungen. Der Vergleich der Anfangs- und Endwerte an einer Fernleitung zeigt, daß $\mathfrak{U}_a > \mathfrak{U}_e$ und auch $\mathfrak{J}_a > \mathfrak{J}_e$ ist.

Eine Zweipolquelle sei über eine Leitung mit einem Abschlußwiderstand verbunden; in der Mitte zwischen beiden Enden ist ein dritter Zweipol eingeschaltet. Zwei Anordnungen sind denkbar: quer oder längs zu der Doppelleitung liegend (Bild 62).

Die in der Mitte der Schaltung angeordneten Zweipole liegen weder an gleicher Spannung in der Querschaltung, noch werden sie von gleichem Strom in der Längsschaltung durchflossen, verglichen mit den Abschluß-Zweipolen (Stromquelle oder Geber und Empfänger) an den Enden.

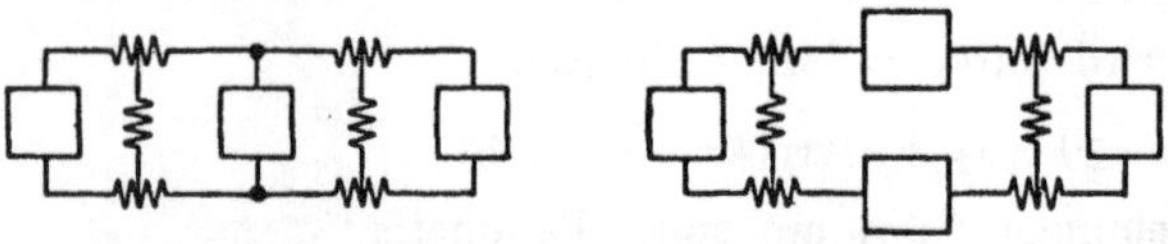

Bild 62. Anordnungen von Quer- und Längsgliedern in paarigen Leitungen.

Deshalb bezeichnet man in diesen Fällen die einzelnen, im Zuge einer Übertragung liegenden Geräte als Quer- und Längsglieder.

Die Merkmale dieser Anordnungen sind:

In der Längsschaltung werden die Zweipole nur von Strömen in gleicher Richtung, aber ungleicher Stärke durchflossen.

In der Querschaltung liegen die Zweipole nur an Spannungen mit gleicher Polung, aber ungleicher Höhe.

Beispiel: Entsprechend der Schaltung nach Bild 63 liegen längs einer Fernleitung mit den Streckenwiderständen R_1 bis R_5 in Querschaltungen Geräte mit den Widerständen r_1 bis r_5 verteilt. Das letzte Gerät soll mindestens $i_5 = 10$ mA erhalten.

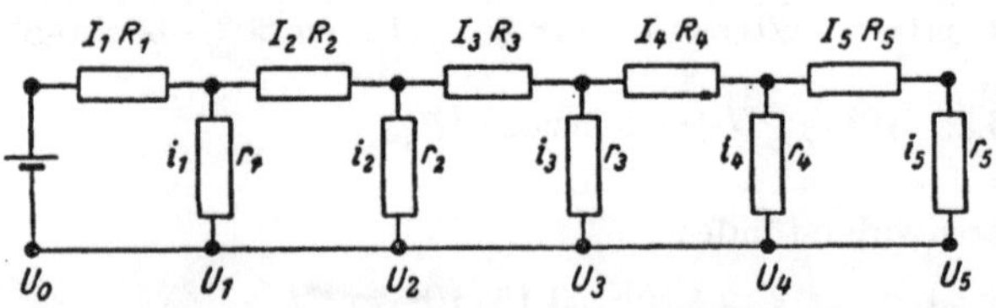

Bild 63. Schaltungsanordnung zu nachstehendem Beispiel.

Wie groß werden die Spannung U_0 und der Strom I_0 an der am Leitungsanfang befindlichen Stromquelle?

Bekannt sind die einzelnen Widerstände:

$R_1 \dots R_5$:	70	50	80	200	100	Ω
$r_1 \dots r_5$:	400	100	200	350	600	Ω

Die Rechnung beginnt mit dem letzten Gerät, welches bei $i_5 = 10$ mA an einer Spannung $U_5 = 6$ V liegen muß. Dieser Strom fließt über die Strecke R_5 nach dem Ende und verursacht einen Spannungsabfall $I_5 R_5 = 0{,}01 \cdot 100 = 1$ V. Das Gerät r_4 erhält also eine Spannung $U_5 + I_5 R_5 = 7$ V.
Den weiteren Verlauf der Rechnung zeigt die folgende Aufstellung:

	0	1	2	3	4	5	
U	63,0	35,7	20,6	13,0	7,0	6,0	V
$I = \Sigma i$	390	301	95	30	10	—	mA
$i = U/r$		89	206	65	20	10	mA
$I + i$		390	301	95	30	10	mA
$R \Sigma i$		27,3	15,1	7,6	6	1	V

Das Ergebnis lautet: $U_0 = 63$ V und $I_0 = 0{,}39$ A.

5. Vierpolschaltungen

Der Begriff des Vierpoles ist aus Betrachtungen über das Verhalten von paarigen Leitungen entstanden. Die Eigenschaften solcher Fernleitungen sind durch längs verteilt liegende Scheinwiderstände und quer zur Übertragungsrichtung liegende Scheinleitwerte bestimmt. An beiden Enden liegt je ein Klemmenpaar zum Anschluß einer Zweipolquelle und eines Zweipolabschlusses. Die Nachbildung einer solchen Fernmeldeleitung besteht daher aus Längs- und Quergliedern (Widerständen und Ableitungen), die zwischen zwei Klemmenpaaren liegen. Diese Schaltanordnung gilt als unteilbare Einheit, weil sinngemäß auch die Fernleitung nicht nach Belieben in a-Ader und b-Ader aufzulösen ist, ohne die gegebenen elektrischen Zusammenhänge einer paarigen Leitung aufzuheben.
Drei Grundformen von Nachbildungen oder Ersatzschaltungen für Vierpole sind zu verzeichnen (Bild 64), welche in Kürze I-Schaltung, II-Schaltung und X-Schaltung heißen.

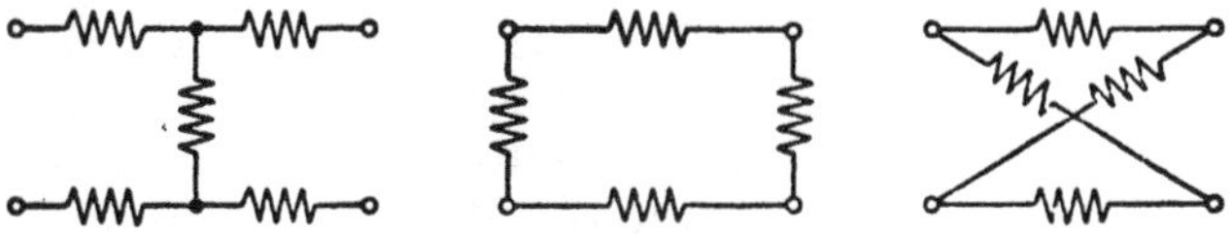

Bild 64. Vierpolglieder in I-, II- und X-Schaltung.

Diese Vierpole können je nach Bemessung und Anordnung der Längs- und Querglieder symmetrisch oder unsymmetrisch sein. Dabei wird zwischen einer Quer- und einer Längssymmetrie unterschieden.
Zur Bestimmung etwa vorhandener Quersymmetrie denkt man sich eine Mittellinie längs zwischen der Hin- und Rückleitung gezogen. Eine Quer-

symmetrie liegt vor, wenn die beiderseits dieser Symmetrielinie verbleibenden Teile der Längs- und Querglieder spiegelbildlich gleich sind. Eine derartige Anordnung zeigt die linke Seite des Bildes 65.
Zur Bestimmung etwa vorhandener Längssymmetrie denkt man sich eine Mittellinie quer zur Hin- und Rückleitung gezogen. Eine Längssymmetrie ist zu erkennen, wenn von dieser Symmetrielinie aus nach den entfernt liegenden Enden gesehen spiegelbildlich gleiche Teile liegen. Eine solche Anordnung zeigt die rechte Seite des Bildes 65.
Durch einen Aufbau von Vierpolen oder Leitungen mit Quersymmetrie wird erreicht, daß die Änderungen der Spannungen und Ströme mit deren Phasenlagen auf der Hin- und Rückleitung gleichartig verlaufen. Eine verdrallte

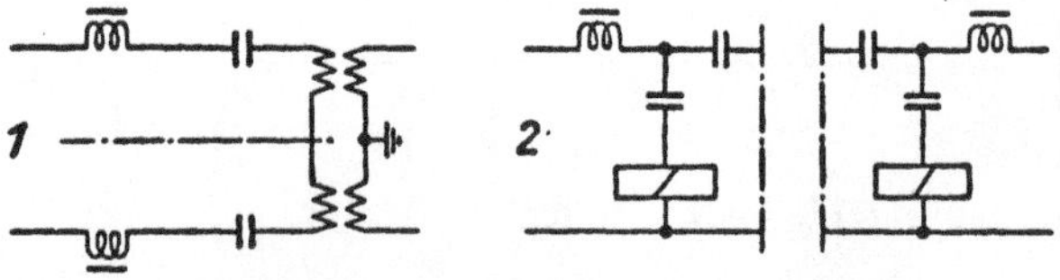

Bild 65. Symmetrische Anordnungen: (*1*) mit Quersymmetrie, (*2*) mit Längssymmetrie

Leitung mit Quersymmetrie verursacht in ihrer Umgebung nahezu keine Induktions- oder Influenzwirkung, so daß benachbarte elektrische Leiter unbeeinflußt bleiben. Andererseits werden durch Induktion oder Influenz von außen her infolge dieses quersymmetrischen Aufbaues gleiche elektromotorische Kräfte auf der Hin- und Rückleitung entstehen, welche in den Quergliedern (Brücken oder Abschlüssen) sich aufheben und keine Störströme hervorrufen. Um diese Quersymmetrie noch weiter zu sichern, ist es vorteilhaft, die elektrische Mitte eines oder mehrerer Querglieder, welche innerhalb der Vierpolschaltung liegen, zu erden.
Die Quersymmetrie wird somit durch eine Erdsymmetrie ergänzt und, falls über solche Erdungen keine Irrströme fremder Anlagen einfließen können, vervollkommnet.
Der längssymmetrische Aufbau einer Vierpolschaltung oder einer Fernmeldeleitung ergibt bestimmte Betriebseigenschaften. Durch Längssymmetrie wird die Übertragung elektrischer Energie unabhängig von der Übertragungsrichtung. In diesem Falle sind Anfang und Ende des Vierpols vertauschbar, ohne daß sich die Übersetzung (das Verhältnis) der Spannungen oder Ströme beider Enden ändert. Keine Längssymmetrie besitzen also Anordnungen, die regellos aus verschiedenartigen Vierpolen in Kette gebildet sind, oder Strecken, welche sich aus einem Kabelleitungs- und einem Freileitungsabschnitt zusammensetzen. Dagegen haben alle Einleitersysteme mit Rückleitung über die Erde, wie etwa Signalleitungen oder Seekabel, keine Quersymmetrie, können aber trotzdem längssymmetrisch sein.
Es ist also möglich, Schaltungen so zu gestalten, daß keine oder nur eine oder alle Symmetrien vorhanden sind, um hierdurch bestimmte Betriebseigenschaften von Fall zu Fall abwägend festzulegen.

In einem passiven Vierpol spielen sich gleichzeitig zwei Vorgänge ab, die gegenseitig verkettet sind: Spannungsabfälle und Stromableitungen. Die innere Schaltung der Widerstände und Ableitungen besitzt nur lineare Beziehungen. Je eine Klemmenspannung liegt am Anfang und am Ende, die ein- und austretenden Strompaare auf jeder Seite sind unter sich entgegengesetzt und gleich groß (Bild 66).

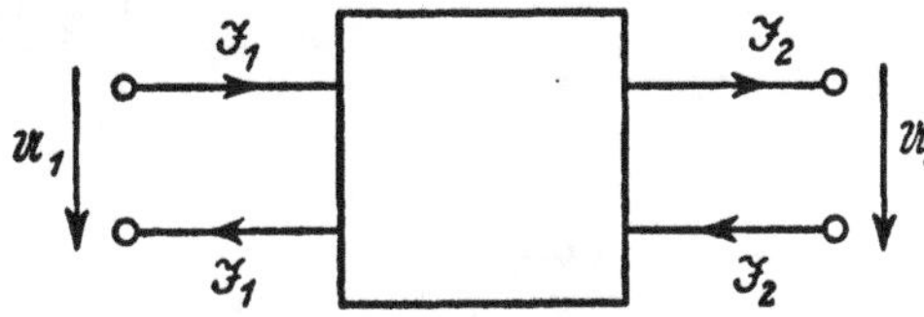

Bild 66. Allgemeiner Vierpol.

Für einen Vierpol beliebiger Art lassen sich also zwei lineare Gleichungen ansetzen:

$$\mathfrak{U}_1 = \mathfrak{A}_1 \mathfrak{U}_2 + \mathfrak{B} \mathfrak{J}_2 \qquad \mathfrak{J}_1 = \mathfrak{A}_2 \mathfrak{J}_2 + \mathfrak{C} \mathfrak{U}_2.$$

In diesen Gleichungen sind die Faktoren $\mathfrak{A}_1$ und $\mathfrak{A}_2$ reelle, komplexe oder imaginäre Zahlen ohne Dimension. Die Größe $\mathfrak{B}$ ist ein Widerstandswert und $\mathfrak{C}$ ein Leitwert. Aus bekannten Lösungen für Grenzfälle sind allgemein die Größen $\mathfrak{A}_1$, $\mathfrak{A}_2$, $\mathfrak{B}$ und $\mathfrak{C}$ bestimmbar, wenn zunächst folgende Hilfsgrößen eingeführt werden:

$\mathfrak{u}_0 \mathfrak{u}_k$ Übersetzung der Spannungen bei Leerlauf oder offenen Endklemmen bzw. der Ströme bei Kurzschluß am Vierpolende,

$\mathfrak{z}_0 \mathfrak{z}_k$ Eingangswiderstände des Vierpoles bei Leerlauf bzw. bei Kurzschluß.

Bei offenen Endklemmen erhält man:

$$\mathfrak{U}_{10} = \mathfrak{A}_1 \mathfrak{U}_{20} \quad \text{und} \quad \mathfrak{J}_{10} = \mathfrak{C} \mathfrak{U}_{20}.$$

Bei Kurzschluß am Ende ergibt sich:

$$\mathfrak{U}_{1k} = \mathfrak{B} \mathfrak{J}_{2k} \quad \text{und} \quad \mathfrak{J}_{1k} = \mathfrak{A}_2 \mathfrak{J}_{2k}.$$

Der Koeffizientenvergleich zeigt, wie $\mathfrak{A}_1$, $\mathfrak{A}_2$, $\mathfrak{B}$ und $\mathfrak{C}$ zu ermitteln sind:

$$\mathfrak{U}_{10}/\mathfrak{U}_{20} = \mathfrak{A}_1 = \mathfrak{u}_0 \quad \text{und} \quad \mathfrak{J}_{1k}/\mathfrak{J}_{2k} = \mathfrak{A}_2 = \mathfrak{u}_k$$

$$\mathfrak{U}_{10}/\mathfrak{J}_{10} = \mathfrak{A}_1/\mathfrak{C} = \mathfrak{z}_0 \quad \text{und} \quad \mathfrak{U}_{1k}/\mathfrak{J}_{1k} = \mathfrak{B}/\mathfrak{A}_2 = \mathfrak{z}_k.$$

Die Lösungsgleichungen lauten:

$$\mathfrak{U}_1 = \mathfrak{u}_0 \mathfrak{U}_2 + \mathfrak{u}_k \mathfrak{z}_k \mathfrak{J}_2 \qquad \mathfrak{J}_1 = \mathfrak{u}_k \mathfrak{J}_2 + (\mathfrak{u}_0/\mathfrak{z}_0) \cdot \mathfrak{U}_2.$$

Mit diesen Gleichungen werden allgemein alle Betriebsfälle zugänglich, sobald die Hilfsgrößen $\mathfrak{u}_0$, $\mathfrak{u}_k$, $\mathfrak{z}_0$, $\mathfrak{z}_k$ aus der Schaltung der Längs- und Querglieder gefunden sind. Wird also auf der Verbraucherseite eine bestimmte Spannung und Stromstärke verlangt, so sind die benötigte Spannung und Stromstärke an der Quelle zu berechnen oder, wenn die Spannung der Quelle und der Widerstand des Abschlusses gegeben sind, die übrigen unbekannten Spannungen und Ströme zu finden.

Hier sei zunächst von einer Rechnung mit Scheinwiderständen abgesehen, um klar hervorzuheben, daß die Anwendung der Vierpolgleichungen schon bei ganz bekannten Gleichstromschaltungen nützlich ist.

Beispiel: Gegeben eine I-Schaltung mit den Werten $R = 40\,\Omega$ und $G = 0{,}2\,S$. Zu ermitteln sind die Hilfsgrößen und die Vierpolgleichungen (Bild 67).

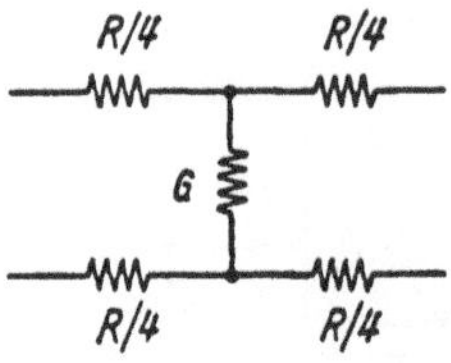

Bild 67. I-Schaltung zu nebenstehendem Beispiel.

$$\mathfrak{u}_0 = \frac{U_{10}}{U_{20}} = \left(\frac{R}{2} + \frac{1}{G}\right) \Big/ \frac{1}{G} = 1 + \frac{RG}{2} = 5$$

$$\mathfrak{z}_0 = \frac{U_{10}}{I_{10}} = \frac{R}{2} + \frac{1}{G} = 20 + 5 = 25\,\Omega$$

$$\mathfrak{u}_k = \frac{I_{1k}}{I_{2k}} = \left(\frac{R}{2} + \frac{1}{G}\right) \Big/ \frac{1}{G} = 1 + \frac{RG}{2} = 5$$

$$\mathfrak{z}_k = \frac{U_{1k}}{I_{1k}} = \frac{R}{2 + RG} + \frac{R}{2} = 24\,\Omega.$$

Diese Beziehungen sind dem Schaltbild zu entnehmen, wenn man sich bei Leerlauf das Ende offen, bei Kurzschluß den Abschluß widerstandslos überbrückt denkt. Die Gleichungen für diese I-Schaltung lauten:

$$U_1 = 5\,U_2 + 120\,I_2 \qquad I_1 = 5\,I_2 + 0{,}2\,U_2.$$

Werden nun am Ende eine Spannung $U_2 = 6$ V und ein Strom $I_2 = 100$ mA verlangt, so muß die Quelle liefern:

$$U_1 = 30 + 12 = 42 \text{ V}. \qquad I_1 = 0{,}5 + 1{,}2 = 1{,}7 \text{ A}.$$

6. Allgemeine Kehrbeziehungen

Zwischen allen elektrischen Größen, welche sich auf Stromläufe beliebiger Art beziehen, bestehen Kehrbeziehungen. Ordnet man als gegenstehend die Paare: Spannung und Strom, Widerstand und Ableitung, Induktivität und Kapazität, so läßt sich folgende Doppelreihe aufstellen:

U	I	R	G	L	C
I	U	G	R	C	L

Durch Vertauschen der Größen der oberen Reihe mit denen der unteren Reihe entsteht aus einer gegebenen Formel wieder eine anwendbare Formel. Gilt die eine für eine Reihenschaltung, so ist die gewendete Formel für eine Linienschaltung gültig.

Für eine Anordnung mit drei Gliedern (R oder G, L und C) seien die bekannten Formeln für das erweiterte Ohmsche Gesetz gegenübergestellt:

$$U = I\sqrt{R^2 + [\omega L - (1/\omega C)]^2} \qquad I = U\sqrt{G^2 + [\omega C - (1/\omega L)]^2}$$

oder in der symbolischen Fassung:

$$\mathfrak{U} = \mathfrak{J}\,[R + j\omega L - (j/\omega C)] \qquad \mathfrak{J} = \mathfrak{U}[G + j\omega C - (j/\omega L)].$$

Ist demnach eine beliebige Zweipolschaltung gegeben, welche auch aus mehreren Gliedern bestehen kann, so läßt sich eine gewendete (reziproke) Anordnung nach folgenden Vertauschungsregeln finden:

a) Ersatz von Wirk-, Blind- und Scheinwiderständen durch entsprechende Leitwerte und umgekehrt,

b) Ersatz von nebeneinander geschalteten Gliedern durch hintereinander geschaltete und umgekehrt,

c) Ersatz der Reihenschaltung des alten durch eine Linienschaltung des neuen Zweipols und umgekehrt.

Zunächst seien der Sinn und danach einige Anwendungen dieses Verfahrens erläutert.

Man denkt sich einen solchen Zweipol in eine Verbindung von einer Stromquelle mit einer festen elektromotorischen Kraft E und dem Innenwiderstand R_a nach einem Gerät mit dem Abschlußwiderstand R_e eingeschaltet. Der Strom für dieses Gerät läßt sich, wenn die Quelle einen erheblichen Widerstand hat, in zweierlei Weise regeln: durch Hintereinander- oder Nebeneinanderschaltung bzw. durch einen im Hauptschluß oder im Nebenschluß liegenden, veränderbaren Widerstand.

In der Reihenschaltung sinkt die Stromentnahme und steigt die Klemmenspannung der Quelle. In der Parallelschaltung wirkt der Regelwiderstand wie eine zusätzliche Last, die Stromentnahme steigt und die Klemmenspannung, an der auch das Gerät liegt, und der Gerätstrom sinken.

Für große Leistungen wird wegen der damit verbundenen Verluste nur die Regelung mit Vorwiderständen angewendet, für kleine Leistungen kommt die Regelung durch Nebenwiderstände in Betracht und wird bevorzugt, weil die Verluste erträglich bleiben und billigere Widerstände benötigt werden. Die Stromquellen für Schwachstromanlagen (Elemente, Kurbelinduktor, Übertragerausgang, Mikrophon, Röhrenverstärker) weisen durchweg hohe Innenwiderstände auf, so daß schon deshalb der Abschlußwiderstand der Last dem Innenwiderstand der Quelle anzugleichen ist, um die größte Nutzleistung zu erhalten. Eine Stromregelung durch einen Nebenschluß bis zum Kurzschließen des Verbrauchers ist daher bei Stromquellen mit großem Innenwiderstand statthaft.

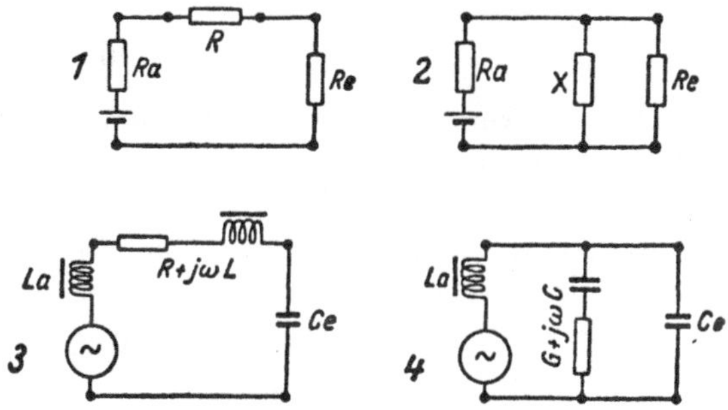

Bild 68. Kehrbeziehungen zwischen reziproken Schaltungen.

Gleichstromschaltungen (Bild 68, Teil 1 und 2). Soll der Vorwiderstand R durch einen Nebenwiderstand x ersetzt werden und der Gerätstrom sich nicht dabei ändern, so gilt als Ansatzgleichung:

$$\frac{U}{R_a + R + R_e} = I = \frac{x \cdot U}{(R_e + x)(R_a + [R_e x/(R_e + x])},$$

nach einer Umformung ist dann

$$x\,(R_a + R_e + R) = (R_e + x)\,(R_a + [R_e\,x/(R_e + x)]$$

und

$$x\,R = R_a\,R_e.$$

Für den Anpassungsfall mit der Angleichung $R_a = R_e = r$ ergibt sich $x = r^2/R$ oder, wenn der Vorwiderstand R durch eine Ableitung G zu ersetzen ist:

$$R/G = R_a R_e = r^2.$$

Wechselstromschaltungen (Bild 68, Teil 3 und 4). In dieser Anordnung sei angenommen, daß Erzeuger und Verbraucher verlustfrei sind und die Stromquelle nur eine innere Selbstinduktivität L_a und die Belastung nur eine Kapazität C_e besitzen. Für diesen Sonderfall wird unabhängig von der Frequenz eine Beziehung erhalten:

$$R : G = L_a : C_e.$$

Mit Verlusten auf beiden Seiten und den Scheinwiderständen $\mathfrak{R}_a$ und $\mathfrak{R}_e$ hängt die wechselweise Vertauschung von Widerstand gegen Ableitung von der Frequenz ab:

$$R/G = |\mathfrak{R}_a \mathfrak{R}_e| = \sqrt{(R_a^2 + \omega^2 L_a^2)[R_e^2 + (1/\omega^2 C_e^2)]}.$$

In der in Bild 68 gezeigten Anordnung liegt in der Reihenschaltung ein Scheinwiderstand $\mathfrak{R} = R + j\omega L$, welcher durch eine Ableitung $\mathfrak{G} = G + j\omega C$ zu ersetzen ist. Hierbei erhält man:

$$(R + j\omega L)/(G + j\omega C) = R_a R_e = r e^{j\varphi}/g e^{j\varphi}.$$

Danach muß also sein

$$R : G = L : C$$

und für die Vertauschung des Widerstandes gegen eine Ableitung ergibt sich:

$$R/G = R_a R_e \quad \text{und} \quad L/C = R_a R_e.$$

Im allgemeinen Fall werden sämtliche Größen als Scheinwiderstände oder Scheinleitwerte vorliegen und für die Umrechnung wird gelten:

$$\mathfrak{R}/\mathfrak{G} = \mathfrak{R}_a \mathfrak{R}_e.$$

In der Fassung als Exponentialform lautet diese Bedingung:

$$r_a e^{aj} r_e e^{bj} = r e^{xj}/g e^{yj}.$$

Daraus erhält man für die einzelnen Beträge

$$r_a r_e = r/g$$

und für die zugehörigen Phasenwinkel a, b, x und y

$$e^{(a+b-x+y)j} = 1$$

$$a + b - x + y = 0.$$

Zu beachten ist, daß a, b und x zu einem induktiven Scheinwiderstand gehören, dagegen y einem kapazitiven Scheinleitwert zugeordnet ist. Somit wird, je nachdem ob $\mathfrak{R}$ oder $\mathfrak{G}$ als gegebene Größe vorliegt, bei der Umrechnung erhalten:

$$x = a + b + y \quad \text{oder} \quad y = x - a - b.$$

In diesem allgemeinen Fall wird das Ergebnis von der Bemessung der Widerstände $\mathfrak{R}_a$, $\mathfrak{R}_e$ und $\mathfrak{R}$ abhängen. Es zeigt sich, wenn $a + b = x$ wird, daß $y = 0$

werden muß und die in Reihe geschaltete Regeldrosselspule durch einen Wirkwiderstand R bzw. durch einen Wirkleitwert X als Nebenschlußregelung zu ersetzen ist.

Für $x > a + b$ wird y positiv und der Nebenschluß durch einen Kondensator und einen Verlust- oder Wirkwiderstand gebildet.

Für $x < a + b$ wird y negativ und ist die Reihendrosselspule durch eine im Nebenschluß liegende Drosselspule mit Verlusten zu ersetzen.

Reaktanzschaltungen (Bild 69). Unter einer Reaktanz wird ein Blindwiderstand ωL oder $1/\omega C$ verstanden, der in einem Wechselstromkreis liegt. Aus mehreren verlustfreien Spulen und Kondensatoren lassen sich Zweipolschaltungen zusammenstellen, welche frequenzabhängig sind. In der Fernmeldetechnik gewinnen diese Reaktanzen (Blindwiderstände) deshalb an Bedeutung, weil sich dabei Bereiche ergeben, in denen die Beträge sich von 0 bis $\pm\,\infty$ ändern. In der Umgebung der Nullstellen befindet sich ein Durchlaßbereich, an den Unendlichstellen oder Polen findet eine Sperrung von Wechselströmen statt. Um ein scharfes Bild vom Verhalten solcher Zweipolschaltungen zu bekommen, werden die allen Spulen und Kondensatoren anhaftenden Verluste übergangen und die Schaltungen nur aus Reaktanzen bestehend angenommen.

Die Vertauschungsregeln für verlustfreie Schaltglieder lauten dann, wenn solche Zweipole zwischen einer Verbindung einer Quelle mit dem inneren Wirkwiderstand R_a und einer Last mit dem Wirkwiderstand R_e liegen:

a) Ersatz von Induktivitäten durch Kapazitäten und umgekehrt,
b) Ersatz von nebeneinander geschalteten Gliedern durch hintereinander geschaltete und umgekehrt,
c) Ersatz der Reihenschaltung des alten durch eine Linienschaltung des neuen Zweipols und umgekehrt.

Für die Umrechnung gilt, wenn nun noch im Sonderfall $R_a = R_e = R$ gemacht werden:

$$\frac{L}{C} = R_a R_e = R^2.$$

Die Frequenzabhängigkeit solcher gewendeten Zweipolschaltungen ändert sich nicht, ihre Eigenfrequenzen (Resonanzstellen) bleiben auch nach der Vertauschung erhalten. Diese Gegenüberstellung verschiedener Schaltungen zeigt Bild 69.

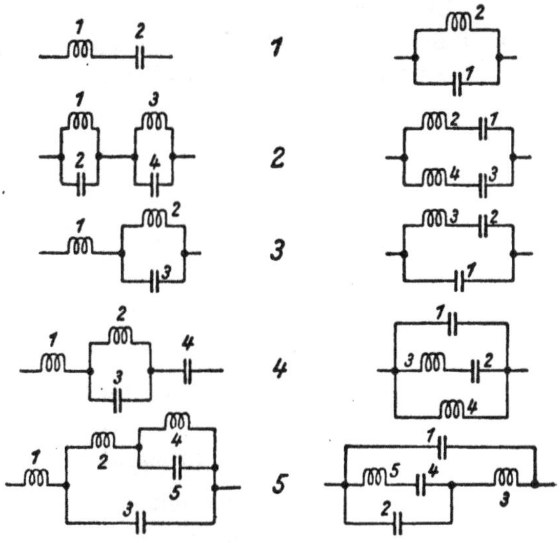

Bild 69. Äquivalente Reaktanzschaltungen.

7. Spannungs- und Stromteiler

Eine Spannungsteilerschaltung teilt auch den Strom. Ihre Betriebszustände bei beliebigen Belastungen lassen sich berechnen, wenn erst der Gesamtstrom, dann nach einigen Zwischenrechnungen die Teilströme ermittelt werden. Für jeden beliebigen Verbraucherwiderstand wäre dieser Rechnungsgang einzeln durchzuführen (Bild 70, links).

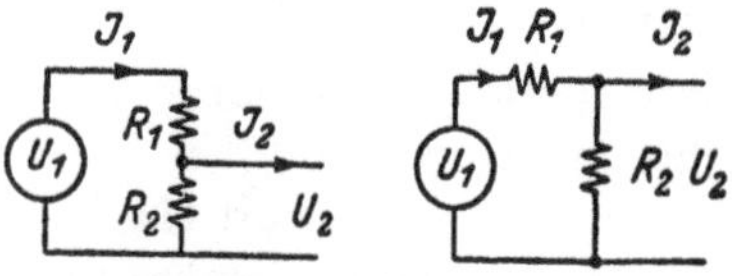

Bild 70. Spannungsteiler als Vierpol umgezeichnet.

Die gleiche Schaltung — etwas anders gezeichnet — stellt aber einen unsymmetrischen Vierpol dar. Der einfachere Weg, beliebige Belastungsfälle zu berechnen, kann durch einen Ansatz mit Vierpolgleichungen beschritten werden. An Hand dieses Schaltbildes sind die Hilfsgrößen $\mathfrak{u}_0$, $\mathfrak{u}_k$, $\mathfrak{z}_0$, $\mathfrak{z}_k$ leicht abzulesen (Bild 70, rechts):

$$\mathfrak{u}_0 = U_{10}/U_{20} = (R_1 + R_2)/R_2$$
$$\mathfrak{z}_0 = U_{10}/I_{10} = R_1 + R_2$$
$$\mathfrak{u}_k = I_{1k}/I_{2k} = 1$$
$$\mathfrak{z}_k = U_{1k}/I_{1k} = R_1.$$

Die Betriebsgleichungen dieses Spannungsteilers lauten:

$$U_1 = U_2\,[(R_1 + R_2)/R_2] + I_2 R_1$$
$$I_1 = I_2 + U_2/R_2.$$

Beispiel: Ein Spannungsteiler sei so eingestellt, daß sein Schieber den Gesamtwiderstand im Verhältnis 1 : 2 teilt. Als Quelle ist eine Batterie mit 24 V vorhanden, ferner betrage der Gesamtwiderstand 600 Ω und der Lastwiderstand 100 Ω. Wie groß sind der Batteriestrom I_1, die Spannung U_2 und der Strom I_2 auf der Lastseite?

Da die Teilwiderstände $R_1 = 200\ \Omega$ und $R_2 = 400\ \Omega$ betragen und die Belastung mit 100 Ω im Nebenschluß zu R_2 liegt, ergeben sich als Hilfsgrößen:

$$\mathfrak{u}_0 = 600/400 = 1{,}5 \qquad \mathfrak{u}_k = 1$$
$$\mathfrak{z}_0 = 600\ \Omega \qquad \mathfrak{z}_k = 200\ \Omega.$$

Die Gleichungen für diesen Betriebsfall lauten:

$$U_1 = 1{,}5\ U_2 + 200\ I_2,$$
$$I_1 = 1\ I_2 \quad + 0{,}0025\ U_2.$$

Gegeben ist $U_1 = 24$ V und weiter ist $I_2 = U_2/100$ A einzusetzen, um durch Umformung U_2, I_1 und I_2 zu erhalten:

$$U_2 = 6{,}857\ \text{V}, \qquad I_1 = 0{,}0857\ \text{A}, \qquad I_2 = 0{,}0686\ \text{A}.$$

8. Brückenschaltung

Die nicht abgeglichene Brücke mit beliebigen Widerständen ergibt eine von Null abweichende Brückenspannung und entsprechend dem Brückenwiderstand einen Brückenstrom. Für diesen allgemeinen Betriebsfall wird gern eine Dreieck-Stern-Umwandlung angewendet, um den Gesamtwiderstand und den Gesamtstrom zu berechnen. Aus den Teilströmen sind die Potentiale der Brückenanschlüsse und schließlich die Brückenspannung und der Brückenstrom zu finden.

Dieser Rechnungsgang sei vorweg durchgeführt, um anschließend zu zeigen, wie auch eine Brückenschaltung mit Vierpolgleichungen leichter zu behandeln ist.

Der Gesamtwiderstand R ist nach Ersatz des Widerstandsdreiecks mit R_1, R_3, R_5 durch einen gleichwertigen Stern x, y, z zu erhalten (Bild 71).

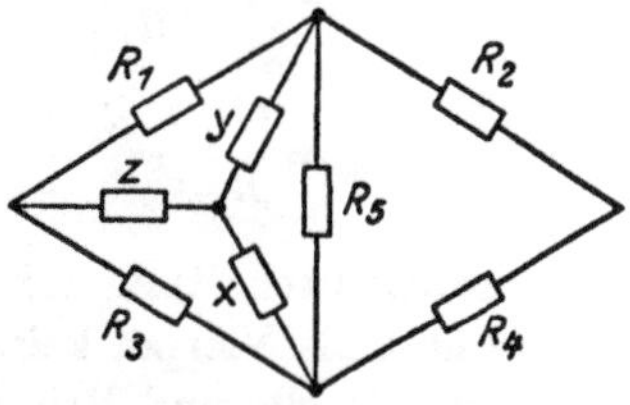

Bild 71. Zur Berechnung des Gesamtwiderstandes einer Brückenschaltung.

$$x = \frac{1}{R_1} \cdot \frac{R_1 R_3 R_5}{R_1 + R_3 + R_5} = \frac{R_3 R_5}{R_1 + R_3 + R_5}$$

$$y = \frac{1}{R_3} \cdot \frac{R_1 R_3 R_5}{R_1 + R_3 + R_5} = \frac{R_1 R_5}{R_1 + R_3 + R_5}$$

$$z = \frac{1}{R_5} \cdot \frac{R_1 R_3 R_5}{R_1 + R_3 + R_5} = \frac{R_1 R_3}{R_1 + R_3 + R_5}.$$

Der Gesamtwiderstand der Brückenschaltung wird

$$R = z + \frac{(y + R_2)(x + R_4)}{y + x + R_2 + R_4}$$

$$R = \frac{R_1 R_3}{R_1 + R_3 + R_5} + \frac{\left(\frac{R_1 R_5}{R_1 + R_3 + R_5} + R_2\right)\left(\frac{R_3 R_5}{R_1 + R_3 + R_5} + R_4\right)}{\frac{R_1 R_5 + R_3 R_5}{R_1 + R_3 + R_5} + R_2 + R_4}.$$

Hiernach ergeben sich erst der Gesamtstrom $I = U/R$, dann die Teilströme und zuletzt die Teilspannungen. Die Teilströme sind

$$I_2 = \frac{x + R_4}{y + x + R_2 + R_4} I \quad \text{und} \quad I_4 = \frac{y + R_2}{y + x + R_2 + R_4} I$$

und die Spannungsabfälle

$$U_2 = I_2 R_2 \quad \text{und} \quad U_4 = I_4 R_4.$$

Setzt man ferner voraus, daß der Brückenstrom von R_1 über R_5 nach R_4 fließt (positive Richtung), so wird schließlich

$$U_5 = U_2 - U_4 = I_2 R_2 - I_4 R_4$$

und der Brückenstrom $I_5 = U_5/R_5$ erhalten.

Diese Vorzeicheneinführung ist notwendig, um die wahre Richtung des Stromes aus der Rechnung zu erhalten. Ist nämlich $I_2 R_2 < I_4 R_4$, so wird nun U_5 negativ und zeigt damit an, daß auch I_5 entgegen der angenommenen Richtung fließt.

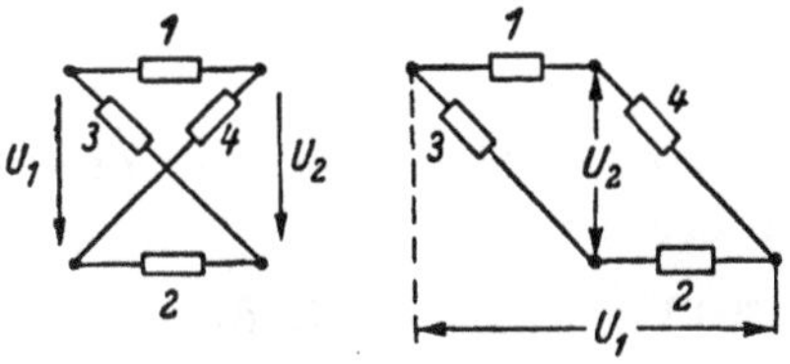

Bild 72. Vergleich einer Brücken- mit einer Kreuzschaltung.

Um die Vierpolbeziehungen zu erkennen, sind nebeneinander die Schaltungen eines Kreuzgliedes und einer Brücke gezeichnet (Bild 72). Man überzeuge sich, daß beide Schaltungen identisch sind, und leite die Größen $\mathfrak{u}_0$, $\mathfrak{u}_k$, $\mathfrak{z}_0$, $\mathfrak{z}_k$ aus dem Schaltbild ab:

$$\mathfrak{u}_0 = 1 \Big/ \left(\frac{R_4}{R_1+R_4} - \frac{R_2}{R_2+R_3}\right) = \frac{(R_1+R_4)(R_2+R_3)}{R_3R_4 - R_1R_2}$$

$$\mathfrak{u}_k = 1 \Big/ \left(\frac{R_3}{R_1+R_3} - \frac{R_2}{R_2+R_4}\right) = \frac{(R_1+R_3)(R_2+R_4)}{R_3R_4 - R_1R_2}$$

$$\mathfrak{z}_0 = \frac{(R_1+R_4)(R_2+R_3)}{R_1+R_2+R_3+R_4} \qquad \mathfrak{z}_k = \frac{R_1R_3}{R_1+R_3} + \frac{R_2R_4}{R_2+R_4}.$$

Eine Brückenschaltung mit beliebigen Widerständen ist nicht abgeglichen und besitzt als Vierpol keine Symmetrie: eine Vertauschung der Klemmenpaare von Quelle und Brückenwiderstand führt auf einen neuen Betriebsfall mit anderen Ergebnissen. Sinngemäß müssen nach dieser Vertauschung auch die Widerstände R_1 bis R_4 ihre Plätze in den Formeln wechseln.

Eine Längssymmetrie ist vorhanden, wenn $R_1 = R_4$ und $R_2 = R_3$ oder die Längs- und Querglieder paarweise gleich groß sind; die Brücke ist dann nicht abgeglichen.

Ein Brückenabgleich ist nur vorhanden, wenn sich $R_1 : R_2 = R_3 : R_4$ verhalten; trotzdem ist dieser Vierpol längsunsymmetrisch bis auf eine Ausnahme, wenn zufällig $R_1 = R_2 = R_3 = R_4$ werden.

Beispiel: Brückenschaltung mit den Widerständen: $R_1 = R_2 = 40\,\Omega$, $R_3 = R_4 = 80\,\Omega$, $R_5 = 60\,\Omega$ entsprechend Bild 72. Speisung durch eine Batterie mit $U_1 = 4$ V. Gesucht werden der Strom I_1 am Anfang (Eingang), welcher der Batterie entnommen wird, und die Spannung U_2 und der Strom I_2 am Ende (Ausgang) dieser Kreuz- oder Brückenschaltung (Brückenspannung und -strom).

Die Hilfsgrößen $\mathfrak{u}_0$, $\mathfrak{u}_k$, $\mathfrak{z}_0$, $\mathfrak{z}_k$ nehmen die Werte an:

$$\mathfrak{u}_0 = \frac{120 \cdot 120}{6400 - 1600} = 3 \qquad \mathfrak{u}_k = \frac{120 \cdot 120}{6400 - 1600} = 3$$

$$\mathfrak{z}_0 = \frac{120 \cdot 120}{40+40+80+80} = 60\,\Omega \qquad \mathfrak{z}_k = \frac{3200}{120} + \frac{3200}{120} = 53{,}33\,\Omega.$$

Die Betriebsgleichungen für dieses Beispiel lauten:

$$U_1 = 3\,U_2 + 160\,I_2, \qquad I_1 = 3\,I_2 + 0{,}05\,U_2.$$

Setzt man $U_1 = 4$ V und $I_2 = U_2/60$ A ein, so ergibt sich aus der oberen Gleichung die Brückenspannung und der Brückenstrom:

$$4 = 3\,U_2 + 2{,}67\,U_2, \qquad U = 0{,}706 \text{ V}, \qquad I = 0{,}0118 \text{ A}.$$

Ein Vergleich beider Verfahren zeigt, daß die Brückenschaltung als Vierpol aufgefaßt eine wesentliche Kürzung der Rechnung herbeiführt.

B. Schaltverfahren

1. Erdung

Die Erdung eines elektrischen Anlagenteils besteht aus einer gut leitenden Verbindung mit feuchtem Boden oder am besten mit dem Grundwasser. Eine Betriebserde kann aus verschiedenen Gründen angelegt werden: als Schutz gegen den Übertritt von Hochspannung, zur Festlegung eindeutiger Potentiale von Leitern gegen Erde in einer Schaltungsanordnung oder als Rückleitung, um einen weiteren Zweig zu bilden und dadurch einen Leiter zu sparen.

In Fernmeldeanlagen dient eine Betriebserde meistens der Rückleitung von Strömen. Diese früher allgemein übliche Betriebsweise ist heute seltener anzutreffen, weil Starkstromanlagen, insbesondere elektrische Bahnen, die Erdrückleitung ebenfalls in Anspruch nehmen. Die Störspannungen, welche durch solche Starkstromanlagen entstehen, betragen mehrere Volt, so daß sich nur hinreichend hohe Spannungen von Fernmeldeanlagen dagegen behaupten können.

In der Regel ist in Fernsprechanlagen der Pluspol der Zentralbatterie geerdet. Die schwachen, aber andauernden Isolationsströme gefährden besonders Feindrahtwicklungen und führen zu Störungen durch elektrolytische Unterbrechung. Da alle Metalle sich bei elektrolytischen Vorgängen an der Kathode ausscheiden, wird durch Erdung des Pluspols vermieden, daß die dünndrähtigen Wicklungen angegriffen werden, weil der vom Eisenkern zur Wicklung fließende Isolationsstrom nur das reichlich bemessene Eisen zersetzt.

In Telegraphen- und Signalanlagen ist der Pluspol geerdet, falls deren Speisung mit der Stromversorgung einer Fernsprechanlage zusammenhängt. Bei selbständiger Speisung wird dagegen oft der Minuspol mit Rücksicht auf den Isolationszustand von Freileitungen geerdet. Alle Freileitungen sind feuchtem Wetter ausgesetzt, im Gleichstrombetrieb scheiden sich alle leitenden Metalle am Minusleiter ab, der sich allmählich von selbst erdet. Bei Kabelleitungen vollzieht sich die Erdung des Minusleiters durch elektrolytische Wirkung sehr langsam, bleibt aber nur bei kleinen Betriebsspannungen unbeachtlich. Der Plusleiter behält dagegen seinen Isolationswert gegen Erde.

Eine symmetrische Erdung soll gleiche Potentiale des Plus- und Minusleiters gegen Erde sicherstellen. Die elektrische Mitte einer Batterie oder eines im Nebenschluß liegenden Widerstandes wird dabei mit einem Erder verbunden.

Die betriebsmäßige Erdung von Starkstromanlagen ist dort zu beachten, wo bei Netzanschluß von Fernmeldeanlagen zwischen beiden Teilen leitende Verbindungen herzustellen sind. In der Regel sucht man solche Fälle zu vermeiden und beide Netzteile so zu schalten, daß sie unabhängig voneinander geerdet werden können.

Gleichstromnetze (110, 220 V) nach dem Zweileitersystem sind an Land meist ungeerdet. Auf Schiffen muß immer der Minuspol fest geerdet sein.

Gleichstrom-Dreileitersysteme (2 × 110, 2 × 220 V) besitzen fast ausnahmslos geerdeten Mittelleiter, der meistens isoliert, vereinzelt auch blank verlegt ist.

Drehstromnetze (3 × 120, 3 × 220 V) ohne neutralen oder Sternpunktleiter bleiben ungeerdet oder besitzen eine Schutzerdung des Sternpunktes über einen Widerstand. Bei auftretenden Isolationsfehlern sind in solchen Netzen beliebige Werte von Null bis zur vollen Betriebsspannung zwischen jedem Hauptleiter und Erde zu erwarten.

Drehstrom-Vierleitersysteme (110/190, 125/215, 220/380 V) besitzen ausnahmslos geerdeten Sternpunktleiter, der oft blank verlegt ist. In solchen Netzen liegt damit die Verteilung der Spannungen gegen Erde fest.

2. Verzweigungen

Ein einfacher Stromkreis wird aus einer Stromquelle, einem Leiterpaar und einem Gerät gebildet. Durch Nebeneinander- und Hintereinanderschaltung und Einfügen von Verzweigungen ergeben sich mehrere Grundformen von Stromläufen, welche allgemein verwendet werden.

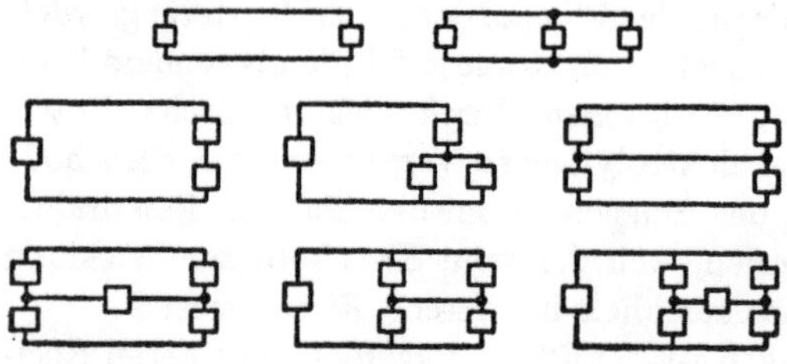

Bild 73. Grundformen von Stromläufen

In Bild 73 sind Stromquellen und Belastungen als Zweipole nur grundsätzlich eingezeichnet. Die Lage und Anzahl der Quellen und Belastungen sind jeweils entsprechend dem Zweck einer Anlage anzunehmen.

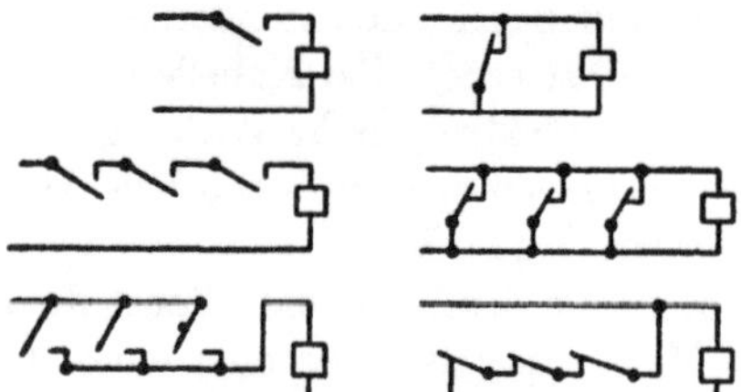

Bild 74. Schaltungsanordnungen mit Arbeits- und Ruhekontakten

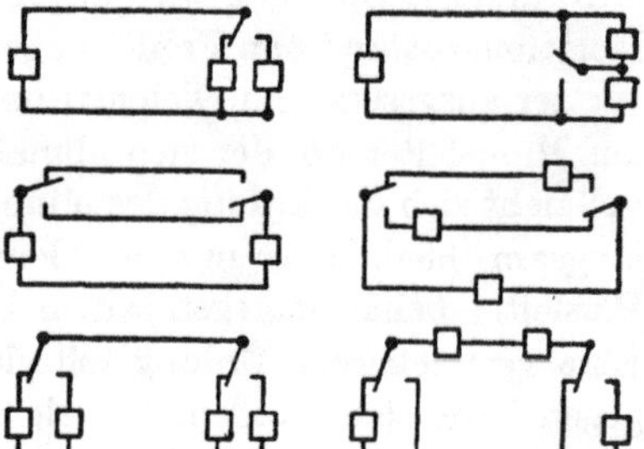

Bild 75. Einpolige Umschaltungen

Mit ein- und zweipoligen Ein- oder Umschaltern oder Geräten mit Arbeits-, Ruhe- oder Wechselkontakten ergeben sich Schaltungsanordnungen nach Bild 74. Die Stromquellen sind fortgelassen, weil nur die äußere Schaltung zu betrachten ist. Die Schaltungen sind paarweise dargestellt, um zu zeigen, daß die Schalter in Reihe oder im Nebenschluß zum Zweipol liegen können. Neben dem Ausschalten wird auch Kurzschließung eines Gerätes angewandt. Dieses Verfahren ist nur dann zulässig, wenn die Stromquelle sich hierfür eignet oder der äußere Kreis genügend Vorwiderstand besitzt, um den Stromanstieg hinreichend zu begrenzen.

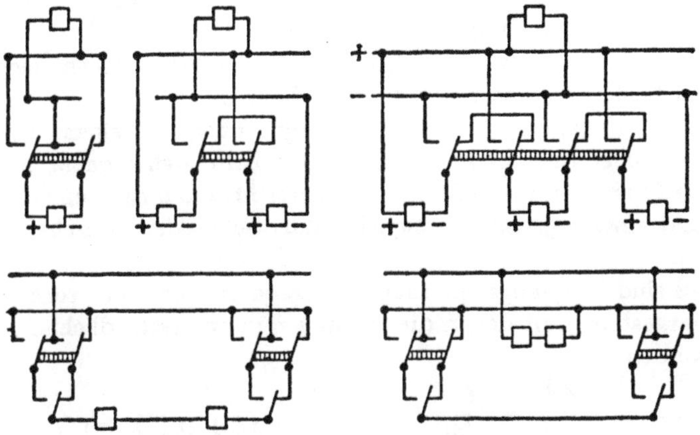

Bild 76. Mehrpolige Wechselschaltungen

In Bild 75 sind die üblichen Wechselschaltungen gezeigt, welche sich mit einpoligen Umschaltern herstellen lassen, in Bild 76 sind einige gebräuchliche Schaltungen mit zweipoligen Umschaltern zusammengestellt.

3. Stufungen

Eine Stufenfolge kann sich auf Spannungen, Ströme oder Frequenzen beziehen. Vorauszusetzen sind Empfangsgeräte, welche nur innerhalb bestimmter Bereiche ansprechen und dadurch die gegebenen Stufen in unterschiedliche Signale umsetzen.

Spannungsabhängig sprechen elektrolytische Zellen und Glimmröhren an. Nach Überschreiten einer Spannungsgrenze setzt der Stromdurchgang ein, durch Spannungsrückgang erfolgt eine Sperrung.

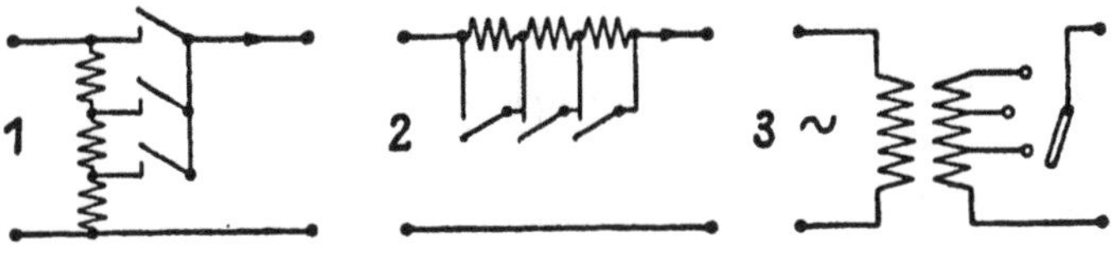

Bild 77. Geberschaltung für Spannungs- und Stromstufen

Stromabhängig sind alle elektromagnetischen Geräte, weil ihr Ansprechen von einer bestimmten Mindestamperewindungsanzahl abhängt. Bei Stromrückgang bleibt das Gerät im Haltebereich in Betriebsstellung, bei Unterschreitung der Abfallstromstärke stellt es sich in die Ruhelage zurück.

Frequenzabhängig sind mechanisch oder elektrisch abgestimmte Geräte. Die Abstimmung wird durch mechanische Anordnungen mit Massen (Trägheit) und Federn (Elastizität) oder elektrischen Schaltungen mit Spulen (Induktivität) und Kondensatoren (Kapazität) erreicht. Mechanisch abgestimmte Systeme eignen sich für Nieder- und Mittelfrequenz, elektrisch abgestimmte Systeme für beliebige Frequenzbereiche.
Schaltungen für das Geben von Spannungs- oder Stromstufen zeigt Bild 77, welche bei beiden Stromarten gebräuchlich sind.
Die meisten Empfangseinrichtungen verfügen über eine eigene Stromquelle (Ortsbatterie oder Netzanschluß) für die zu schaltenden Signale, weil die ankommende Energie in vielen Fällen nur ausreicht, um mittels eines Empfangsgerätes und einer eigenen Stromquelle akustische oder optische Signale zu schalten.
In Bild 78 sind Empfangsschaltungen passend zu den Geberschaltungen im Bild 77 dargestellt, mit denen die Stufungen in unterschiedliche Signale umgesetzt werden.

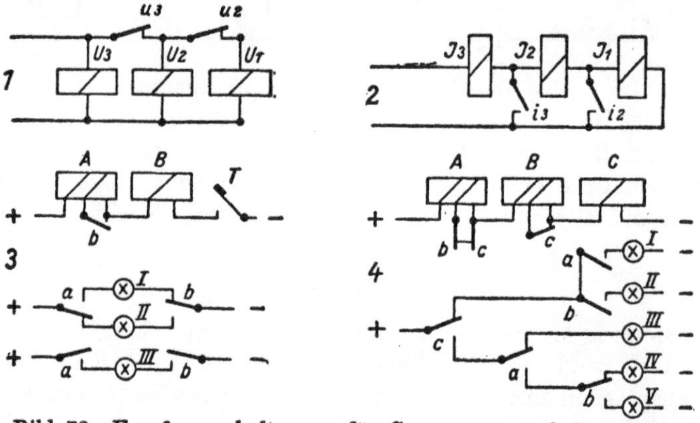

Bild 78. Empfangsschaltungen für Spannungs- und Stromstufen

Teil 1. Drei Tasten geben Spannungsstufen aus einer gemeinsamen Batterie. Drei Signale sind zu übertragen. Drei Relais arbeiten als Empfänger und sprechen auf verschiedene Spannungen an (z. B. 12, 24, 48 V).
Taste 1: U_1 niederohmiges Relais, spricht an.
Taste 2: U_2 mittelohmig spricht an und schaltet U_1 ab.
Taste 3: U_3 hochohmig spricht an und schaltet U_1 und U_2 ab.
Entsprechend dem Anzug und Abfall der Relais werden die verschiedenen Signale I, II und III ein- und ausgeschaltet.
Teil 2. Drei Tasten geben, drei Relais empfangen Stromstufen. Drei Signale sind zu übertragen. Als Stufen sind angenommen z. B. 10, 30 und 90 mA. Diese Schaltung verwendet im Gegensatz zur vorher beschriebenen Linien-(Parallel-)schaltung eine Reihenschaltung der Relais.
Teil 3. Drei Stufen werden gegeben, drei Signale sind zu übertragen, als Empfänger dienen nur zwei Relais. Die Einsparung eines Relais ist möglich,

weil durch den Kontakt *b* in der zweiten Stufe eine Teilwicklung von *A* kurzgeschlossen wird, so daß Relais *A* wieder abfallen muß. In der dritten Stufe zieht dagegen wieder *A* neben *B* an.

Stufe 1: *A* zieht an, Signal 1 wird eingeschaltet.
Stufe 2: *B* zieht an, *A* fällt ab, Signal II erscheint.
Stufe 3: *A* und *B* ziehen an und schalten Signal III ein.

Zu beachten ist die vorübergehende Einschaltung des Signals III in der zweiten Stufe beim Umlegen der Kontakte. Signal III muß deshalb eine Ansprechverzögerung besitzen.

Teil 4. Fünf verschiedene Stufen werden gegeben, fünf Signale sind zu übertragen. Als Empfänger dienen drei Relais. Die Empfangsseite arbeitet mit abwechselndem Anziehen und Abfallen der drei Relais und ergibt dadurch die Schaltung der verschiedenen gewollten Signale I bis V.

Stufe 1: Relais *A* zieht an,
Stufe 2: Relais *B* zieht an, *A* fällt ab, weil *b* sich öffnet,
Stufe 3: Relais *C* zieht an, *B* fällt ab, weil *c* sich öffnet,
Stufe 4: Relais *B* und *C* ziehen an,
Stufe 5: Relais *A*, *B* und *C* ziehen an.

Diese Arbeitsweise wird dadurch erreicht, daß Relais *A* und *B* Gegenwicklungen haben, durch Öffnung von *b* oder *c* fallen in der zweiten Stufe *A* und in der dritten Stufe *B* wieder ab. Diese Gegenwicklungen heben die Magnetisierung nicht völlig auf, so daß *A* und *B* bei stärkerer Erregung in der vierten und fünften Stufe wieder ansprechen können.

Die Benutzung gestufter Frequenzen erfordert besondere Stromquellen.

Im Bereich niederer Frequenzen eignen sich hierfür Polwechsler mit abgestimmten Schwingfedern zur Frequenzerzeugung; im Mittelfrequenzbereich sind Umformer oder Maschinen mit mehreren Tonrädern als Geberspeisung anzuwenden. Empfangen wird mit abgestimmten Resonanzrelais oder über Filter mit normalen Relais.

4. Polungen

Die beiden Stromrichtungen eines Gleichstroms erweitern die Anwendung verschiedener Schaltmerkmale für Signalübertragungen (Bild 79):

1. Verdopplung von Stromstufen.
2. Gleichzeitige Übertragung in beiden Richtungen.

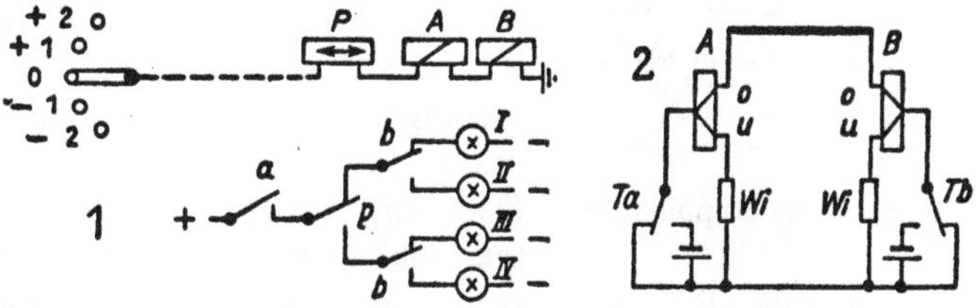

Bild 79. Anwendung von Polungen als Schaltmerkmal

Teil 1. Vier Signale werden mit einem Umschalter gegeben, ein gepoltes und zwei neutrale Relais empfangen, Batterie mit geerdeter Mitte betrieben.

Stufe + 1: *P* nach Plusseite, *A* zieht an, Signal I,
Stufe + 2: *P* nach Plusseite, *A* und *B* ziehen an, Signal II,
Stufe — 1: *P* nach Minusseite, *A* zieht an, Signal III,
Stufe — 2: *P* nach Minusseite, *A* und *B* ziehen an, Signal IV.

Die Relais *A* und *B* können durch ein einziges Stufenrelais mit den Kontakten *a* und *b* ersetzt werden. In diesem Fall würden bei Mittelerregung *a* schließen, bei Vollerregung *a* geschlossen bleiben und die Kontakte *b* sich umschalten.
Teil 2. Zwei Signale in Richtung *A—B* und *B—A* sind gleich- oder folgezeitig zu übertragen. Die neutralen Relais *A* und *B* haben je zwei symmetrische Wicklungen. Der Widerstand *Wi* muß gleich der Summe aus Leitungs- und Relaiswiderstand sein, damit die Wicklungen *o* und *u* gleiche Ströme bei Einzelsendungen erhalten.

Einzelsendung von einer Seite:
Ta gibt: Minus *Ta Ao* Leitung *Bo Tb* Plus (Signal II).
Tb gibt: Minus *Tb Bo* Leitung *Ao Tb* Plus (Signal I).

Gleichzeitig verzweigt sich der Strom entweder über *Au*, *Wi* oder *Bu*, *Wi* zur Batterie zurück. Das Relais der gebenden Stelle spricht nicht an, weil die Ströme entgegengesetzt seine Symmetriewicklungen durchfließen.
Gleichzeitige Sendungen von beiden Seiten: *Ta* und *Tb* sind beide umgeschaltet. Der Minuspol beider Batterien liegt an den Enden der Fernleitung. Wegen der gleichen Polung bleiben die Leitung und die Wicklungen *Ao* und *Bo* stromlos. Nur die Wicklungen *Au* und *Bu* sind stromführend. Beide Relais ziehen an. Signal I und II kommen also auch gleichzeitig.

5. Kopplungen

Eine Kopplung zweier Anlagenteile ist nachgiebig im Gegensatz zu einer unmittelbaren Verbindung. Zwischengeschaltete Kopplungsglieder schwächen Rückwirkungen von Stromquelle auf Last und umgekehrt ab. Als Kopplungen kommen in Betracht: Widerstände, Induktivitäten und Kapazitäten. Die jeweiligen Umstände bestimmen die Wahl einer geeigneten Kopplung. Feste und lose Kopplung sind bezogene Begriffe, ein bestimmtes Maß hierfür ist aus den Übersetzungsverhältnissen der Spannungen und Ströme abzuleiten.

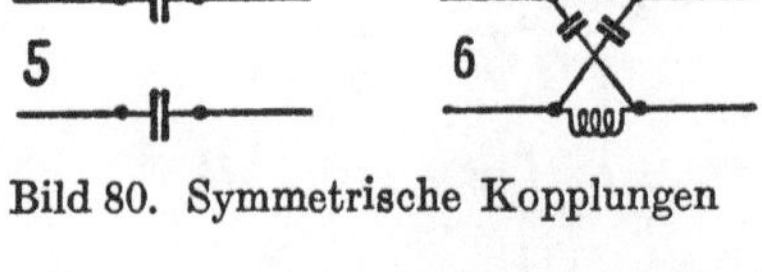

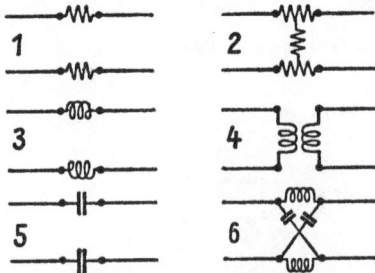

Bild 80. Symmetrische Kopplungen

Kopplungen mit Längssymmetrie arbeiten unabhängig von der Übertragungsrichtung der Energie (Bild 80), dagegen abhängig von der Stromart und Frequenz.

Teil 1 und 2. Widerstände: gleichwertige Kopplung für Gleich- und Wechselstrom in jeder Richtung.
Teil 3. Drosselspulen: Durchlaß für Gleichstrom, mit der Frequenz steigende Sperrung für Wechselstrom.
Teil 4. Übertrager: Sperre für Gleichstrom, feste Kopplung mit, lose Kopplung ohne Eisenkern für Wechselstrom und Gleichstromimpulse.
Teil 5. Kondensatoren: Sperre für Gleichstrom, mit der Frequenz steigender Durchlaß für Wechselstrom und einmalige Ladungen und Entladungen.
Teil 6. Kreuzglied: Durchlaß für Gleichstrom und für Wechselströme, mit der Frequenz zunehmende Phasendrehung.

Beispiel: Fernsprechverbindung zwischen zwei Teilnehmern bei Zentralbatteriebetrieb (Bild 81).
1. Zentralbatteriespeisung der Stellen A und B mit Gleichstrom. Sprechströme (Wechselströme) werden gesperrt.

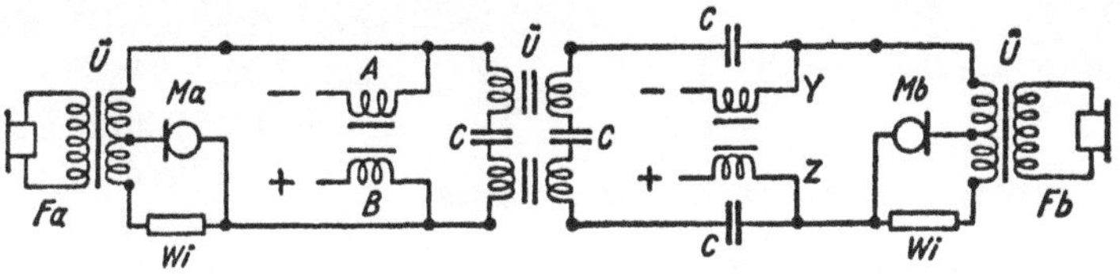

Bild 81. Verschiedenartige Kopplungen innerhalb einer Fernsprechschaltung

2. Übertrager mit Kondensator: Gleichstrom längs und quer gesperrt, Wechselströme werden übertragen.
3. Kondensatoren riegeln Gleichströme in den beiderseitigen Verbindungsleitungsabschnitten ab.

Kopplungen mit Längsunsymmetrie arbeiten dagegen abhängig von der Übertragungsrichtung der Energie (Bild 82).

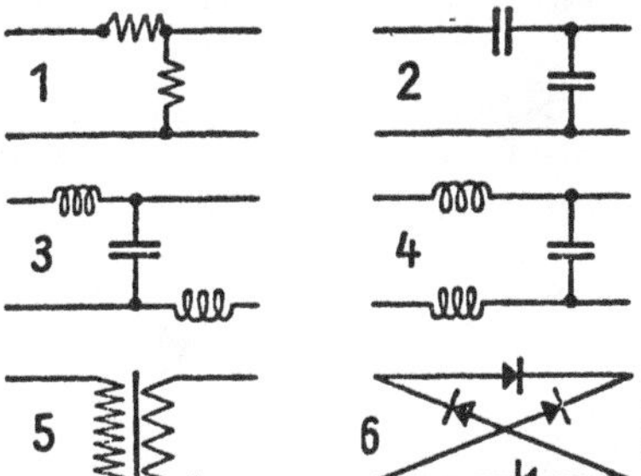

Bild 82. Unsymmetrische Kopplungen

Teil 1 und 2 Spannungsteiler nur in Richtung A—B (von links nach rechts) als Vorwiderstand in Richtung B—A (von rechts nach links) wirkend.
Teil 3. Längssymmetrie vorhanden, aber Quersymmetrie fehlt. Mit ungleichen Induktivitäten wird die Längssymmetrie wieder aufgehoben.
Teil 4. Quersymmetrie ist vorhanden, aber Längssymmetrie fehlt. In Richtung A—B wird Wellengleichstrom geglättet, umgekehrt nicht.
Teil 5. Transformator mit beliebigem von 1 : 1 verschiedenen Übersetzungsverhältnis ist längsunsymmetrisch.
Teil 6. Doppelweggleichrichter nur in Richtung A—B, in umgekehrter Richtung wird die eine Halbwelle gesperrt, die andere sogar kurzgeschlossen.

6. Überlagerungen

Gleichstromüberlagerungen oder gleichzeitiges Geben mehrerer Signale über eine gemeinsame Leitung beruht auf der Anwendung von Stromstufen und verschiedenen Stromrichtungen (Bild 83).

Teil 1: Für ein oder zwei Signale sind zwei Tasten voneinander unabhängig zu betätigen, Relais *A* und *B* sind neutral. Die Teilwicklungen von *A* sind nach Öffnung von *b* gegeneinandergeschaltet, haben jedoch ungleiche Windungszahlen.

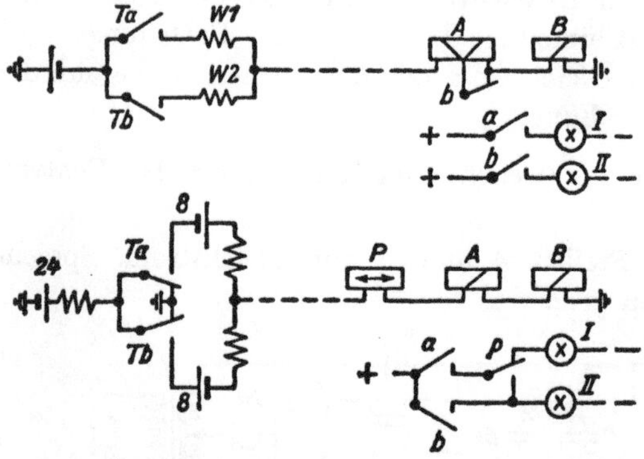

Bild 83. Überlagerungen zweier Gleichstromsignale

Stufe 1: *Ta* geschlossen, kleiner Strom, *A* zieht an: Signal I,
Stufe 2: *Tb* geschlossen, mittlerer Strom, *B* zieht an: Signal II,
Stufe 3: *Ta* und *Tb*, großer Strom, *A* und *B* ziehen an: Signal I und II.

Teil 2: Doppeltelegraphie (heute nicht mehr gebräuchlich). In der Ruhelage einer der beiden Tasten beibt die 24-V-Batterie in sich über einen Widerstand geschlossen.

Ta gibt einen Signalstrom mit + 8 V, *Tb* mit −8 V bei Einzelbetätigung. Entsprechend schlägt der Kontakt *p* des gepolten Relais *P* nach der Plus- oder Minusseite um, *a* schaltet Signal *I* oder II ein.

Werden die Tasten *Ta* und *Tb* gleichzeitig umgelegt, so schließen sie einen Stromkreis für beide 8-V-Batterien über die Widerstände. Nach außen ist die Potentialdifferenz gleich Null, dagegen liegt jetzt die 24-V-Batterie an der Fernleitung. Alle drei Relais *P*, *A* und *B* werden erregt. Beide Signale I und II erscheinen gleichzeitig, weil der Anker des gepolten Relais *P* nach der Plusseite (wie im Bild 83 gezeichnet) umschlägt und mit *a* und *b* beide Stromkreise geschaltet werden.

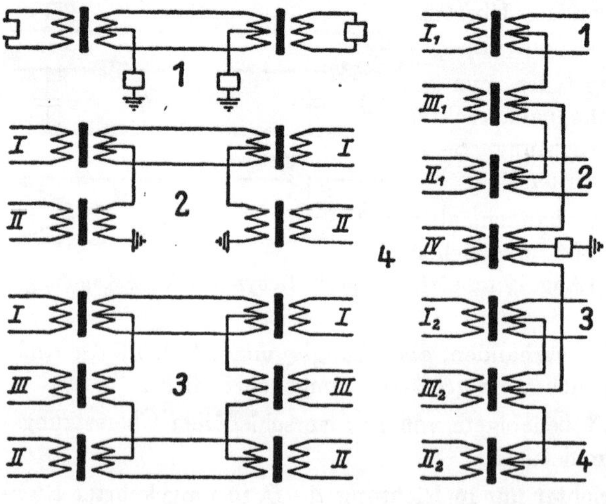

Bild 84. Überlagerungen mittels Symmetrieschaltungen

Die Überlagerung beider Stromarten oder von Wechselströmen mit verschiedenen Frequenzen auf derselben Leitungsschleife ist ohne Anwendung von Filtern und Röhrenverstärkern nicht möglich.
Eine Überlagerung mehrerer Stromkreise erfordert Symmetrieschaltungen, welche durch Kopplungen mit Übertragern gebildet werden (Bild 84).
Teil 1: Gleichzeitiges Fernsprechen (Wechselstrom) und Fernschreiben (Gleichstrom) über eine Zweidrahtleitung und Erde. Der Gleichstrom teilt sich und fließt gegenläufig durch die einen Übertragerwicklungen. Eine Induktion in den anderen Wicklungen unterbleibt, weil die magnetischen Erregungen sich aufheben.
Teil 2: Zwei Verbindungswege für zwei Gespräche oder andere Meldungen mit Wechselstrombetrieb.
Teil 3: Vierer-(Phantom-)schaltung. Zwei Stammleitungen mit je einer Verbindung. Überlagert ist ein dritter Stromkreis über alle vier Leiter: Vierergespräch. Ein vierter Fernschreibstromkreis oder Meldung mit Wechselstrombetrieb, an den Mitten der inneren Übertrager angeschlossen, über Erde kann hinzukommen.
Teil 4: Doppelvierer- oder Achterschaltung. Vier Stammstromkreise, zwei Viererstromkreise, ein Achterstromkreis und ein Erdstromkreis. Insgesamt sind acht Verbindungswege nur auf der Symmetrie dieser Anordnung beruhend möglich.

7. Überwachungen

In elektrischen Stromkreisen mit schwankenden Betriebszuständen wird häufig verlangt, die auftretenden Spannungen und Ströme überwachen zu können. Mit Meßgeräten wird bereits eine Anzeige elektrischer Werte erhalten, über Zeigerkontakte lassen sich Nebenstromkreise schließen, welche durch Alarmgeräte bestimmte elektrische Zustände akustisch oder optisch melden. Dieses Verfahren ist jedoch nur beschränkt anwendbar, weil mit Zeigerkontakten nur schwache Ströme sich schalten lassen und deshalb Relais als Zwischenglieder verwendet werden müssen, die mit ihren leistungsfähigen Kontakten ein Alarm-, Steuer- oder Regelgerät schalten können. Man wird daher, wenn außerdem keine ständige Anzeige der jeweiligen Betriebswerte verlangt wird, von der Benutzung solcher Sondermeßgeräte absehen und einfachere, billigere

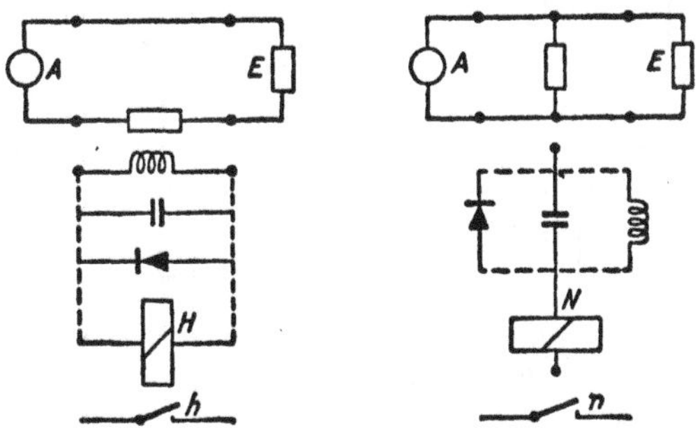

Bild 85. Links ein Stromwächter in Reihenschaltung, rechts ein Spannungswächter in Linienschaltung. Die den Relais H und N zugeordneten Schaltglieder sind nach Bedarf anzuwenden. Die Kontakte h oder n schalten je nach dem ein Signal ein oder aus

Verfahren bevorzugen, welche nur auf Über- und Unterschreitung bestimmter Spannungs-, Strom- oder Frequenzstufen eingestellt sind.

Eine Überwachung kann die Erfüllung verschiedener Bedingungen fordern:

a) Ansprechen auf Spannungen,
b) Ansprechen auf Ströme,
c) Ansprechen auf Stromarten,
d) Ansprechen auf mehrere Stufen,
e) Ansprechen auf Frequenzbereiche.

Diese Bedingungen können einzeln oder in beliebiger Weise vereinigt gestellt werden.

Als geeignete Schaltgeräte sind für die meist vorliegenden niedrigen Spannungen, aber ausreichenden Schwachströme elektromagnetische Relais zu nennen. Für ein Ansprechen auf Spannung ist die Linienschaltung, auf Strom die Reihenschaltung anzuwenden (Bild 85). Die unmittelbare Einschaltung von Relais darf dabei die Spannungen und Ströme im überwachten Stromkreis nicht wesentlich durch ihren Eigenverbrauch ändern. In weiten Grenzen lassen sich Relais anpassen und hierzu bei Spannungen mittels hochohmiger, dünndrähtiger Wicklungen die Stromableitung, bei Strömen mittels niederohmiger, dickdrähtiger Wicklungen der Spannungsabfall hinreichend klein halten. Der Eigenverbrauch von Relais liegt zwischen einem Mindestwert (etwa 0,05 W) für das Ansprechen und einem Höchstwert (etwa 6 W) mit Rücksicht auf die zulässige Stromwärme.

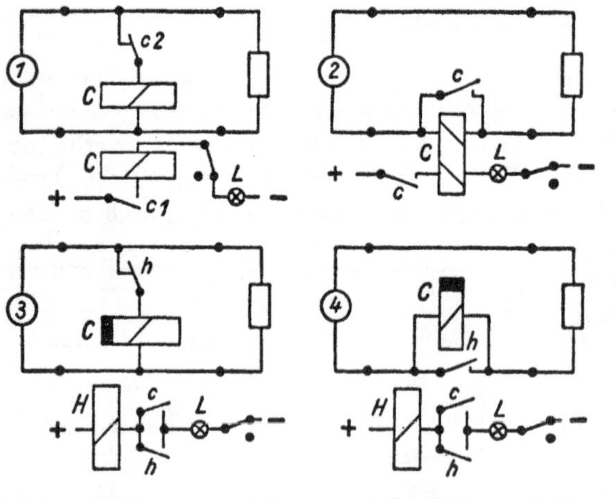

Bild 86. Spannungs- und Stromwächter mit Fangschaltung und Abschaltung der Haltewicklung von Hand

Eine Anpassung an kleinste verfügbare Leistungen ist nur mit Hilfe von Röhrenverstärkern möglich; eine Begrenzung der Stromwärme läßt sich durch Widerstände, Spulen oder Kondensatoren erreichen, wie es Bild 85 zeigt, die entweder vor- oder nebengeschaltet werden. Ein Relaiskontakt schließt den Hilfsstromkreis für eine Glühlampe, einen Wecker, ein Schauzeichen oder ähnliche Geräte. Damit sind vorerst die Grundschaltungen für Relais und Signale gezeigt.

Soll das Überwachungssignal fortbestehen, bis es von Hand abgeschaltet wird, so ist eine Fangschaltung anzulegen (Bild 86).

Teil 1. Der Spannungswächter *C* besitzt zwei Wicklungen. Bei Anzug seines entsprechend einer bestimmten Spannung eingestellten Ankers schaltet nacheinander Kontakt *c* 1 die Haltewicklung ein und *c* 2 die Spannungswicklung aus.

Teil 2. Als Stromwächter liegt Relais *C* im Hauptschluß. Überschreitet der Strom den Ansprechwert des Relais, so schließen sich die Kontakte *c* 1 und *c* 2 folgezeitig: die Haltewicklung wird durch *c* 1 eingeschaltet, die Hauptschlußwicklung durch *c* 2 kurzgeschlossen.

In beiden Teilbildern sind Haupt- und Hilfsstromkreis mit Gleichstrom zu speisen. Wenn der Hauptkreis Wechselstrom führt, so kann durch Vorschaltung eines Gleichrichters vor die Spannungswicklung oder Nebenschaltung zur Stromwicklung ein Ausweg gefunden werden. Fließen dagegen in beiden Stromkreisen Wechselströme verschiedener Phasen und Frequenz, so sind die folgenden Fangschaltungen mit je zwei Relais anzuwenden (Bild 86):

Teil 3. Der Spannungswächter *C* schaltet mit *c* den Signalstromkreis ein, das Halterelais *H* fängt sich mit *h* 1 und schaltet mit *h* 2 das Relais *C* ab.

Teil 4. Der Stromwächter C schaltet mit *c* den Signalstromkreis ein, das Halterelais *H* fängt sich mit *h* 1 und schließt mit *h* 2 das Relais *C* kurz.

Liegen Geräte mit Unterbrechern im Signalkreis, so ist die Haltewicklung von *C* bzw. das Halterelais *H* nicht in Reihe, sondern parallel zum Gerät zu schalten.

Soll das Überwachungssignal, welches das Auftreten bestimmter Spannungen und Ströme meldet, von selbst sich abstellen, so genügt die Grundschaltung (Bild 85), wenn keine untere Grenze für die Abschaltung gefordert wird. In der Regel beträgt der Abfallstrom eines Relais etwa die Hälfte vom Anzugstrom, so daß bei Spannungs- oder Stromrückgang auf den halben Wert die Zurückschaltung von selbst erfolgt.

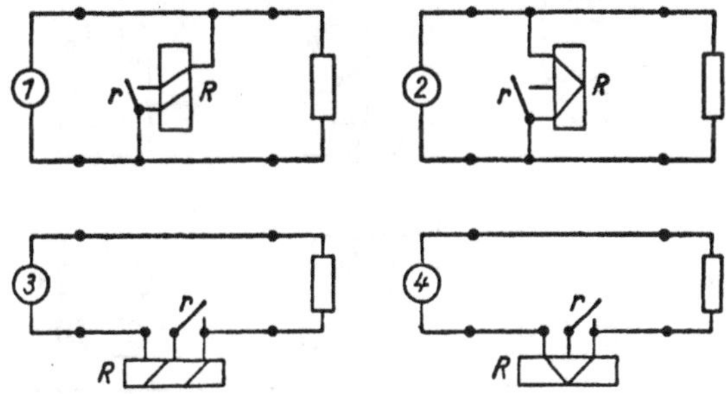

Bild 87. Maßnahmen zwecks Änderung eines gegebenen Haltebereichs von neutralen Relais

Werden abweichend hiervon andere Grenzwerte für Anziehen und Abfallen des Überwachungsrelais gefordert, so sind zwei Bereiche zu unterscheiden:

a) kleinerer Abstand der Grenzwerte (Bild 87, links),

b) größerer Abstand der Grenzwerte (Bild 87, rechts).

Mit der 1. und 3. Anordnung lassen sich die Unterschiede nahezu auf 1 : 1,1 vermindern, mit der 2. und 4. bis auf 1 : 10 vergrößern. Das Überwachungsrelais erhält zwei ungleiche Wicklungen: eine mit mehr Windungen, aber weniger Widerstand als die andere. Schaltungsanordnungen mit gleich- oder gegenläufig geschalteten Wicklungen zeigt Bild 87.

Ein sicheres Schaltmerkmal für beide Stromarten (Gleich- und Wechselstrom) anzugeben, ist nicht möglich, weil zwischen den Grenzfällen des beständigen Gleichstromes und des symmetrischen, rein sinusförmigen Wechselstromes sehr viele Zwischenstufen liegen, welche mit langsamen, seltenen Änderungen beginnen, zu schnellen, häufigen Gleichstromwellen anwachsen und bis zur Mischung von Gleich- und Wechselstromanteilen ausarten. Nur bei fester Gleichspannung ist eine fast vollkommene Sperrung gegen Gleichströme durch Kondensatoren vorhanden, während die Sperrung von nieder- und mittelfrequenten Wechselströmen durch Drosselspulen selbst im eingeschwungenen Zustand nur unvollkommen erfüllt ist.

Die Zwischenstufen gepaart mit häufigen Schaltvorgängen, wie sie allgemein zur Signalgabe in der Fernmeldetechnik üblich sind, erschweren eine Scheidung beider Stromarten, weil alle Geräte, welche sich auf magnetische oder elektrostatische Wirkungen stützen, eine gewisse Unempfindlichkeit gegen Ausgleichvorgänge besitzen müssen, um überhaupt auf eine bestimmte Stromart anzusprechen. Deshalb ist immer vorauszusetzen, daß die Überwachungseinrichtungen nur dann einwandfrei arbeiten, wenn der Beharrungszustand (stationärer Gleichstrom oder quasistationärer Wechselstrom) den überwiegenden Anteil nach Zeit und Größe darstellt.

Im Bild 88 ist eine Auswahl einfacher Schaltungsanordnungen gezeigt, welche geeignet sind, neutrale Relais mit nur einem magnetischen Pfad wahlweise unempfindlich gegen Wechsel- oder Gleichströme arbeiten zu lassen. Der Grundgedanke dieser Anordnungen ist, durch Vorschaltung oder Nebenschluß frequenzabhängiger Scheinwiderstände die unerwünschte Stromart unwirksam zu machen (Bild 88).

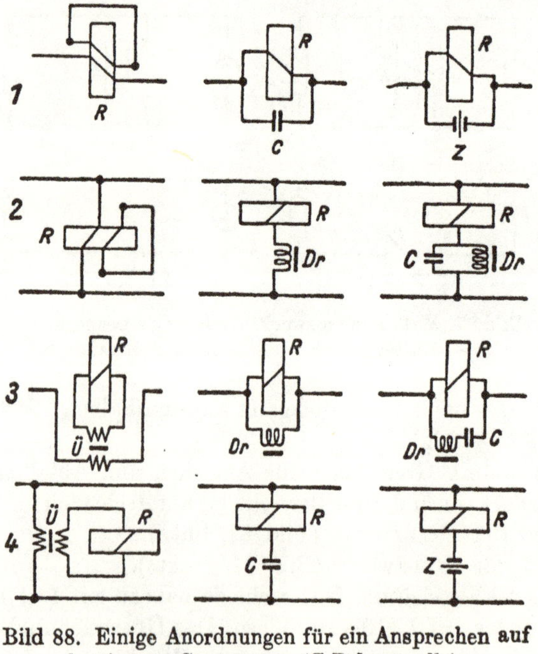

Bild 88. Einige Anordnungen für ein Ansprechen auf bestimmte Stromarten (Z Polungszelle)

Teil 1. Überwiegend für Gleichströme empfindliche Anordnungen mit Kurzschlußwicklung, Kondensator oder Polungszelle.

Teil 2. Überwiegend für Gleichspannungen empfindliche Anordnungen.

Teil 3. Überwiegend für Wechselströme empfindliche Anordnungen mit Übertrager, Drosselspule oder Resonanzkreis.
Teil 4. Überwiegend für Wechselspannungen empfindliche Anordnungen.
Gepolte Relais oder eine Parallelschaltung von Relais und Gleichrichterelementen sprechen zwar richtungsabhängig auf Gleichstrom an, besitzen aber keine Unempfindlichkeit gegen Wechselstrom.
Das Ansprechen einer Überwachung auf mehrere Stufen ist mit den gleichen Anordnungen zu erreichen, wie sie bereits im Abschnitt über Stufungen beschrieben sind.

Eine Frequenzabhängigkeit von Überwachungseinrichtungen läßt sich durch zwei verschiedene Verfahren herbeiführen:

a) durch Resonanzrelais,
b) durch dynamometrische Relais.

Den Hauptbestandteil eines Resonanzrelais bildet eine abgestimmte Schwingfeder aus Bandstahl, welche sich zwischen den Polen eines Dauermagneten befindet (Bild 89, Teil 1). Stimmen die Eigenfrequenz der Schwingfeder und die aufgedrückte Frequenz des zu überwachenden Wechselstromes überein, so wächst die Schwingungsweite und die Schwingfederkontakte schließen sich. Um die schädliche Funkenbildung infolge des periodischen Ein- und Ausschaltens zu vermindern, wird in der Regel ein Kupfermantelrelais durch die Schwingkontakte eingeschaltet und der Signalkreis erst durch dessen Kontakte geschlossen. Hierbei verlängern sich die Schaltzeiten durch die unvermeidbare Verzögerung des Hilfsrelais beträchtlich (etwa 50 ... 100 ms).
Ein dynamometrisches Relais hat eine feststehende und eine drehbare Wicklung (Bild 89, Teil 2).

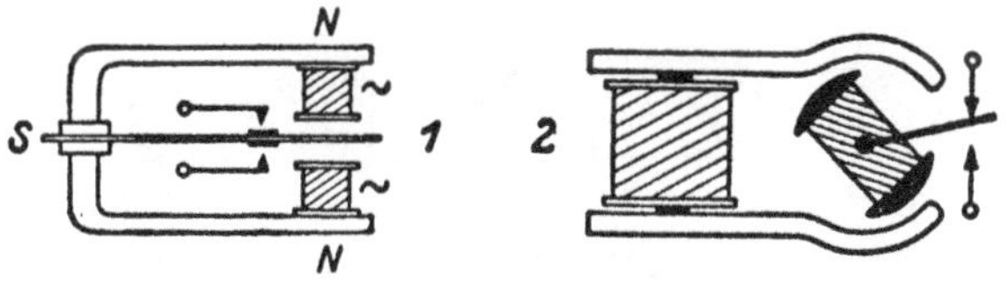

Bild 89. Grundform eines (*1*) Resonanzrelais und eines (*2*) Dynamometerrelais

Ein Drehmoment entsteht nur, wenn beide Wicklungen von Strömen gleicher Frequenz durchflossen werden. Liegt nun eine Wicklung an einer Wechselstromquelle, so erfolgt eine Drehung und ein Kontaktschluß, sobald durch die andere Wicklung im überwachten Stromkreis gleichfrequente Ströme fließen.
Neben diesen Verfahren, welche immerhin gewisse verfügbare Mindestleistungen erfordern (etwa 1 ... 5 mVA), werden elektrische Resonanz- und Siebschaltungen benutzt, wenn entweder die Frequenz so hoch liegt, daß elektromagnetische Geräte wegen der Ummagnetisierungsverluste nicht mehr verwendbar sind, oder die ankommende elektrische Energie sehr gering ist. Die Abstimmung auf Resonanz bei Relais gelingt im Bereich von 50 ... 500 Hz. Der Energieaufwand hängt von der zulässigen Ein- und Ausschwingdauer oder Schaltzeit ab. Bei 100 ... 200 ms ist die Ansprechleistung klein, bei 10 ... 20 ms geforderter Schaltzeit wegen der zusätzlichen mechanischen Dämpfung größer.

8. Regelungen

In einer Verbindungsleitung zwischen einer Stromquelle und einem Verbraucher oder Gerät soll ein Schaltglied liegen, welches die Abgabe elektrischer Energie regelt. Eine derartige Schaltstelle kann dabei folgende Aufgaben erfüllen:

a) Spannungsbegrenzung, b) Strombegrenzung,
c) Frequenzbegrenzung, d) Richtungsbegrenzung.

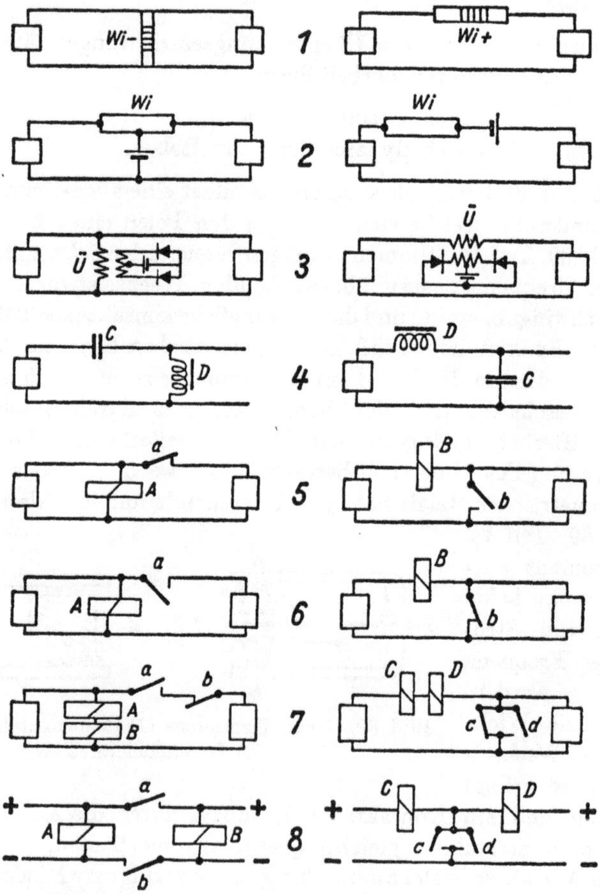

Bild 90. Einige grundsätzliche Anordnungen für Spannungs- und Strombegrenzer

Die Regelungen, welche nachstehend beschrieben sind, beziehen sich auf Einhaltung bestimmter Mindest- oder Höchstwerte. Ausgenommen sind also Aufgaben, welche die Konstanthaltung von Spannungen zur Bedingung machen. Innerhalb weiter Bereiche sind demnach Änderungen der betrachteten Größen zulässig und nur Anordnungen zur Begrenzung anzugeben.

Einige einfache Schaltungen, welche diesen Zwecken dienen, zeigt Bild 90, in dem jeweils links eine Spannungsregelung und rechts eine Stromregelung gegenübergestellt sind.

Teil 1. Der Heißleiterwiderstand leitet mit steigender Spannung mehr Strom ab, die Spannung sinkt. Der Eisenstoffwasserwiderstand nimmt mit steigender Spannung zu, der Strom wird begrenzt.

Teil 2. Der Sammler als Querglied sichert gegen Absinken unter eine Mindestspannung, als Längsglied hält er einen Mindeststrom aufrecht.

Teil 3. Die Scheitelwerte beliebiger Wechselspannungen werden durch eine Querschaltung, von Wechselströmen durch eine Längsschaltung mit Übertrager, Gleichrichter und Polarisationszellen begrenzt.

Teil 4. Durch Übersättigung einer Eisendrossel kippt die Selbstinduktion auf kleine Beträge. Diese Anordnung mit einer Kippdrossel stellt keinen Resonanzzustand her.

Teil 5. Bei einer bestimmten Spannung zieht das Relais *A* an und begrenzt durch Öffnen seines Kontaktes *a* den Strom. Umgekehrt begrenzt *B* durch *b* die Spannung.

Teil 6. Durchschaltung nach Überschreiten einer Mindestspannung mittels Relais *A*, Aufhebung des Kurzschlusses nach Überschreiten eines Mindeststromes mittels Relais *B*.

Teil 7. Vereinigung zweier Bedingungen: das Relais *A* schaltet bei einer Mindestspannung ein, das Relais *B* bei einer Höchstspannung aus; das Relais *C* hebt den Kurzschluß bei einem Mindeststrom auf, das Relais *D* schließt bei einem Höchststrom wieder kurz.

Teil 8. Diese Anordnungen arbeiten längssymmetrisch. Die Stromquelle und das zu speisende Gerät lassen sich vertauschen. Die vorbeschriebenen Anordnungen 4 ... 7 sind dagegen nur anwendbar, wenn am linken Ende die Stromquelle angeschlossen ist.

Eine Frequenzbegrenzung erfolgt durch Siebschaltungen (elektrische Filter), deren Wirkungsweise im Abschnitt »Wellenfilter« zu finden ist.

Eine Richtungsbegrenzung elektrischer Energie, insbesondere die Unterbindung von Rückstrom bei Zusammenschaltung zweier Stromquellen ist auf verschiedene Weise zu erreichen. In Gleichstromkreisen genügen oft Gleichrichter als Zwischenglieder. Für beide Stromarten eignen sich dynamometrische Relais, deren beide Wicklungen wie die Spannungs- und Stromspule eines Leistungsmessers zu schalten sind, um bei Richtungsumkehr der Energie sicher abzuschalten.

III. VERBINDUNGSLEHRE

A. Fernmeldebetrieb

1. Bestandteile

Alle Fernmeldeanlagen setzen sich aus ähnlichen Bestandteilen zusammen:

1. Anschlußstellen für Geben und Empfangen von Signalen,
2. Leitungsnetzen für die elektrische Übertragung,
3. Verbindungseinrichtungen für die Wegeleitung.

Die Anschlußstellen oder Stationen sind mit Gebern und Empfängern, also Signal-, Fernsprech- oder Fernschreibgeräten ausgerüstet. Eine beliebige Anzahl solcher Stellen bildet eine Betriebsgemeinschaft. Der Nachrichtenaustausch erfordert in der Regel eine Übertragung in beiden Richtungen, abgesehen von einfachen Meldungen, bei denen eine Rückmeldung nicht verlangt wird.

Das Leitungsnetz soll beliebige Verbindungen für den Verkehr zwischen den Anschlüssen ermöglichen:

1. Einzelverbindung zweier beliebiger Stellen A und B,
2. Einzelverbindung beliebiger Außenstellen mit einer Zentrale,
3. Sammelverbindung zwischen beliebigen Stellen A bis N,
4. Sammelverbindung einer Zentrale mit mehreren Außenstellen.

Die Verbindungseinrichtungen können dabei entweder den Anschlußstellen zugeordnet sein oder in einer besonderen Betriebsstelle vereinigt werden. Die Verteilung dieser Einrichtungen auf die einzelnen Anschlüsse ermöglicht die Selbstherstellung beliebiger Verbindungen mit anderen Stellen. Die Vereinigung in einer Zentrale bedingt einen Auftrag, der von einer Vermittlungsstelle auszuführen ist. Dieser Auftrag kann fernmündlich oder durch Nummernwahl erteilt werden. Die Ausführung der Verbindungsaufträge erfolgt über Einrichtungen mit

a) Handvermittlung, b) Hand- und Wählvermittlung,
c) Wählvermittlung.

Die örtliche Verteilung der Anschlüsse, die Gestaltung des Netzes und die Betriebsweise der Vermittlungseinrichtungen sind durch wirtschaftliche Erwägungen bestimmt.

2. Anschlußstellen

Die Anzahl der Anschlüsse und der Leitungen decken sich nicht, wenn eine Stelle über mehrere Leitungen verfügt oder mehrere Stellen auf eine gemeinsame Leitung angewiesen sind.

Einzelanschlüsse verfügen über eine eigene Leitung für den Verkehr in beiden Richtungen von und nach einer Vermittlung. Bei Selbstverbindung mittels handbedienter Linienwähler sind ebensoviel Leitungen heranzuführen, wie Stellen im Netz vorhanden sind.
Mehrfachanschlüsse sind über mehrere Leitungen mit einer Vermittlung verbunden, um mehrere Nachrichten gleichzeitig zu übertragen. An beiden Enden liegen Verbindungsorgane, welche den Verkehr auf jeweils freie Leitungen verteilen.
Gesellschafts- oder Gemeinschaftsanschlüsse sind auf gemeinsame Leitungen angewiesen, über welche sie untereinander und mit Anschlüssen fremder Netze verkehren. Verbindungen innerhalb der Gesellschaft werden durch Selbstvermittlung, nach außerhalb durch Fremdvermittlung, hergestellt. Unter Umständen ist auf Freiwerden einer Leitung zu warten.
Hauptstellen gehören zu Nebenstellenanlagen. Mehrere Stellen benutzen für den Außenverkehr umschichtig eine oder mehrere gemeinsame Leitungen, welche an der Hauptstelle endigen.
Die Hauptstelle oder Zentrale vermittelt Verbindungen zwischen folgenden Anschlüssen:

a) Haupt- und Nebenstelle, b) Nebenstelle und Nebenstelle,
c) Nebenstelle und Hausstelle, d) Hausstelle und Hausstelle.

Hausstellen haben keine Berechtigung zum Verkehr über Außenleitungen mit fremden Netzen und dienen nur dem Innenverkehr eines Betriebes. Nebenstellen sind berechtigt, Verbindungen im Innen- und Außenverkehr zu tätigen.

3. Leitungsnetze

Die Leitungsführung hängt von der Lage der Betriebsstellen ab, welche zu einem Netz gehören. Die Benutzungsdauer der Anlage bestimmt den wirtschaftlich vertretbaren Aufwand an Leitungen. Selten benutzte Leitungen verteuern den Betrieb und sind zu vermeiden, weil Pflege und Kapitaldienst sie mit unabänderlichen Ausgaben belasten.
Maschennetze mit vielen Einzelleitungen, die auf kürzestem Wege zwischen sämtlichen Anschlüssen oder Vermittlungen kreuz und quer verlaufen, sind veraltet und unwirtschaftlich.
Zwei typische Grundformen der Leitungsführung sind gebräuchlich:

a) Liniennetze, b) Strahlennetze.

In kleinen Hausanlagen sind Liniennetze anzutreffen. Ein Leitungsbündel verläuft längs sämtlicher Anschlüsse. Die Anzahl der Leitungen entspricht der Anzahl der Anschlüsse. Jede Station wählt mittels Kurbelumschalter oder Tastenfeld eine Linie. Eine zentrale Vermittlung ist vermieden. Diese Leitungsführung ergibt viele, aber selten benutzte Leitungen und ist nur längs kurzer Strecken wirtschaftlich.
Langgestreckte Siedlungen, Straßendörfer, Bahnstrecken mit längs verteilten Anschlüssen können nur durch Liniennetze verbunden werden. Eine oder

einige gemeinsame Leitungen nehmen den gesamten Verkehr auf. Durch wahlweisen Anruf verbinden sich die Anschlußstellen selbst. Eine besondere Vermittlungsstelle entfällt für den Innenverkehr, der Außenverkehr dieses Liniennetzes wird dagegen über einen bestimmten Anschluß (Hauptstelle) vermittelt. In Bahnbetrieben genügt oft eine Leitung für Sammelanrufe und wahlweisen Anruf oder zwei getrennte Leitungen für Verbindungen mit Nachbarstationen oder für Benachrichtigungen an alle Stationen. An Stelle vieler Leitungen sind also wenige, aber häufiger benutzte getreten.

Ein Strahlen- oder Sternnetz ist vorteilhaft, wenn sämtliche Anschlüsse annähernd gleichmäßig auf einer Fläche verteilt liegen. Von jeder Stelle führt eine gesonderte Einzelleitung zu einer im Netzschwerpunkt liegenden Vermittlungsstelle. Ein Strahlennetz ist dann einem Liniennetz überlegen, wenn die Leitungsersparnisse größer sind als die Einrichtungskosten einer zentralen Vermittlungsstelle.

Grundsätzlich eignen sich elektrische Leitungen für die Übertragung jeder Art von Nachrichten. Ein Betrieb gesonderter Leitungen für Signal-, Fernsprech- und Fernschreibanlagen ist nicht notwendig. Deshalb lassen sich gleichlaufende Strecken vereinigen und nach Bedarf für verschiedene Zwecke benutzen. Die neuere Entwicklung geht dahin, vorhandene Strecken au f Mehrfachbetrieb umzustellen oder neue Fernleitungen so einzurichten, daß jede Art von Fernmeldung und sogar mehrere Nachrichten gleichzeitig sich übertragen lassen.

4. Ortsvermittlungen

Eine Vermittlungsstelle wird auch Zentrale oder Amt benannt. Man spricht von Fernmelde-, Polizei- und Notrufzentralen, von Uhren- und auch Fernsprechzentralen, soweit Privatanlagen gemeint sind. In der Fernsprech- und Telegraphentechnik unterscheidet man ferner zwischen Vermittlung, Ortsamt, Knotenamt, Bezirks- und Fernamt.

Im Regelfall sind Verbindungen zwischen zwei Teilnehmern herzustellen. Innerhalb der Vermittlung sind hauptsächlich Einrichtungen für diesen Regelfall und daneben für die Erledigung besonderer Aufträge vorgesehen. Besondere Aufträge sind:

Auskunft über Teilnehmeranschlüsse, Beschwerdeannahme, Störungsmeldungen, Auftragsdienst, Anmeldung von Fernverbindungen, Telegrammannahme, Wetter- und Zeitansage, Feuermeldung, Notruf, Polizeiruf, Wecken des Teilnehmers, Bescheiderteilung über geänderte Anschlüsse, Drahtfunk, Fernsehen, Bildübertragung, Heranrufen von Teilnehmern, Luftwarndienst, Rundfunkverbindungen, Fernschreibverkehr, Dienstverkehr. Diese bunte Reihe von Sonderfällen zeigt die vielseitige Verwendbarkeit von Fernmeldeanlagen und ungefähr den Kreis der Nebenaufgaben einer Vermittlung.

Im Wählbetrieb wird eine Verbindung durch Selbstwahl seitens des Teilnehmers hergestellt. Hierbei ist vorauszusetzen, daß Verbindungswege in genügender Anzahl bereitstehen, um einen Sofortverkehr zu gestatten. Ferner ist eine Selbstwahl nur möglich, wenn die Anschlußnummer bekannt und die

Wegeleitung der gewünschten Verbindung selbsttätig sich regelt. Auskünfte sind nur wählbar, wenn es sich um einfache Angaben ohne Rückfragen handelt, wie Zeit- und Wetteransage. Der Aufgabenkreis für besondere Zwecke zeigt, daß in vielen Fällen die Inanspruchnahme einer Person nicht zu umgehen ist.
Im Gegensatz zum Sofortverkehr steht der Warteverkehr, bei dem Verbindungen zunächst nur angemeldet und erst später nach Freiwerden einer Leitung hergestellt werden.

Im Handbetrieb wird jede Verbindung nur nach Ansage vermittelt. An Stelle der Wähler treten Schnurleitungen, welche von Hand bedient werden, oder auch Zahlengeber als Zusatzeinrichtung einer Wählanlage, um die Erledigung durch eine Beamtin zu beschleunigen. Diese Vermittlungsweise wird halbselbsttätig genannt.

5. Verbindungsleitungen

In ausgedehnten Fernmeldenetzen sind mehrere Vermittlungsstellen erforderlich, um einen günstigen Aufwand an Leitungen zu erhalten. Wären alle Anschlüsse nur einer Vermittlung zugeordnet, so ergäben sich im Durchschnitt viele lange Anschlußleitungen mit geringer Belegungsdauer.
Ein ausgedehntes Netz ist deshalb zu unterteilen. Jeder Netzteil erhält seine eigene Vermittlung, und zwischen den Vermittlungen liegen Verbindungsleitungen. Der zeitliche Ausgleich des von verschiedenen Netzteilen kommenden Verkehrs erhöht die durchschnittliche Belegungsdauer dieser Verbindungsleitungen. Das gesamte Netz wird billiger, weil die Anschlußleitungen wesentlich kürzer werden, obwohl Verbindungsleitungen zu verlegen und mehrere Vermittlungen zusätzlich einzurichten sind.

Verbindungsleitungen können einseitig oder wechselseitig betrieben werden. Ist jede Leitung in beiden Richtungen benutzbar, so verteilt sich der hin- und hergehende Verkehr auf alle Leitungen. Der Ausgleich ist vollkommen, aber die Gefahr vorhanden, daß durch Verkehrsandrang in einer Richtung die Gegenrichtung lahmgelegt wird. Sind für jede Richtung getrennt nur einseitig benutzbare Leitungen vorgesehen, so ist diese Gefahr beseitigt, aber ein Verkehrsausgleich nicht mehr möglich, falls eine Richtung stärker als die andere beansprucht wird und in der Gegenrichtung noch Leitungen frei sind.

Das Auftreten von Verkehrspitzen ist nach Richtung und Tageszeit verschieden. Bei großen Bündeln (über 100 Leitungen) sind Verkehrsschwankungen kleiner und ist eine starre Einteilung mit einseitig gerichteten Verbindungsleitungen ausreichend. Bei kleinen Bündeln (unter 10 Leitungen) ist der ungerichtete Betrieb vorzuziehen, bei mittleren Bündeln ist ein gemischter Betrieb mit wahlweiser Umschaltung einzelner Leitungen nach einem Tagesplan zweckmäßig, um die Richtungsunterschiede auszugleichen.

Die zwischen den Vermittlungen verlaufenden Bündel bilden ein Strahlen- oder Knotennetz mit einem übergeordneten Knoten- oder Verbundamt.
Für die Anlage eines Knotennetzes spricht ebenfalls die Verkürzung der Gesamtlänge aller Verbindungsleitungen.

6. Netzgruppen

Große Städte, Bezirke oder Konzerne besitzen mehrere Verbundämter, die untereinander zu verbinden sind. Jedem Verbundamt sind mehrere Vermittlungen zugeteilt. Mehrere Verbundämter bilden eine Netzgruppe, deren Leitungsbündel zu einem Netzgruppenmittelpunkt zusammenlaufen.
Im Wählbetrieb ergeben jede der einzelnen Stufen: Netzgruppe, Verbundamt, Vermittlung je eine dekadische Erweiterung sämtlicher Anschlußnummern.
Ein übergeordnetes Netz würde nun sämtliche Netzgruppen verbinden. Jeder Ort einer Netzgruppe erhält eine bestimmte (ein- oder mehrstellige) Kennzahl, um eine Fernverbindung wählen zu können.
Im Handbetrieb wird nur zwischen Orts- und Fernverkehr unterschieden. Die Ortsvermittlungen arbeiten völlig getrennt, eine Zusammenfassung zu einer Netzgruppe mit laufender Nummernfolge ist nicht üblich.
Die Ortsämter führen in Großnetzen Verbindungen unter sich aus, von kleinen Ortsnetzen werden Fernämter für Verbindungen von Ort zu Ort in Anspruch genommen. Die Wegeleitung erfordert oft die Mitwirkung von Zwischenämtern für den Durchgangsverkehr.
In handbedienten Netzen ist jede außerhalb des Ortsbereiches verlaufende Leitung als Fernleitung anzusehen.
Bei Wählbetrieb unterscheidet man entsprechend dem umfassenden Netzplan:
a) Netzgruppenhauptleitungen zwischen den Netzgruppenmittelpunkten,
b) Ortsnetzgruppenleitungen zwischen Netzgruppe und Ortsvermittlungen.
c) Netzgruppenleitungen von einzelnen Orten über Verbundämter nach einer Netzgruppe.
Die Fernleitungen bilden ein Netz für sich, dessen Linienführung weitgehend von gegebenen Hauptverkehrswegen abhängt.

7. Fernvermittlungen

Der Fernverkehr ist zur Zeit ein Warteverkehr mit Handbetrieb und soll künftig auf Sofortverkehr mit Wählbetrieb umgestellt werden. Beide Betriebsweisen seien beschrieben.
Im Handbetrieb wird eine Fernverbindung zunächst angemeldet. Der Teilnehmer verbindet sich durch Selbstwahl, falls er einem Ortsnetz mit Wählbetrieb angehört, oder wird nach Ansage mit einem Meldeplatz verbunden. Diese Verbindung wird wieder getrennt.
Ein Auftragszettel wird darauf dem Fernplatz zugeleitet, der über die passenden Fernleitungen verfügt.
Die Fernbeamtin ruft das Fernamt des verlangten Teilnehmers an; dieser Anruf erfolgt unmittelbar, wenn durchgehende Leitungen zwischen beiden Städten vorhanden sind. Von Nebenorten sind Zwischenfernämter anzurufen, welche die weitere Durchschaltung zu einer Hauptlinie vornehmen. Nun können beide Endbeamtinnen die Verbindung vollenden. Hierzu werden Fernvermittlungen in den Ortsämtern zwischengeschaltet, welche sich beiderseits mit dem A- bzw. dem B-Teilnehmer verbinden und diese anrufen.

Die Wartezeit bis zur Auftragserfüllung hängt wesentlich vom Freisein passender Fernleitungen ab. Die Anzahl der Fernverbindungswege entspricht nicht der Hauptverkehrsstunde, sondern nur dem Tagesdurchschnitt des Verkehrs. Aus besonderem Anlaß werden Umleitungen bei starkem Verkehr notwendig.

Im kommenden Wählbetrieb tritt an Stelle der Gesprächsanmeldung eine Kennzahlenwahl, um über das eigene und das fremde Fernamt die Ortsvermittlung der verlangten Anschlußstelle zu erreichen.

Die Ausführung solcher Sofortverbindungen setzt zunächst eine Umstellung des gesamten Fernleitungsnetzes und eine Vermehrung der Verbindungswege entsprechend der Hauptverkehrsstunde voraus.

An Stelle vieler kreuz und quer verlaufender Linien, welche entsprechend örtlichen Verkehrsbedürfnissen entstanden sind, tritt eine Umwandlung dieses Maschennetzes in dekadisch geordnete Strahlen- oder Knotennetze. Das Gesamtnetz ist aufgeteilt in Netzgruppen mit je einem Hauptfernamt. Sämtliche Fernämter sind End- oder Durchgangsfernämter, je nachdem die benutzten Fernleitungen dort enden oder als Durchgangsleitungen mit oder ohne Abzweig durchlaufen.

Abkürzungen dieser Wegeleitungen sind nur möglich, wenn entsprechende Querverbindungen vorgesehen sind. Verkürzte Wege sind erwünscht für Fernverbindungen, welche zwischen den Teilnehmern der gleichen Netzgruppe herzustellen sind.

B. Verbindungsaufbau

1. Verbindungsverfahren

Ein Verbindungsverfahren ordnet den Einsatz verfügbarer Verbindungsmittel und Verbindungswege. Als Verbindungsmittel sind handbediente Umschalteinrichtungen oder ferngesteuerte Wähler anzusehen, als Wege gelten die Innen- und Außenleitungen. Allen Verfahren gemeinsam sind folgende Hauptvorgänge:

a) Anruf eines A-Teinehmers, Annahme des Anrufes durch Belegung und Meldung eines Verbindungsmittels.
b) Auftragserteilung durch Ansage oder Nummernwahl.
c) Aufbau der Verbindung.
d) Signalisieren: Frei- oder Besetztmeldung an den A-Teilnehmer und Rufen des B-Teilnehmers.
e) Meldung von B, Abschalten des Rufes und Nachrichtendurchgabe.
f) Schlußzeichengabe vom A- und B-Teilnehmer und Abbau oder Trennung der bestehenden Verbindung.

Verbindungsverfahren, Geräte und Schaltungen bilden ein System für den Verbindungsaufbau zwischen beliebigen Anschlußstellen in Verkehrsnetzen der Fernsprech-, Fernschreib- und Signaltechnik.

Zur Durchführung der vorstehend aufgezählten Vorgänge stehen verschiedene Systeme zur Verfügung. Eine Vereinheitlichung wird angestrebt, ist aber nur zeitlich begrenzt erreichbar, weil technische Fortschritte und neue Aufgaben immer wieder eine Fortentwicklung bedingen.

2. Zentralumschalter

Die Herstellung handbedienter Verbindungen erfolgt mittels Zentralumschalter. Diese Umschalter sind Schränke mit einer vorgebauten Tischplatte, deren vordere senkrechte Wand ein Klinkenfeld ausfüllt. Unter den Anrufklinken sind Anrufzeichen eingelassen, die aus Fallklappen oder Glühlampen bestehen. Entsprechend dieser Ausrüstung unterscheidet man Klappenschränke und Glühlampenschränke. An jeder Klinke liegen mit ein bis vier Adern angeschlossen die einzelnen Leitungen nach den Anschlußstellen.

In die Tischplatte eingelassen sind Verbindungsschnüre und als Zubehör Kippschalter und Meldelampen. Die Schnüre enden an Stöpseln, die in eine der Klinken gesteckt werden und so mehradrige Verbindungen ermöglichen. Die Herstellung einer Verbindung zwischen zwei beliebigen Leitungen erfolgt nach zwei Verfahren (Bild 91):

a) Einschnursystem,

b) Schnurpaarsystem.

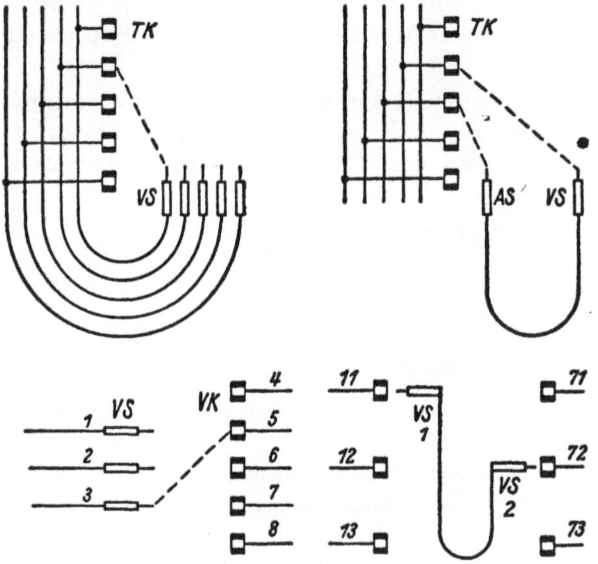

Bild 91. Einschnur- und Schnurpaarsystem

Beim Einschnursystem enden die Leitungen teils auf »Stöpsel« und teils auf »Klinke«. Entsprechend der Verkehrsrichtung können die ankommenden Leitungen an einem Verbindungsstöpsel enden. Eine Anruflampe fordert zum Einschalten des Abfragegerätes auf. In Vorwärtswahl wird durch Stöpseln die ankommende mit der verlangten abgehenden Leitung verbunden. Umgekehrt können die ankommenden Leitungen an einer Klinke enden. Die zugehörige Anruflampe fordert auf, in freier Wahl eine abgehende Leitung zu nehmen und durch Stöpseln mit der anrufenden Klinke zu verbinden. Die Klinke wird also zuerst in Rückwärtswahl verbunden und hierauf das Abfragegerät eingeschaltet.

Beim Zweischnur- oder Schnurpaarsystem sind zwei durch eine Innenleitung verbundene Stöpsel zu bedienen. Diese Schnurpaare enthalten eine Abfrageeinrichtung und stellen Verbindungswege dar, die zwischen zwei Klinken einzuschalten sind. Sämtliche ankommenden und abgehenden Außenleitungen liegen auf Klinke. Das Verbinden kann nach zwei Verfahren erfolgen:

a) mit einseitigen Schnurpaaren, b) mit zweiseitigen Schnurpaaren.

Einseitige Schnurpaare haben einen Abfrage- und einen Verbindungsstöpsel. Der Abfragestöpsel ist mit der ankommenden (anrufenden), der Verbindungsstöpsel mit der abgehenden (verlangten) Leitung zu verbinden. Der Abfrage-Ruf-Schalter (Kelloggschalter) arbeitet einseitig, nur für Abfrage von *A* und mit Ruf nach *B*, die Schnurpaarenden sind nicht vertauschbar.

Zweiseitige Schnurpaare haben zwei vertauschbare Stöpsel. In dem inneren Verbindungsweg liegen drei Kippschalter für a) Abfragen und Rufen in Richtung *A*, b) innere Trennung des Schnurpaares, c) Abfragen und Rufen in Richtung *B*.

Als Anwendungsbeispiele für beide Verfahren seien genannt:

Einschnursystem: Fallklappenschränke, bei denen die Anzahl der ankommenden und abgehenden Leitungen übereinstimmen und Sammelverbindungen aller Anschlüsse verlangt werden. Glühlampenschränke in Nebenstellenanlagen: die Amts- (Außen-) Leitungen enden auf Stöpsel, die Anschluß-(Innen-) Leitungen liegen auf Klinke. Ferner *V*- und *B*-Plätze.

Schnurpaarsystem: a) mit gerichteten Schnurpaaren, Regelausführung aller Schränke in Ortsämtern mit *A*-Plätzen; b) mit ungerichteten Schnurpaaren als Regelausführung aller Schränke in Fernämtern mit *F*-Plätzen.

Die Bezeichnungen der Plätze sind im folgenden Abschnitt erläutert.

3. Einfach- und Vielfachfelder

In kleinen Anlagen genügt noch ein Arbeitsplatz für die Herstellung von Verbindungen (Grenze etwa 200 Leitungen und 20 Schnurpaare). Das Klinkenfeld enthält je Leitung eine Klinke und eine Anruflampe. Doppelverbindungen sind ausgeschlossen, weil im Einfachfeld jede besetzte Leitung durch einen bereits eingesetzten Stöpsel rein mechanisch gesperrt wird.

In größeren Anlagen sind mehrere Arbeitsplätze einzurichten. Das Klinkenfeld ist unterteilt: oben Verbindungsklinken, unten Abfrageklinken und Anrufzeichen. Auf jedem Platz liegen höchstens 200 Abfrageklinken (Grenze für die Bewältigung des Hauptverkehrs), dagegen sind sämtliche Leitungen mit je einer Verbindungsklinke im Vielfachfeld vertreten. Mehrere Schränke bedingen mehrere Arbeitsplätze und eine Parallel- oder Vielfachschaltung der Verbindungsklinken. Mit jeder Leitung im Vielfachfeld kann von jedem Platz aus eine Verbindung getätigt werden. Da von jedem Platz nur das eigene Vielfachfeld übersehbar ist, wird vorher eine Besetztprüfung vorgenommen, um Doppelverbindungen zu vermeiden (Bild 92).

Das Vielfachfeld eines Platzes kann bis zu 5000 Verbindungsklinken aufnehmen. Große Anlagen mit 10000 Außenleitungen erhalten Schränke mit je zwei bis drei Plätzen und mit einem gemeinsamen Vielfachfeld, das durch Übergreifen nach links oder rechts zu bedienen ist.

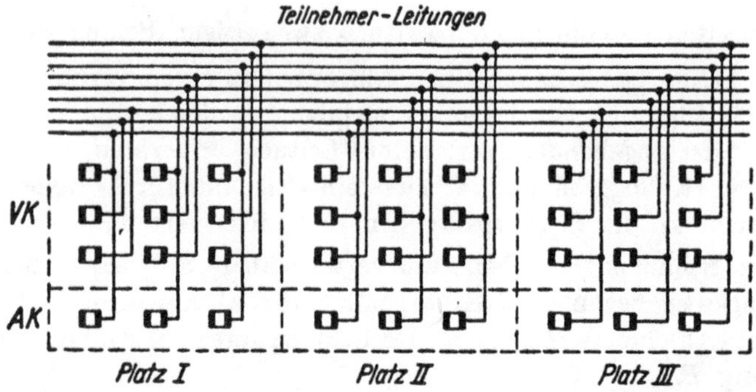

Bild 92. Grundsätzliche Anordnung von Vielfachfeldern: oben sämtliche Teilnehmer-Leitungen, in der Mitte das Vielfachfeld der Verbindungsklinken, unten die Abfrageklinken

In ausgedehnten Netzen mit mehreren Vermittlungsstellen liegen zwischen diesen die Verbindungsleitungen. Zwei Verfahren sind anwendbar:

a) mit ungerichteten Verbindungsleitungen,
b) mit gerichteten Verbindungsleitungen.

Im ungerichteten Verkehr (Bild 93 oben) sind auf beiden Seiten für jede Verbindungsleitung eine Abfrage- und, entsprechend der Platzanzahl, mehrere Verbindungsklinken vorgesehen. Ein Verbindungsweg verläuft über zwei in Reihe geschaltete Schnurpaare. Jede beteiligte Vermittlung fragt ab und

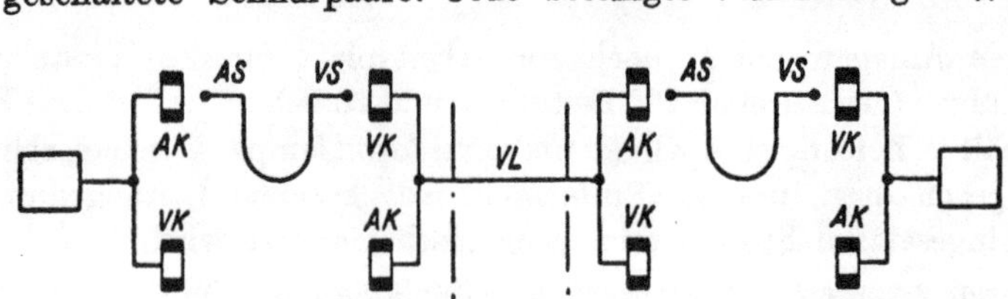

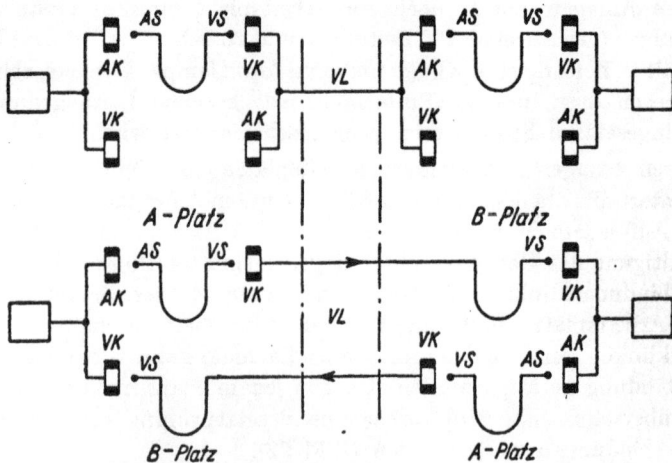

Bild 93. Oben: ungerichtete Verbindungsleitungen. Unten: gerichtete Verbindungsleitungen im *A-B*-Verkehr

ruft an. Die Vielfachschaltung erfordert eine Besetztprüfung in beiden Richtungen.

Im gerichteten Verkehr zwischen zwei Vermittlungen wird eine Arbeitsteilung mit *A*- und *B*-Plätzen vorgenommen (Bild 93 unten). Man spricht daher vom *A*-*B*-Verkehr.

Bei diesem System liegen auf dem *A*-Platz im unteren Feld die Anruforgane (Abfrageklinke, Anruflampe) und im oberen Vielfachfeld nur abgehende Verbindungsleitungen nach *B*-Plätzen der eigenen und fremder Vermittlungen. Über einseitige Schnurpaare wird in freier Wahl eine Leitung zum *B*-Platz der verlangten Vermittlung belegt.

Auf dem *B*-Platz enden die Verbindungsleitungen an einem Verbindungsstöpsel. Über Einschnuranordnungen mit einseitigem Abfrage-Ruf-Schalter wird weiter mit der abgehenden (verlangten) Leitung verbunden. Sämtliche abgehende Außenleitungen beginnen an den Verbindungsklinken des Vielfachfeldes in den Schränken der *B*-Plätze.

Ein Verbindungsweg enthält hierbei in Reihenschaltung ein Schnurpaar und ein Einschnursystem. Abfragen und Rufen erfolgt am *A*-Platz und am *B*-Platz; falls aber besondere Dienstleitungen vorgesehen sind, entfällt die doppelte Abfrage. Der *A*-Platz gibt durch Ansage über eine Dienstleitung dem *B*-Platz den Auftrag weiter, der mit der verlangten Leitung verbindet. Der Abfrage-Ruf-Schalter am *B*-Platz kann entfallen.

Im Fernverkehr werden zuerst eine Fernverbindung zwischen zwei Orten hergestellt und dann beiderseits der *A*- und *B*-Teilnehmer herangerufen. Die *F*-Plätze der beteiligten Fernvermittlungen müssen sich in beiden Richtungen verständigen können und sind daher mit zweiseitigen Schnurpaaren ausgerüstet. Wegen der zu leistenden Vorbereitungsarbeit erhält jeder Fernplatz nur wenige (etwa 4) Schnurpaare.

Das Heranrufen erfolgt über eine Leitung vom Fern- nach dem Ortsamt. Ein Fernvermittlungs- oder Vorschalteplatz (*V*-Platz) mit Einschnursystem verbindet schließlich die Fernleitung mit beiden Teilnehmern.

Für die Anmeldung von Ferngesprächen und überhaupt für alle besonderen Zwecke sind Meldetische im Fernamt vorgesehen. Hier endet jede Verbindung, weil nur Aufträge angenommen werden oder Bescheide zu erteilen sind. Weiterverbindungen sind nicht vorgesehen.

4. Teilnehmerverkehr

Die Einrichtungen in Wählanlagen müssen für den Sofortverkehr ausreichen und dem auftretenden Höchstverkehr gewachsen sein. Die Anzahl der nötigen Verbindungswege hängt also von den gleichzeitig verlangten Verbindungen ab, deshalb sind zunächst diese Anforderungen zu erörtern.

Die Benutzung einer Sprechstelle ist völlig unregelmäßig, weder die Anzahl der täglichen Gespräche noch die Belegungsdauer oder die Tageszeit sind vorauszusehen. Die Gepflogenheiten der Teilnehmer hängen von Geschäftszeiten, Aufträgen, Terminen, Konjunkturen und vielen persönlichen Ein-

fällen ab. Unterschieden werden Wenig- und Vielsprecher, Früh- und Spätverkehr, kurz- und langzeitige Verbindungen.
Als Belegungszeit gilt die gesamte Zeit vom beginnenden Aufbau bis zum erfolgten Abbau einer Verbindung. Tote Zeiten entstehen durch Wählen, mehrfaches Rufen und zögerndes Auflegen nach Gesprächsschluß. Im Orts- und Hausverkehr nimmt eine Verbindung 10 s bis 3 min in Anspruch, längere Zeiten über 15 bis 30 min sind, wie oft statistisch nachgewiesen ist, selten. In günstigen Fällen betragen die toten Zeiten ein Drittel der Belegungsdauer, bei Kurzgesprächen sind sie gleich der drei- bis zehnfachen Gesprächszeit.
Betrachtet man das Verhalten einer Teilnehmergruppe, so ist zu erkennen, daß die Verkehrsschwankungen mit zunehmender Teilnehmerzahl abnehmen, also Durchschnittswerte ergeben, welche sich als Richtlinien für die Berechnung der erforderlichen Wähleranzahlen eignen.
Für kleine und mittlere Anlagen sind als Richtzahlen zu nennen:

Anzahl der Anschlüsse	10	25	50	100	500	1000
Verbindungswege	1...3	3...4	5...6	8...10	35...40	60...70
Wege je 100 Anschlüsse . . .	30%	16%	12%	10%	8%	7%

Eine Anlage mit 1000 Anschlüssen könnte schon mit 7 bis 9 % an Wegen auskommen; bei größeren Anlagen sinkt der Spitzenverkehr bei gutem Ausgleich auf 5 ... 7% bezogen auf die Anzahl der Anschlüsse. Dieser Verkehrsausgleich ist aber nur zu erzielen, wenn ein geeignetes Verfahren angewandt wird, welches den anfallenden Verkehr einer größeren Anzahl von Teilnehmern gesammelt erfaßt und auf die verfügbaren Wege verteilt.
Bevor also die Nummernwahl vom Teilnehmer einsetzt, ist es notwendig, die verstreut einlaufenden Anrufe durch eine Vorstufe ausgleichend zu verteilen, um mit wenigen Verbindungswegen auszukommen. Für größere Anlagen mit mehr als 1000 Anschlüssen reichen diese einfachen Überlegungen zur Berechnung der Wählerzahlen nicht mehr aus.

5. Vorstufenwahlen

Die Anzahl der gleichzeitig auftretenden Verbindungen in der Hauptverkehrsstunde bestimmt die erforderlichen Ausgänge von den Teilnehmern nach den Verbindungswegen innerhalb der Vermittlung. Gelegentliche Überschreitungen durch Verkehrsspitzen bleiben unberücksichtigt, die überzähligen Anrufe, welche bei Belegtsein aller verfügbaren Ausgänge abgewiesen werden, heißen Verluste. In Zeiten mit schwächerem Verkehr entstehen keine Verluste. Der Spitzenverkehr tritt in der Regel werktags am Vormittag auf.
Zwischen Teilnehmerleitungen und Verbindungswegen ist also eine Vorstufe einzurichten, welche die regellos einlaufenden Anrufe annimmt und einem gerade freien Ausgang zuweist. Diese Vorstufe besitzt Wähler, welche in freier Wahl diesen ersten Abschnitt des beginnenden Verbindungsaufbaues ausführen.

Die Ausführung dieser freien Wahl kann vorwärts oder rückwärts erfolgen. Bei einer Vorwärtswahl ist die ankommende Leitung mit den Wählerarmen verbunden und belegt einen beliebigen Ausgang eines Bündels abgehender Leitungen. Bei einer Rückwärtswahl ist dagegen die abgehende Leitung mit den Wählerarmen verbunden, die Wählerarme suchen rückwätrs (im Sinne des Verbindungsaufbaues) aus einem Bündel ankommender Leitungen die anrufende bzw. belegte und verbinden sie mit der abgehenden Leitung.
Der Vorwähler führt eine Vorwärtswahl, der Anrufsucher eine Rückwärtswahl aus (Bild 94).

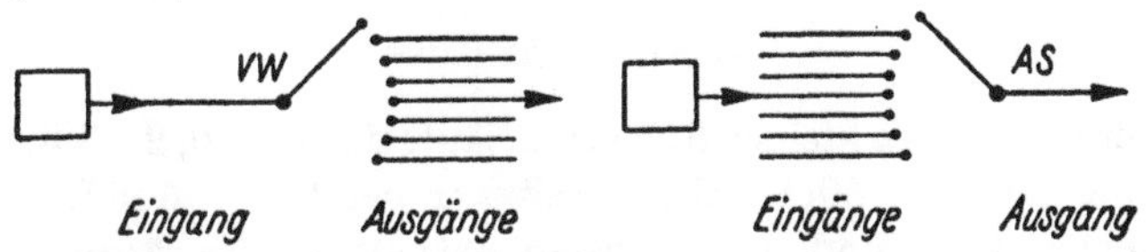

Bild 94. Links: Vorwärtswahl, rechts: Rückwärtswahl

Für ein System mit Vorwählern sind ebensoviel Wähler wie Anschlußleitungen erforderlich, die Anzahl der Anrufsucher ist kleiner und entspricht nur den Ausgängen nach den Verbindungswegen, welche für kleine und mittlere Anlagen den im vorhergehenden Abschnitt genannten Richtzahlen zu entnehmen sind.

6. Leitungswahlen

Die Ausgänge der Vorstufen enden unmittelbar an Leitungswählern, wenn diese für die Aufnahme sämtlicher Anschlußleitungen ausreichen. Die in Kleinanlagen üblichen Drehwähler können 10-, 15-, 25-, 30- oder 50teilig sein; seltener sind 100teilige Drehwähler mit nur einem Kraftmagneten oder mit zwei Kraftmagneten für Zehnersprünge und Einerschritte anzutreffen. Bei Anlagen mit 50 ... 100 Anschlüssen lohnen sich Hebdrehwähler, welche mit Höhen- und Drehschritten arbeiten.
Der Leitungswähler ist das Endglied eines Verbindungsweges, die Leitungswahl erreicht die verlangte Anschlußleitung unmittelbar. Die Nummernwahlen mit der üblichen zehnteiligen Wählscheibe können ein- oder mehrstellig vorzunehmen sein.
Mit einstelliger Wahl kommen Zehneranlagen aus. Der Leitungswähler ist ein zehnteiliger Drehwähler, Anschlußnummern: 1, 2 ... 9, 0.
Anlagen über 10 Anschlüsse erfordern mehrstellige Wahlen. Billige Drehwähler sind noch verwendbar, wenn Additionswahlen vorgenommen werden. Durch mehrmaligen Ablauf des Nummernschalters addieren sich die Schritte des Wählers, bis die verlangte Leitung erreicht ist. Zwischen den einzelnen Abläufen sind Wartestellungen einzufügen: 0 = 10. Schritt, 00 = 20. Schritt oder 9 = 9. Schritt, 90 = 19. Schritt. Die Anschlußnummern beim Einbau 25teiliger Drehwähler sind dann: 1 ... 8, 91 ... 99, 901 ... 905 oder mit 30teiligen Wählern: 1 ... 9, 01 ... 09, 001 ... 009. Ein Schritt bleibt als Grundstellung des Leitungswählers frei.

Mit 10er- und 1er-Wahl arbeiten 100teilige Hebdrehwähler: auf den ersten Ablauf der Wählscheibe erfolgen Höhenschritte, der zweite bewirkt Drehschritte. Auch dreistellige Wahlen kommen vor, wenn ein Hebdrehwähler für die Aufnahme von 200, 400 oder 1000 Anschlußleitungen gebaut ist. Mit Doppelkontakten erhält man 200er-, mit mehreren Armen sogar 1000er Wähler. Die Anschlußnummer enthält dann eine 100er-, 10er und 1er-Wahl. Die Zählfolge innerhalb eines Hunderts ist: 11 ... 10, 21 ... 20, 31 ... 30 usw. bis 91 ... 90 und 01 ... 00.

7. Kleine Anlagen

Das Anschlußvermögen kleiner Anlagen beläuft sich auf 10, 25, 50 oder 100 Leitungen. Eine derartige 50er-Anlage besitzt in der Regel fünf Wege. Die Vorstufe kleinster 10/1- und 25/3-Anlagen enthält immer Anrufsucher, 50/5- und 100/10-Anlagen findet man mit Anrufsuchern (*AS*) oder auch Vorwählern (*VW*) ausgeführt.

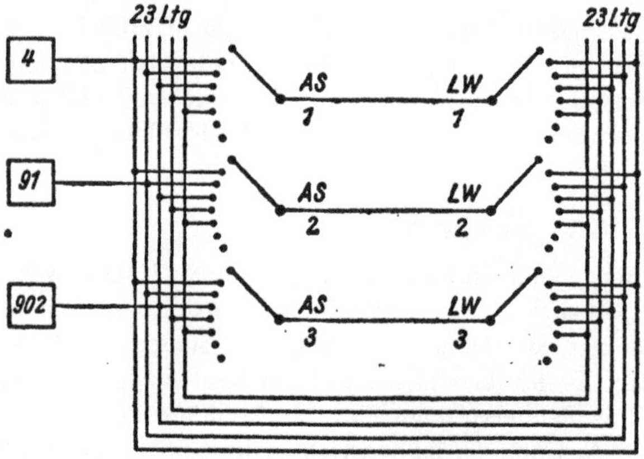

Bild 95. Verbindungsplan einer Anlage 23/3 mit Anrufsuchern und Leitungswählern

Die Nummernwahl des *A*-Teilnehmers ergibt eine erzwungene Einstellung eines Leitungswählers (*LW*) auf die Leitung des verlangten *B*-Teilnehmers.

Die Bauart der Wähler (Drehwähler oder Hebdrehwähler), Zahl der Arme und Kontaktbänke richtet sich nach dem verwendeten System und der Größe der Anlage.

Beispiel: Anlage 23/3 (23 Anschlüsse, 3 Wege) mit *AS* und *LW*..

Ausrüstung: *AS* 3 Stück 25teilige Drehwähler (Kontaktsatz mit 25 Schritten), *LW* 3 Stück 25teilige Drehwähler (Bild 95).

Arbeitsweise: Auf den Anruf (Abheben des Sprechgerätes) eines Teilnehmers läuft ein *AS* an. Welcher *AS* anlaufen muß, hängt von der gewählten Schaltungsanordnung ab. Während des Suchens wird bei jedem Schritt jede Leitung geprüft, bis die anrufende gefunden ist. Der *AS* setzt sich still, sperrt die Leitung gegen Fremdbelegungen und schaltet die Sprechadern zum Verbindungsweg *AS*—*LW* durch. Der *A*-Teilnehmer erhält ein Amtszeichen (Summersignal) als Aufforderung zur Nummernwahl. Durch die ankommenden Stromschritte (Impulse) wird der *LW* auf den Anschluß des verlangten *B*-Teilnehmers eingestellt. Selbsttätig folgen Prüfen dieser Leitung auf »Frei«, gegebenenfalls erhält *A* ein Besetztzeichen (tiefer Summerton), dann Sperren der Leitung, Rufstromgabe nach *B* mit Freizeichen (hoher Summerton) an *A*, bis sich der *B*-Teilnehmer meldet. Durch »Abheben« wird der Ruf abgeschaltet und die Sprechleitung durchgeschaltet. Der Gesprächszustand ist hergestellt. Die Freigabe des Verbindungsweges wird durch Anhängen bzw. Ablegen des Sprechgerätes eingeleitet. Der *AS* und *LW* schalten sich frei, der *AS* kann stehen bleiben oder einen Heimlauf bis zu einer bestimmten Grundstellung vollziehen, der *LW* muß nach der Auslösung bis zur Grundstellung, welche als tote Stellung keine Anschlußleitung hat, durchdrehen.

In dieser Weise können drei Teilnehmerpaare gleichzeitig sprechen, überzählige Anrufe gehen verloren, bis wieder ein oder mehrere Wege durch Gesprächsbeendigung frei werden.

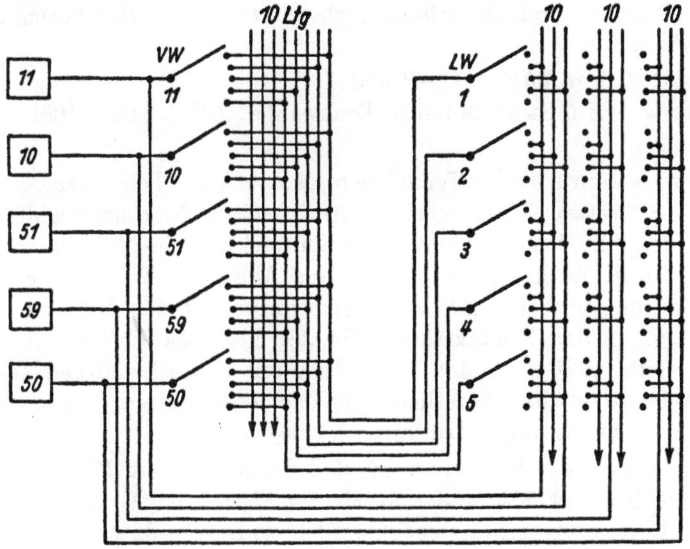

Bild 96. Verbindungsplan einer Anlage 50/5 mit Vorwählern und Leitungswählern

Beispiel: Anlage 50/5 mit *VW* und *LW* (Bild 96).
Ausrüstung: *VW* 50 Stück 10teilige Drehwähler, *LW* 5 Stück 100teilige Hebdrehwähler.

Die Verwendung der Wähler richtet sich nach gängigen Größen. Ein 10teiliger Drehwähler bietet mehr Ausgänge, obwohl hier nur 5 benötigt werden, ist aber die kleinste gängige Ausführung. Ebenso ist der Hebdrehwähler mit 100 Anschlüssen zu groß für eine 50er-Anlage. Als Vorteil ist aber zu verzeichnen, daß eine spätere Erweiterung über 50 bis zu 100 Anschlüssen leicht möglich ist. Sonderausführungen von Wählern für den Bedarf weniger Anlagen verbieten sich wegen der Mehrkosten.

Die Folge der Teilnehmeranschlüsse am *LW* ist bestimmt durch 10er- und 1er-Wahlen. Eine Nullwahl bedeutet Abgabe von 10 Stromschritten. Die ersten Teilnehmeranschlüsse mit einem Höhenschritt und folgenden Drehschritten haben die Nummern 11, 12...19, 10; das nächste Zehnt 21...20, die vorletzten

91...90 und die höchsten Nummern lauten 01, 02...09, 00. Diese besondere Zählfolge ist zu beachten.

Arbeitsweise: Auf den Anruf eines *A*-Teilnehmers läuft sein mit dieser Leitung verbundener *VW* an, prüft bei jedem Schritt einen Ausgang auf »Frei«, sperrt die zuerst erreichte freie Leitung, setzt sich still und schaltet die Sprechadern nach einem *LW* durch. Damit ist ein Verbindungsweg bestehend aus *VW* und *LW* belegt. Amtszeichen. Nummernwahl: 10er mit Höhen-, 1er mit Drehschritten des *LW*. Selbsttätig folgen: Prüfen (Besetztzeichen), Sperren, Rufen, Durchschalten. Gesprächszustand. Gesprächsschluß: der *VW* kann heimlaufen (durchdrehen bis zu einer Grundstellung) oder stehen bleiben. Der *LW* muß sich auslösen und in die Grundstellung kommen, um für die nächste Belegung und Einstellung vorbereitet zu sein. Der Verbindungsweg ist abgebaut.

Beispiel: Anlage 50/5 mit *AS* und *LW*.

Ausrüstung: *AS* 5 Stück 50teilige Drehwähler, *LW* 5 Stück 100teilige Hebdrehwähler.

Arbeitsweise: Anruf des *A*-Teilnehmers. Anlauf eines beliebigen *AS*. Prüfen, Sperren, Stillsetzen, Durchschalten. Amtszeichen. Nummernwahl und Einstellung des *LW*. Prüfen, Sperren, Rufen. Meldung des *B*-Teilnehmers, Gespräch. Zuletzt Auslösung der Wähler und Abbau des Verbindungsweges.

Die Eingänge sämtlicher *AS* bilden gemeinsam mit den *LW* eine Vielfachanordnung. An den Kontaktsätzen der *LW* liegt das Vielfachfeld der Teilnehmer. Jeder *LW* kann eine Verbindung mit einem beliebigen Teilnehmer dieser Anlage herstellen. Sämtliche Vielfachanordnungen erfordern daher eine Freiprüfung vor etwaigen Leitungsbelegungen.

Der Vergleich beider Systeme zeigt, daß die Anlage mit *VW* mehr Wähler als mit *AS* benötigt, also in der Anschaffung teurer ist. Wenn trotzdem *VW* auch in kleinen Anlagen verwendet werden, so liegt es daran, daß durch einheitliche Ausführung, Ersatzteilhaltung, gleiche Betriebsweise bei kleinen und großen Anlagen sich Vorteile für die Betriebsführung ergeben.

Beispiel: Vergleich der Anlagen 100/10 mit *VW* oder *AS*.

Ausrüstungen: *VW* 100 Stück 10teilige Drehwähler oder *AS* 10 Stück 50teilige Drehwähler, *LW* 10 Stück 100teilige Hebdrehwähler.

Für den Vergleich sind die *LW* nicht gezeichnet, weil deren Anordnung in beiden Fällen gleichartig ist (Bild 97).

Die *VW* mit 10 Ausgängen nach 10 *LW* sind bei Vollausbau bestens ausgenutzt. Die *AS* müßten dagegen für 100 Anschlüsse eingerichtet sein, also entweder 100teilige Drehwähler oder Hebdrehwähler eingebaut werden. Beide Bauarten sind erhältlich und werden auch verwendet. Hier soll aber gezeigt werden, wie man auch 50teilige Drehwähler verwenden kann.

Die Anschlüsse werden in zwei Gruppen mit je 50 Anschlüssen geteilt, die eine vielfach an den *AS* 1...5, die andere an den *AS* 6...10 liegend. Auf den Anruf von einer Stelle der Halbgruppe 11...50 läuft ein *AS* 1...5 an, die zweite Halbgruppe 61...00 bedienen die *AS* 6...10. Wenn also in der Hauptverkehrszeit 10 Verbindungen gleichzeitig verlangt werden, so ist dies nur erfüllbar, wenn in jeder Halbgruppe höchstens fünf Anrufe gleichzeitig auftreten. Bei ungleicher Verteilung, z. B. 6:4, ist einer der sechs Anrufe als Verlust zu buchen, hingegen wäre ein *AS* in der zweiten Halbgruppe noch frei, kann aber keine Nachbaraushilfe leisten, weil die Anschlüsse der ersten Halbgruppe nicht in seinem Vielfachfeld liegen.

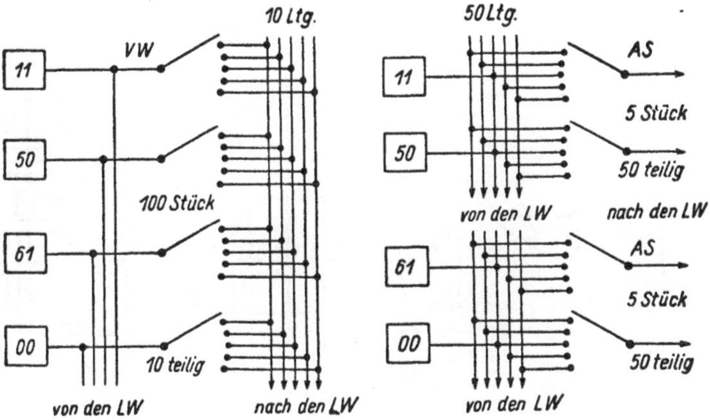

Bild 97. Verbindungsplan der Vorstufe einer Anlage 100/10 links mit Vorwählern, rechts mit Anrufsuchern.

Die *VW*-Anordnung erlaubt dagegen eine Abfertigung beliebiger zehn Anrufe ohne diese Einschränkung, weil jeder *VW* zehn Ausgänge nach jedem *LW* besitzt. Dieser Vergleich beider Systeme lehrt, daß *VW*- und *AS*-System nur gleichwertig sind, wenn in beiden Fällen eine 100er-Gruppe von Teilnehmern gebildet wird. Mit den erwähnten 100teiligen Anrufsuchern wird erst diese Bedingung erfüllt.

8. Gruppenwahlen

Die Größe einer Gruppe wird allein durch das Anschlußvermögen der verwendeten Leitungswähler bestimmt. In der Regel verwendet man entsprechend dem dekadischen Aufbau der Wahlen (Zehner, Einer) Wähler mit 100 Anschlüssen. Liegt die Gesamtzahl der Anschlußleitungen zwischen 100 und 1000, so ergeben sich mehrere (2...10) Hundertergruppen. Somit ist eine weitere Wahlstufe, die Gruppenwahl, erforderlich und jeder Anschluß mittels dreistelliger Wahlen (Hunderter, Zehner, Einer) zu erreichen.
Die Gruppenwahl ist eine erzwungene oder feste Wahl. Zwischen dieser Gruppenwahl und der nächsten Wahlstufe muß sich eine freie Wahl einschalten, weil jedes Hundert mit mehreren Leitungswählern und Zugängen versehen ist. Durchschnittlich ist mit zehn *LW* je Hundert zu rechnen. Nach der Zwangswahl ist in freier Wahl ein beliebiger Ausgang nach einem von den zehn *LW* zu belegen. Grundsätzlich kann diese Zwischenstufe als Vorwärts- oder Rückwärtswahl ausgeführt werden.

Bei Vorwärtswahl ist es zweckmäßig, die feste und die freie Wahl in einem Wähler zu vereinigen. Ein Hebdrehwähler mit zehn Höhen- und zehn Drehschritten hebt in fester Wahl (100er-Schritte) und dreht in freier Wahl ein, um einen der zehn Ausgänge zu belegen. Sowohl *GW* wie *LW* sind Hebdreh-

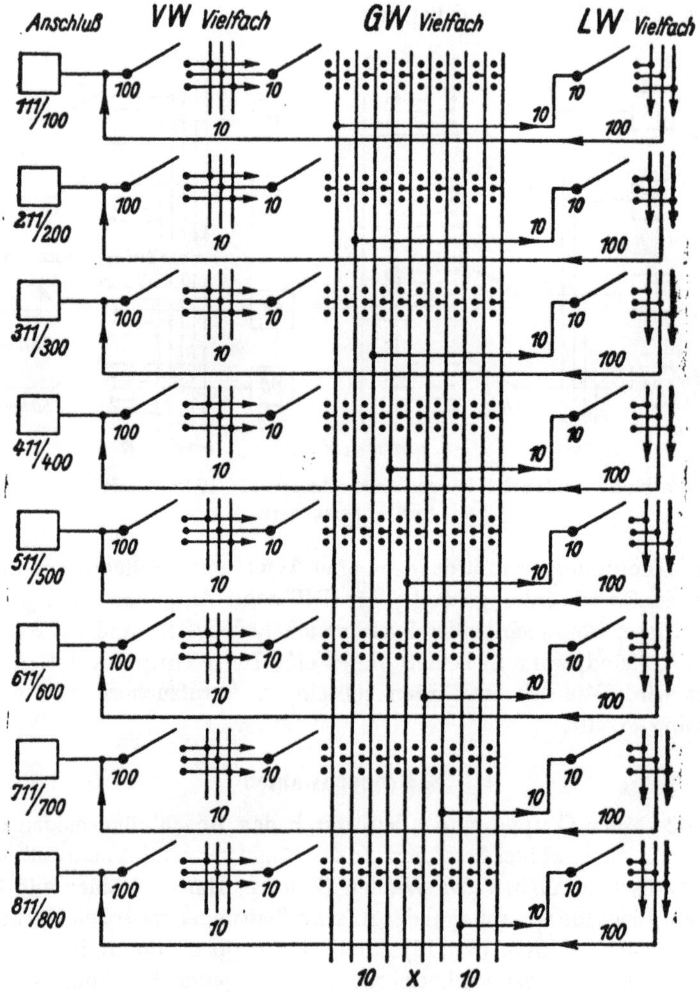

Bild 98. Verbindungsplan einer Anlage 800/80 mit Vorwählern, Gruppen- und Leitungswählern

wähler. Die Nummernfolge in einer 1000er-Anlage lautet: 111, 112...119, 110; 121, 122...129, 120; 131, 132...139, 130 usw. bis 101, 102...109, 100. Die einzelnen Hunderter-Gruppen umfassen die Anschlüsse 111...100, 211...200 usw. bis 911...900 und 011...000 bei Vollausbau.

Beispiel: Anlage 800/80 mit *VW*, *GW* und *LW* (Bild 98).

Ausrüstung: dieses 1000er-System besitzt nur einen Teilausbau mit acht 100er-Gruppen, trotzdem werden einheitlich 100teilige Hebdrehwähler eingebaut. Einheitliche Fertigung und Erweiterung auf Vollausbau sind Vorteile.
Die Anzahl der *VW* entspricht den Anschlüssen: 800 Stück.
Je Hundert sind zehn Ausgänge gegeben, also *GW*: 80 Stück.
Jedes Hundert ist über je zehn *LW* zu erreichen: 80 Stück.
Arbeitsweise: Anruf eines *A*-Teilnehmers. Vorwahl wie bisher beschrieben. Belegen eines *GW*: Amtszeichen. Hunderter-Wahl: Hebschritte des *GW*. Pause: Umsteuern auf Eindrehen. Freie Wahl eines Ausganges nach einem *LW* des gewählten Hunderts mit Prüfen, Sperren, Stillsetzen und Durchschalten. Unmittelbar anschließend Zehner-Wahl und Höhenschritte des *LW*. Pause: vorbereitendes Umsteuern. Einer-Wahl und Drehschritte des *LW*. Prüfen, Sperren, Rufen des *B*-Teilnehmers. Gesprächszustand nach Meldung des *B*-Teilnehmers und Durchschalten. Gesprächsschluß: Heimlauf des *VW*, Auslösung des *GW* und des *LW*.
Zwischen *GW* und *LW* liegt ein Vielfachfeld. Die zehn Ausgänge eines jeden Höhenschrittes sind gemeinsam für alle 80 *GW* dieser Anlage und würden bei Vollausbau mit 1000 Teilnehmern sich sogar über 100 *GW* erstrecken.
Die Vorwärtswahl zwischen *GW* und *LW* kann auch von Drehwählern ausgeführt werden, wenn ihre Bauart mit zwei Kraftmagneten 10er-Sprünge und 1er-Schritte ermöglicht und die Kontaktbank 100teilig ist. Ferner ergeben sich häufiger Aufträge für Netze mit 100...300 Anschlüssen oder für Anlagen, bei denen nach einigen Jahren eine Erweiterung erst über 100 zu erwarten ist. Das Anschlußvermögen der als *GW* verwendeten Hebdrehwähler ist dann schlecht ausgenutzt, weil nur die ersten Höhenschritte angeschlossen sind und die übrigen mangels Teilnehmerzuwachs viele Jahre brachliegen. Für diese Fälle sind Sondersysteme entwickelt. Außerdem ist zu berücksichtigen, daß Wahlen für besondere Zwecke, also nach Nachbarämtern, für Anmeldung von Ferngesprächen, Erreichen von Amtsleitungen oder Auskünfte noch unterzubringen sind. Auch diese Fälle sind noch zu erörtern.

9. Mittlere Anlagen

Als mittlere Anlagen werden Teilnehmernetze mit über 100...1000 Anschlüssen bezeichnet. Dabei ist es gleichgültig, ob zu einer mittleren Anlage eine oder mehrere Vermittlungsstellen gehören.
Gruppenwahl mit *LW*. Im Verbundbetrieb zweier Kleinanlagen (100er-System) ist innerhalb jedes Teilbetriebes zweistellig zu wählen. Der Verbindungsaufbau verläuft über *VW* bzw. *AS* und *LW*. Beide Vermittlungen erreichen sich gegenseitig durch eine Nullwahl. In diesem Fall ist der zehnte Höhenschritt des *LW* nicht mit Teilnehmeranschlüssen belegbar, die Anlage besitzt nur 90 Anschlüsse. Die erübrigten zehn Anschlüsse können sämtlich für Verbindungen von der Vermittlung I nach II beansprucht werden. Bei schwachem Verkehr zwischen I und II enden diese Leitungen an den zehn Ausgängen des Vielfachfeldes zwischen *VW* und *LW* oder liegen am Teilnehmer-

vielfach vor den *AS* an Stelle der erübrigten Anschlüsse. Diese Wahlen von einer zur anderen Vermittlungsstelle sind dreistellig (Bild 99).

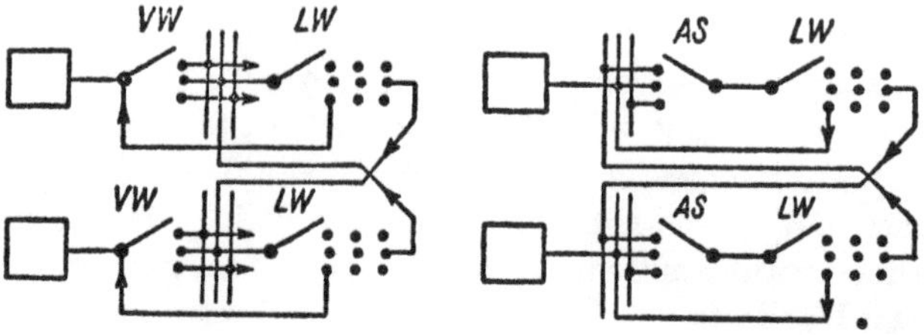

Bild 99. Verbindungsübersicht für Leitungswähler mit einer Gruppenwahl im zehnten Höhenschritt, links bei Vorwähler-, rechts bei Anrufsuchersystemen

Arbeitsweise: Kennzahl 0 wählen. Der *LW* von I hebt zwangläufig zehn Schritte, dreht in freier Wahl ein und belegt einen *LW* der Vermittlung II. Es folgen wie üblich 10er- und 1er-Wahl. Sind *AS* vorhanden, so belegt der *LW* von I eine Verbindungsleitung, in II läuft ein *AS* an und findet diese, damit ist ein Weg in II belegt. Wieder folgen 10er- und 1er-Wahl.

Bei starkem Verkehr zwischen I und II enden die Verbindungen an zusätzlichen *LW*, weil die vorhandenen sonst zu oft »besetzt« gefunden werden und daher Anrufe verlorengehen. Der Verbindungsaufbau vollzieht sich dann über *VW* bzw. *AS*, *LW* von Vermittlung I und *LW* von Vermittlung II.

Hervorgehoben sei, daß der *LW* auf dem 1. bis 9. Höhenschritt wie bisher in fester Wahl eindreht, nur auf dem 10. Höhenschritt wie ein *GW* in freier Wahl arbeitet. Sollen mehrere Bündel gebildet werden, die nach verschiedenen Richtungen abgehen, so sind andere Verfahren zweckmäßig.

Gruppenweiche. Bei Anlagen mit höchstens 200 Leitungen ergeben sich zwei Gruppen. Als kleinster Wähler eigent sich ein Relais mit Wechselkontakten zur Gruppenwahl. In der Ruhelage nach einer 1-Wahl, in der Arbeitslage nach einer 2-Wahl befindlich, ist mit dieser Gruppenweiche ein Ausgang nach dem ersten oder zweiten Hundert belegt. Die hinter der Vorstufe (*VW* oder *AS*) abgehenden Leitungen enden an je einer Gruppenweiche (*GWh*) (Bild 100).

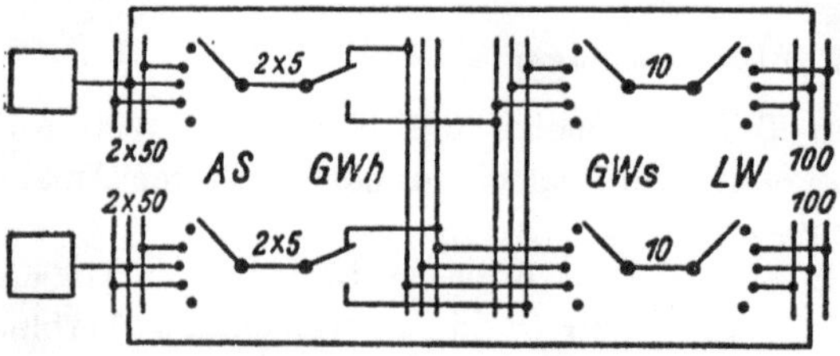

Bild 100. Verbindungsübersicht einer Anlage 200/2 × 10 mit Gruppenweichen *GWh* und Gruppenweichensuchern *GWs*

Durch Rückwärtswahl findet ein Gruppenweichensucher (*GWs*) den belegten Ausgang. Dieser Suchwähler ist mit einem *LW* verbunden. Der Verbindungsaufbau verläuft dabei über *AS*—*GWh*—*GWs*—*LW*. Die Wahlen sind einheitlich dreistellig. Die Nummernfolge ist 111 ... 100 und 211 ... 200. Bei solchen Anlagen genügt es, einige Nummern für besondere Aufträge auf einen Meldetisch zu schalten.

Drehgruppenwähler. Anlagen mit über 200...400 Anschlüssen erfordern einen 25-...50teiligen Drehwähler für die Gruppenwahl. Ist die anschließende freie Wahl eine Vorwärtswahl, so lassen sich beide Wahlen in einem Wähler vereinigen. Durch eine 1-, 2-, 3-Wahl wird der Drehgruppenwähler auf den 1., 2. oder 3. Schritt eingestellt und prüft von da ab nur jeden dritten folgenden Ausgang. Die Ausgänge 1, 4, 7 ... führen zum ersten, 2, 5, 8 ... zum zweiten und 3, 6, 9 ... zum dritten Hundert. Am Ende liegt eine Wartestellung, falls alle Ausgänge besetzt sind. Eine andere Anordnung mit einer 1-, 2-, 01- und 00-Wahl belegt entsprechend die Ausgänge 1...7, 9...15, 18...25, nach dem 1., 2. und 3. Hundert; das 4. Hundert entfällt, wenn die Ausgänge 27...33 besonderen Aufträgen dienen.

Eine feste und eine freie Wahl, welche aufeinander folgen, lassen sich auch auf zwei Wähler verteilen. In diesem Fall ist jeder Ausgang eines 10teiligen Drehwählers wieder mit einem 10teiligen Drehwähler verbunden. Nacheinander stellt sich der erste in fester, einer der zweiten in freier Vorwärtswahl ein. Bei einer Gruppe mit 400 Anschlüssen wird also ein 100teiliger Hebdrehwähler durch fünf 10teilige Drehwähler ersetzt. Damit ist auch die Grenze für dieses Sondersystem erreicht, bei 500er- bis 1000er-Anlagen würde die Verwendung von Drehwählern an Stelle der Hebdrehwähler die *GW*-Stufe nur verteuern (Bild 101).

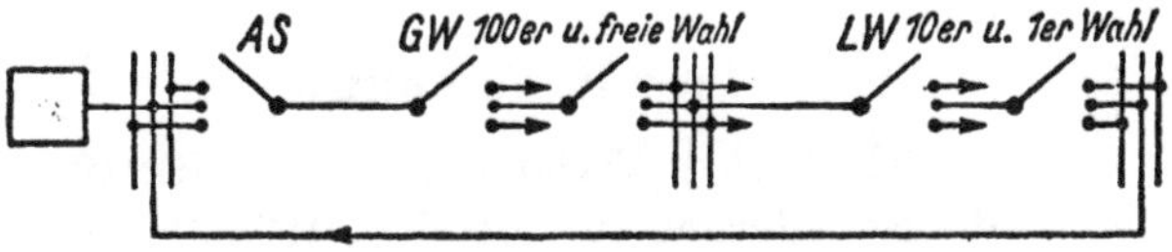

Bild 101. Verbindungsübersicht einer 100er Anlage mit Drehwählern für sämtliche Wahlstufen

Hebdrehgruppenwähler. Sollen mehrere 100er- oder 200er-Anlagen im Gemeinschaftsbetrieb arbeiten, so gehen bei der Regelausführung mit *VW* oder *AS*, *GW* und *LW* die Verbindungsleitungen von den einzelnen Höhenschritten des *GW* ab. Einheitlich sind die Wahlen dreistellig, die erste Stelle ist die Kennzahl des verlangten Hunderts, welches in der eigenen oder fremden Vermittlung liegen kann. Die 0-Wahl dient besonderen Zwecken; diese zehn Ausgänge enden an einem Meldetisch mit zehn Abfrageschaltern. Entweder besitzt jede oder nur eine Vermittlung entsprechend der Inanspruchnahme diese Abfertigungsstelle. Auf alle Fälle entfällt ein Hundert, insgesamt sind nur 900 Anschlüsse zu vergeben.

Offene und verdeckte Kennzahlen. In besonderen Fällen kann gefordert werden, eine 100er- mit einer 1000er-Anlage zu verbinden, wenn zwei bisher getrennte Betriebe in eine Hand übergehen. Unangenehm ist es, daß der eine Anlagenteil mit zwei-, der andere mit dreistelligen Wahlen arbeitet. Der Verbindungsaufbau vollzieht sich in beiden Richtungen in verschiedener Weise. Vom 100er-System für innere Verbindungen: AS_1—LW_1 zweistellige Wahl und nach dem 1000er-System: AS_1—LW_1—GW_2—LW_2 vier- oder fünfstellige

Wahl. Vom 1000er-System im Innenverkehr: AS_2—GW_2—LW_2 dreistellige Wahl und nach dem 100er-System: AS_2—GW_2—LW_1 dreistellige Wahl. Demnach ist der einzelne Anschluß nicht immer unter derselben Nummer erreichbar. Es kommt darauf an, ob der Anrufer zum 100er- oder 1000er-System gehört. Deshalb müssen für die Wahlen hinüber und herüber die Kennzahlen offenkundig sein. Diese offenen Kennzahlen lassen sich vermeiden, wenn die 100er- und 1000er-Anlage durch Umbau zu einem 1000er-oder 2000er-System vereinigt werden. Sämtliche Anschlüsse erhalten eine durchlaufende Nummernfolge, die erste zu wählende Ziffer ist nun die Kennzahl, die aber für den Teilnehmer verdeckt bleibt. Die Wahl mit verdeckten Kennzahlen ist der offenen Kennzahlenwahl vorzuziehen. Sofern beide Betriebe örtlich getrennt liegen, ist für den Benutzer eine unterschiedliche Wählweise noch einleuchtend. Sind vereinigte Betriebe im gleichen Gebäude untergebracht und bei nachträglichen Erweiterungen die Sprechstellen derselben Abteilung teils mit dem einen oder anderen System verbunden, so ergeben sich leicht Fehlwahlen, wenn der Teilnehmer nicht beachtet, welches Nummernverzeichnis gültig ist. Dieser Fall sei deswegen erwähnt, um zu zeigen, daß technisch die nachträgliche Zusammenlegung ausführbar ist, ohne in die 100er-Anlage eine *GW*-Stufe einzubauen, daß aber diese Ersparnis für die Benutzer wegen Fehlwahlen und der damit verbundenen Zeitverluste nachteilig ist.

10. Doppelte Vorstufen

Nach dem bisherigen dekadischen Verbindungsaufbau für 10er-, 100er- und 1000er-Anlagen ist die Erweiterung auf 10000er-, 100000er- und größere Anlagen mit großen Netzen leicht einzusehen. Durch Einbau einer II. *GW*-Stufe hinter dem I. *GW* ergibt sich ein 10000er-System, eine III. *GW*-Stufe erweitert auf 100000, eine IV. *GW*-Stufe auf 1000000 Anschlüsse.

Zunächst sei, um den Nutzen der doppelten Vorstufen zu erkennen, eine Aufstellung eingeschaltet, die den mit dem Umfang des Systems wachsenden Wähleraufwand mit einfacher Vorstufe darlegt:

Systemgröße	Verbindungsaufbau	Drehwähler	Hebdrehwähler
100	*VW* – *LW*	100	10
1000	*VW* – *GW* – *LW*	1000	200
10000	*VW* – I. II. *GW* – *LW*	10000	3000
100000	*VW* – I. II. III. *GW* – *LW*	100000	40000

Die Wählerzahlen wachsen schneller an als die Anzahl der Anschlüsse, obwohl man eigentlich erwarten müßte, daß umgekehrt größere Anlagen, auf Hundert bezogen, sinkende Wählerzahlen aufweisen. Der Fehlgriff liegt in der Beibehaltung der einfachen Vorstufe mit der starren Einteilung in 100er-Gruppen mit nur je zehn Ausgängen.

Um dieses und die Verkehrsbeziehungen zu erläutern, welche bei einer Großanlage auftreten, sei zunächst ein Ausschnitt aus einer Verkehrsbeobachtung gebracht, wie sie häufig gemacht wird.

Zahlentafel 7:

Anzahl der Belegungen während der Hauptverkehrszeit

Zeit	Hunderter-Gruppen								Summe
	1.	2.	3.	4.	5.	6.	7.	8.	
11^{01}	7	5	9	8	6	5	10	4	54
11^{02}	6	4	6	7	4	10	5	5	47
11^{03}	8	6	5	6	5	9	7	4	50
11^{04}	5	5	6	10	8	7	9	6	56
11^{05}	7	8	7	9	10	6	8	5	60
11^{06}	9	10	5	8	7	8	7	8	62
11^{07}	10	8	10	6	9	10	5	6	64
11^{08}	7	6	8	4	8	9	6	7	55
11^{09}	8	8	6	7	6	8	10	9	62
11^{10}	9	6	4	8	8	7	9	10	61

Diese Aufstellung zeigt die Anzahl der gleichzeitigen Anrufe oder abgehenden Verbindungen während einiger Minuten in der Hauptverkehrszeit. Im einzelnen Hundert sind Verkehrsschwankungen zwischen 4 und 10 gleichzeitigen Anrufen zu verzeichnen; in verkehrsarmen Stunden sinkt diese Zahl unter 4 bis auf 0 herab. Die Quersumme aller gleichzeitigen Anrufe des 1. bis 8. Hunderts übersteigt nicht 64; somit könnte man mit 64 Verbindungswegen für 800 Teilnehmer auskommen oder mit 8% Wegen bezogen auf die Anzahl der Anschlüsse. Weil aber in jedem Hundert auch zeitweise 10 Anrufe auftreten und jede 100er-Gruppe ihre besonderen Ausgänge hat, ergeben sich $8 \times 10 = 80$ Wege nach den I. *GW*. Zeitweise bleiben so die einen oder anderen *GW* unbenutzt; dadurch erklärt sich das ungünstige Anwachsen der Wähleranzahl in der vorher gegebenen Zusammenstellung.

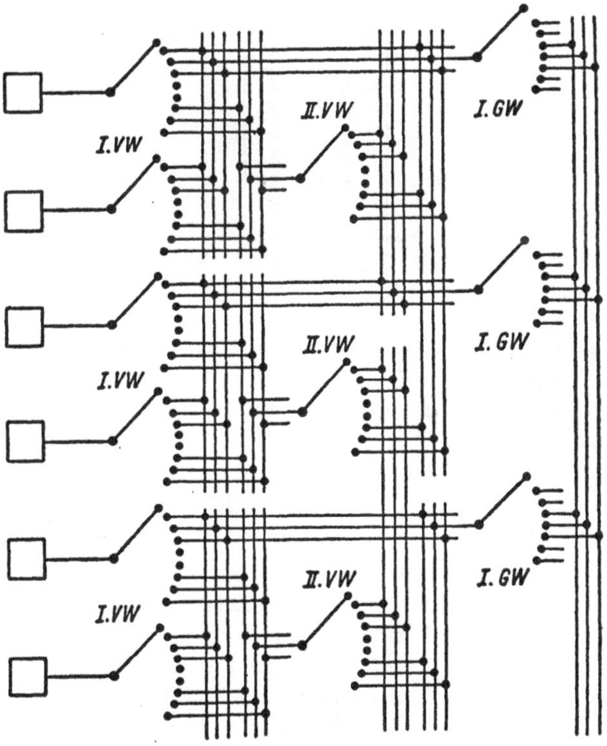

Bild 102. Gestaffelte doppelte Vorstufen mit I. und II. Vorwählern

Soll also die Anzahl der I. *GW*, II. *GW* und folgenden *GW* sich dem tatsächlichen Spitzenverkehr anpassen, so muß Gelegenheit für einen Verkehrsausgleich geboten werden. Die Anrufe sämtlicher Teilnehmer sind zu mischen und ist hierfür eine zweite Vorstufe einzurichten. Die Ausgänge von den I. *VW* enden an den II. *VW* und deren Ausgänge führen erst zu den I. *GW*. Die Hintereinanderschaltung zweier Vorstufen erschließt jedem Anruf mehr Ausgänge, die aber gemeinsam für 1000...2000 Anschlüsse erreichbar sind. So ist ein Verfahren für den Verkehrsausgleich und eine Verminderung der *GW*-Zahlen gegeben (Bild 102).

Ein Rückblick auf die vorstehende Zahlentafel 7 zeigt, daß in jedem Hundert während der Hauptverkehrszeit gleichzeitig nie weniger als vier Verbindungen auftreten. Bei dieser Grundbelastung ist also auch kein Ausgleich möglich; dagegen ist die Zusammenlegung der Belastungsspitzen besonders vorteilhaft. In der folgenden Zahlentafel 8 sei daher für das gleiche Verkehrsbeispiel der Spitzenverkehr gesondert herausgezogen.

Zahlentafel 8:

Spitzenwerte der Belegungen nach Abzug der Grundbelastung

Zeit	Hunderter-Gruppen								Summe
	1.	2.	3.	4.	5.	6.	7.	8.	
11^{01}	3	1	5	4	2	1	6	—	22
11^{02}	2	—	2	3	—	6	1	1	15
11^{03}	4	2	1	2	1	5	3	—	18
11^{04}	1	1	2	6	4	3	5	2	24
11^{05}	3	4	3	5	6	2	4	1	28
11^{06}	5	6	1	4	3	4	3	4	30
11^{07}	6	4	6	2	5	6	1	2	32
11^{08}	3	2	4	—	4	5	2	3	23
11^{09}	4	4	2	3	2	4	6	5	30
11^{10}	5	2	—	4	4	3	5	6	29

Entsprechend dieser Aufstellung des Spitzenverkehrs jedes Hunderts werden die Ausgänge der I. *VW* gestaffelt. Die ersten vier Ausgänge eines jeden Hunderts sind unmittelbar mit I. *GW* verbunden, nur der 5. bis 10. Ausgang endet an je einem II. *VW*, die Ausgänge der II. *VW* sind gemischt verbunden und führen entsprechend der obigen Aufstellung zu 32 I. *GW*. Die Anzahl der ersten vier Ausgänge ergibt $8 \cdot 4 = 32$ I. *GW*, zusammen also 64 I. *GW* für 800 Anschlüsse.

Durch den Einbau von II. *VW* (48 Stück) wurden I. *GW* (16 Stück) erspart. Die *GW*-Sätze sind aber erheblich teurer als die *VW*. Setzt man ein Preisverhältnis von 1:4 an, so ergibt sich eine Senkung um $64 - 48 = 16$ Preiseinheiten. Im allgemeinen ist der Einbau doppelter Vorstufen erst bei Anlagen über 1000 Anschlüssen lohnend. Das obige Zahlenbeispiel ist absichtlich gekürzt, um schnell eine Übersicht zu gewinnen. Es ist auch zu erwägen, ob die Staffelung der Ausgänge mit weniger oder mehr (3...6) unmittelbaren Wegen zu den I. *GW* anzulegen ist.

Bei großen Anlagen wirkt sich dieser Verkehrsausgleich auch auf die folgenden Wahlstufen aus. Man erhält in einem 10000er-System vergleichsweise folgende Wählerzahlen (Bild 103).

Ohne II. *VW*	10000 I. *VW*	—	1000 I. *GW*	1000 II. *GW*	1000 *LW*
Mit II. *VW*	10000 I. *VW*	600 II. *VW*	600 I. *GW*	800 II. *GW*	1000 *LW*

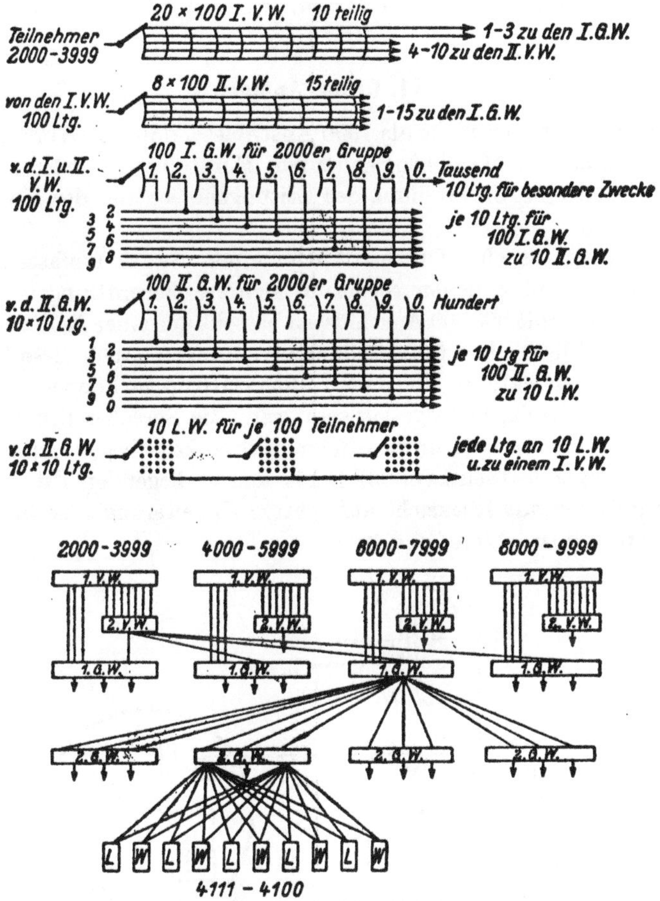

Bild 103. Oben: Übersicht der Vielfachleitungen innerhalb einer 2000er Gruppe. Unten: Verbindungswege in einem 10000er-System mit I. und II. *VW*, I. und II. *GW* und *LW*

Die Anwendung doppelter Vorstufen ist nicht nur auf Vorwählersysteme beschränkt. Ebenso ist eine Anordnung mit I. *AS* und II. *VW* günstig. Die Paarung I. *AS* und II. *AS* ist nicht üblich; hierfür werden einfache Vorstufen mit besonders großen 500er- bis 1000er-*AS* bevorzugt.

Der Grund für diese Entwicklung liegt im System begründet; jeder I. *VW* belastet mit seinen Kosten voll den Teilnehmeranschluß, deshalb sucht man mit einem billigen 10teiligen Drehwähler auszukommen und mischt den Verkehr mittels der II. *VW*-Stufe. Die Anrufsucher dagegen belasten den einzelnen Anschluß in kleinen und mittleren Anlagen etwa mit 10% ihrer Kosten; in größeren Anlagen mit 400teiligen oder 1000teiligen *AS* sinkt der Anteil auf 6...8%, weil der Verkehr mit wachsender Gruppengröße ausgeglichener wird und kleinere prozentuale Spitzen aufweist. Deshalb ist es möglich, große teure Anrufsucher zu verwenden, ohne die einzelnen Anschlüsse im gleichen Maße steigend mit festen Kosten zu belasten.

11. Große Anlagen

Große Anlagen besitzen mehr als 1000 Anschlüsse, doppelte Vorstufenwahlen und mindestens zwei Gruppenwahlstufen. Ein 100000er- oder 1000000en-System bedingt eine Unterteilung des Leitungsnetzes und der Vermittlungsstellen.

Solche Systeme, die eine Großstadt oder einen Bezirk umfassen, erhalten mehrere Knotenämter, denen wiederum mehrere Vermittlungen zugeordnet sind. Ein System mit 500000 Anschlüssen besteht aus einer Reihe von Einzelanlagen für je 10000 oder 20000 Teilnehmerleitungen. Auch diese Gliederung ist nicht starr durchgeführt. Von diesen 10000er-Gruppen können einige wieder in sich in 1000er-Anlagen aufgeteilt sein, wenn die Sprechstellendichte gering ist. Die Knotenämter, die in den Netzmittelpunkten liegen, sind wiederum mit Einzelanlagen teilweise vereinigt. Für den vorliegenden Fall wären mindestens fünf oder mit Rücksicht auf spätere Erweiterungen sechs bis sieben Knotenämter einzurichten (Bild 104).

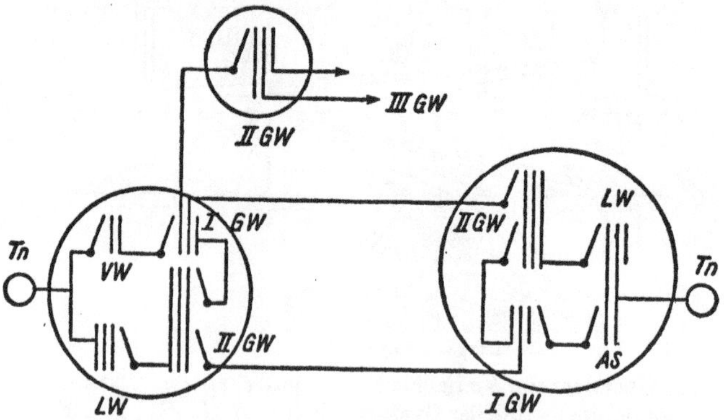

Bild 104. Verbundbetrieb mehrerer Vermittlungsstellen (in den Kreisen). Anordnung der Wahlstufen und Verbindungsleitungen

Die Wahlen für besondere Aufträge erfordern Kennzahlen. In kleinen und mittleren Anlagen genügt hierfür die 0-Wahl, um den Anrufer auf einen Abfrageplatz zu schalten, der alle Anfragen und Aufträge entgegennimmt. In großen Anlagen ist eine Unterteilung zweckmäßig, z. B. 01 bei Überfall, 02 Feuer, 04 Auftragsdienst, 00 Fernverkehr usw. Diese zweistelligen Wahlen beanspruchen nur einen I. und II. *GW*. In einem 100000er-System entfallen daher 1000, in einem Millionensystem sogar 10000 sonst verfügbare Anschlußnummern.

Bei Fernwahlen endet der Verbindungsaufbau zur Zeit an Meldeplätzen im Fernamt. Bei einem vollselbsttätigen Fernbetrieb würde durch freie Wahlen eine Weitergabe über Überweisungsstellen nach einem Hauptamt sich vollziehen. Anschließend muß in mehrstelliger Wahl der verlangte Ort gewählt werden. Zuletzt folgt die Nummer des Ortsanschlusses. Insgesamt ist mit 10...14stelligen Wahlen zu rechnen.

12. Verschränken, Staffeln, Mischen

Freie Wahlen belegen einen beliebigen Ausgang. Beginnt ein Wähler von einer Grundstellung aus sich einzustellen, so werden die ersten Ausgänge häufiger als die letzten aufgesucht, weil die Reihenfolge der Belegungsversuche festliegt (I. *VW*, sämtliche *GW*). Ohne Heimlauf nach Trennung einer Verbindung wird dagegen ein Wähler, je nach der zuletzt eingenommenen Stellung, in regelloser Folge Ausgänge zu belegen versuchen (II. *VW*, *AS*). Bei der zweiten Anordnung werden also nicht die ersten Ausgänge bevorzugt, sondern sämtliche, wie es dem Zufall entspricht, ungefähr gleich häufig belegt werden.

Das Verschränken ermöglicht bei freien Wahlen, die von einer Grundstellung aus erfolgen, eine verstreut liegende Belegung aller Ausgänge (Zahlentafel 9).

Zahlentafel 9:

Verschränken der Ausgänge eines Zehnerbündels

Wähler	Reihenfolge der Schritte und Ausgänge						
11 ... 10	1	2	3	...	8	9	10
21 ... 20	2	3	4	...	9	10	1
31 ... 30	3	4	5	...	10	1	2
41 ... 40	4	5	6	...	1	2	3
51 ... 50	5	6	7	...	2	3	4
61 ... 60	6	7	8	...	3	4	5
71 ... 70	7	8	9	...	4	5	6
81 ... 80	8	9	10	...	5	6	7
91 ... 90	9	10	1	...	6	7	8
01 ... 00	10	1	2	...	7	8	9

Die Wähler 11...10 belegen mit dem ersten Schritt den Ausgang 1, die zweiten zehn Wähler zuerst den Ausgang 2, die dritten zehn Wähler beginnen mit Ausgang 3, usw.

Das Verschränken der Leitungen des Vielfachfeldes verteilt die Belegungen gleichmäßiger auf die einzelnen Ausgänge, die Leistung des Systems wird indessen nicht erhöht. Im Höchstfall ergeben sich wieder nur zehn gleichzeitig mögliche Verbindungen, gleichgültig, ob die Ausgänge im Wählervielfachfeld mit oder ohne Verschränkung angeordnet sind.

Das Staffeln der Leitungen eines Vielfachfeldes verfolgt einen anderen Zweck, der übersichtlich an einer 100er-Gruppe sich zeigen läßt.
Übersteigt die Verkehrsspitze den Durchschnittswert 10% (bezogen auf die Anzahl der Anschlüsse), so müssen mehr Ausgänge je Hundert geschaffen werden. Dieser Fall tritt in denjenigen 100er-Gruppen auf, die Mehrfachanschlüsse enthalten. Diese Aufgabe läßt sich lösen, ohne von der üblichen Zehnereinteilung der Wähler abweichen zu müssen.
Die Staffelung sieht beispielsweise auf den ersten Schritten eine Unterteilung in zwei 50er-Gruppen vor, die über getrennte Ausgänge zu der folgenden *GW*- oder *LW*-Stufe führen. Die letzten Ausgänge sind gemeinsam für sämtliche 100 Anschlüsse erreichbar (Zahlentafel 10).

Zahlentafel 10:

Staffelung der Ausgänge in einem 15er-Bündel

Vorwähler Nr.	Drehschritte jedes Vorwählers									
	1	2	3	4	5	6	7	8	9	10
	Ausgang nach *GW* oder *LW* Nr.									
11...10	1	3	5	7	9	11	12	13	14	15
bis	1	3	5	7	9	11	12	13	14	15
51...50	1	3	5	7	9	11	12	13	14	15
61...60	2	4	6	8	10	11	12	13	14	15
bis	2	4	6	8	10	11	12	13	14	15
01...00	2	4	6	8	10	11	12	13	14	15

Diese Staffelung berücksichtigt, daß die ersten Ausgänge häufiger als die letzten belegt werden, deshalb ist die Teilung auch in den ersten fünf Ausgängen vollzogen. Mit diesem Verfahren können nach Bedarf auch weniger oder mehr Ausgänge geschaffen werden, was sich durch einfaches Auszählen an verschiedenen Staffelungen leicht ergibt.
Das Übergreifen der Leitungen von einem Vielfachfeld zum benachbarten ist ein weiteres Verfahren, den Verkehr zu verteilen (Zahlentafel 11).
In der senkrechten Spalte stehen die Wählerausgänge von drei 100er-Gruppen. Der erste Schritt erreicht den Ausgang 1, der nur einer Gruppe zugänglich ist. Der zweite Schritt greift teilweise über: für die Wähler 111 ... 110 ist der Ausgang 52 gemeinsam mit den Wählern 501 ... 500, andrerseits ist der Ausgang 2 gemeinsam für 121 ... 100 und 211 ... 210 erreichbar. Dieses Übergreifen der Vielfachleitungen verschiebt sich mit jedem Schritt um je ein weiteres Zehnt.
Die Verkehrsspitzen in jeder 100er-Gruppe treten zeitlich verschoben auf. Ein Ausgleich nach einem benachbarten Hundert hinüber ist möglich, weil dort noch Wege bzw. Ausgänge frei sein können. Denkt man sich zunächst nur das eine Hundert in Betrieb, so sind für je 50 *VW* schon 15, je 100 *VW* sogar 19 belegbare Ausgänge auszuzählen. Allerdings wird nie diese Anzahl voll erreicht werden, weil die Anrufe innerhalb eines Hunderts ungleich ver-

Zahlentafel 11:

Übergreifen der Ausgänge in einem Zehnerbündel

Vorwähler Nr.	Zehn Drehschritte in freier Wahl									
	1	2	3	4	5	6	7	8	9	10
	Ausgang nach *GW* oder *LW* Nr.									
501...500	51	52	53	54	55	56	57	58	59	60
111...110	1	52	53	54	55	56	57	58	59	60
121...120	1	2	53	54	55	56	57	58	59	60
131...130	1	2	3	54	55	56	57	58	59	60
141...140	1	2	3	4	55	56	57	58	59	60
151...150	1	2	3	4	5	56	57	58	59	60
161...160	1	2	3	4	5	6	57	58	59	60
171...170	1	2	3	4	5	6	7	58	59	60
181...180	1	2	3	4	5	6	7	8	59	60
191...190	1	2	3	4	5	6	7	8	9	60
101...100	1	2	3	4	5	6	7	8	9	10
211...210	11	2	3	4	5	6	7	8	9	10
221...220	11	12	3	4	5	6	7	8	9	10
231...230	11	12	13	4	5	6	7	8	9	10

teilt auftreten. Immerhin ist es wahrscheinlich, mehr als 10...15 Anrufe durchzubringen, selbst wenn die Nachbargruppen in Betrieb sind und deren Besetzteinfluß auf die eigene Gruppe sich geltend macht.

Durch Staffeln und Übergreifen ist die Leistung eines Vielfachfeldes zu erhöhen. Alle drei Verfahren werden gleichzeitig angewandt und in dieser Art als Mischen der Ausgänge bezeichnet.

Die abgehenden Leitungen, welche gemeinsam von Stufe zu Stufe führen, bilden ein Bündel. Ein 10er- oder 20er-Bündel ist unvollkommen, weil die Belegungsdauer jeder einzelnen Leitung sich nicht voll ausnutzen läßt. Durch Mischen von 100 Vielfachleitungen ergibt sich ein vollkommenes Bündel, die Benutzungsdauer jeder einzelnen Leitung steigt auf 75% der Hauptverkehrsstunde. Mit 25% toter Zeit für Auf- und Abbau von Verbindungen ist auch im Bestfall zu rechnen.

13. Mischwähler, Umsteuerwähler, Mitlaufwähler

Eine beliebige *GW*-Stufe setzt sich aus einer festen und einer freien Wahl zusammen. In der Regel sind in freier Wahl nur 10 Ausgänge nach der nächsten Stufe zu erreichen. Diese Ausgänge werden über je einen Mischwähler geführt, der wie ein II. *VW* die Zahl der verfügbaren Ausgänge vermehrt und mischt. Da zwischen den Nummernwahlen die Einstellzeit sehr kurz ist, arbeitet der Mischwähler mit Voreinstellung auf eine freie Leitung.

In großen Anlagen verläuft der Verbindungsaufbau über mehrere *GW*-Stufen. Die Leitungsführung beginnt in der Vermittlung des *A*-Teilnehmers, erreicht abgehend ein Knotenamt oder Netzgruppenamt, endet ankommend entweder in einer fremden oder der eigenen Vermittlung, jeweils entsprechend der Anschlußnummer des B-Teilnehmers. Sämtliche Verbindungen von und nach der eigenen Vermittlung machen aber einen Umweg über ein Knotenamt, der sich kürzen läßt.

Deshalb stellen die Kennzahlenwahlen in der eigenen Vermittlung durch Addition einen Drehwähler ein, der als Mitläufer arbeitet. Werden dabei Drehschritte erreicht, die den Anschlußnummern der eigenen Vermittlung entsprechen, so fängt sich je ein Relais. Sämtliche Relais bestätigen die Kennzahl und veranlassen einen Umsteuerwähler, der als Mischwähler in der bisherigen Verbindung eingeschaltet war, diesen Weg zu trennen und von der ersten Kontaktreihe auf eine zweite weiterzudrehen. In freier Wahl belegt der Umsteuerwähler eine Querverbindung innerhalb der eigenen Vermittlung, z.B. vor dem I. *GW* abzweigend nach einem IV. *GW* oder *LW*. Die übrigen Wahlstufen (II., III. *GW*) und die Verbindungsleitungen werden wieder freigegeben (Bild 105), diese Wähler lösen sich aus und stehen sogleich für neue Verbindungen zur Verfügung.

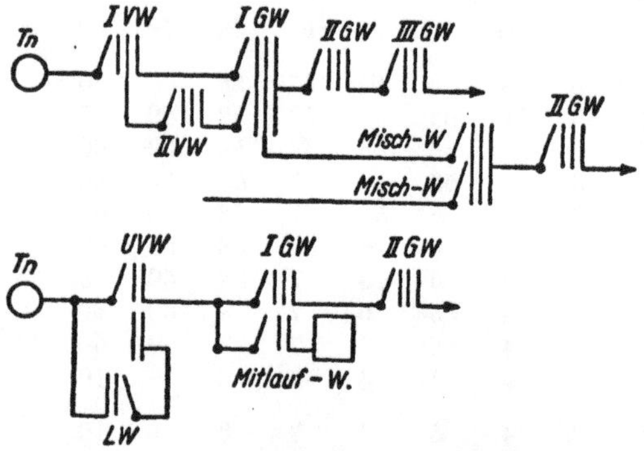

Bild 105. Anordnung von Mischwählern, Umsteuervorwählern und Mitlaufwählern in großen Anlagen

14. Nebenstellenanlagen

Der Verbindungsaufbau im Innenverkehr von Nebenstellenanlagen vollzieht sich bei Wählbetrieb in gleicher Weise wie bei den üblichen 10er-, 100er-, 1000er-, 10000er-Systemen.

Der Amtsverkehr erfordert indes besondere Einrichtungen. Für den ankommenden Verkehr ist eine Abfragestelle vorzusehen, welche mittels Nummernschalter oder Zahlengeber die Weiterverbindung herstellt. Im abgehenden Verkehr ist die Einschaltung auf eine Amtsleitung von jeder Nebenstelle aus möglich, entweder durch Tastendruck oder durch Wahl einer Kennzahl.

Diese Anlagen arbeiten selbsttätig im abgehenden Verkehr. Ist nur eine Amtsleitung vorhanden, so genügt bei Kleinanlagen ein Relaissatz, der die Durchschaltung vollzieht. In mittleren Anlagen mit mehr als 10 ... 200 Nebenstellen werden Amtswähler eingebaut, welche wie Anrufsucher die Nebenstelle finden und auf eine Amtsleitung durchschalten. Die Anzahl der Amtswähler entspricht den Amtsleitungen; hierbei ist vorausgesetzt, daß alle Leitungen nach dem gleichen Amt führen (Bild 106).

Eine Nebenstellenanlage kann auch mit mehreren Vermittlungen verkehren, entweder mit Ämtern oder über Querverbindungen mit anderen Nebenstellenanlagen. In diesem Fall ist eine Kennzahlenwahl nicht zu umgehen.

Die Einschaltung auf eine Verbindung mit einer Außenleitung läßt sich in verschiedener Weise ausführen.

In 1000er-Anlagen mit einer *GW*-Stufe werden durch eine einstellige Wahl (1, 9 oder 0) die Ausgänge bestimmter Höhenschritte mit den Außenleitungen verbunden. Innerhalb des Systems fallen dadurch ein- bis dreihundert Anschlüsse innerhalb der laufenden Nummernfolge aus, außerdem ist es fraglich, ob sämtliche Ausgänge am *GW*, welche durch diese Einteilung für Außenleitungen freigehalten werden, voll ausgenutzt sind.

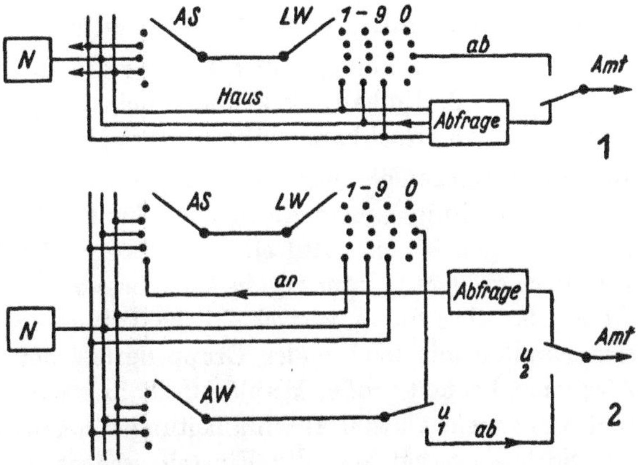

Bild 106. Verbindungsübersicht einer Nebenstellenanlage: (*1*) Einschalten auf die Amtsleitung über einen *LW*-Ausgang, (*2*) Einschalten durch Kennzahlenwahl und Ablösung des Hausweges durch den Amtswählerweg

In 100er-Anlagen entfallen durch eine vorgesehene 0-Wahl immerhin noch 10 Anschlüsse, über die mit zweistelligen Kennzahlen auch verschiedene Richtungen erreichbar sind. Dieses Verfahren benutzt aber die gleichen Verbindungswege für den Innen- und Außenverkehr. Bei starkem Hausverkehr kann der Amtsverkehr mangels freier Wege nicht mehr durchkommen.

Durch eine Trennung der Wege für Innen- und Außenverkehr ist dieser Nachteil zu vermeiden.

Besondere Amtswähler stellen eine Verbindung nach außen her. Eine mehrstellige Kennzahlenwahl beansprucht anfänglich einen Hausweg bis zur *LW*-Stufe, dadurch wird ein Amtswähler angelassen, der den Anrufer findet und hernach den Hausweg wieder auslöst.

Bei einer Rückfrage während einer Amtsverbindung wird durch Betätigung einer Umschalttaste an der Anschlußstelle die Umschaltung auf einen Hausweg vollzogen. Die Amtsverbindung bleibt im Wartezustand und wird gehalten, während dessen die Nebenstelle sich eine Hausverbindung herstellt. Die Abschaltung und Rückverbindung mit Amt erfolgt wieder durch Tastendruck.

Das Umlegen einer Amtsverbindung von einer zur anderen Nebenstelle ist ohne oder mit Hilfe der Abfragestelle ausführbar. Falls nur eine einzige Amtsleitung angelegt ist, genügt es, über einen Hausweg die gewünschte Nebenstelle anzurufen und zum Eintreten in die Amtsverbindung aufzufordern. Sind mehrere Amtsleitungen vorhanden, so ist entweder die Abfragestelle zu benachrichtigen oder, wenn mehrere Abfrageplätze eingerichtet sind, durch Anhängen zu trennen. Am Abfrageplatz erscheint darauf ein Flackerzeichen, welches zur wiederholten Abfrage auffordert.

15. Anrufsuchersysteme

Ein beliebiger Anruf aus einer Gruppe von Anschlüssen sei zu finden. Für eine Verbindung sollen mehrere Anrufsucher zur Verfügung stehen, welche gemeinsam einer Leitungsgruppe angehören.

Allgemeine Forderungen für alle Anrufsuchersysteme sind:

1. Bildung großer Leitungsgruppen,
2. Einhaltung kleiner Suchzeiten,
3. Nachbaraushilfe aller Sucher einer Gruppe.

In kleinen Anlagen bis zu 50 Anschlüssen bilden sämtliche Teilnehmerleitungen eine einzige Gruppe, jeder Anrufsucher kann jeden Anruf annehmen. In mittleren Anlagen ist eine Aufteilung in 50er- oder 100er-Gruppen notwendig. Eine noch größere Gruppe ergäbe einen besseren Verkehrsausgleich. Eine obere Grenze ist aber durch wirtschaftliche Erwägungen gezogen. Es vermindern sich nämlich mit wachsender Gruppengröße der Verkehrsausgleich und die Absatzmöglichkeit großer Wähler, deshalb erscheint es kaum lohnend Anrufsucher für mehr als 200 Anschlußleitungen herzustellen.

Die Suchzeit hängt von der Einstellgeschwindigkeit und der Bauart eines Wählers ab. Ein Wähler erreicht etwa 30 ... 40 Schritte in der Sekunde. Für 50teilige Drehwähler ergibt sich im ungünstigsten Fall eine größte Suchzeit von 1,43 s, bei 100teiligen sogar 2,86 s, wenn ein am Ende der Kontaktreihe liegender Anruf gefunden werden soll. Von einem Hebdrehwähler mit 10 Heb- und 10 Drehschritten wird der hundertste Anschluß schon nach 0,75 s gefunden, mit Doppelkontakten und 200 Anschlüssen ausgerüstet erhöht sich diese Suchzeit nicht, um auch die Nummer 200 zu finden.

Eine Kürzung der Suchzeiten mit Drehwählern ist auch konstruktiv zu lösen: entweder durch Wähler mit 10er-Sprüngen und 1er-Schritten oder durch Vermehrung der parallelen Arme und Kontaktbänke, durch welche eine Gruppe und damit die Suchzeit hälftig geteilt wird.

Die Anrufsuchersysteme gliedern sich in Ausführungen mit ein- und zweibahnigen Wählern. Zu der ersten Art gehören Drehwähler, Fallwähler, Motorwähler, zu der zweiten sämtliche Hebdreh-, Schubdreh- oder Drehhebwähler.

1. Systeme mit Einbahnwählern.

a) Ohne Grundstellung der Sucher und mit Sammelanlauf. Auf einen Anruf hin laufen sämtliche *AS* an, einer findet die anrufende Leitung, die übrigen werden stillgesetzt. Da die Wähler auf beliebigen Schritten verteilt stehen, wird meistens nach kurzer Suchzeit der Anrufer gefunden.

b) Ohne Grundstellung der Sucher und mit Einzelanlauf in bestimmter Reihenfolge. Die meisten Verbindungen fallen bei dieser Anordnung dem ersten *AS* der Reihe zu, erst wenn der Gleichzeitigkeitsverkehr steigt, werden auch die nächsten der Reihe nach belegt und anlaufen. Die Suchzeit bleibt dem Zufall überlassen.

c) Ohne Grundstellung der Sucher und mit Einzelanlauf geregelt durch einen Rufordner. Der Ordner ist ein Wähler, der jeden weiteren Anruf dem nächstfolgenden Sucher zuweist. Sämtliche *AS* werden gleichmäßig benutzt, die Suchzeiten aber nicht verkürzt.

d) Mit einheitlicher Grundstellung aller Sucher und Einzelanlauf. Der erste *AS* läuft an und findet. Nach der Auslösung dreht der *AS* weiter bis zum letzten Wartekontakt. Der nächste Anruf läßt den zweiten *AS* an usw., bis auch der letzte *AS* einer Gruppe seine Wartestellung erreicht. Dadurch rücken alle *AS* in die Grundstellungen ein. Den nächsten Anruf übernimmt wieder der erste *AS*. Der Rufordner entfällt. Sämtliche *AS* werden gleichmäßig benutzt.

e) Mit versetzten Grundstellungen aller Sucher und Einzelanlauf. Die Grundstellungen innerhalb der 50er-Gruppe sind: 50, 10, 20, 30, 40. Jeder *AS* ist einem anderen Zehnt zugeordnet und findet nach höchstens zehn Schritten den Anruf. Die Nachbaraushilfe leistet bei einem zweiten Anruf im gleichen Zehnt derjenige *AS*, welcher den kürzesten Anlaufweg hat. Im Durchschnitt sind die Suchzeiten kurz. Die Anrufe verteilen sich auf alle *AS* ungefähr gleichmäßig.

2. Systeme mit Zweibahnwählern.

a) Mit Rufordner und Zehnersucher oder Höhenkontakten.

Der Rufordner teilt jeden Anruf einem bestimmten Wähler zu. Der Zehnersucher findet die Höhenschritte für den *AS*. Der *AS* hebt, dreht ein und findet die anrufende Leitung. Die Hilfswähler kehren in ihre Grundstellung zurück und stehen für den nächsten Anruf bereit.

Der Zehnersucher ist durch eine Kopfleiste mit Höhenkontakten am Hebdrehwähler zu ersetzen, welche das Prüfen der Zehnergruppen während der Höhenschritte übernimmt.

b) Mit direktem und indirektem Suchvorgang.

Jeder *AS* besitzt eine elfte Kontaktreihe, die unten angeordnet ist und ein Eindrehen aus der Grundstellung gestattet, ohne die Wählerarme heben zu müssen. An jedem *AS* liegt ein bestimmtes Zehnt eines Hunderts, welches mit der elften Kontaktreihe verbunden ist.

Der Erstanruf aus einem Zehnt wird von dem *AS* angenommen, in dessen elfter Kontaktreihe die anrufende Leitung liegt. Nach höchstens zehn Schritten ist der Anruf gefunden. Die Auslösung erfolgt durch Zurückdrehen der Arme in die Grundstellung. Die Suchzeiten sind sehr kurz.

Ein zweiter Anruf aus demselben Zehnt läßt den Rufordner an, der einen freien *AS* belegt. Mit Zehnersucher oder Kopfleiste werden die erforderlichen Höhenschritte ermittelt, durch Eindrehen der Anrufer gefunden.

c) Mit Anlaßkettenleitung.

Der *AS* führt zuerst Höhenschritte aus und prüft mit einem Hilfsarm längs einer Kontaktreihe, die auf einer Kopfleiste angebracht ist, in welchem Zehnt der Anruf liegt. Danach folgt seine Umsteuerung auf Eindrehen und Prüfen der Anschlüsse auf den Anrufer.

In dieser Anordnung ist jeder *AS* einem bestimmten Zehnt zugeordnet, auf dessen Anruf er zuerst anläuft. Nach seiner Belegung werden weitere Anrufe dem Nachbarwähler zugeleitet, weil sämtliche *AS* einer Hunderter- oder Zweihunderter-Gruppe über die Anlaßkettenleitung in Verbindung stehen.

In sämtlichen Anrufsuchersystemen mit Hebdrehwählern kehrt der *AS* nach der Auslösung einer Verbindung in seine Grundstellung zurück.

IV. VIELFACHSCHALTUNGEN

A. Grundschaltungen

1. Speisung

Die Stromversorgung einer Anschlußstelle erfolgt entweder durch Orts- oder Einzelbatterien (*OB*), durch Netzanschlußgeräte oder von der Vermittlung her aus einer Zentralbatterie (*ZB*). Da ohnehin über die Außenleitungen verschiedene Signale auszutauschen sind, wird vorteilhaft der *ZB*-Speisungsstrom für diese Zwecke mit herangezogen.

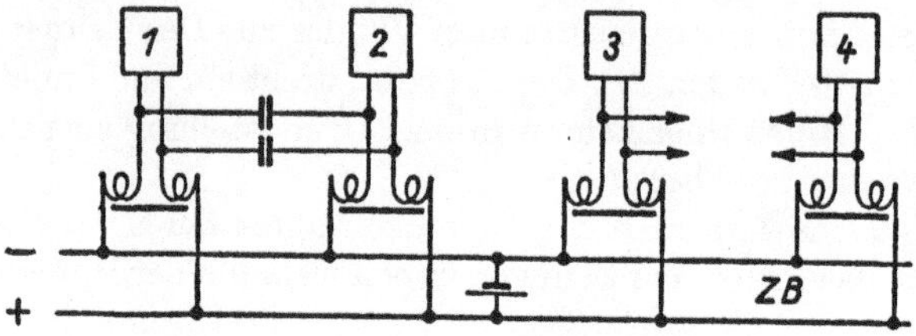

Bild 107. Stromlaufplan für Zentralbatteriebetrieb mit beliebig vielen Anschlußstellen

Jede Außenleitung ist durch Induktivitäten (Drosselspulen, Relaiswicklungen, Übertrager) gegen die Batteriesammelschienen zu verriegeln, um ein Übersprechen zu unterdrücken (Bild 107). Aus demselben Grunde muß der Innenwiderstand der Speiseleitungen und der Zentralbatterie hinreichend klein sein, um eine gemeinsame Speisung aller Anschlüsse zu ermöglichen.

2. Nummernwahl

Über die Außenleitungen sind zu geben: Anrufzeichen, Amtszeichen, Stromschritte, Anfang und Ende der Schrittfolgen, Rufstrom, Frei- oder Besetztmeldung, die eigentliche Fernmeldung, Schlußzeichen beider Teilnehmer und Auslösung der Verbindung.

Zur Verfügung steht ein Leiterpaar; für Schaltkennzeichen kann bei ausreichenden Spannungen als dritter Zweig die Erde mitbenutzt werden. In der Regel sucht man für sämtliche Signale mit zwei Leitern oder Adern zwischen den Anschlußstellen und ihrer Vermittlungsstelle auszukommen.

Die notwendigen Signale unterscheiden sich durch Stufung, Polung, Stromart, Frequenz, Zeit- und Schrittfolgen.

Anruf- und Schlußzeichen werden bei *OB*-Speisung durch »An- und Abläuten«, bei *ZB*-Speisung durch Ein- und Ausschalten des Schleifenstromes gegeben. Dazwischen reiht sich die Nummernwahl ein.

Der Nummernschalter besitzt ein Laufwerk, welches durch Drehen der Wählscheibe aufgezogen wird und dessen Rücklaufgeschwindigkeit durch eine Fliehkraftbremse geregelt ist. Hierbei werden folgende Kontakte betätigt:

nsi Impulskontakt erzeugt eine der gewählten Ziffer entsprechende Anzahl von Stromschritten während des geregelten Rücklaufes.

nsa Arbeitskontakt schaltet einmalig beim Verlassen und Erreichen der Ruhestellung (Anfang und Ende der Nummernwahl).

nsr Rücklaufkontakt findet sich bei neueren Nummernschaltern vor. Der Anlaufweg zwischen dem ersten Fingerloch und dem Anschlag ist so weit verlängert, daß beim Rücklauf überzählige Stromschritte entstehen würden, die aber durch den Rücklaufkontakt unterdrückt werden. Dieser tote Gang dehnt die notwendige Pause zwischen den einzelnen Abläufen, um eine Addition schnell sich folgender Stromschrittreihen zu verhüten.

Die genannten Kontakte können je nach den gestellten Schaltbedingungen Ruhe-, Arbeits-, Wechsel- oder Doppelkontakte sein. In der Regel ist *nsi* ein Ruhekontakt, *nsa* ein Doppelarbeitskontakt und *nsr* ein Kurzschlußkontakt (Bild 108).

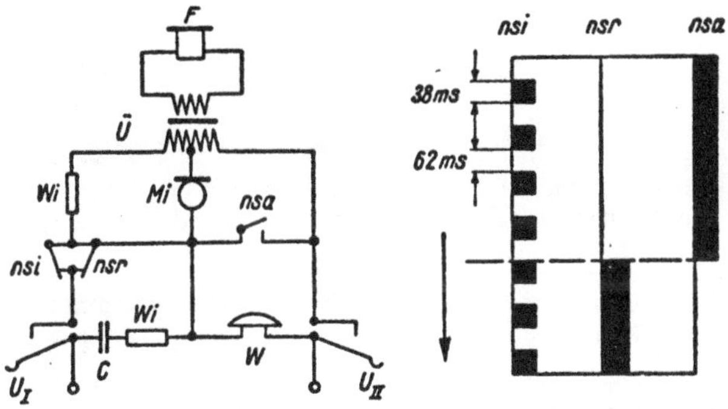

Bild 108. Einschaltung (links) und Arbeitszeiten (rechts) der Kontake *nsi*, *nsr* und *nsa* eines Nummernschalters in einer Sprechstelle

Die Schrittreihen unterscheiden sich bei Gleichstromwahl durch große, die einzelnen Schritte durch kleine Zeitabstände. Diese Schaltmerkmale werden mittels Verzögerungsrelais ausgewertet, welche kurzzeitige Schaltvorgänge übergehen, aber auf längere Schaltpausen ansprechen und so den Empfang einer nachfolgenden Schrittreihe vorbereiten.

Die Schrittgabe selbst läßt sich galvanisch, induktiv oder kapazitiv auf ein neutrales oder gepoltes Linienrelais übertragen (Bild 109).

Teil 1. *OB*-Speisung. Anruf durch Schließen des Hakenumschalters *HU*. Nummernwahl durch mehrmaliges Öffnen von *nsi*. Schlußzeichen durch Öffnen von *HU*. Das Relais *A* zieht an, pendelt und fällt ab.

Teil 2. *ZB*-Speisung. Gleiche Arbeitsweise wie bei Teil 1.

Teil 3. *OB*-Speisung mit Erde als dritter Ader. Anrufzeichen: Relais *A* zieht an. Nummernwahl: *A* fällt mehrmals kurzzeitig ab. Schlußzeichen: *A* ist dauernd abgefallen.

Teil 4. *ZB*-Speisung über *A* mit geerdeter Batterie. Anrufzeichen: *A* zieht an. Nummerwahl: *A* pendelt. Schlußzeichen: *A* fällt endgültig ab. Die Benutzung beider Adern in Parallelschaltung für die Impulsgabe erhöht die Reichweite der Übertragung.

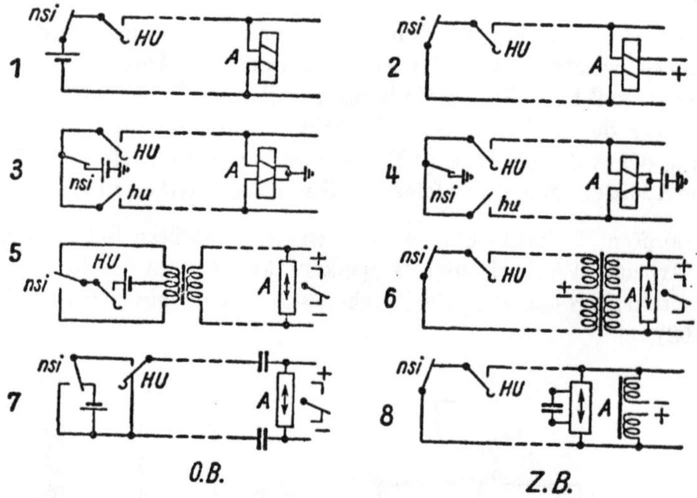

Bild 109. Grundschaltungen für die Stromschrittgabe oder Nummernwahl und verschiedenartige Übertragungen bei *OB*- und *ZB*-Speisung

Teil 5. *OB*-Speisung. Ein- und Ausschalten des Gleichstromes erzeugt mittels des Übertragers Stromstöße verschiedener Richtung. Das gepolte Empfangsrelais *A* schlägt abwechselnd nach der Plus- oder Minusseite um. Anrufzeichen: *HU* wird geschlossen und *A* schlägt nach Plus um. Nummernwahl: *nsi* schaltet mehrmals um und *A* pendelt zwischen Plus- und Minusseite. Schlußzeichen: *HU* wird geöffnet und *A* schlägt endgültig nach der Minusseite in die Ruhestellung um.

Teil 6. *ZB*-Speisung. Die Arbeitsweise ist ähnlich der Anordnung in Teil 5. Der Impulskontakt polt aber nicht die Stromrichtung um, sondern schaltet den Speisungsstrom nur aus und ein. Auch hierbei entstehen gerichtete Stromstöße, welche das gepolte Relais steuern.

Teil 7. *OB*-Speisung. Vor dem gepolten Empfangsrelais liegen Kondensatoren, welche abwechselnd geladen und entladen werden. Anrufzeichen: *HU* schaltet um, durch einen Ladungsstromstoß schlägt das gepolte Relais *A* nach der Plusseite um. Nummernwahl: Durch mehrmaliges Laden und Entladen der Kondensatoren pendelt *A* zwischen Minus- und Plusseite. Schlußzeichen: *HU* schließt die Schleife kurz, die Entladung bringt das Relais *A* nach der Minusseite in die Grundstellung.

Teil 8. *ZB*-Speisung. Anrufzeichen: *HU* schließt und entlädt den Kondensator. Der Kontakt von *A* schlägt von Minus nach Plus um. Nummernwahl: *nsi* öffnet mehrmals, also pendelt Relais *A*. Schlußzeichen: *HU* öffnet und lädt den Kondensator, *A* wendet sich endgültig nach Minus. Hierbei muß der Schleifenwiderstand kleiner als der Vorwiderstand zur Batteriespeisung sein, um große Ausgleichströme zu erhalten.

In allen Fällen genügt ein einziges Relais für den Empfang dieser verschiedenen Signale. Die beschriebenen Verfahren sind anwendbar, wenn zwischen Geber

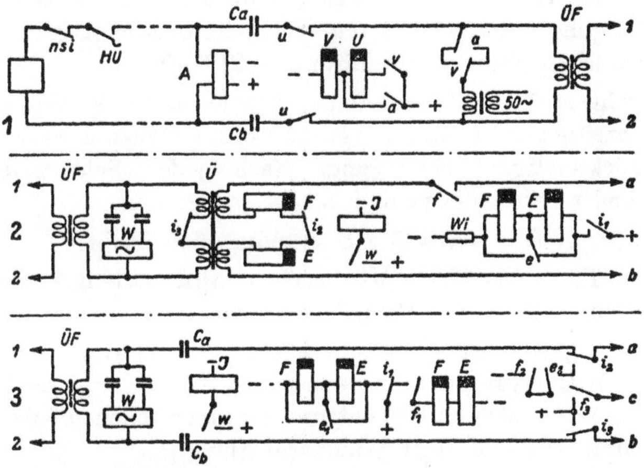

Bild 110. Fernübertragung des Anrufzeichens, der Nummernwahl und des Schlußzeichens: (*1*) Umsetzer Gleichstrom-Wechselstrom für die Fernleitung, (*2*) Umsetzer Wechselstrom-Gleichstrom für zweiadrige und (*3*) für dreiadrige Ortsverbindungsleitungen

und Empfänger nur mäßige Entfernungen liegen. Bei großen Entfernungen ist die Gleichstrom- durch Wechselstromwahl zu ersetzen. Diese Stromschrittreihen werden entweder ohne Verstärker mit Niederfrequenz (50 oder 100 Hz) oder mit Verstärkern und Mittelfrequenz (zwischen 150 und 1000 Hz) gegeben. Die gesamte Übertragung gliedert sich dann in drei Abschnitte:

1. Gleichstromwahl zwischen dem Anschluß des *A*-Teilnehmers über eine Orts- bis zur Fernvermittlung.
2. Wechselstromwahl über die Fernleitungen zwischen den zwei Fernvermittlungsstellen.
3. Gleichstromwahl zwischen der zweiten Fern- und der Ortsvermittlung des *B*-Teilnehmers.

Die Signale sind also zweimal umzusetzen, um Anrufzeichen, Nummernwahl und Schlußzeichen durchzugeben. Als Merkmal für eine Belegung kann bei Gleichstrom die Leitung unter Strom stehen, ohne die Nachrichtendurchgabe zu stören. Ein Wechselstrom würde während des Gesprächszustandes stören, weil seine Frequenz hörbar ist. Deshalb muß das Belegungs- und Schlußzeichen vorher und nachher kurzzeitig erfolgen. Der Haken- oder Gabelumschalter schließt beim Anruf und öffnet zum Schluß die Gleichstromschleife. Dieses Dauersignal ist in zwei kurzzeitige Einzelsignale zu übersetzen.

Die als Beispiel gezeigte Schaltung setzt eine Nummernwahl nur in einer Übertragungsrichtung voraus. Auf der Gebeseite endet die zweiadrige *ZB*-Leitung und werden ihre Signale umgesetzt. Auf der Empfangsseite sind zwei Übersetzerschaltungen für den Übergang auf ein zwei- oder ein dreiadriges System gezeigt (Bild 110, Teil 1).

Anrufzeichen: *HU* schließt die Leiterschleife, *A* hat dauernd angezogen.

Übersetzung: *A* zieht zuerst, darauf zieht *V* an. Durch deren Kontakte *a* und *v* wird die Belegung mit einem kurzen Wechselstromschritt gemeldet, welcher als Anfangszeichen über die Fernleitung (1, 2) läuft.

Nummernwahl: *A* fällt mehrmals ab und gibt mit *a* eine Wechselstromschrittreihe. Gleichzeitig zieht *U* an und verhütet durch Öffnen der *u*-Kontakte eine störende rückwärtige Übertragung. Nach jeder Schrittreihe fällt *U* wieder ab und schaltet die *a*- und *b*-Ader wieder ein.

Schlußzeichen: *A* fällt ab, weil *HU* ständig offen bleibt.

Übersetzung: Ein langer Wechselstromschritt wird mit *a* und *v* gegeben, bis *V* mit Verzögerung abfällt. Die Freigabe ist gemeldet.

Auf der Empfangsseite liegt ein Wechselstromrelais *W*, welches auf alle Signale anspricht. Den Übergang auf ein zweiadriges System zeigt Bild 110, Teil 2. (Die Leiter *a* und *b* rechts im Bild entsprechen einer üblichen Schleife zwischen einer Anschlußstelle und einer Wählvermittlung.)

Belegung: *W* zieht kurzzeitig an und schaltet *J* ein und aus. Durch i_1 kommt *F* und hält sich, weil jetzt ein Schluß der Schleife über die *a*-Ader und *b*-Ader mit *ZB*-Speisung hergestellt ist:

Minus »*a*« i_2 *f* *Ü* *F* *E* *Ü* »*b*« Plus.

Damit bleiben dauernd *F* und *E* angezogen. Die Gleichstromschleife ist über den Relaissatz eines Wählers geschlossen.

Nummernwahl: *A* mit *a*, *W* mit *w*, *J* mit *i* pendeln.

Freigabe: *W* und *J* ziehen langzeitig an. Dadurch schließt i_1 und öffnet i_2, *F* fällt ab, *E* bleibt erregt bis *W* und *J* abfallen. Die Gleichstromschleife ist endgültig unterbrochen.

Den Übergang auf ein dreiadriges System zeigt Bild 110, Teil 3. (Die Leiter *a*, *b*, *c* führen zu einem Wähler.)

Die Nummernwahl wird mit Arbeitsstromschritten über die *a*-Ader weitergegeben, die Belegung erfolgt durch Einschalten der *c*-Ader.

Belegung: *W*, *J* und *F* ziehen folgezeitig an, f_3 belegt über die *c*-Ader den abgehenden Weg. *W* und *J* fallen ab; *F* hält sich verzögert, bis sich *F* und *E* über f_1 fangen.

Nummernwahl: *A* mit *a*, *W* mit *w*, *J* mit *i* pendeln.

Freigabe: *W* und *J* ziehen langzeitig an, bis *F* abfällt. Schließlich fallen *W*, *J* und *E* ab. Die *c*-Ader wird durch *f* geöffnet und dadurch frei.

3. Sprechstellen

Diese Schaltungen (Bild 111) vereinigen die Lösungen folgender Aufgaben:

1. Gegenseitiger Anruf durch Gleich- oder Wechselstrom.
2. Gegenseitiger Sprechverkehr mit *OB*- oder *ZB*-Speisung.
3. Nach Bedarf mit oder ohne Nummernwahl für *W*-Betrieb.

Teil 1: Anruf mit Batteriestrom und Gleichstromwecker. Sprech- und Hörkreis nur induktiv gekoppelt. Gesonderte *OB*-Speisung des Mikrophons.

Teil 2: Mitbenutzung der Mikrophonbatterie für den Rufstrom. Ersatz der

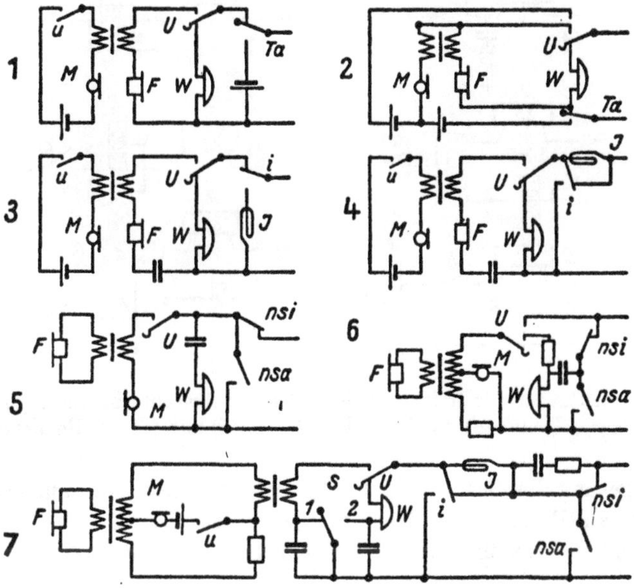

Bild 111. Schaltungen von Sprechstellen

getrennten Arbeitskontakte durch einen Doppelarbeitskontakt am Hakenumschalter.

Teil 3: *OB*-Stelle mit Linieneinschaltung des Induktorrufstromes. Der Wellenkontakt *i* schaltet das Sprechgerät während des Anrufes aus.

Teil 4: *OB*-Stelle mit Reiheneinschaltung des Induktorrufstromes. Des Wellenkontakt *i* schließt das Sprechgerät während des Anrufes kurz.

Teil 5: *ZB*-Stelle. Die eigene Einsprache wird mitgehört. Der Weckerkreis bleibt parallel zur Sprechleitung eingeschaltet. Nach Bedarf für *W*-Betrieb mit Nummernschalter (*nsi*, *nsa*), der bei Handvermittlung entfällt.

Teil 6: *ZB*-Stelle mit Nummernschalter. Rückhördämpfung der Einsprache. Funkenentstörung des Impulskontaktes.

Teil 7: *OB*-*ZB*-*W*-Stelle für jede Betriebsart. Rückhördämpfung der Einsprache. Funkenentstörung des Impulskontaktes. Umschalter *S*: Stellung 1 für Schlußzeichengabe bei *ZB*-Betrieb, Stellung 2 für Schlußzeichengabe bei *OB*-Betrieb.

4. Schrittgeber für freie Wahlen

Für den Vortrieb sämtlicher Schrittschaltwerke ist eine Stromschrittgabe (Impulsgabe) notwendig. Erzwungene Schritte werden durch Nummernwahl, freie Schritte durch periodische Schrittgeber gesteuert. Eine freie Schrittgabe ist durch mechanische Selbstunterbrecher am Wähler selbst, durch selbständige Pendelunterbrecher, durch Relaisunterbrecher oder durch Fortschaltekreise möglich und beträgt etwa 25 bis 40 Schritte je Sekunde (Bild 112).

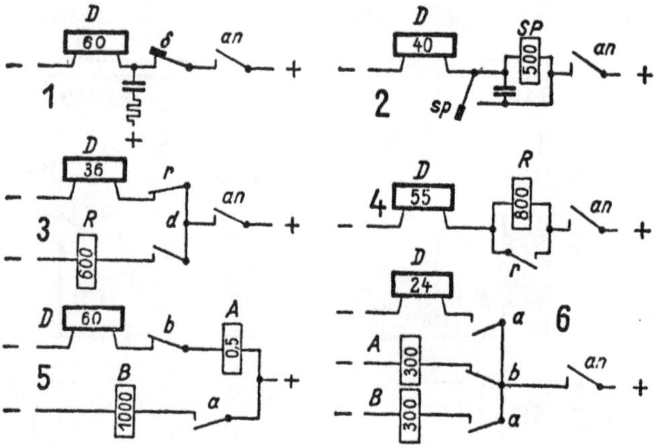

Bild 112. Schrittgeber für freie Wahlen: (*1*) mit Selbstunterbrecher, (*2*) mit Pendelunterbrecher, (*3*) und (*4*) mit Fortschaltekreis, (*5*) und (*6*) mit Relaisunterbrecher

Eine Steigerung der Schrittzahlen ist schwer möglich, weil auf jeden Schritt eine Pause als Prüfzeit für »Frei« oder »Besetzt« folgen muß. Diese Prüfzeit muß etwa 5 bis 10 ms für neutrale oder 3 ms für gepolte Prüfrelais währen.

5. Besetztprüfung

In Vielfachschaltungen ist jede Leitung über mehrere Verbindungswege erreichbar. Um unzulässige Doppelbelegungen zu vermeiden, ist vorher eine Besetztprüfung vorzunehmen (Bild 113).

Der Besetztprüfung dient eine besondere *c*-Ader, welche neben der *a*- und *b*-Ader verlegt ist. Diese Anordnung ist nur bei kurzen Entfernungen angängig;

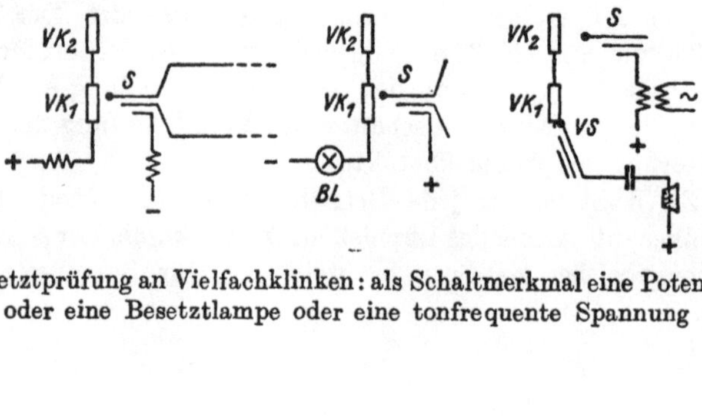

Bild 113. Besetztprüfung an Vielfachklinken: als Schaltmerkmal eine Potentialänderung oder eine Besetztlampe oder eine tonfrequente Spannung

längere Strecken erfordern eine Mitbenutzung der *a*- und *b*-Ader, um die Verlegung einer besonderen *c*-Ader zu sparen.
Im Handbetrieb wird durch Stöpseln einer Klinke eine Gleich- oder Wechselspannung an die stromlose Ader gelegt oder ein vorhandenes Plus- oder Minuspotential der *c*-Ader verändert. Wird die gleiche Leitung noch einmal verlangt, so erfolgt die Besetztprüfung durch Berühren einer offenen Klinkenhülse mit der Stöpselspitze. Im Fernhörer des Abfrageapparates ertönt ein Knacken oder Summen als Besetztanzeige. Andernfalls können über jeder Klinke Besetztlampen angebracht sein, welche beim Stöpseln einer Verbindungsklinke sämtlich aufleuchten. Von Vorteil ist die bessere Kennzeichnung besetzter Leitungen durch Besetztlampen, nachteilig sind der größere Raumbedarf, Strombedarf und Aufwand.

6. Belegen

Im Wählbetrieb werden allgemein Wähler auf Leitungen durch Festwahlen oder Freiwahlen eingestellt. Nur freie Leitungen dürfen indessen belegt werden. Es ergeben sich daher folgende unerläßliche Einzelvorgänge:

1. Prüfung einer Leitung auf »frei« oder »besetzt«.
2. Ihre Sperrung gegen spätere Belegungsversuche.
3. Durchschalten der ankommenden Leitung auf sie.

Das Prüfverfahren benutzt einen besonderen Stromkreis mit einem Prüfrelais, welches bei Festwahlen nach beendeter, bei Freiwahlen vor der Wählereinstellung an eine Prüfader angeschaltet wird. Der etwaige Anzug des Prüfrelais entscheidet, ob die Leitung frei oder besetzt ist. Bei Freiwahl wird der Wähler hierdurch stillgesetzt oder fortgeschaltet. Als Schaltmerkmal dient der Spannungszustand der Prüfader: hohe, niedrige oder keine Spannung; auch die Polung ist ein Merkmal, falls gepolte Relais oder neutrale in Verbindung mit Gleichrichterelementen verwendet werden.
Die Sperrung eines Prüfstromkreises erfolgt durch Änderung oder Umpolung der Spannung; weitere Prüfrelais, welche später angeschaltet werden, ziehen nicht an oder schalten fort, entsprechend unterbleibt eine Doppelbelegung.
Jedes Sperrverfahren ist vorwärts oder rückwärts anwendbar. Vorwärts geht die Sperrung vom belegenden Wähler aus, rückwärts von der belegten Leitung, welche an einem Wähler oder einer Teilnehmerstelle enden kann.
Der Prüfstromkreis kann als besondere *c*-Ader verlegt sein oder unter Benutzung der *a*- und *b*-Ader gebildet werden. Eine Rückleitung über Erde für Prüfstromkreise ist in Gleichstromkreisen üblich. Bei Wechselstromübertragungen mit Abschluß durch Übertrager an beiden Enden ist nur die Leitungsschleife benutzbar, weil die *c*-Ader wegen der zusätzlichen Kosten im Fernbetrieb entfallen muß. Da aber beide Adern bereits durch andere Vorgänge (Wählen, Frei- oder Besetztzeichen, Schlußzeichen) beansprucht werden, ist auf diesen ein Dauerstromkreis unmöglich unterzubringen. Es können daher nur kurzzeitige Signale für Belegung und Freigabe in den Zwischenpausen gegeben werden. Leider entfällt damit die Sicherheit des getrennt verlaufenden

Prüfstromkreises, weil Fehlsignale auftreten können. Aus wirtschaftlichen Gründen verbietet sich aber die Verlegung einer dritten Ader bei langen Strecken (Bild 114).

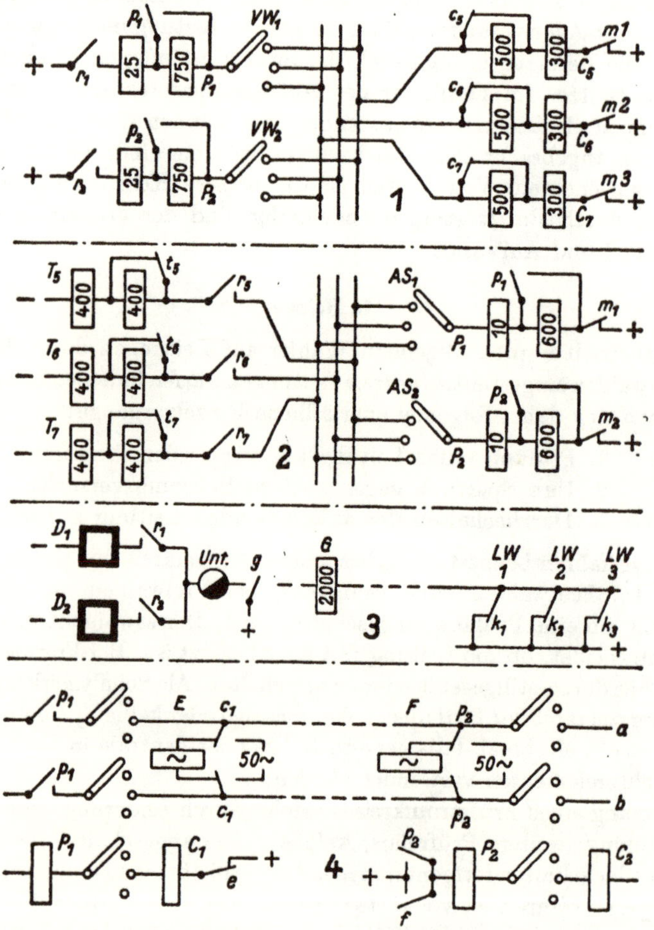

Bild 114. Schaltungen für Prüfen und Sperren von Vielfachleitungen

Teil 1 und 2. Sperrung bei Vorwärts- und bei Rückwärtswahlen.

Zwei oder mehr Wähler prüfen vorwärts. Zuerst prüft P_1 und zieht an. Kennzeichen: Volle Spannung für Freisein. Die hochohmige Wicklung von P_1 wird kurzgeschlossen, außerdem kann C seine hochohmige Wicklung freigeben. An der c-Ader liegt jetzt eine geringe Spannung. Das später prüfende Relais P_2 erhält Fehlstrom und zieht nicht an.

Zwei oder mehr Sucher prüfen rückwärts. Zuerst prüft P_1 und zieht an. Kennung: Ohne Spannung unbelegt, volle Spannung belegt durch Anruf. Die hochohmige Wicklung von P_1 schließt sich kurz und vermindert die Spannung.

Weitere Prüfrelais anderer Wähler erhalten Fehlstrom von der belegten oder keine Spannung von unbelegten Leitungen.

Teil 3 und 4. Sperrung rückwärtiger Wahlstufen.

Mehrere Wähler D_1, D_2, D_3 können beliebig die nächste Wahlstufe mit den Wählern LW_1 bis LW_3 belegen. Jeder belegte Wähler öffnet seinen Kontakt k, so daß bei Belegung aller das Abschaltrelais G stromlos wird und g sich öffnet. Kein Wähler der Gruppe D kann vergeblich anlaufen und prüfen.

Ein Wähler W_I kann eine Fernleitung nach Wähler W_{II} belegen. Ist W_{II} belegt, so hat sein Prüfrelais P_2 angezogen und legt rückwärts als Sperrsignal dauernd Wechselstrom an die Fernleitung. Der Prüfstromkreis über C wird durch e unterbrochen, weil E anzieht. Eine Belegung dieser Leitung unterbleibt.

7. Rufstromgabe

Nach dem Aufbau eines Verbindungsweges ist die verlangte Stelle zu rufen. Für den Rufstrom werden in der Regel eine Frequenz von 10 ... 25 Hz und eine Spannung von 40 ... 80 V verwendet.

Außerdem sind zur Benachrichtigung des A- und B-Teilnehmers besondere Hörzeichen erwünscht:

Amtszeichen als Bestätigung für die Annahme eines Anrufs und Aufforderung zur Ansage oder Wahl einer Verbindung.

Freizeichen oder Rufzeichen als Anzeige für die erfolgende Rufstromgabe.

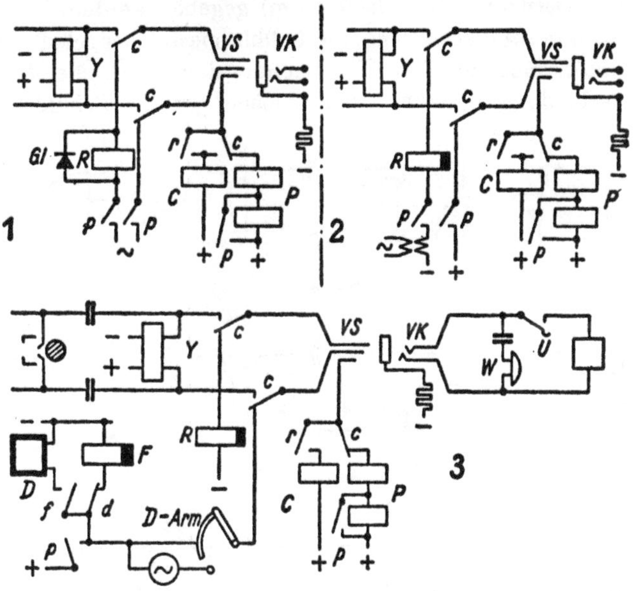

Bild 115. Rufstromgabe: (*1*) einmalig, (*2*) dauernd, (*3*) mehrmals

Besetztzeichen, falls die verlangte Leitung bereits belegt ist oder der Aufbau einer Verbindung mangels freier Wege nicht zustande kommen kann.

Mahnzeichen, falls während einer bestehenden eigenen Verbindung ein fremder Anrufer auf Freiwerden wartet.

Diese Signale sind sämtlich im Fernhörer vernehmbare Summertöne, welche sich durch Tonhöhe (z. B. 150 oder 450 Hz) und Schrittfolgen (z. B. Daueroder unterbrochener Ton) unterscheiden.

Im Handbetrieb wird der erste und der wiederholte Ruf mittels eines in der

Schnurschaltung befindlichen Abfrage-Ruf-Schalters (Kelloggschalter) gegeben. Im Wählbetrieb erfolgt die Einschaltung des Rufstromes nach der Freiprüfung von selbst. Verlangt werden folgende Ausführungen:

1. Nur einmaliger kurzzeitiger Ruf.
2. Dauerruf bis zur Meldung der gerufenene Stelle.
3. Mehrmaliges Rufen in fünf oder zehn Sekundenabständen.

Im Bild 115 sind diese drei Schaltungen in einem Schnursystem liegend gezeigt. Nach Belieben können die dargestellten Verbindungsorgane Stöpsel und Klinke durch einen Wähler ersetzt werden, womit ein Hinweis gebracht ist, daß diese selbsttätige Rufstromgabe im Hand- und Wählbetrieb gleich gut verwendbar ist.

8. Trennung und Auslösung

Soll eine bestehende Verbindung getrennt werden, so haben zunächst beide Teilnehmer ein Schlußzeichen zu geben. Dieses Zeichen kann durch Betätigen eines Kurbelinduktors oder durch Senken des Hakenumschalters (entweder mit Wechselstrom oder Gleichstrom) gegeben werden.

Im Handbetrieb spricht eine Fallklappe an oder schaltet ein Relais als Zeichen eine Lampe ein. Eine Überwachungslampe $Ül_1$ oder $Ül_2$ brennt, solange eine Verbindung besteht, ihr Erlöschen gilt als Schlußmeldung. Eine Schlußlampe Sl_1 oder Sl_2 dagegen leuchtet erst infolge der Schlußzeichengabe auf, um nach Trennung der Verbindung wieder zu erlöschen (Bild 116).

Im Wählbetrieb wird ein Auslöserelais mittelbar geschaltet, wodurch selbsttätig der Abbau des gesamten Verbindungsweges mit Auslösen oder Heimlauf der beteiligten Wähler eingeleitet wird. Im Gesprächszustand sind die Hakenumschalter geschlossen, die Wählerarme stehen auf den Kontakten von

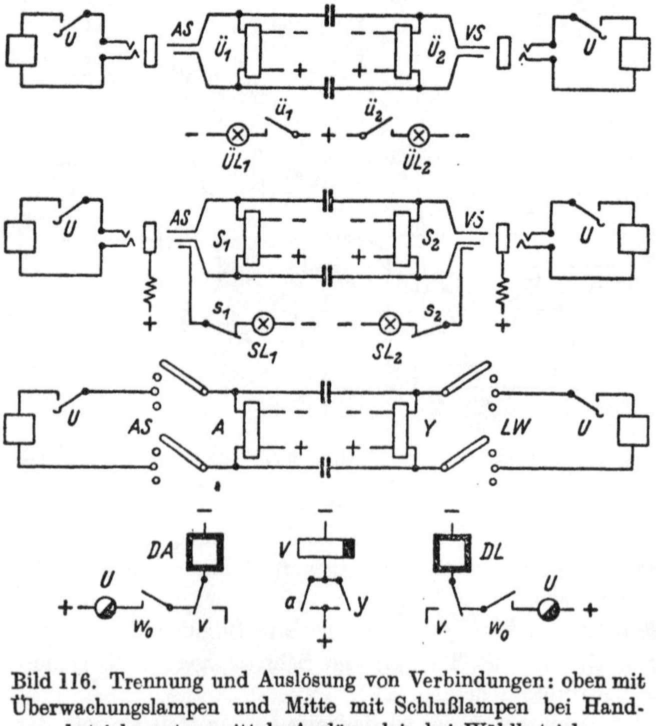

Bild 116. Trennung und Auslösung von Verbindungen: oben mit Überwachungslampen und Mitte mit Schlußlampen bei Handbetrieb, unten mittels Auslöserelais bei Wählbetrieb

den Anschlußleitungen, die Speiserelais *A* und *Y* und das Auslöserelais *V* haben angezogen. Sobald beide Teilnehmer das Schlußzeichen durch Auflegen geben, fallen zuerst *A* und *Y*, danach *V* ab und die Drehmagnete D_{LW} und D_{AS} werden mit dem Schrittgeber *U* verbunden. Die vordem geschlossenen Wellenkontakte w_0 öffnen sich, sobald die Wähler die Grundstellung erreicht haben. Die Verbindung ist getrennt.
Soll die Auslösung nur von einem Teilnehmer abhängig sein, so entfällt entweder der *y*- oder *a*-Kontakt. Wird verlangt, daß auf das erste eintreffende Schlußzeichen hin ausgelöst wird, ohne das zweite abzuwarten, so sind die Kontakte *a* und *y* hintereinander zu schalten.

9. Steuerschalter

Bei selbsttätigen Verbindungen ergeben sich öfters Vorgänge in bestimmter Reihenfolge, z. B. Prüfen, Sperren, Rufen, Durchschalten beim *LW*.
Diese Schaltfolgen lassen sich mittels eines Steuerschalters oder einer Relaisgruppe beherrschen. Als Steuerschalter werden mehrarmige Wähler oder Walzenschalter verwendet, welche in jeder Stellung mehrere Schaltungen gleichzeitig vollziehen.
Ein Steuerschalter arbeitet mit einem Schrittgeber zusammen, jeder einzelne Schritt entspricht einem Vorgang, nach dessen Erledigung der Steuerschalter zu einem weiteren Schritt angereizt wird.
Der Ablauf von Nummernwahlen bietet hierfür ein Beispiel: kurze Zeitabstände kennzeichnen eine Schrittfolge, zwischen den Wahlen liegen längere Zeiten. Durch Zeitrelais sind diese Unterschiede zu erfassen und eine Umsteuerung zu veranlassen, um den nächstfolgenden Vorgang vorzubereiten oder einzuleiten.
Die Arbeitsweise der Schaltung nach Bild 117 ist: Abheben des Sprechhörers: Linienrelais *A* und Auslöserelais *V* ziehen an. Nummernwahl: *A* pendelt. Mit dem ersten Schritt ziehen zuerst *U* dann *F* an. Nach dem letzten Schritt fällt zuerst das

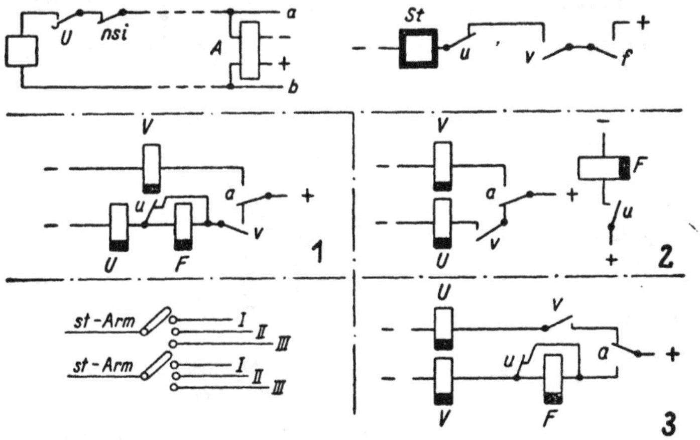

Bild 117. Steuerschalter *S* mit Fortschaltekreis nach Schaltung (*1*) oder (*2*) oder (*3*)

Umsteuerrelais *U*, dann das Fortschalterelais *F* ab. Vorübergehend bildet sich ein Stromkreis:

Minus *S u v f* Plus,

so daß der Steuerschalter *S* einen Schritt ausführt. Die Schaltung der drei Relais *U*, *V* und *F* in Hinter- oder Nebeneinanderschaltung ergibt drei Nebenschaltungen (Bild 115: Teil 1, 2 und 3), welche nach Belieben mit der oben gezeichneten Stammschaltung vereinbar sind.

B. Aufbauschaltungen

1. Anrufschaltungen

Eine Anschlußstelle ruft ihre Vermittlung an: der Hakenumschalter schließt die Schleife, bei *OB*-Speisung wird ein Kurbelinduktor betätigt, bei *ZB*-Speisung genügt das Abheben, ein Anrufzeichen kommt (Fallklappe, Wecker, Glühlampe), der Abfragestöpsel *AS* eines beliebigen Schnurpaares wird mit der Teilnehmerklinke verbunden, das Anrufzeichen verschwindet.

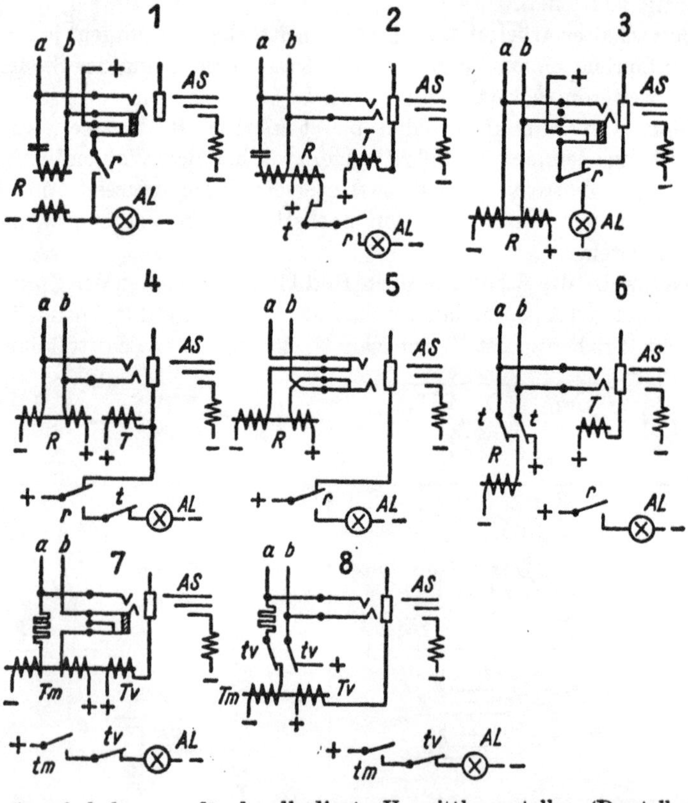

Bild 118. Anrufschaltungen für handbediente Vermittlungsstellen (Darstellung nach alten Zeichnungsnormen)

Von vielen Anordnungen sind einige angegeben (Bild 118):

Teil 1 und 2. *OB*-Betrieb. Anrufrelais *R* mit Haltewicklung. Abschaltung der Haltewicklung (1) durch Klinkentrennkontakt oder (2) durch ein Trennrelais.

Teil 3 und 4. *ZB*-Betrieb mit Speisung über das Anrufrelais *R*. Nach Einsetzen des Abfragestöpsels *AS* in die Teilnehmerklinke *TK* wird die Anruflampe *Al* (3) durch einen Klinkentrennkontakt oder (4) durch ein Trennrelais *T* ausgeschaltet.

Teil 5 und 6. *ZB*-Betrieb mit Speisung während des Gesprächs aus dem Schnurpaar. Das Anrufrelais *R* schaltet die Anruflampe *Al* ein, jedoch wird (5) durch Klinkentrennkontakt oder (6) durch Trennrelais *T* das Relais *R* und mit dessen Kontakt erst *Al* abgeschaltet.

Teil 7 und 8. *ZB*-Betrieb. Nur ein Stufenrelais mit Mittelerregung T_m und Vollerregung T_v, welches in der ersten Stufe die Anruflampe ein- und in der zweiten ausschaltet. Die Speisung erfolgt entweder (7) über das Relais oder (8) aus dem Schnurpaar.

2. Schnurpaarschaltungen

Durch Schnurpaare sind die Klinken zweier Außenleitungen zu verbinden. Zwischen Abfrage- (*AS*) und Verbindungsstöpsel (*VS*) liegen der Abfragerufschalter (Kelloggschalter) (*ARS*) und die Schlußzeichen eingeschaltet. Die Bedienung eines Schnurpaares ist:

Abfragen: *AS* wird mit *TK* verbunden und der Schalter *ARS* in die rastende Abfragestellung gekippt. Der Abfrageapparat ist nun mit dem Anrufer verbunden.

Ruf: *VS* mit der verlangten *TK* verbinden, den Schalter *ARS* kurzzeitig in die entgegengesetzte Rufstellung kippen, wonach er in die Mittelstellung

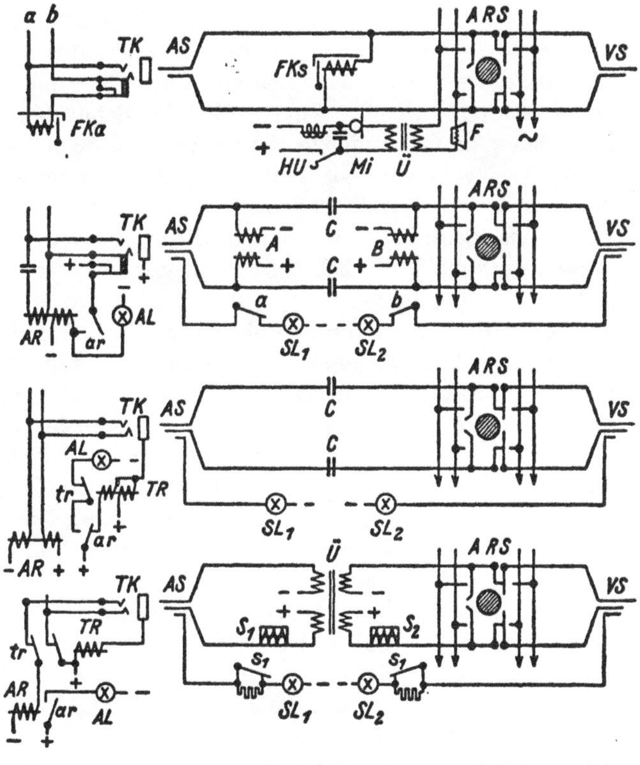

Bild 119. Schnurpaarschaltungen für *OB*- und *ZB*-Betrieb (Darstellung nach alten Zeichnungsnormen)

wieder zurückfedert. Während des Kippens ist die ankommende Seite abgeschaltet und wird abgehend Rufstrom gegeben.
Meldung: Zunächst brennt die zweite Schlußlampe, bis sich der gerufene Teilnehmer meldet. Bis zum Erlöschen ist nach Bedarf die Rufstromgabe mittels *ARS* zu wiederholen.
Trennung: Beide Schlußlampen leuchten nacheinander auf. Beide Stöpsel sind herauszuziehen. Durch Schnurgewichte werden das Schnurpaar zurück- und die Stöpsel auf die Tischplatte gezogen. Beide Schlußlampen erlöschen.
Flackerzeichen: Durch Wippen mit dem Haken- oder Gabelumschalter kann sich in Störungsfällen jeder Teilnehmer bemerkbar machen. Die Schlußlampe flackert. Der Kippschalter wird auf Abfragestellung umgelegt.
Die Schaltungsanordnungen (Bild 119) gelten (1) für *OB*-Betrieb mit gemeinsamer Fallklappe für den Empfang des Schlußzeichens und Abläuten durch die Teilnehmer, (2) für *OB*-Speisung mit Schlußzeichengabe durch Anhängen des Sprechhörers, (3) für *ZB*-Speisung über Anrufrelais und Schlußlampenschaltung durch die Anruforgane, (4) für *ZB*-Speisung aus dem Schnurpaar und Schlußlampenschaltung durch Schlußrelais.

Die Schaltvorgänge (Bild 119, Teil 1 bis 4):

Teil 1. Anruf von *A* durch Abheben des Sprechhörers und Induktorstrom. Fallklappe *FKa* ausgelöst. *AS* eines Schnurpaares mit *TK* verbinden. Fallklappe zurückstellen. Kippschalter *ARS* nach links. Abfragen mit Platzsprechsatz (*HU*, *Mi*, *Ü*, *F*). Den *VS* des Schnurpaares mit verlangtem *B*-Teilnehmer (*TK*) verbinden. Kippschalter *ARS* nach rechts und kurzzeitig rufen. Der geöffnete Klinkentrennkontakt verhütet Auslösen seiner *FK*. Meldung von *B* durch Abheben: Gesprächszustand. Kein Überwachungsstromkreis. Schlußzeichen: *A* und *B* kurbeln den Induktor und legen ihre Sprechhörer auf die Gabel. Im Schnurpaar fällt die Klappe *FKs*. Trennung: *AS* und *VS* herausziehen.
Teil 2. Anruf von *A* durch Abheben und Induktor kurbeln. *AR* zieht an, Fangkreis und *AL* eingeschaltet. Verbinden mit *A* über *AS* und *TK*. Klinkentrennkontakt schaltet *AL* aus. Überwachungsstrom aus dem Schnurpaar über *A*-Relais, *AS*, *TK*, *a*-*b*-Schleife nach Sprechstelle *A*. Die Schlußlampe SL_1 durch *a* abgeschaltet. Abfrage. Verbinden mit *B* über *VS* und dessen *TK*. Rufen. Überwachungsstrom über *B*-Relais, *VS*, *TK*, *a*-*b*-Schleife nach Sprechstelle *B*, sobald *B* sich meldet. Bis dahin leuchtet SL_2 in der *c*-Ader und fordert zum Nachrufen auf. Meldung von *B* durch Abheben: Sein *HU* schließt die Schleife und *B*-Relais zieht an, *b* schaltet SL_2 aus. Gesprächszustand. Flackerzeichen zur Vermittlungsstelle (nur bei Handbetrieb zulässig) durch Wippen der Gabel (*HU*): *A* oder *B* pendelt, SL_1 oder SL_2 flackert. Schlußzeichen von *A*- und *B*-Sprechstelle durch Auflegen bzw. Anhängen. Relais *A* und *B* fallen ab. Beide SL_1 und SL_2 leuchten. Trennung mittels *AS* und *VS*. Beide *SL* erlöschen.
Teil 3. Anruf von *A* nur durch Abheben des Sprechhörers. Anrufrelais *AR* zieht an, schaltet *AL* ein, ein *AS* wird mit *TK* verbunden, Trennrelais *TR*

zieht an, schaltet *AL* aus. Schlußlampe SL_1 leuchtet nicht, erhält nur Fehlstrom über die hochohmige rechte Wicklung von *TR*. Abfragen, Verbinden, Rufen wie im Teil 1. Bis zur Meldung von *B* hat dessen *AR* nicht angezogen, die niederohmige linke Wicklung seines *TR* liegt in Reihe mit SL_2, welche leuchtet und zum Nachrufen auffordert. Meldung von B durch Abheben: sein *AR* zieht an, schaltet niederohmige *TR*-Wicklung ab, über die hochohmige erhält SL_2 nur Fehlstrom und erlischt. Gesprächszustand. Flackerzeichen möglich, um die Beamtin zum Wiedereinschalten in die Verbindung aufzufordern. Schlußzeichen durch Auflegen bzw. Anhängen: beide *AR* fallen ab, beide niederohmige *TR*-Wicklungen eingeschaltet, beide *SL* leuchten. Trennung mittels *AS* und *VS*, beide *SL* erlöschen.

Teil 4. Anruf von *A* nur durch Abheben: *AR* zieht an, *AL* eingeschaltet, *AS* wird mit *TK* verbunden, *TR* zieht an, *AR* und dadurch *AL* ausgeschaltet. Überwachungsstrom gleichzeitig Speisungsstrom zur Sprechstelle. Schlußrelais S_1 zieht an, s_1 schaltet SL_1 auf Fehlstrom. Abfragen, Verbinden, Rufen. Bis zur Meldung von *B* kein Speisungsstrom über S_2 und *a*-*b*-Schleife, SL_2 leuchtet, bis *B* durch *HU* seiner Sprechstelle beim Abheben sich einschaltet. Schlußzeichen durch Auflegen: beide Schlußrelais S_1 und S_2 fallen ab, beide Schlußlampen SL_1 und SL_2 leuchten, beide Stöpsel *AS* und *VS* werden getrennt, beide Schlußlampen erlöschen.

3. Einschnurschaltungen

Eine Verbindungsleitung zwischen einem *A*- und *B*-Platz dient dem ankommenden Verkehr. Der Anruf des *B*-Platzes erfolge durch Anschalten einer Batteriespeisung über den Verbindungsstöpsel eines Schnurpaares vom *A*-Platz (Bild 120).

Eine Überwachungslampe *ÜL* am *B*-Platz meldet den Anruf. Es folgen: Abfrage, Besetztprüfung, Verbinden, Rufen. Die Lampe erlischt bei Meldung des angerufenen Teilnehmers und leuchtet als Schlußlampe wieder auf. Ebenso erlischt und leuchtet auf die Schlußlampe am *A*-Platz. Das zugehörige Schlußrelais liegt dabei in der *b*-Ader des hier nicht gezeigten Schnurpaares. Die Speisung erfolgt aus der Schnur über *VS* und *VK* in die *B*-Teilnehmerleitung.

Die Schaltvorgänge (Bild 120): Vom *A*-Platz über dessen *VS* und die *VK* wird Gleichspannung in die Verbindungsleitung nach dem *B*-Platz gegeben,

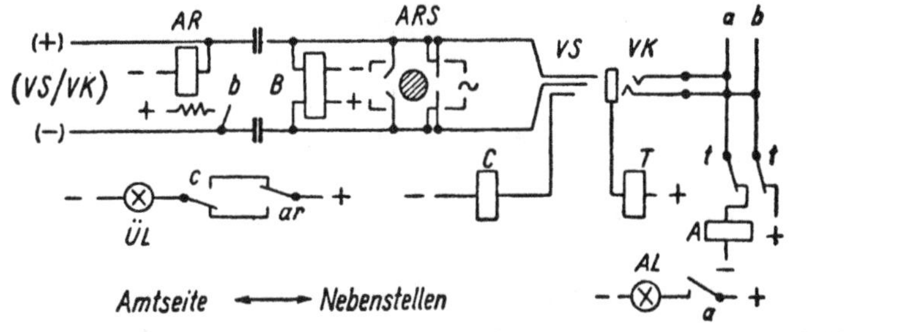

Bild 120. Einschnurschaltung für ankommenden Verkehr mit Gleichstromanruf, Abfrage und Wechselstromweiterruf

sodaß hier *AR* anzieht und *ar* die Meldelampe *ÜL* einschaltet. Nach der Abfrage (*ARS* nach links gelegt) wird der *VS* dieser Leitung mit der *TK* des verlangten Teilnehmers verbunden. Dabei werden die Relais *C* und *T* erregt. Die *ÜL* wird durch *c* ausgeschaltet. Das Anrufrelais *A* des *B*-Teilnehmers ist durch *t* vorsorglich getrennt. Rufen des *B*-Teilnehmers (*ARS* kurzzeitig nach rechts) und Melden des *B*-Teilnehmers durch Abheben seines Sprechhörers. Der Speisungsstrom durchfließt das Relais *B*, dessen *b* die *b*-Ader rückwärts zum *A*-Platz und dort das Schlußrelais einschaltet, wodurch die Schlußlampe am *A*-Platz erlischt und die Meldung des *B*-Teilnehmers anzeigt. Der Gesprächsschluß wird zuerst am *A*-Platz erkannt, wo die Schlußlampen im Schnurpaar erscheinen. Der *AS* und *VS* werden dort zuerst getrennt. Nun fällt auch *AR* am *B*-Platz ab und schaltet die *ÜL* als Schlußzeichen ein. Jetzt wird auch *VS* von *VK* getrennt, es fallen *C* und *T* ab und *ÜL* erlischt. Die Schnurpaarschaltung des *A*-Platzes zeigt Bild 119 unten im 4. Teil.

Das Schaltbild 120 ist nur für eine Verkehrsrichtung gedacht. In Nebenstellenanlagen ist aber über eine Amtsleitung in beiden Richtungen zu verbinden (Bild 121).

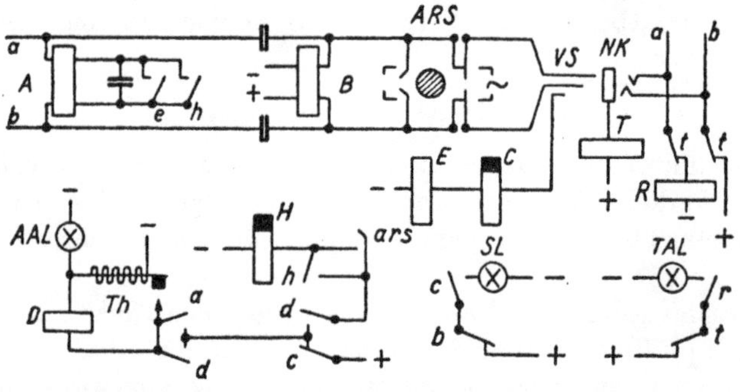

Bild 121. Einschnurschaltung für den Verkehr in beiden Richtungen: ankommend Wechselstromanruf, abgehend Gleichstromanruf

Ankommend läuft der wiederholte Amtsruf mit Wechselstrom ein. Die Anruflampe *AAL* leuchtet und über das Dauerrelais *D* entsteht ein Haltestromkreis. Durch Umlegen von *ARS* auf Abfrage kommt das Halterelais *H* und schließt durch *h* die Außenschleife. Nach Verbindung von *VS* mit *TK* ziehen *E* und *C* an, *H* fällt ab, *e* ersetzt die Brücke über *AR*, *c* schaltet *Al* aus. Bis zur Meldung nach dem Ruf brennt die Schlußlampe *SL*. Das Speiserelais *B* überwacht die Verbindung und schaltet *SL* aus und ein. Durch Trennung von *VS* und *NK* fällt zuerst *E*, dann *A* und zuletzt *C* ab.

Abgehend ist eine Verbindung von einer Nebenstelle zum Amt einfach durch Einschalten von *VS* in *NK* zu tätigen. Die Relais *B*, *C* und *E* ziehen gleichzeitig an. Als Schlußzeichen leuchtet *SL*.

Der Thermokontakt *Th* soll bei vergeblichen Anrufen das Dauerrelais *D* kurzschließen, um ein Dauerbrennen der Anruflampe zu vermeiden.

4. Freie Vorwärtswahl

Die Einzelvorgänge einer freien Wahl sind: Belegung, Anlauf, Prüfen, Sperren, Stillsetzen, Durchschalten. Nach der Freigabe kann der Wähler entweder stehenbleiben oder weiterdrehend in eine bestimmte Grundstellung heimlaufen.

(Bild 122) Anruf oder Belegung: *R* zieht an.

Anlauf: Minus *D* Unterbrecher $t_2 r_3$ Plus. Der Anlauf unterbleibt, falls die Wählerarme zufällig auf einem freien Ausgang stehen.

Prüfen: Plus r_3 *T* *R* *c*-Arm *c v Wi* Minus.

Sperren und Stillsetzen: t_2 öffnet den Stromkreis von *D* und schließt hochohmige *T*-Wicklung kurz.

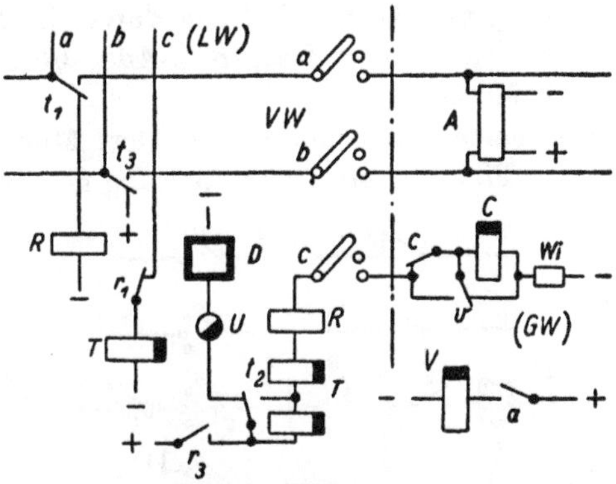

Bild 122. Freie Vorwärtswahl ohne Heimlauf in eine Grundstellung

Durchschalten: *t*-Kontakte schalten durch. *R* fängt sich im Prüfstromkreis, *A* zieht an (Sprechstellen-Speisungsstrom).

Belegung: *V* zieht an, *v* gibt *C* frei und schaltet um, bevor *c* öffnet.

Auslösung: *A* fällt schnell, und *C* verzögert ab. Kurzzeitig ist der Prüfstromkreis geöffnet: *R* fällt schnell, *T* verzögert ab. Kein Heimlauf des Wählers.

Belegung der Außenleitung durch einen *LW*: über *c*-Ader $r_1 T$ nach Minus: t_1 und t_3 schalten *R* ab. Speisung über *R* nach Belegung des Wählers unterbunden.

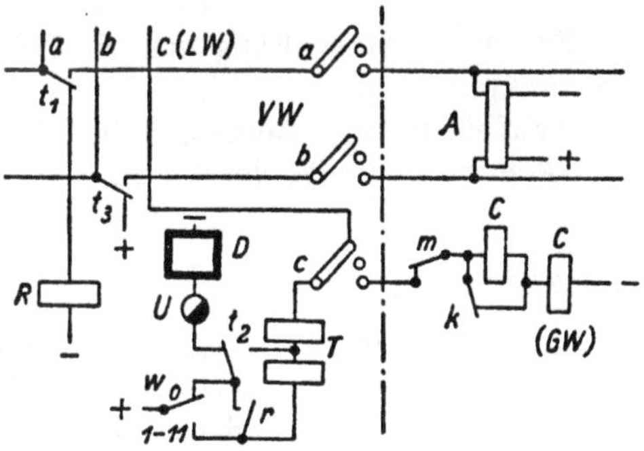

Bild 123. Freie Vorwärtswahl mit Heimlauf in eine Grundstellung

(Bild 123) Anruf oder Belegung: *R* zieht an.

Anlauf: Minus *D* Unterbrecher $t_2 r$ bzw. $w_1 \dots w_{11}$ Plus.

Prüfen: Plus *T*-Wicklungen *c*-Arm *m k C* Minus.

Sperren, Stillsetzen, Durchschalten und Belegen: *t*-Kontakte schalten um, *R* fällt ab, *C* zieht an.

Auslösung: *A* fällt zuerst, später *C* durch den Auslösekontakt *m* des *GW* ab: T fällt ab.

Heimlauf: Minus *D U* t_2 $w_1 \dots w_{11}$ Plus.

Stillsetzen: w_0 schaltet in der Grundstellung den Pluspol ab.

(Bild 124) Mischwähler mit Voreinstellung. Sämtliche Wähler stehen auf einem freien Ausgang. Wird ein Wähler belegt und schaltet durch, so rücken alle übrigen auf die nächste freie Leitung vor. Sind alle Mischwähler belegt, so

erfolgt rückwärtige Sperrung durch Abschalten der Relais *R*, die entweder in der *a/b*-Schleife oder *c*-Ader liegen.
Belegung: Über die ankommende *c*-Ader wird *R* erregt.
Prüfen: Plus *r R T c*-Arm *c*-Ader *Wi* Minus.
Sperrung und Durchschaltung durch die *t*-Kontakte. Voreinstellung: Plus *r d*-Arm des eigenen Wählers *d*-Ader über die *d*-Arme der übrigen Wähler *r d T* Minus.
Fortschaltung der übrigen Wähler: Minus *D t r* Plus und Minus *T d r d*-Arm...Plus, bis ein freier Ausgang gefunden ist.

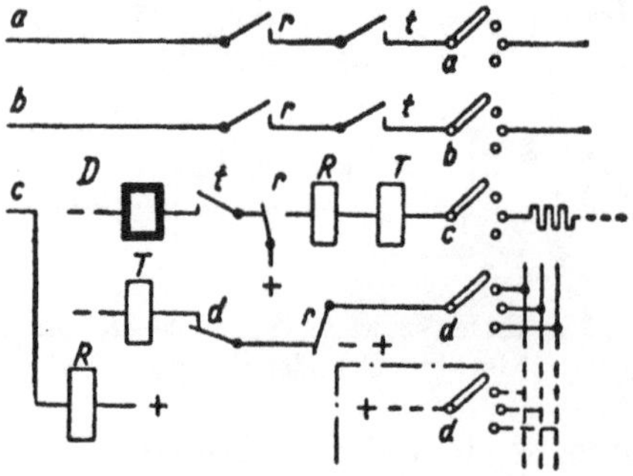

Bild 124. Mischwählerschaltung mit Voreinstellung

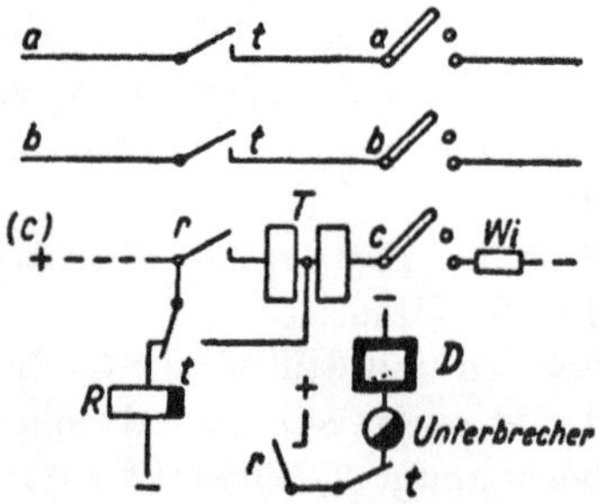

Bild 125. Mischwählerschaltung ohne Voreinstellung

(Bild 125) Mischwähler ohne Voreinstellung für doppelte Vorwahl.
Belegung: Über die ankommende *c*-Ader wird *R* erregt.
Anlauf: Minus *D* Unterbrecher *t r* Plus.
Prüfen: Plus *r T c*-Arm *Wi* Minus. Sperrung, Abschaltung von *R*, Stillsetzen und Durchschalten durch *t*-Kontakte.
Der Anlauf unterbleibt, falls der Wähler auf einem freien Ausgang steht. Nach der Freigabe durch Unterbrechung der *c*-Ader bleibt der Wähler stehen.

5. Freie Rückwärtswahl

Bei einer freien Rückwärtswahl wird eine ankommende Leitung belegt und zunächst ein Anreiz gegeben, der eine Gruppe von Anrufsuchern erreicht. Die Reihenfolge der Anläufe kann in verschiedener Weise geordnet sein. Diese Ordnung leitet den Anreiz einem bestimmten Suchwähler zu, darauf erfolgen als Einzelvorgänge: Anlauf, Prüfen, Sperren, Stillsetzen und Durchschalten. Nach der Freigabe (Auslösung) kann der Sucher stehen bleiben oder heimlaufen.
Der Anreiz für den Anlauf beginnt mit dem Anruf oder der Belegung von außen und endet mit dem Durchschalten nach innen. Ein- und Ausschalten der Anlaßleitung nach den Suchwählern bedingen zwei Relais *R* und *T*, die folgezeitig ansprechen, oder ein Stufenrelais mit einer Ruhestellung, einer Mittelerregung *Tm* für Einschalten und Vollerregung *Tv* für Ausschalten.

(Bild 126). Wird die Außenleitung umgekehrt ankommend belegt, so muß die Anlaßleitung gleichzeitig abgeschaltet werden, damit nach Meldung der angerufenen Stelle kein Anrufsucher zwecklos anläuft. Als besondere Bedingung wird gestellt, daß die gesamte Verbindung mit allen Wahlstufen auslösbar ist, selbst wenn nur einer der beiden Teilnehmer das Schlußzeichen gibt. In dieser Schaltfolge zieht *R* nach dem Anruf an, *R* und *T* sind nach dem Durchschalten erregt, nach der Auslösung fällt zuerst *R* ab und *T* erst dann, wenn von dieser Seite durch Senkung des Haken-(Gabel-)umschalters auch die Schleife geöffnet wird.

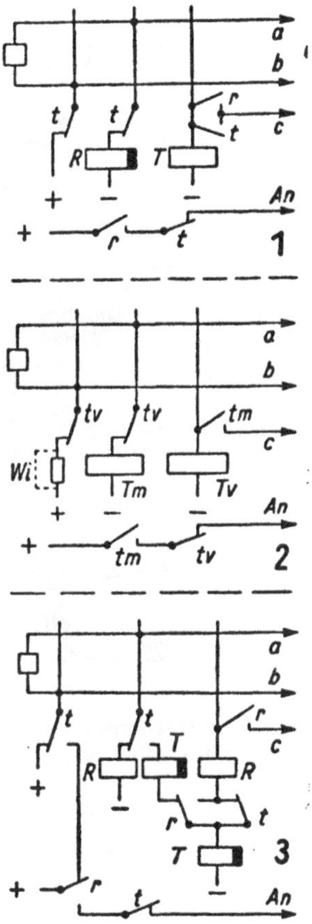

Bild 126. Schaltungen der Teilnehmerrelais für Rückwärtswahlen mit Anrufsuchern: (*1*) mit Anruf- und Trennrelais, (*2*) mit kombiniertem Stufenrelais, (*3*) mit Frühauslösung

Die Fortsetzung der *a*-, *b*- und *c*-Ader nach den Wählerarmen, dem Linien- und Prüfrelais zeigt Bild 127, in welchem als Ergänzung zu Bild 126 für Anlassen und Stillsetzen vier verschiedene Anordnungen angegeben sind, die sich nach Belieben mit den vorstehenden Schaltungen vereinigen lassen.

Teil 1: Sammelanlauf aller *AS*; der zuerst findende *AS* wird durch Öffnung von *p* stillgesetzt, die übrigen durch Ausschalten der Anlaßleitung.

Teil 2: Einzelanlauf eines *AS*; sein Kontakt *p* schaltet den Wähler ab und leitet weitere gleichzeitige Anrufe dem zweiten *AS* zu, dessen Kontakt *p* wieder dem dritten usw. bis zum letzten *AS*.

Teil 3: Einzelanlauf mit versetzten Grundstellungen. Jede Zehnergruppe besitzt eine eigene Anlaßleitung und wird von dem *AS* bedient, dessen Grundstellung diesen Anschlüssen benachbart ist. Sein Prüfrelais weist mit *p* weitere gleichzeitige Anrufe dem Nachbarwähler zu; falls auch dieser belegt ist, leistet der nächste freie Sucher Nachbaraushilfe.

Teil 4: Einzelanlauf geregelt durch einen Rufordner *RO*, der nach dem Stillsetzen des angelaufenen *AS* die Anlaßleitung auf den nächsten freien *AS* weiterschaltet.

Die dritte Anordnung arbeitet mit Heimlauf der Wähler. Die vierte bedarf einer rückwärtigen Sperrung des Rufordners, damit dieser Hilfswähler nicht durchdreht, wenn alle *AS* einer Gruppe bereits belegt sind.

Die Arbeitsweise aller Anordnungen ist:

Belegung: *R* bzw. *Tm* wird erregt.

Anlauf: Plus *r* bzw. *tm*, *t* bzw. *tv*, Anlaßleitung *An* *p* Unterbrecher *D* Minus.

Prüfung: Über *c*-Ader und *c*-Arm, bis *T* und *P* sich binden.
Sperrung, Stillsetzen und Durchschalten durch *p*-Kontakte.
Abschalten der Anlaßleitung durch *t* bzw. *tv*.
Die Freigabe der *AS* erfolgt gleichzeitig mit der anschließenden Wahlstufe, die z. B. eine Gruppen- oder Leitungswahl sein kann. Diesem Wähler ist ein

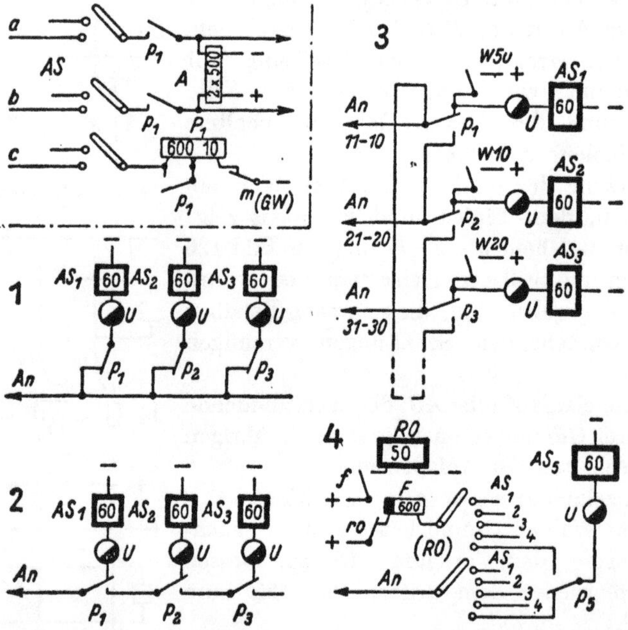

Bild 127. Anlaßschaltungen für Rückwärtswahlen mit Anrufsuchern: (*1*) mit Sammelanlauf, (*2*) und (*3*) mit Einzelanlauf, (*4*) mit Anlassen durch Rufordner

beliebiger Kontakt *m* zugeordnet, der sich während der Auslösung vorübergehend öffnet, die *c*-Ader mit *P* und *T* abschaltet und so den *AS* freigibt.
Die Vereinigung der drei Teilnehmerrelaisschaltungen (Bild 126) mit den vier verschiedenen Anlaufverfahren (Bild 127) ergibt bereits zwölf verschiedene Schaltungsanordnungen für Anrufsucher.

6. Leitungswahlen

Die Belegung eines Leitungswählers kann durch Schließen des Speisungsstromkreises über *a*- und *b*-Ader oder durch den Prüfstromkreis über eine *c*-Ader oder bei langen Strecken auch über eine der beiden Sprechadern erfolgen.
Bildet der Leitungswähler die einzige Wahlstufe, so werden beide Teilnehmerstellen von ihm gespeist. Dem Linienrelais fällt mithin die Aufgabe zu, die Stromschritte auf den Wähler zu übertragen und auch die Auslösung einzuleiten.
Liegen vorher noch Gruppenwahlstufen mit Speisung der anrufenden Stelle, so kann darauf verzichtet werden, daß auch die angerufene Stelle die Aus-

lösung bewirkt. Andernfalls wäre das Linienrelais während der Nummernwahl mit der ankommenden, nach dem Durchschalten mit der abgehenden Seite zu verbinden.

Die Einzelvorgänge einer einstelligen Wahl sind:

Belegung des Wählers, Vorbereitung für die Nummernwahl, Einerschritte des Wählers mit abgeschaltetem Prüfkreis, Prüfung der Außenleitung, Besetztzeichen oder Belegung der Leitung, Rufstromabgabe, Abschaltung des Rufstromes und Durchschaltung des Speisestromes. Nach der Schlußzeichengabe soll der Drehwähler in die Grundstellung zurückkehren.

Die gebräuchlichen Hebdrehwähler setzen mit zwei Kraftmagneten die Zehnerwahl in Hebschritte, die Einerwahl in Drehschritte um. Als zusätzliche Einrichtung ist eine Umsteuerung vorgesehen, welche nach der Zehnerwahl anspricht und die Umschaltung für die kommende Einerwahl vorbereitet.

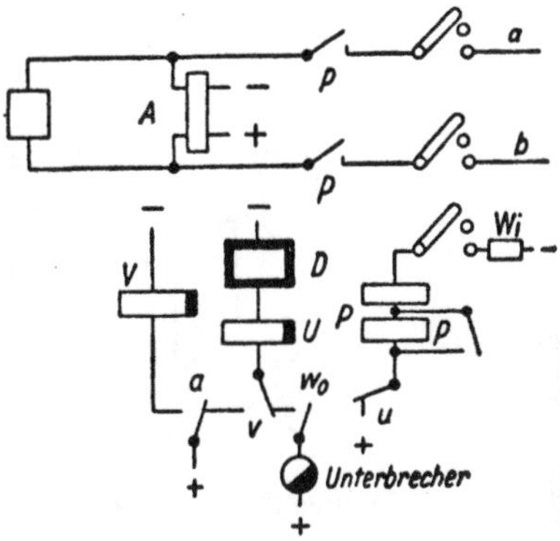

Bild 128. Einerwahl mittels Drehwählers bei Belegung über *a*- und *b*-Ader

(Bild 128.) Einerwahl mittels Drehwählers. Doppelseitige Speisung. Ohne Rufstromabgabe. Belegung durch Linienrelais *A*. Auslösung abhängig vom Schlußzeichen des *A*- und *B*-Teilnehmers.

Belegung: es werden zuerst *A*, dann *V* erregt.

Nummernwahl: *A* fällt mehrmals ab, *V* hält sich indessen verzögert:

Minus *D U v a* Plus.

Prüfen: Nach der Einstellung schließt sich wieder *u* und *P* kann bei Freisein der Leitung anziehen. Es folgen: Sperrung und Durchschaltung mit Hilfe der *p*-Kontakte.

Auslösung: zuerst fällt *A* ab, mit Verzögerung fällt auch *V* ab.

Heimlauf: Minus *D U v* w_0 Unterbrecher Plus. Der Prüfkreis wird während des Heimlaufs unterbrochen, weil *U* anzieht und eine Abfallverzögerung besitzt. Stillsetzen in der Grundstellung durch Öffnen von w_0.

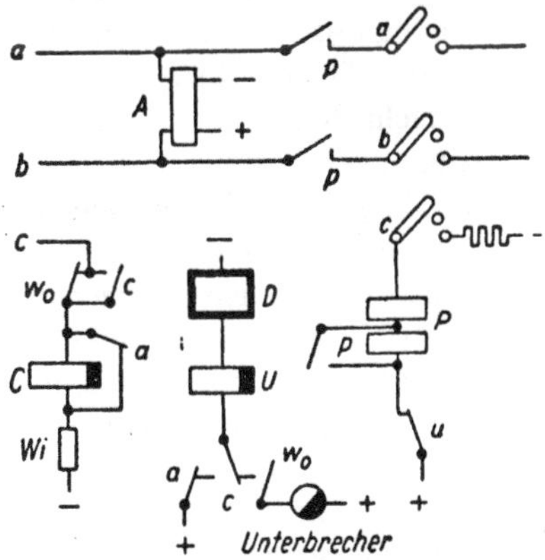

Bild 129. Einerwahl mittels Drehwählers bei Belegung über die *c*-Ader

(Bild 129). Einerwahl mittels Drehwählers. Belegung über die *c*-Ader von einer Vorstufe (*VW* oder *AS*) kommend. Auslösung abhängig vom Schlußzeichen beider Teilnehmer.

Belegung: Plus über die *c*-Ader w_0 *a* *Wi* Minus.
Speisung über *a*- und *b*-Ader: *A* zieht an und gibt *C* frei.
Nummernwahl und Drehen: Minus *D* *U* *c* *a* Plus.

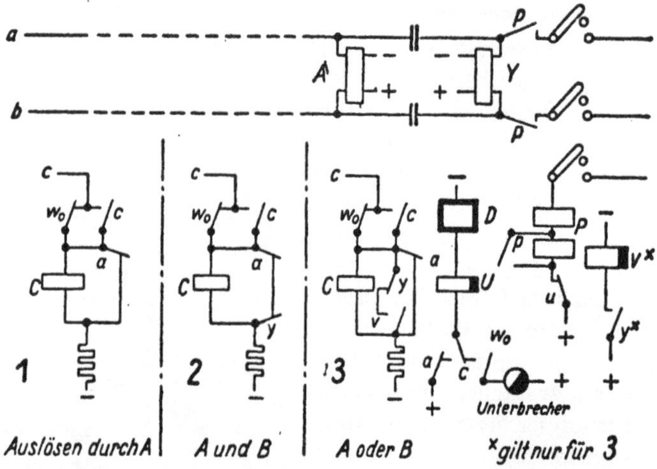

Bild 130. Drehwähler als Leitungswähler mit drei verschiedenen Schaltungen für seine Auslösung

Es folgen wieder: Prüfung, Sperrung und Durchschaltung.
Auslösung: zuerst fällt *A*, dann verzögert *C* ab, weil w_0 durch Drehen des Wählers sich öffnete; *U* unterbricht den Prüfkreis.
Heimlauf: Minus *D* *U* *c* w_0 Unterbrecher Plus.

(Bild 130.) Einerwahl mittels Drehwählers. Getrennte Speisungen der Sprechstellen des *A*- und *B*-Teilnehmers. Ohne Rufstromgabe. Verschiedene Auslösungsbedingungen:

Teil 1: Nur vom Schlußzeichen des Anrufers abhängig.
Teil 2: Von beiden Stellen muß das Schlußzeichen einlaufen.
Teil 3: Die zuerst ein Schlußzeichen gebende Stelle bewirkt den Heimlauf.

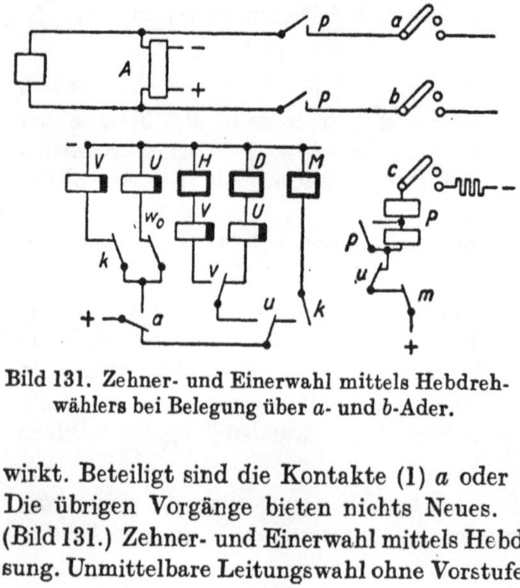

Bild 131. Zehner- und Einerwahl mittels Hebdrehwählers bei Belegung über *a*- und *b*-Ader.

Verschieden sind nur die Schaltungen der *c*-Ader. Der Abfall des Belegungsrelais *C* wird durch Kurzschließen bewirkt. Beteiligt sind die Kontakte (1) *a* oder (2) *a* und *y* oder (3) *a*, *y* und *v*. Die übrigen Vorgänge bieten nichts Neues.

(Bild 131.) Zehner- und Einerwahl mittels Hebdrehwählers. Gemeinsame Speisung. Unmittelbare Leitungswahl ohne Vorstufe und ohne Rufstromgabe.

Belegung: zuerst *A*, dann *U* und *V* erregt. Für die Steuerung von Heben auf Drehen und für die Prüfkreisabschaltung während des Drehens sind zwei Hilfsrelais *V* und *U* mit Abfallverzögerung erforderlich.
Zehnerwahl: Minus *H V v u a* Plus. Nachher fällt verzögert *V* ab.
Einerwahl: Minus *D U v u a* Plus. Darauf fällt auch *U* verzögert ab.
Prüfung, Sperren und Durchschalten mit dem Prüfrelais *P* folgen.
Auslösung: Minus *M k u a* Plus. In der Grundstellung öffnet sich *k*. Diese Anordnung entspricht einem Strowger-Wähler mit besonderen Auslösemagneten *M*. Für Viereckwähler mit einer Auslösung durch den Drehmagneten ist die Schaltung entsprechend dem nächsten Bild zu ändern. Es entfällt *M*, hinzu kommt der Unterbrecher und ein weiterer Kopfkontakt *k*.
(Bild 132.) Zehner- und Einerwahl mittels Hebdrehwählers. Gemeinsame Speisung. Belegung über die *c*-Ader von einer Vorstufe kommend. Auslösung abhängig vom Schlußzeichen beider Teilnehmer.

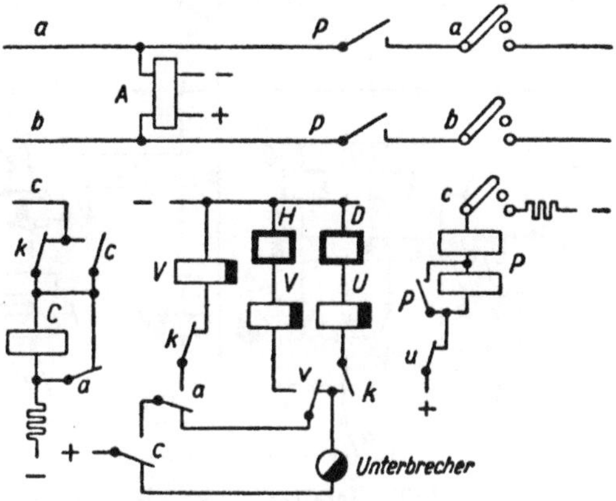

Bild 132. Zehner- und Einerwahl mittels Hebdrehwählers bei Belegung über *c*-Ader

Belegung: über *c*-Ader *k a Wi* Minus. Alsdann zieht *A* an, *a* gibt *C* frei und *c* schaltet *V* ein.
Zehnerwahl: Minus *H V v a c* Plus. Umsteuern durch Abfall von *V* nach dieser Schrittreihe.
Einerwahl: Minus *D U k v a c* Plus. Darauf fällt auch *U* wieder ab, welches dabei erregt wurde.
Prüfung, Sperren und Durchschalten folgen.
Auslösung: *A* fällt ab, *a* schließt *C* kurz, *c* unterbricht die *c*-Ader nach der Vorstufe, in Reihe mit *D* liegend zieht *U* an, *u* schaltet den Prüfkreis ab. Minus *D U k* Unterbrecher *c* Plus.
Sämtliche Kopfkontakte *k* schalten sich in der Grundstellung des Wählers wieder zurück.

(Bild 133.) Zehner- und Einerwahl mittels Hebdrehwählers. Speisung der Sprechstelle des *A*-Teilnehmers vom I. *GW*, des *B*-Teilnehmers vom *LW*. Rufstromeinrichtung.

Belegung: über *c*-Ader vom I. *GW* kommend *k C* Minus. Zuerst zieht *C* und danach *V* an.

Zehnerwahl: vom I. *GW* kommen über die *a*-Ader Arbeitsstromschritte. *A* zieht mehrmals an.

Heben: Minus *H V* w_0 *v a p c* Plus.
Umsteuerung: erst nach dem letzten Hebschritt fällt *V* verzögert ab.

Einerwahl: *A* zieht mehrmals an. *U* hält den Prüfkreis während der Drehschritte geöffnet.
Drehen: Minus *D U v a p c* Plus.
Umsteuerung: nach dem letzten Drehschritt fällt *U* ab.
Prüfung: Plus *c u P u v c*-Arm *c*-Ader *Wi* Minus.
Sperrung und Einschalten des Rufstromes durch die *p*-Kontakte.
Rufstromkreis: Minus *V k u p a*-Arm Wecker Kondensator *b*-Ader *b*-Arm *p u* Rufstromübertrager Plus.

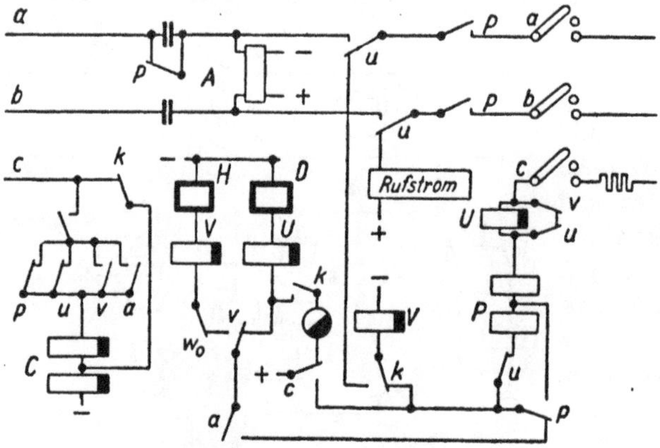

Bild 133. Hebdrehwähler als Leitungswähler

Meldung: die Außenschleife schließt sich für Gleichstrom, *V* zieht an, *v* gibt *U* frei, *u*-Kontakte schalten den Rufstrom ab und die Speisung über *A* nach dem *B*-Teilnehmer durch, *C* hält sich über *a* und *c*.
Auslösung: vom *A*-Teilnehmer ausgehend wird die *c*-Ader vom I. *GW* nach dem *LW* unterbrochen. *C* fällt zuerst, danach fallen *P* und *U* mit Verzögerung ab. Der Viereckwähler löst sich aus:

Minus *D U k* Unterbrecher *c* Plus.

Vom *B*-Teilnehmer ausgehend wird die Schleife über *a*- und *b*-Ader unterbrochen. *A* fällt zuerst, darauf *C*, *P* und *U* ab. Die *c*-Ader wird rückwärts vom *LW* nach dem I. *GW* unterbrochen. Der Viereckwähler löst wieder, wie vorstehend beschrieben, sich aus.

7. Gruppenwahlen

Die Einordnung einer Gruppenwahl bedingt anschließend eine Freiwahl oder Mischwahl, um einen Ausgang nach der nächsten Wahlstufe zu belegen. Die Speisung des *A*-Teilnehmers übernimmt der I. *GW*, die Nummernwahlen für die folgenden *GW*-Stufen und den *LW* werden von diesem übertragen. Die Speisung des *B*-Teilnehmers erfolgt vom *LW* aus. Diese Unterteilung ist notwendig, weil zwischen I. *GW* und *LW* so lange Strecken liegen können, daß eine beiderseitige Speisung von einer Wahlstufe unmöglich wird. Nur für mittlere Anlagen, bei denen sämtliche Wähleinrichtungen in einem Raum oder Gebäude vereinigt sind, wird von dieser Regel abgewichen. Allerdings ergeben sich Schwierigkeiten, wenn später ein solches Netz mit außerhalb liegenden Betriebsstellen zu einer Betriebsgemeinschaft zu vereinigen ist und die *GW*-Stufen sich vermehren.

(Bild 134.) Unmittelbarer Anschluß ohne Vorstufe. Feste und freie Wahl mittels Hebdrehwählers. Speisung nur für den *A*-Teilnehmer. Übertragung weiterer Nummernwahlen.

Belegung: *A* zieht an, hierdurch werden *U* und *V* als Vorbereitung für die Umsteuerungen eingeschaltet.

Erste Nummernwahl: *A* fällt mehrmals ab, *U* und *V* halten sich während der Hebschritte des Wählers durch Verzögerung.

Heben: Minus *H V a v u* Plus.

Umsteuerung von Heben auf Drehen: *V* fällt verzögert ab.

Drehen: Minus *D* Unterbrecher *p v u* Plus.

Prüfung bei jedem Drehschritt: Plus *u P c*-Arm *c*-Ader *Wi* Minus.

Sperrung, Stillsetzen und Durchschalten durch die *p*-Kontakte.

Weitere Nummernwahlen: *A* fällt mehrmals ab, *U* hält sich durch Verzögerung.

Übertragung: Plus *a Dr p* über *a*- und *b*-Ader *Dr A* Minus.

Die symmetrische Übertragung der Stromschritte über beide Adern wird bei großen Entfernungen angewendet. Allerdings ist es dann nicht mehr möglich, die Adern getrennt für Schaltkennzeichen zu verwenden.

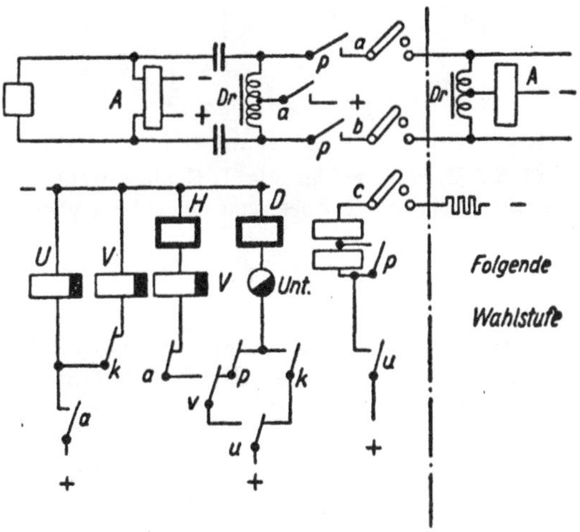

Bild 134. Hebdrehwähler als I. Gruppenwähler ohne Vorstufenwahl

Auslösung: *A* fällt zuerst ab, darauf verzögert *U* und *P* ab. Die Auslösung überträgt sich auf die folgende Wahlstufe durch Unterbrechung der *a*- und *b*-Ader mit *a* und *p* und in der *c*-Ader mit *u*. Auslösestromkreis:

Minus *D* Unterbrecher *k u* Plus.

(Bild 135.) Erste Gruppenwahl mit Vorstufe (*VW* oder *AS*). Nur mit Speisung des *A*-Teilnehmers. Feste und freie Wahl mittels Hebdrehwählers. Übertragung weiterer Nummernwahlen. Auslösung abhängig vom Anrufer und Übertragung rückwärts nach der Vorstufe und vorwärts nach der folgenden Wahlstufe.

Belegung: Minus von der Vorstufe über *c*-Ader *Wi a k* Plus.

Speisung: *A* zieht an, *a* gibt *C* frei, *C* zieht an und hält sich über seinen Kontakt *c*.

Erste Nummernwahl: *A* pendelt, beim ersten Hebschritt zieht *V* im Hebstromkreis an.

Heben: Minus H V w_0 a c Plus.

Umsteuerung: V fällt erst nach dem letzten Hebschritt verzögert ab. Beim ersten Hebschritt legen sich die Kopfkontakte k um.

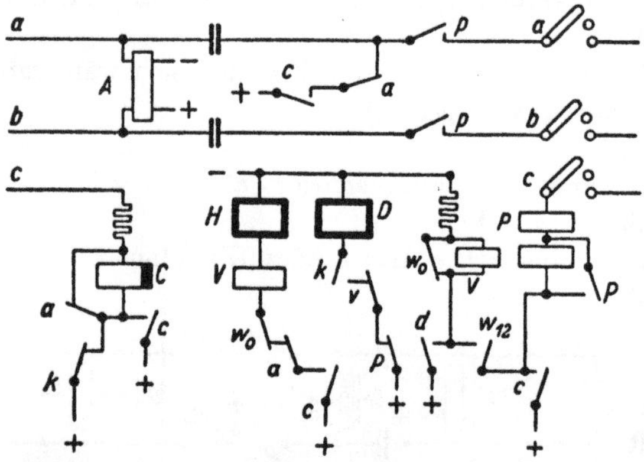

Bild 135. Hebdrehwähler als I. Gruppenwähler mit Belegung über die c-Ader von einer Vorstufenwahl

Drehen: Ein Fortschaltekreis bildet sich zwischen D und V, welches beim ersten Drehschritt durch Öffnen des Wellenkontaktes w_0 seine Abfallverzögerung verliert.

Minus D k v p Plus;
Minus Wi V d Plus.

Prüfung: Plus c P c-Arm c-Ader (Wi) Minus.

Sperrung, Stillsetzen und Durchschalten durch die p-Kontakte.

Weitere Nummernwahlen: Plus c a p a-Arm a-Ader nach der folgenden Wahlstufe, über deren A-Relais Minus.

Durchdrehen: Falls alle Ausgänge schon belegt sind, fängt sich der Wähler auf dem zwölften Schritt durch den Überlaufkontakt w_{12}:

Minus Wi V w_{12} c. Plus.

Auslösung: Zuerst fällt A, später fallen C und P ab; Fortschaltekreis:

Minus D k v p Plus; Minus Wi V d Plus.

(Bild 136.) II. Gruppenwahl. Belegung und Übertragung der Nummernwahl vom I. GW. Auslösung abhängig vom I. GW und Weitergabe an die nächste Wahlstufe.

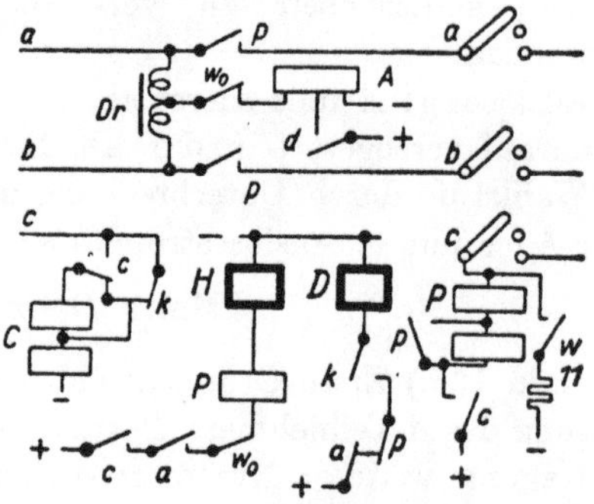

Bild 136. Hebdrehwähler als II. Gruppenwähler mit Belegung über die c-Ader vom I. Gruppenwähler

Belegung: Plus vom I. GW über die c-Ader k C Minus.

Der Haltekontakt c schaltet um, weitere c-Kontakte bereiten den Heb- und den Prüfstromkreis vor.

Nummernwahl: A zieht mehrmals an, gleichzeitig auch P mit Abfallverzögerung bis zum Ende der Stromschritte sich haltend.

Heben: Minus H P w_0 a c Plus.

Umsteuerung: P fällt ab. Ein Fortschaltekreis bildet sich.

Drehen: Minus D k p a Plus; Minus A d Plus.

Prüfung, Sperrung, Stillsetzen und Durchschalten durch die p-Kontakte.

Durchdrehen: Kein Ausgang frei, der Wähler fängt sich durch *P*-Relais auf dem elften Schritt:

Minus *Wi* w_{11} *P* *c* Plus.

Auslösung: *c*-Ader vom I. nach II. *GW* unterbrochen. *C* und *P* fallen ab. Der Fortschaltekreis mit *D* und *A* löst den Wähler aus. Die *a*-, *b*- und *c*-Ader vom II. *GW* nach der nächsten Stufe sind unterbrochen.

(Bild 137.) Drehgruppenwähler. Belegung über Vorstufe (*VW*, *AS*). Speisung des *A*-Teilnehmers vom *DGW* bis zur Durchschaltung nach dem *LW*. Steuerung des *DGW* durch einen Steuerwähler *S* (1-, 2-, 3- oder 0-Wahl). Auslösung vom *LW* aus rückwärts.

Belegung: *A* und *V* ziehen zuerst, dann *C* an.

Nummernwahl: *A* fällt mehrmals ab. Der Steuerwähler *S* bereitet den Prüfkreis mit seinem *s*-Arm vor:

Minus *S T a u v* Plus.

Gruppenwahl: nach dem ersten Schritt von *S* schließen sich die Wellenkontakte s_0 des Steuerwählers *S* und der *DGW* beginnt seinen Prüflauf:

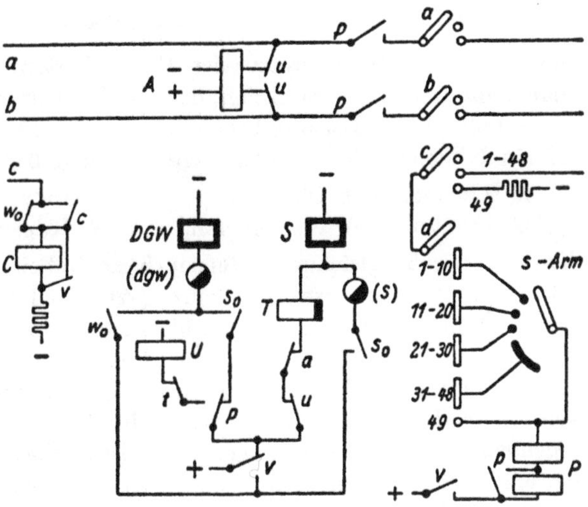

Bild 137. Drehwähler als I. Gruppenwähler mit Belegung über die *c*-Ader und Steuerwähler

Minus *DGW* Unterbrecher (*dgw*) s_0 *p* *v* Plus.

Prüfung: Plus *vP* *s*-Arm *d*-Arm *c*-Ader nach *LW* Schritt 1 bis 48 Minus. Sperrung, Stillsetzen des *DGW* und Durchschaltung durch die *p*-Kontakte. Sobald *S* sich eingestellt und *DGW* einen Ausgang belegt hat, zieht *U* an.

Minus *U t p v* Plus.

Die Speisung von *A* wird abgeschaltet und erfolgt nun vom *LW*. Das Auslöserelais *V* fällt ab, wenn der *A*-Teilnehmer auflegt. Die *v*-Kontakte öffnen den Prüfkreis, schließen *C* kurz und bringen den Heimlauf von *DGW* und *S*:

Minus *DGW* Unterbrecher (*dgw*) w_0 *v* Plus,
Minus *S* Unterbrecher (*s*) s_0 *v* Plus.

Die *c*-Ader nach der Vorstufe wird vorübergehend durch *c* geöffnet und löst dadurch den Vorstufenwähler aus.

Durchdrehen: falls kein Ausgang frei war, dreht der *DGW* durch bis Kontakt 49, fängt sich im Blindprüfkreis, bis der Teilnehmer auf ein Besetztzeichen hin wieder auflegt.

V. ÜBERTRAGUNGSLEHRE

A. Fernmeldeleitungen

1. Leitungseigenschaften

Jede paarige Leitung besitzt vier Eigenschaften. Längs der Leiter liegen Widerstand und Selbstinduktion, quer zu den Leitern Ableitung und Kapazität verteilt. Diese Leitungsbeläge werden für Fernmeldeleitungen bezogen auf ein Kilometer (mit beiden Leitern) angegeben:

R Widerstand	in Ohm/km,	L Induktivität	in Henry/km,
G Ableitung	in Siemens/km,	C Kapazität	in Farad/km.

Sämtliche Größengleichungen setzen diese Einheiten voraus; praktisch sind Zehnerpotenzen zur Auswertung einzusetzen, weil die bezogenen Werte in der Größenordnung Ohm, Millihenry, Mikrosiemens und Nanofarad liegen.

Paarige Leitungen bieten ausreichend beständige Eigenschaften. Übertragungen mit einer Erdrückleitung zeigen dagegen veränderliche Eigenschaften, weil der Erdstrom je nach Bodenfeuchtigkeit oder sonstigen in der Erde liegenden metallischen Leitungen in unbestimmbarem Abstand verläuft. Vom Leiterabstand hängen aber Induktivität und Kapazität ab, deren Werte entsprechend der Witterung sich bei eindrähtigen Stromkreisen mit Rückleitung über Erdungen beträchtlich ändern.

Für den mathematischen Ansatz wird ferner eine homogene Leitung vorausgesetzt. Die Verteilung der vier Eigenschaften längs und quer zu den Leitern ist dabei völlig gleichmäßig gedacht. Diese Voraussetzungen erfüllt kein Kabel. Die Fertigung und Verlegung von Fernkabeln nimmt Monate in Anspruch, die Zieheisen für die Drahtfertigung weiten sich und werden ausgewechselt, die Bleipressen arbeiten mit geringen, unvermeidlichen Druckschwankungen, das Einziehen und Auslegen verursacht Zug-, Dreh- und Biegebeanspruchungen, alles Einflüsse, welche selbst bei gewissenhafter Ausführung aller Arbeitsgänge einem mathematisch und physikalisch idealen Kabel entgegenstehen.

Gebräuchliche Benennungen für Fernmeldeleitungen

1. Einfachleitung. Eine Freileitung mit einem Draht oder eine Kabelleitung mit einer Ader. Die Rückleitung erfolgt bei eindrähtigen Freileitungen oder einadrigen Kabeln in der Regel über Erde.
2. Doppelleitung. Eine Freileitung mit zwei Drähten oder eine Kabelleitung mit zwei Adern. Der Hinleiter und der Rückleiter bilden zusammen eine Leitungsschleife.

3. Stammleitung. Die Leitungsschleifen in Symmetrieschaltungen mit Abschlußübertragern, welche die Endstellen unmittelbar verbinden.

4. Simultanleitung. Eine Stammleitung mit einem überlagerten Stromkreis, der zwischen den Übertragermitten und Erde angeschlossen ist. (Bild 84.)

5. Viererleitung. Zwei Stammleitungen bilden zusammen einen Vierer- oder Phantomstromkreis, wenn mit den beiden Übertragermitten an beiden Leitungsenden über je einen weiteren Übertrager ein dritter Stromkreis überlagert wird. Die Mitten der Übertrager des Phantomkreises können über Erde als Rückleitung einen Simultanstromkreis als vierten Verbindungsweg abgeben, der den drei vorhandenen überlagert ist. (Bild 84, Teil 3.)

6. Achterleitung. Vier Stammleitungen sind paarweise gekoppelt und ergeben zwei Viererleitungen. Die beiden Vierer sind ebenso gekoppelt und bilden den Achterstromkreis über acht Leiter, der sich als siebenter Stromkreis überlagert. Die Übertragermitten des Achterkreises können über Erde mit einem achten überlagerten Simultankreis verbunden sein. (Bild 84, Teil 4.)

7. *St*-Vierer und *DM*-Vierer. Eine Viererleitung als Kabel mit Sternverseilung oder mit Dießelhorst-Martin-Verseilung ausgeführt. (Bild 156.)

8. Pupin- und Krarupkabel. Eine mit Spulen in Abständen versehene Stamm- oder Viererleitung heißt Pupinkabel. Eine mit hochpermeablem Draht umsponnene Kupferleitung heißt Krarupkabel. (Bild 157.)

9. Zweidrahtleitung. Eine Freileitung oder Kabelleitung mit zwei Leitern für Übertragungen zwischen zwei Endstellen oder einem Teilnehmerpaar in beiden Richtungen.

10. Vierdrahtleitung. Eine Freileitung oder Kabelleitung mit zweimal zwei Leitern. Das eine Leiterpaar wird nur in der einen, das andere nur in der anderen Richtung zwischen zwei Endstellen benutzt. Für Frage und Antwort zwischen einem Teilnehmerpaar sind vier Leiter angelegt. (Bild 164.)

11. *L*-Kabelleitung. Eine Stamm- oder Viererleitung mit leichter Bespulung oder Pupinisierung. Die schwer und mittelschwer bespulten Kabel werden nicht besonders benannt.

12. *SL*-Kabelleitung. Die Bespulung ist sehr leicht, mit wenig Selbstinduktion oder längeren Spulenabständen ausgeführt.

13. *U*-Kabelleitung. Eine unbespulte oder glatte oder homogene Leitung beliebiger Art.

14. *B*-Kabelleitung. Eine Sonderausführung einer Leitung für Breitbandübertragungen. (Bild 168.)

2. Berechnung von Leitungswerten

a) Ohmscher Widerstand von Leiterpaaren bei Gleichstrom (d in mm):

Kupferdraht	$R = 47/d^2$ (Ω/km)
Bronzedraht	$R = 48/d^2$ (Ω/km)
Aluminiumdraht	$R = 72/d^2$ (Ω/km)
Eisentelegraphendraht	$R = 335/d^2$ (Ω/km).

b) **Wechselstromwiderstand** von einzelnen Leitern bei Stromverdrängung:

$$R_w = R\left(1 + \frac{x^4}{3} - \frac{4}{45}x^8 + \frac{11}{420}x^{12}\right),$$

wobei $x = 0{,}05\, d\sqrt{f\mu/\varrho}$ ist: d Leiterdurchmesser in mm, f Frequenz in Hz, μ Permeabilität, ϱ bezogener Widerstand für Gleichstrom.

x	0,2	0,4	0,6	0,8	1,0	1,2	1,4	1,8	2,0	3,0
R_w/R	1,000	1,008	1,041	1,121	1,25	1,46	1,66	2,07	2,27	3,26

Wechselstromwiderstand von Leiterpaaren:

$$R_w = R\left[1 + F(x) + p\frac{G(x)}{(a^2/d^2) - (R/4\omega)H(x)}\right],$$

d Leiterdurchmesser in mm,
a Leiterachsenabstand in cm,
R Gleichstromwiderstand in Ω,
$p = 1$ für Doppeladern, $p = 0$ für Einzeladern,
Sternvierer: Stamm $p = 5$, Vierer $p = 1{,}6$,
DM-Vierer: Stamm $p = 2$, Vierer $p = 3{,}5$.
$F(x)$, $G(x)$ und $H(x)$ sind Funktionen, deren Werte aus der folgenden Aufstellung bequem abzulesen sind:

x	$F(x)$	$G(x)$	$H(x)$
0,0	0	0	0,0417
0,5	0,00033	0,00098	0,042
1,0	0,00519	0,01519	0,053
1,5	0,0258	0,0691	0,092
2,0	0,0782	0,1724	0,169
2,5	0,1765	0,295	0,263
3,0	0,318	0,405	0,348
3,5	0,492	0,499	0,416
4,0	0,678	0,584	0,466
4,5	0,862	0,669	0,503
5,0	1,042	0,755	0,530

Die Zahlenwerte der x-Funktionen gelten nur für niedere und mittlere Frequenzbereiche.

c) **Ableitung** für Kabelleitungen $G = 0{,}2 \ldots 0{,}5\ \mu S/\text{km}$,
für Freileitungen $G = 0{,}2 \ldots 2\ \mu\text{S/km}$.

d) **Induktivität.**

Die gegenseitige Induktivität zweier paariger Leitungen mit den Abständen r_1, r_2, R_1, R_2, deren Drahtdurchmesser klein gegen die Abstände sind, ist (Bild 138):

$$M = 0{,}46 \log \frac{R_1 R_2}{r_1 r_2} \cdot [\text{mH/km}]$$

einzusetzen sind: R_1, R_2, r_1, r_2 in cm.

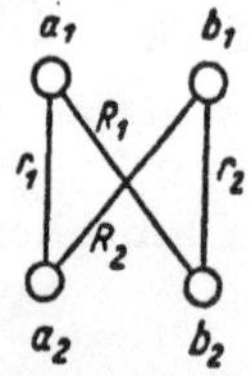

Bild 138. Leiterabstände zweier Paare

Für zwei Leiter mit einer gemeinsamen Rückleitung und den Abständen a, b und c und den Drahtdurchmessern d_1, d_2 und d_3 wird je nach Wahl der gemeinsamen Rückleitung (Bild 139):

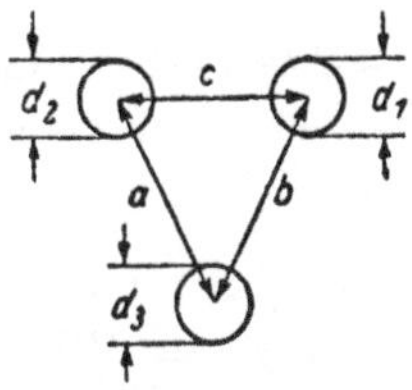

Bild 139. Zwei Leiter mit gemeinsamer Rückleitung

$$M_3 = 0{,}46\left(\log\frac{20\,ab}{c\,d_3} + 0{,}05\right)[\text{mH/km}]$$

$$M_2 = 0{,}46\left(\log\frac{20\,ac}{b\,d_2} + 0{,}05\right)[\text{mH/km}]$$

$$M_1 = 0{,}46\left(\log\frac{20\,bc}{a\,d_1} + 0{,}05\right)[\text{mH/km}]$$

einzusetzen sind: a, b, c in cm, d_1, d_2, d_3 in mm.

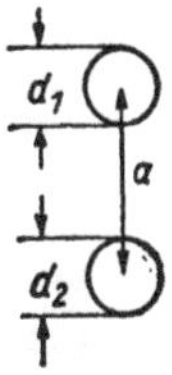

Bild 140. Paarige Leitung

Die Selbstinduktion eines Leiterpaares mit dem Achsenabstand a in cm und den Durchmessern d_1 und d_2 in mm entsprechend dem Bild 140 ist:

$$L = 0{,}92\left(\log\frac{20\,a}{\sqrt{d_1 d_2}} + 0{,}1\right)[\text{mH/km}]$$

und bei gleichen Drahtdurchmessern wird (a in cm, d in mm):

$$L = 0{,}92\left(\log\frac{20\,a}{d} + 0{,}1\right)[\text{mH/km}].$$

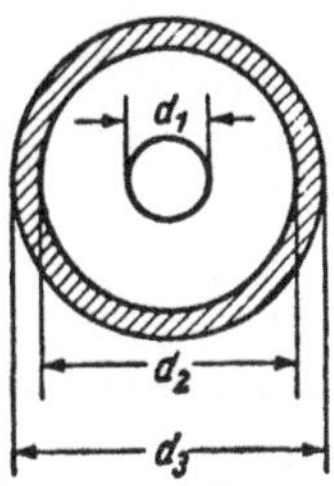

Bild 141. Einleiterkabel

Die Selbstinduktion eines einadrigen Kabels nach Bild 141 mit konzentrischer Hin- und Rückleitung, den Permeabilitäten μ_1, μ_2, μ_3 und den Durchmessern d_1, d_2, d_3 in mm wird:

$$L = 2\left(\frac{\mu_1}{4} + \mu_2 \log\frac{d_2}{d_1} + \mu_3\,\frac{d_3 - d_2}{d_1}\right)10^{-4} \approx 0{,}46 \log\frac{d_2}{d_1}\,[\text{mH/km}],$$

wobei als Einschränkung gilt: $d_3 < 1{,}25\,d_2$.

e) Kapazität.

Die Schleifenkapazität eines Freileitungspaares ist:

$$C = \frac{\varepsilon \cdot 10^3}{4\,c^2 \log(20\,a/d)} = \frac{12}{\log(20\,a/d)}\,[n\text{F/km}].$$

Die Schleifenkapazität eines Kabelleitungspaares ist:

$$C = \frac{19}{\log\left(0{,}86\,\frac{\sqrt{q}}{d} - 0{,}24\right)}\,[n\text{F/km}].$$

Die Kapazität eines einzelnen Leiters gegen Erde ist:

$$C = \frac{\varepsilon \cdot 10^3}{5\,c^2 \log(40\,h/d)} = \frac{24}{\log(40\,h/d)}\,[n\text{F/km}].$$

Die Simultankapazität eines Freileitungspaares ist:

$$C = \frac{24 \cdot 2}{\log(80h^2/ad)} \, [nF/\text{km}].$$

Hierin bedeuten: ε Dielektrizitätskonstante, $c = 300000$, a Abstand in cm, h Höhe in cm, d Drahtdurchmesser in mm, q vom verdrallten Paar beanspruchter Querschnitt in cm².

Beispiel: Zweidraht-Freileitung mit Simultanschaltung für einen Stromkreis zwischen der Mitte der Abschlußübertrager und der Erde als Rückleitung. (Bild 84, Teil 1 und 2.)

Angaben: 2 × 2 mm Bronzedraht, 25 cm Schleifenabstand, 7 m Höhe.

Die Schleifeninduktivität beträgt:

$$L = 0{,}92 \log(20a/d) + 0{,}1 = 0{,}92 \log 250 + 0{,}1 = 2{,}31 \text{ mH/km}.$$

Die Schleifenkapazität beträgt:

$$C = 12/\log(20a/d) = 12/\log 250 = 50 \text{ nF/km}.$$

Die Simultankapazität der beiden Leiter gegen Erde beträgt:

$$C = 48/\log(80h^2/ad) = 48/\log 392000 = 8{,}6 \text{ nF/km}.$$

Zahlentafel 12:

Eigenschaften gebräuchlicher Leitungen

Bezeichnung	Zweidraht mm	R Ω/km	G μS/km	L mH/km	C nF/km	b mN/km	$\mathfrak{Z}$ (800 Hz) Ω	∟ φ
Freileitung	2	85,0		11,0	5,4	25,0	1910	−28° 0′
Eisen	3	39,0	0,5…2	7,5	6,0	16,0	1335	−23° 5′
	4	21,0		5,0	6,4	11,0	1000	−19° 20′
	5	13,4		4,5	6,8	7,6	875	−14° 50′
Freileitung	2	12,0		2,2	5,4	8,7	777	−22° 41′
Bronze	3	5,9	0,5…2	2,0	6,0	4,9	626	−14° 50′
	4	3,3		1,85	6,4	2,9	550	− 9° 0′
	5	2,1		1,7	6,8	1,9	505	− 6° 10′
Freileitung	2	11,6		2,2	5,4	8,0	765	−21° 10′
Hartkupfer	3	5,2	0,5…2	2,0	6,0	4,3	610	−13° 0′
	4	2,9		1,85	6,4	2,6	550	− 8° 15′
	5	1,9		1,7	6,8	1,9	505	− 6° 10′
Teilnehmerkabel	0,6	130,0		0,7	33,0	100	870	−44° 10′
Weichkupfer	0,8	73,2	0,2..,1	0,7	33,5	75	650	−43° 40′
	0,9	57,9		0,7	34,0	67	570	−43° 15′
	1,0	46,8		0,7	34,5	60	510	−42° 40′
Fernleitungskabel	1,2	32,5		0,7	35,0	50	425	−41° 45′
Weichkupfer	1,4	23,8	0,2…1	0,65	36,0	43	360	−41° 15′
	1,5	20,8		0,6	37,0	40	330	−40° 30′
	2,0	11,7		0,6	41,0	30	240	−37° 30′

3. Übertragung von Wechselströmen

Zu übertragen sind Wechselströme mit nur einer bestimmten Frequenz über eine beliebige Leitung. Als Einführung sei zunächst ein zeichnerisches Verfahren besprochen, welches den Weg zur genauen Lösung ebnet.

Eine angenäherte Ersatzschaltung für die natürliche gleichmäßige Verteilung der Leitungswerte bietet ein Kettenleiter, dessen wesentliche Bestandteile Widerstände, Induktivitäten, Kapazitäten sind. Die angelegte Spannung habe eine bestimmte Frequenz und sei frei von Oberwellen. Die Ableitung ist nur vernachlässigt (Bild 142), um das zeichnerische Verfahren übersichtlicher zu gestalten.

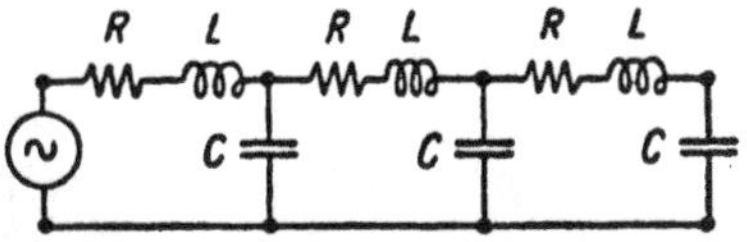

Bild 142. Ersatzschaltung für ein Einleiterkabel mit Widerstands-, Induktivitäts- und Kapazitätsbelag

Allgemein können in einem Stromkreis, bestehend aus Quelle, Leitung und Last, drei typische Fälle vorliegen: induktiver, ohmscher und kapazitiver Abschluß mit gleichem Widerstandsbetrag.

Das Ergebnis ist: verschiedener Spannungsabfall bei induktiver, ohmscher und kapazitiver Last; die Phasenverschiebungen der Spannung gegen den Strom an der Quelle und am Abschluß der Leitung sind verschieden. Die Phasendrehung der Spannungen ändert sich stetig längs der Leitung (Bild 143).

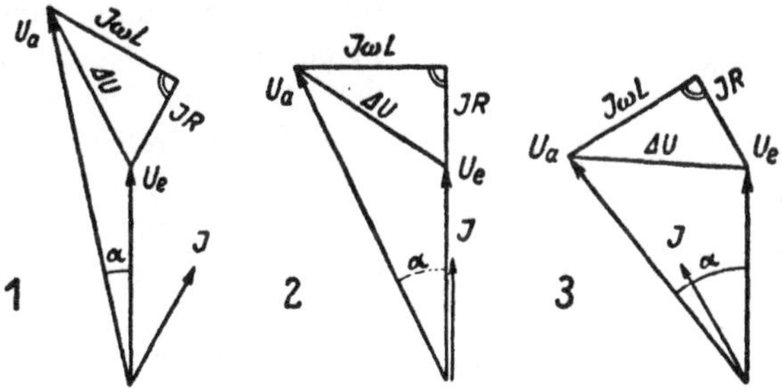

Bild 143. Phasendrehung α und Strangspannung Δu längs einer Leitung mit Widerstands- und Induktivitätsbelag bei (*1*) induktiver, (*2*) ohmscher und (*3*) kapazitiver Last

Erläutert sei: eine Phasenverschiebung bezeichnet einen Zeitwinkel zwischen zwei elektrischen Größen am gleichen Orte der Leitung, eine Phasendrehung bezeichnet einen auf eine Strecke der Leitung bezogenen Winkel für nur eine elektrische Größe.

Die natürliche Leitung bildet aber keine Reihenschaltung von Widerstand und Induktivität, sondern eine stetige längs verteilte Paarung beider Eigenschaften. So ist es dann zu verstehen, daß die Zwischenwerte der Spannungen vom Anfang bis zum Ende der Strecke sich stetig drehen. Zwischen Anfang und Ende besteht eine Phasendrehung.

Hierauf aufbauend entsteht schrittweise das Gesamtbild der Spannungen und Ströme des Kettenleiters, wobei abwechselnd Spannungs- und Stromdreiecke zu zeichnen sind. Der Aufbau der Spannungs- und Stromdiagramme ist (Bild 144):

Gegeben sei U_8, dann ist $I_8 = U_8 \omega C$. Zeichne $U_8 \perp I_8$.

Von »7« nach »8« fließt $I_{78} = I_8$, die Spannungsabfälle sind $I_{78}\,R$ und $I_{78}\,\omega L$. Dieses rechtwinklige Dreieck $(I_{78}R \| I_8)$ ergibt die Zwischenspannung U_7, dann ist $I_7 = U_7\,\omega C$. Zeichne $I_7 \perp U_7$ und bilde die geometrische Summe $[I_7 + I_8]$.

Von »6« nach »7« fließt $I_{67} = [I_7 + I_8]$, die Spannungsabfälle sind $I_{67}\,R$ und $I_{67}\,\omega L$. Dieses Dreieck $(I_{67}R \| I_{67})$ ergibt die Zwischenspannung U_6, dann ist $I_6 = U_6\,\omega C$. Zeichne $I_6 \perp U_6$ und bilde die geometrische Summe $[I_6 + I_7 + I_8]$.

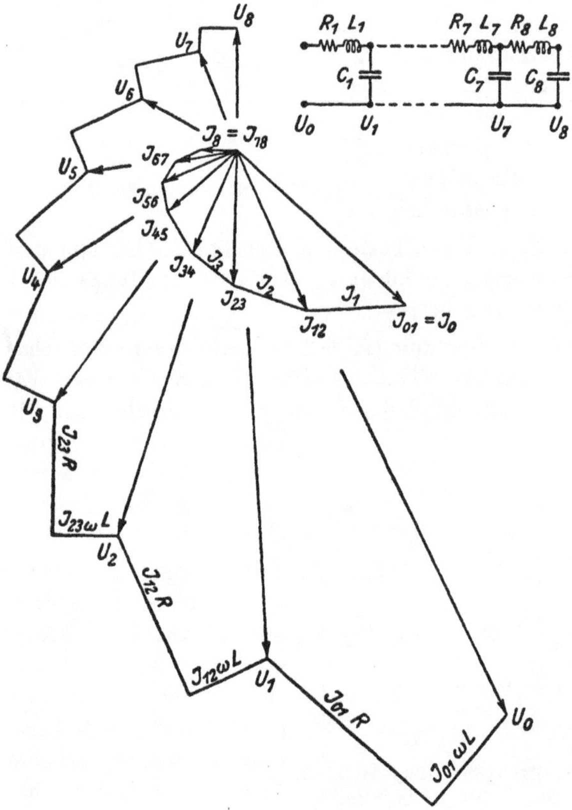

Bild 144. Spannungen und Ströme auf einem mehrgliedrigen Kettenleiter in Phasenzeiger-Darstellung

Von »6« nach »5« gehe man in gleicher Weise vor, bis sich über »5, 4, 3, 2, 1« die gesuchten Zeiger der Anfangswerte U_0 und I_0 ergeben.

Ersichtlich ist, daß die Spannungen und Ströme vom Anfang nach dem Ende zu abnehmen; die Phasenverschiebung zwischen Spannung und Strom ändert sich längs der gesamten Strecke; eine Phasendrehung erleiden sowohl Spannungen als auch Ströme; die Phasendrehungen der Spannungen und der Ströme wachsen mit der Leitungslänge unbegrenzt.

Die Verluste auf Fernmeldeleitungen sind immer so groß, daß trotz ihrer Kapazität nur Spannungsabnahmen auftreten. Im Gegensatz hierzu haben Starkstromleitungen kleine Leistungsverluste, weil diese elektrische Energie wirtschaftlich übertragen müssen. Das Bild 144 ist so gezeichnet, wie es Fernmeldeleitungen $(R > \omega L)$ entspricht, deshalb nehmen die Spannungs- und Stromzeiger ab. Für die Darstellung von Hochspannungsleitungen $(R < \omega L)$ ist das Bild 143 maßgebend. Jedes einzelne Teildreieck würde, je nachdem, ob induktive, ohmsche oder kapazitive Last vorliegt, sich ändern. Die Spannung am Leitungsende kann kleiner oder größer als die Anfangsspannung werden. Der zweite Fall ist bekannt als Ferranti-Effekt.

Die Spannung an jedem Punkt der Leitung bedingt eine Stromableitung; der Strom an jedem Punkt der Leitung bedingt einen Spannungsabfall. Weder Spannung noch Strom zeigen also eine der Leitungslänge verhältnisgleiche Abnahme. Nur die Phasendrehungen wachsen bei gleichmäßigen oder glatten Leitungen verhältnisgleich der Länge.

4. Telegraphengleichungen

Gegeben ist eine gleichmäßige oder glatte Leitung mit den vier auf 1 km bezogenen Leitungsbelägen R, L, G und C und einer beliebigen Länge l km. Die Übertragungsrichtung der Energie verläuft von A nach E. Die Frequenz ist beliebig, aber bestimmt angenommen, die Lösung gilt somit allgemein für Gleich- und Wechselstromübertragungen. Am Anfang der Leitung liegt eine feste Spannung U_a, die Stromquelle ist unendlich ergiebig, also ohne innere Spannungsabfälle durch eine Stromentnahme I_a gedacht.

Gesucht sind Spannungen und Ströme im eingeschwungenen Zustand. Die Schwingfähigkeit der Leitung beruht auf ihrer Induktivität und Kapazität. Nach Einschalten einer Leitung läuft eine Stoßwelle zum Ende und wird von dort zurückgeworfen. Nach Ablauf dieses Vorganges ist die Leitung eingeschwungen.

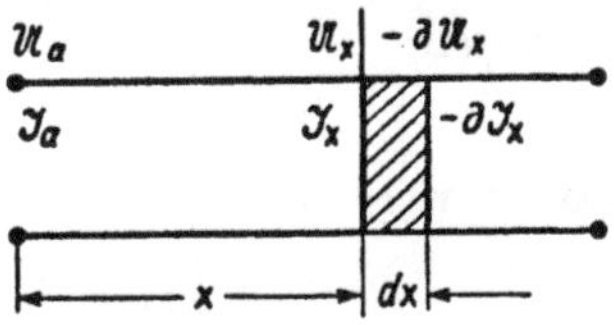

Bild 145. Allgemeine Bezeichnungen für Spannungen und Ströme auf einer gleichmäßigen oder glatten Leitung

Entsprechend dem Bild 145 sind in beliebigem Abstand x vom Anfang der Leitung der Spannungsabfall und die Stromableitung längs der unendlich kurzen Strecke dx:

$$-\partial U_x = I_x(R + j\omega L)\,\partial x = I_x r e^{j\varphi}\partial x$$

$$-\partial I_x = U_x(G + j\omega C)\,\partial x = U_x g e^{j\psi}\partial x.$$

Wird $\mathfrak{R} = R + j\omega L$ und $\mathfrak{G} = G + j\omega C$ eingesetzt, so entstehen die Differentialgleichungen:

$$-\partial\mathfrak{U}_x/\partial x = \mathfrak{J}_x\mathfrak{R}, \qquad -\partial\mathfrak{J}_x/\partial x = \mathfrak{U}_x\mathfrak{G}.$$

Für diese Funktionen der Spannungen und Ströme ist das Änderungsgesetz abzuleiten:

$$-\partial^2\mathfrak{U}_x/\partial x^2 = (d\mathfrak{J}_x/dx)\cdot\mathfrak{R}, \qquad -\partial^2\mathfrak{J}_x/\partial x = (d\mathfrak{U}_x/dx)\cdot\mathfrak{G}$$

$$\partial^2\mathfrak{U}_x/\partial x^2 = \mathfrak{U}_x\mathfrak{R}\mathfrak{G}, \qquad \partial^2\mathfrak{J}_x/\partial x = \mathfrak{J}_x\mathfrak{R}\mathfrak{G}.$$

Für die Integration gelten folgende Überlegungen:

1. Zwei Gleichungen mit je zwei Gliedern sind anzusetzen, weil eine doppelte Abhängigkeit zwischen Spannung und Strom vorliegt.
2. Die Ansatzgleichungen weisen auf eine Exponentialfunktion, die auch in die Ableitung des Änderungsgesetzes eingeht.
3. Das positive und negative Vorzeichen der Exponenten entspricht dem eingeschwungenen Zustand, der aus einer hinlaufenden und rücklaufenden Teilwelle entstanden ist.

Die Ansatzgleichungen für die Integration lauten daher:

$$\mathfrak{U}_x = a_1 e^{\gamma x} + a_2 e^{-\gamma x} \qquad \mathfrak{J}_x = b_1 e^{\gamma x} + b_2 e^{-\gamma x}$$

hierin ist als Abkürzung gesetzt:

$$\gamma = \sqrt{\mathfrak{R}\mathfrak{G}} = \sqrt{(R + j\omega L)(G + j\omega C)}.$$

Bestimmung der Integrationskonstanten:

$$a_1 \; a_2 \; b_1 \; b_2.$$

Für $x = 0$ wird $\mathfrak{U}_x = \mathfrak{U}_1$ und $\mathfrak{J}_x = \mathfrak{J}_1$ und es ergeben sich die Summen:

$$\mathfrak{U}_1 = a_1 + a_2 \quad \text{und} \quad \mathfrak{J}_1 = b_1 + b_2.$$

Nach den Summen seien die Differenzen gebildet.

$$\begin{aligned} d\mathfrak{U}_x/dx &= a_1\gamma e^{\gamma x} - a_2\gamma e^{-\gamma x} = -\mathfrak{J}_x\mathfrak{R} \\ d\mathfrak{J}_x/dx &= b_1\gamma e^{\gamma x} - b_2\gamma e^{-\gamma x} = -\mathfrak{U}_x\mathfrak{G} \end{aligned}$$

$$-\mathfrak{J}_x \cdot \mathfrak{R} = (a_1 - a_2)\gamma \quad \text{und} \quad -\mathfrak{U}_x \cdot \mathfrak{G} = (b_1 - b_2)\gamma.$$

Eine weitere Abkürzung $\mathfrak{Z}$ sei eingeführt, um die Formeln übersichtlich zu gestalten:

$$\mathfrak{Z} = \mathfrak{R}/\gamma = \gamma/\mathfrak{G} = \sqrt{\mathfrak{R}/\mathfrak{G}} = \sqrt{(R + j\omega L)/(G + j\omega C)}.$$

Damit werden die Differenzen erhalten:

$$-\mathfrak{J}_1\mathfrak{Z} = a_1 - a_2 \quad \text{und} \quad -\mathfrak{U}_1/\mathfrak{Z} = b_1 - b_2.$$

Durch Addition und Subtraktion ergeben sich die gesuchten Konstanten:

$$\begin{aligned} a_1 &= \tfrac{1}{2}(\mathfrak{U}_1 - \mathfrak{J}_1\mathfrak{Z}) \quad \text{und} \quad a_2 = \tfrac{1}{2}(\mathfrak{U}_1 + \mathfrak{J}_1\mathfrak{Z}) \\ b_1 &= \tfrac{1}{2}[\mathfrak{J}_1 - (\mathfrak{U}_1/\mathfrak{Z})] \quad \text{und} \quad b_2 = \tfrac{1}{2}[\mathfrak{J}_1 + (\mathfrak{U}_1/\mathfrak{Z})]. \end{aligned}$$

Diese Konstanten sind in die Ansatzgleichungen einzusetzen:

$$\begin{aligned} \mathfrak{U}_x &= \tfrac{1}{2}(\mathfrak{U}_1 - \mathfrak{J}_1\mathfrak{Z})e^{\gamma x} + \tfrac{1}{2}(\mathfrak{U}_1 + \mathfrak{J}_1\mathfrak{Z})e^{-\gamma x} \\ \mathfrak{J}_x &= \tfrac{1}{2}[\mathfrak{J}_1 - (\mathfrak{U}_1/\mathfrak{Z})]e^{\gamma x} + \tfrac{1}{2}[\mathfrak{J}_1 + (\mathfrak{U}_1/\mathfrak{Z})]e^{-\gamma x}. \end{aligned}$$

In der endgültigen Form lautet die Lösung:

$$\begin{aligned} \mathfrak{U}_x &= \mathfrak{U}_1 \tfrac{1}{2}(e^{\gamma x} + e^{-\gamma x}) - \mathfrak{J}_1\mathfrak{Z}\,\tfrac{1}{2}(e^{\gamma x} - e^{-\gamma x}), \\ \mathfrak{J}_x &= \mathfrak{J}_1 \tfrac{1}{2}(e^{\gamma x} + e^{-\gamma x}) - (\mathfrak{U}_1/\mathfrak{Z})\,\tfrac{1}{2}(e^{\gamma x} - e^{-\gamma x}). \end{aligned}$$

Bezogen auf eine bestimmte Leitungslänge $x = l$ km werden Spannung und Strom am Leitungsende:

$$\begin{aligned} \mathfrak{U}_e &= \mathfrak{U}_a \tfrac{1}{2}(e^{\gamma l} + e^{-\gamma l}) - \mathfrak{J}_a\mathfrak{Z}\,\tfrac{1}{2}(e^{\gamma l} - e^{-\gamma l}), \\ \mathfrak{J}_e &= \mathfrak{J}_a \tfrac{1}{2}(e^{\gamma l} + e^{-\gamma l}) - (\mathfrak{U}_a/\mathfrak{Z})\,\tfrac{1}{2}(e^{\gamma l} - e^{-\gamma l}) \end{aligned}$$

Im allgemeinen sind aber die Endwerte $\mathfrak{U}_e$ und $\mathfrak{J}_e$ durch ein Empfangsgerät vorgeschrieben und hierfür die Anfangswerte $\mathfrak{U}_a$ und $\mathfrak{J}_a$ zu berechnen. Diese Umformung ist leicht ausgeführt: man vertausche Anfang und Ende und beachte, daß dabei die Leitungslänge wegen der Richtungsumkehr mit negativem Vorzeichen einzusetzen ist:

$$\mathfrak{U}_a = \mathfrak{U}_e \tfrac{1}{2}(e^{\gamma l} + e^{-\gamma l}) + \mathfrak{J}_e \mathfrak{Z} \tfrac{1}{2}(e^{\gamma l} - e^{-\gamma l}),$$
$$\mathfrak{J}_a = \mathfrak{J}_e \tfrac{1}{2}(e^{\gamma l} + e^{-\gamma l}) + (\mathfrak{U}_e/\mathfrak{Z}) \tfrac{1}{2}(e^{\gamma l} - e^{-\gamma l}).$$

Erwähnt sei noch, daß die Rechnung mit komplexen Exponenten geeignete Funktionentafeln (vgl. im Anhang) voraussetzt, mit deren Gebrauch die Gleichungen in folgender Form sich schreiben und auswerten lassen:

$$\mathfrak{U}_a = \mathfrak{U}_e \,\mathfrak{Cof}\, \gamma l + \mathfrak{J}_e \mathfrak{Z} \,\mathfrak{Sin}\, \gamma l \qquad \mathfrak{J}_a = \mathfrak{J}_e \,\mathfrak{Cof}\, \gamma l + (\mathfrak{U}_e/\mathfrak{Z}) \,\mathfrak{Sin}\, \gamma l.$$

Diese Leitungsgleichungen beanspruchen allgemeine Gültigkeit auch dann, wenn es sich überhaupt um Übertragungen elektrischer Energie über Freileitungen oder Kabelleitungen handelt, und deshalb seien die Lösungen für drei typische Sonderfälle nachgetragen.

1. Gleichstromübertragung (Telegraphentechnik).

Die Frequenz f bzw. ω wird gleich Null. Die imaginären Bestandteile verschwinden und es bleibt das Gleichungspaar

$$U_a = U_e \tfrac{1}{2}(e^{g} + e^{-g}) + I_e Z \tfrac{1}{2}(e^{g} - e^{-g})$$
$$I_a = I_e \tfrac{1}{2}(e^{g} + e^{-g}) + (U_e/Z) \tfrac{1}{2}(e^{g} - e^{-g}),$$

hierbei vereinfachen sich der Exponent g und der Widerstand Z beträchtlich:

$$g = \sqrt{R \cdot G} \cdot l \quad \text{und} \quad Z = \sqrt{R/G}.$$

2. Hochfrequenzübertragung (Rundfunktechnik).

In ungedämpften Schwingungskreisen werden $R \ll \omega L$ und $G \ll \omega C$. Die reellen Bestandteile verschwinden und es bleiben

$$\mathfrak{U}_a = \mathfrak{U}_e \tfrac{1}{2}(e^{j\alpha l} + e^{-j\alpha l}) + \mathfrak{J}_e \sqrt{L/C}\, \tfrac{1}{2}(e^{j\alpha l} - e^{-j\alpha l})$$
$$\mathfrak{J}_a = \mathfrak{J}_e \tfrac{1}{2}(e^{j\alpha l} + e^{-j\alpha l}) + \mathfrak{U}_e \sqrt{C/L}\, \tfrac{1}{2}(e^{j\alpha l} - e^{-j\alpha l}),$$

hierbei ist $\gamma = j\alpha$ gesetzt und werden erhalten

$$\mathfrak{g} = \gamma l = j\omega \sqrt{LC} \cdot l \quad \text{und} \quad Z = \sqrt{L/C}.$$

da überdies $\cos x \pm j \sin x = e^{\pm jx}$ ist und $\mathfrak{Cof}\, jx = \cos x$ und $\mathfrak{Sin}\, j\,x = j \sin x$ (vgl. Anhang Formeltafel für hyperbolische Funktionen) sich setzen lassen, erhält man:

$$\mathfrak{U}_a = \mathfrak{U}_e \cos \omega \sqrt{LC} \cdot l + \mathfrak{J}_e \sqrt{L/C}\, j \sin \omega \sqrt{LC} \cdot l$$
$$\mathfrak{J}_a = \mathfrak{J}_e \cos \omega \sqrt{LC} \cdot l + \mathfrak{U}_e \sqrt{C/L}\, j \sin \omega \sqrt{LC} \cdot l.$$

3. Hochspannungsübertragung (Starkstromtechnik).

Wegen der niedrigen Frequenzen unter 100 Hz werden nur die ersten beiden Glieder der unendlichen Reihen für $\mathfrak{Cof}\,\mathfrak{g}$ und $\mathfrak{Sin}\,\mathfrak{g}$ eingesetzt und das Gleichungspaar lautet:

$$\mathfrak{U}_a = \mathfrak{U}_e (1 + \tfrac{1}{2}\gamma^2 l^2) + \mathfrak{J}_e \mathfrak{Z} (\gamma l + \tfrac{1}{6}\gamma^3 l^3)$$
$$\mathfrak{J}_a = \mathfrak{J}_e (1 + \tfrac{1}{2}\gamma^2 l^2) + (\mathfrak{U}_e/\mathfrak{Z})(\gamma l + \tfrac{1}{6}\gamma^3 l^3),$$

hierbei werden die Ableitungsglieder vernachlässigt, und es ergeben sich:

$$\gamma = \sqrt{(R + j\omega L) j\omega C} \quad \text{und} \quad \mathfrak{Z} = \sqrt{(R + j\omega L)/j\omega C}.$$

5. Wellenwiderstand $\mathfrak{Z}$

Die Leitungsgleichungen gestatten an sich die Berechnungen der Spannungen und Ströme für beliebige Leitungen, Stromarten und Betriebsfälle, soweit die bezogenen Werte R, L, G, C nicht frequenzabhängig sind.

Andererseits will man das Verhalten einer Übertragung ohne langwierige Rechnungen übersehen können und sucht Kenngrößen, die sich schnell berechnen oder messen lassen.

Die Leitungsgleichungen enthalten den Scheinwiderstand

$$\mathfrak{Z} = \sqrt{(R + j\omega L)/(G + j\omega L)},$$

in komplexer Form oder als absoluter Betrag geschrieben

$$Z_s = |\mathfrak{Z}| = \sqrt[4]{(R^2 + \omega^2 L^2)/(G^2 + \omega^2 C^2)}.$$

Als Grenzfall sei die Leitung unendlich lang gedacht. Für $x \to \infty$ werden $\mathfrak{U}_x$ und $\mathfrak{J}_x$ gleich Null und man erhält daher, weil $e^{-\gamma x}$ verschwindet:

$$0 = \mathfrak{U}_1 (e^{\gamma x}/2) - \mathfrak{J}_1 \mathfrak{Z} (e^{\gamma x}/2)$$

oder

$$\mathfrak{U}_1 = \mathfrak{J}_1 \mathfrak{Z} = \mathfrak{J}_1 \sqrt{(R + j\omega L)/(G + j\omega C)} = \mathfrak{J}_1 \sqrt{\mathfrak{R}/\mathfrak{G}}.$$

Beispiel: Freileitung, 2×5 mm Bronzedraht.

$R = 2\,\Omega$/km, $L = 2$ mH/km, $G = 1$ μS/km, $C = 0{,}007$ μF/km, $\omega = 5000\ s^{-1}$

$$\mathfrak{R} = r \cdot e^{j\varphi_1}, \quad r = \sqrt{R^2 + \omega^2 L^2}, \quad \operatorname{tg} \varphi_1 = \omega L/R.$$

$$\mathfrak{G} = g \cdot e^{j\varphi_2}, \quad g = \sqrt{G^2 + \omega^2 C^2}, \quad \operatorname{tg} \varphi_2 = \omega C/G.$$

$$\mathfrak{Z} = \sqrt{\frac{\mathfrak{R}}{\mathfrak{G}}} = \sqrt{\frac{10{,}4\, e^{78°41' j}}{35{,}0\, e^{83°33' j}} \cdot 10^6} = 540\, e^{-4°52' j}\, \Omega.$$

Dieser Wellenwiderstand ist fast reell, der Strom um 4°52′ voreilend. Die mittlere Kreisfrequenz $\omega = 5000\ s^{-1}$ entspricht abgerundet $f = 800$ Hz.

Bei einer Spannung $U_a = 0{,}5$ V wird $I_a = 0{,}93$ mA.

Für die unendlich lang gedachte Leitung bestimmt $\mathfrak{Z}$ bei gegebener Wellenspannung den Strom der eindringenden Welle. Deshalb heißt $\mathfrak{Z}$: der Wellenwiderstand.

Eine zurücklaufende Welle entfällt, wenn $x \to \infty$ wird. Damit werden $\mathfrak{U}_x = 0$, $\mathfrak{J}_x = 0$ und $e^{-\gamma x} = 0$. Abgesehen von diesem streng richtigen Fall sind bei endlichen Leitungen annähernd gleiche Voraussetzungen gegeben, wenn $|e^{\gamma l}| > 2$ wird. Die sehr kleinen Werte $\mathfrak{U}_e$ und $\mathfrak{J}_e$ verursachen eine geringfügige, zurückgeworfene Welle, die außerdem auf dem Wege vom Ende zum Anfang verhältnisgleich der eindringenden Welle abnimmt. Die Vernachlässigung der rücklaufenden Welle ist dann zulässig.

Die Bedeutung des Wellenwiderstandes für Leitungen mit endlicher Länge ist aus der Betrachtung von drei Sonderfällen zu erkennen:

1. Leitungsende offen: $\mathfrak{R}_e \to \infty$,
2. Leitungsende kurzgeschlossen: $\mathfrak{R}_e = 0$,
3. Abschlußwiderstand: $\mathfrak{R}_e = \mathfrak{Z}$.

Innerhalb dieser Grenzen liegen alle praktisch vorkommenden Abschlußwiderstände. Die Leitung endet in der Regel an einem Übertrager oder das Ende bildet den Anfang einer angeschlossenen Leitung.

1. Leerlauffall: $\mathfrak{J}_e = 0$, $x = l$, $\gamma x = \gamma l = \mathfrak{g}$.

Aus den Leitungsgleichungen ergibt sich nach Einsetzen dieser Werte:

$$\mathfrak{U}_a = \mathfrak{U}_e \tfrac{1}{2}(e^{\mathfrak{g}} + e^{-\mathfrak{g}})$$
$$\mathfrak{J}_a = (\mathfrak{U}_e/\mathfrak{Z}) \tfrac{1}{2}(e^{\mathfrak{g}} - e^{-\mathfrak{g}}).$$

Durch Division erhält man den Eingangsscheinwiderstand $\mathfrak{R}_0$ bei Leerlauf:

$$\mathfrak{R}_0 = \mathfrak{U}_a/\mathfrak{J}_a = \mathfrak{Z}(e^{\mathfrak{g}} + e^{-\mathfrak{g}})/(e^{\mathfrak{g}} - e^{-\mathfrak{g}}) = \mathfrak{Z}\,\mathfrak{Cot}\,\mathfrak{g}.$$

Danach ist $\mathfrak{Z} < \mathfrak{R}_0$ und der Bruchwert liegt über Eins. Mit wachsendem $\mathfrak{g} = \gamma l$ wird allmählich $\mathfrak{R}_0$ kleiner und im Grenzfall $\mathfrak{R}_0 = \mathfrak{Z}$ und der Bruchwert gleich Eins.

2. Kurzschlußfall: $\mathfrak{U}_e = 0$, $x = l$, $\gamma x = \gamma l = \mathfrak{g}$.

Aus den Leitungsgleichungen ergibt sich nach Einsetzen dieser Werte:

$$\mathfrak{U}_a = \mathfrak{J}_e \mathfrak{Z} \tfrac{1}{2}(e^{\mathfrak{g}} - e^{-\mathfrak{g}})$$
$$\mathfrak{J}_a = \mathfrak{J}_e \tfrac{1}{2}(e^{\mathfrak{g}} + e^{-\mathfrak{g}}).$$

Durch Division erhält man den Eingangsscheinwiderstand $\mathfrak{R}_k$ bei Kurzschluß:

$$\mathfrak{R}_k = \mathfrak{U}_a/\mathfrak{J}_a = \mathfrak{Z}(e^{\mathfrak{g}} - e^{-\mathfrak{g}})/(e^{\mathfrak{g}} + e^{-\mathfrak{g}}) = \mathfrak{Z}\,\mathfrak{Tg}\,\mathfrak{g}.$$

Danach ist $\mathfrak{Z} > \mathfrak{R}_k$ und der Bruchwert liegt unter Eins. Mit wachsendem $\mathfrak{g} = \gamma l$ wird allmählich $\mathfrak{R}_k$ größer und im Grenzfall $\mathfrak{R}_k = \mathfrak{Z}$ und der Bruchwert gleich Eins.

3. Anpassungsfall: $\mathfrak{R}_e = \mathfrak{Z}$, $\mathfrak{U}_e = \mathfrak{J}_e \mathfrak{R}_e = \mathfrak{J}_e \mathfrak{Z}$.

Die Leitungsgleichungen ergeben für $x = l$ und $\gamma x = g$:

$$\mathfrak{U}_a = \mathfrak{J}_e \mathfrak{Z}[(e^{\mathfrak{g}} + e^{-\mathfrak{g}})/2] + \mathfrak{J}_e \mathfrak{Z}[(e^{\mathfrak{g}} - e^{-\mathfrak{g}})/2]$$
$$\mathfrak{J}_a = \mathfrak{J}_e[(e^{\mathfrak{g}} + e^{-\mathfrak{g}})/2] + \mathfrak{J}_e[(e^{\mathfrak{g}} - e^{-\mathfrak{g}})/2].$$

Durch Division ergibt sich bei Anpassung des Abschlußwiderstandes an den Wellenwiderstand:

$$\mathfrak{R}_a = \mathfrak{U}_a/\mathfrak{J}_a = \mathfrak{Z}.$$

Dieser Betriebsfall verdient besondere Beachtung, weil längs der gesamten Leitung der Quotient aus Spannung und Strom gleichbleibt:

$$\mathfrak{R}_a = \mathfrak{Z} = \mathfrak{R}_e = \mathfrak{U}_a/\mathfrak{J}_a = \mathfrak{U}_x/\mathfrak{J}_x = \mathfrak{U}_e/\mathfrak{J}_e.$$

Betrachtet man die Leitung als eine Stromquelle und den Abschlußwiderstand als Verbraucher, so läßt sich der Satz anwenden: die Nutzleistung wird am größten, wenn innerer und äußerer Widerstand gleich groß werden.

Es ist daher zur Regel geworden, den Abschlußwiderstand am Ende einer Fernleitung dem Wellenwiderstand anzupassen.

Die Rückwirkung der Belastung auf die Stromquelle ist bei elektrisch langen Fernmeldeleitungen gering; zwischen Leerlauf und Kurzschluß am Ende schwankt die Stromstärke am Leitungsanfang nur wenig.

Beispiel: Wie groß wird der Eingangswiderstand einer Fernleitung mit beliebigem Abschlußwiderstand $\mathfrak{R}_e$ am Leitungsende? ($\mathfrak{U}_e = \mathfrak{J}_e \cdot \mathfrak{R}_e$)

Aus den Telegraphen- oder Leitungsgleichungen gewinnt man durch Division den vom Anfang her sich ergebenden Scheinwiderstand

$$\mathfrak{R}_a = \mathfrak{U}_a/\mathfrak{J}_a = (\mathfrak{U}_e \mathfrak{Cof}\,\mathfrak{g} + \mathfrak{J}_e \mathfrak{Z}\,\mathfrak{Sin}\,\mathfrak{g})/(\mathfrak{J}_e \mathfrak{Cof}\,\mathfrak{g} + (\mathfrak{U}_e/\mathfrak{Z})\,\mathfrak{Sin}\,\mathfrak{g})$$

und durch Division des Zählers und des Nenners der rechten Seite durch $\mathfrak{J}_e$

$$\mathfrak{R}_a = ((\mathfrak{U}_e/\mathfrak{J}_e)\,\mathfrak{Cof}\,\mathfrak{g} + \mathfrak{Z}\,\mathfrak{Sin}\,\mathfrak{g})/(\mathfrak{Cof}\,\mathfrak{g} + (\mathfrak{U}_e\,\mathfrak{Sin}\,\mathfrak{g}/\mathfrak{J}_e\,\mathfrak{Z}))$$

und, da $\mathfrak{R}_e = \mathfrak{U}_e/\mathfrak{J}_e$ ist, den endgültigen Ausdruck:

$$\mathfrak{R}_a = \mathfrak{Z}\,(\mathfrak{R}_e\,\mathfrak{Cof}\,\mathfrak{g} + \mathfrak{Z}\,\mathfrak{Sin}\,\mathfrak{g})/(\mathfrak{Z}\,\mathfrak{Cof}\,\mathfrak{g} + \mathfrak{R}_e\,\mathfrak{Sin}\,\mathfrak{g}).$$

Beispiel: Wie groß werden bei einer Gleichstrom-Telegraphenleitung mit einer Batteriespannung 24 V, einem Kennwiderstand $Z = 800\,\Omega$ und dem Übertragungsmaß $g = b = \beta l = 2\,N$ die der Stromquelle entnommenen Ströme a) bei Leerlauf, b) bei Kurzschluß, c) bei Belastung mit einem Abschlußwiderstand $R_e = 800\,\Omega$.

a) Offenes Leitungsende ($I_e = 0$)

$$I_a = U_e\,\mathfrak{Sin}\,b/Z \quad \text{und} \quad U_e = U_a/\mathfrak{Cof}\,b$$

$$I_a = U_a\,\mathfrak{Tg}\,b/Z = 24 \cdot 0{,}964/800 = 28{,}92\,\text{mA}.$$

b) Kurzschluß am Ende ($U_e = 0$)

$$I_a = I_e\,\mathfrak{Cof}\,b \qquad \text{und} \qquad I_e = U_a/Z\,\mathfrak{Sin}\,b$$

$$I_a = U_a/Z\,\mathfrak{Tg}\,b = 24/0{,}964 \cdot 800 = 31{,}12\,\text{mA}.$$

c) Abschlußwiderstand $R_e = Z = 800\,\Omega$

$$R_a = U_a/I_a = U_e/I_e = R_e \qquad \text{und} \qquad I_a = 24/800 = 30\,\text{mA}.$$

Die Rückwirkung der Last am Ende auf die Quelle am Anfang ist gering. Die Werte der hyperbolischen Funktionen $\mathfrak{Sin}$, $\mathfrak{Cof}$, $\mathfrak{Tg}$ sind der Zahlentafel im Anhang entnommen.

Beispiel: Von einer Fernleitung ist das komplexe Übertragungsmaß

$$\gamma = \beta + j\alpha = 0{,}82 - 0{,}20\,j$$

bekannt. Wie groß sind $\mathfrak{Cof}\,\gamma$ und $\mathfrak{Sin}\,\gamma$?

Aus der Formeltafel für hyperbolische Funktionen im Anhang sind zu entnehmen:

$$\mathfrak{Sin}\,\gamma = \mathfrak{Sin}\,(\beta + j\alpha) = \mathfrak{Sin}\,\beta \cos\alpha + j\,\mathfrak{Cof}\,\beta \sin\alpha$$

$$\mathfrak{Cof}\,\gamma = \mathfrak{Cof}\,(\beta + j\alpha) = \mathfrak{Cof}\,\beta \cos\alpha + j\,\mathfrak{Sin}\,\beta \sin\alpha.$$

Da die Phasendrehung $\alpha = -0{,}20$ im Bogenmaß ist, werden nach Umrechnung in Gradmaß erhalten: $\cos\alpha = 0{,}980$ und $\sin\alpha = -0{,}199$ und mit den Werten der Zahlentafel für hyperbolische Funktionen im Anhang:

$$\mathfrak{Sin}\,\gamma = \mathfrak{Sin}\,(0{,}82 - 0{,}20\,j) = 0{,}915 \cdot 0{,}980 - 1{,}355 \cdot 0{,}199\,j = 0{,}897 - 0{,}270\,j$$

$$\mathfrak{Cof}\,\gamma = \mathfrak{Cof}\,(0{,}82 - 0{,}20\,j) = 1{,}355 \cdot 0{,}980 - 0{,}915 \cdot 0{,}199\,j = 1{,}328 - 0{,}182\,j.$$

Die Umwandlung der Additionsform $a+bj$ in die Exponentialform $r\,e^{\varphi j}$ liefert:

$$\sqrt{0{,}897^2+0{,}270^2}=0{,}937 \qquad \operatorname{arc\,tg}(-0{,}270/0{,}897)=-16^\circ 44'$$
$$\sqrt{1{,}328^2+0{,}182^2}=1{,}341 \qquad \operatorname{arc\,tg}(-0{,}182/1{,}328)=-82^\circ 12'$$
$$\mathfrak{Sin}\,\gamma=0{,}937\,e^{-16^\circ 44' j} \quad \text{und} \quad \mathfrak{Cos}\,\gamma=1{,}341\,e^{-82^\circ 12' j}.$$

Wenn außerdem der Wellenwiderstand $\mathfrak{Z}$ und der Abschlußwiderstand $\mathfrak{R}_e$ als Scheinwiderstände in der Exponentialform angegeben sind, lassen sich so die Produkte $\mathfrak{Z}\,\mathfrak{Sin}\,\gamma$, $\mathfrak{Sin}\,\gamma/\mathfrak{Z}$, $\mathfrak{R}_e\,\mathfrak{Cos}\,\gamma$, $\mathfrak{Z}\,\mathfrak{Cos}\,\gamma$ leicht berechnen und damit sonstige Aufgaben für tonfrequente Übertragungen lösen.

6. Die Leitungsmaße γ, β, α

Eine weitere Kenngröße enthalten die Leitungsgleichungen:

$$\gamma=\sqrt{(R+j\omega L)(G+j\omega C)}$$

als komplexen Exponenten, dessen absoluter Betrag lautet

$$|\gamma|=\sqrt[4]{(R^2+\omega^2 L^2)\cdot(G^2+\omega^2 C^2)}.$$

Dieses Maß γ enthält einen reellen und einen imaginären Anteil. Als Exponent ist seine Größe bestimmend für die Übertragung der Wellen auf Leitungen und heißt deshalb das Übertragungsmaß oder Fortpflanzungsmaß.
Man zerlegt daher das Übertragungsmaß in folgender Weise:

$$\gamma=\beta+j\alpha.$$

Der reelle Anteil β verursacht die Abnahme der Spannungen und Ströme durch die Verlustgrößen R und G (Widerstand, Ableitung).
Der imaginäre Anteil α verursacht die Phasendrehungen der Spannungen und Ströme durch die verlustfreien Größen L und C (Induktivität, Kapazität).
Durch Quadrieren der neuen Beziehung entsteht:

$$\beta+j\alpha=\sqrt{(R+j\omega L)(G+j\omega C)}$$
$$\beta^2+2j\alpha\beta-\alpha^2=(RG-\omega^2 LC)+j\omega(LG+RC).$$

In dieser Gleichung sind auf beiden Seiten die reellen und die imaginären Glieder unter sich gleich. Also ist die Differenz

$$\beta^2-\alpha^2=RG-\omega^2 LC.$$

Andererseits gilt auch die geometrische Beziehung für die Summe

$$|\gamma|=\sqrt{\beta^2+\alpha^2}$$
$$\beta^2+\alpha^2=\sqrt{(R^2+\omega^2 L^2)(G^2+\omega^2 C^2)}.$$

Durch Addition und Subtraktion der Summe und der Differenz ergeben sich $2\beta^2$ und $2\alpha^2$ und hieraus die Anteile des Übertragungsmaßes γ:

$$\beta=\sqrt{\tfrac{1}{2}\sqrt{(R^2+\omega^2 L^2)(G^2+\omega^2 C^2)}+\tfrac{1}{2}(RG-\omega^2 LC)}$$
$$\alpha=\sqrt{\tfrac{1}{2}\sqrt{(R^2+\omega^2 L^2)(G^2+\omega^2 C^2)}-\tfrac{1}{2}(RG-\omega^2 LC)}.$$

Die Leitungsmaße γ, β und α sind Potenzexponenten zur Basis $e = 2{,}71828\ldots$ und gelten als bezogene Maße für 1 km paariger Leitung. Eine Dimension besitzen sie nicht, sie sind reine Zahlen. Es ist üblich, für eine bestimmte Leitungslänge von l km zu schreiben:

$$\gamma l = \mathfrak{g}, \quad \beta l = b, \quad \alpha l = a.$$

Der reelle Anteil β oder b heißt das Dämpfungsmaß, der imaginäre Anteil α oder a heißt das Phasen- oder Drehungsmaß der Leitung.

Für die Dämpfung bestehen Einheiten mit verschiedenen Benennungen. Bezogen auf die Basis $e = 2{,}718\ldots$ der natürlichen Logarithmen gilt als Einheit: das Neper (Kurzzeichen: N)

$$b = 1\,[\mathrm{N}].$$

Bezogen auf die Basis 10 der Briggischen Logarithmen gilt als Einheit: das Bel (Kurzzeichen: b), meistens ist eine um eine Zehnerpotenz kleinere Einheit gebräuchlich: das Dezibel (Kurzzeichen: db).

$$b = 1\,[\mathrm{db}].$$

Für Umrechnungen beider Dämpfungsmaße gelten:

$$1 \text{ Neper} = 8{,}6859 \text{ Dezibel}, \qquad 1 \text{ Dezibel} = 0{,}11513 \text{ Neper}.$$

Für die Phasendrehung wird als Einheit der Winkel in Graden oder sein Bogenmaß angegeben. Eine benannte Einheit ist dabei nicht üblich.

Beispiel: Kabelleitung, $2 \times 0{,}8$ mm Kupferdraht, $R = 74{,}4\,\Omega$, $L = 0{,}6$ mH/km, $G = 0{,}6\,\mu S$/km, $C = 0{,}037\,\mu$F/km.

$\omega = 5000\,\mathrm{s}^{-1}$. Gesucht: γ, β, α.

$$\gamma = \sqrt{(R + j\omega L)(G + j\omega C)} = \sqrt{r e^{j\varphi_1} \cdot g e^{j\varphi_2}}$$

$$r = \sqrt{R^2 + \omega^2 L^2} = \sqrt{5535 + 25 \cdot 10^6 \cdot 0{,}36 \cdot 10^{-6}} = 74{,}5$$

$$g = \sqrt{G^2 + \omega^2 C^2} = \sqrt{0{,}36 \cdot 10^{-12} + 25 \cdot 10^6 \cdot 1369 \cdot 10^{-18}} = 185 \cdot 10^{-6}$$

$$\cos\varphi_1 = R/r = 74{,}4/74{,}5 \approx 1 \qquad \varphi_1 = 0°$$

$$\cos\varphi_2 = G/g = (0{,}6 \cdot 10^{-6})/(185 \cdot 10^{-6}) \approx 0 \qquad \varphi_2 = 90°$$

$$\gamma = \sqrt{74{,}5\, e^{0° j} \cdot 185\, e^{90° j}\, 10^{-6}} = 0{,}117 \cdot e^{45° j}$$

$$\beta = \sqrt{\tfrac{1}{2}\gamma^2 + \tfrac{1}{2}(RG - \omega^2 LC)}$$

$$\gamma^2 = rg = 74{,}5 \cdot 185 \cdot 10^{-6} = 13\,782 \cdot 10^{-6}$$

$$RG - \omega^2 LC = 74{,}4 \cdot 0{,}6 \cdot 10^{-6} - 25 \cdot 10^6 \cdot 0{,}6 \cdot 10^{-3} \cdot 37 \cdot 10^{-9} =$$
$$= 10^{-6}(44{,}6 - 555{,}0) = -510{,}4 \cdot 10^{-6}$$

$$\beta = \sqrt{6891 \cdot 10^{-6} - 205 \cdot 10^{-6}} = 818 \text{ mN/km}$$

$$\alpha = \sqrt{6891 \cdot 10^{-6} + 205 \cdot 10^{-6}} = 0{,}0841 = 4{,}8°/\text{km}.$$

Als Sonderfälle für die Berechnung des Drehungs- und Dämpfungsmaßes seien erwähnt: Gleichstromübertragungen mit der Frequenz $f = 0$:

$$\alpha = \sqrt{\tfrac{1}{2}RG - \tfrac{1}{2}RG} = 0 \qquad \beta = \sqrt{\tfrac{1}{2}RG + \tfrac{1}{2}RG} = \sqrt{RG},$$

ferner Hochfrequenzübertragungen, falls $R \ll \omega L$ und $G \ll \omega C$ werden:

$$\alpha \approx \sqrt{\tfrac{1}{2}\omega^2 LC + \tfrac{1}{2}\omega^2 LC} = \omega\sqrt{LC} \qquad \beta \approx \sqrt{\tfrac{1}{2}\omega^2 LC - \tfrac{1}{2}\omega^2 LC} = 0.$$

7. Leitungsdämpfung

Das Dämpfungsmaß ist eine vielgebrauchte Kenngröße, weil mit ihr das Verhältnis von Anfangs- zu Endwerten erfaßt wird. Der Einfluß der Dämpfung auf die Übertragung ist durch Betrachten von drei Belastungsfällen zu erkennen:

1. bei offenem Leitungsende,
2. bei kurzgeschlossenem Leitungsende,
3. bei angepaßtem Abschlußwiderstand.

Innerhalb dieser Grenzen liegen alle praktisch vorkommenden Belastungsfälle. Die Leitungsgleichungen lassen sich mit alleiniger Berücksichtigung der Dämpfung in der folgenden reellen Form schreiben:

$$U_a = U_e \tfrac{1}{2}(e^b + e^{-b}) + I_e Z \tfrac{1}{2}(e^b - e^{-b})$$
$$I_a = I_e \tfrac{1}{2}(e^b + e^{-b}) + (U_e/Z)\tfrac{1}{2}(e^b - e^{-b}).$$

1. Leerlauffall: $I_e = 0$, $R_e \to \infty$.

Hierbei wird das Verhältnis der Spannungen erhalten:

$$U_a = U_e \tfrac{1}{2}(e^b + e^{-b}).$$

Der Wert des Bruches wird für $b > 2{,}5$ Neper fast gleich $\tfrac{1}{2}e^b$:

$$U_a = U_e \tfrac{1}{2} e^b \quad \text{oder} \quad e^b = 2\,U_a/U_e$$
$$b = ln(2\,U_a/U_e).$$

2. Kurzschlußfall: $U_e = 0$, $R_e = 0$.

Hierbei wird das Verhältnis der Ströme erhalten:

$$I_a = I_e \tfrac{1}{2}(e^b + e^{-b}).$$

Für Werte von $b > 2{,}5$ Neper gilt wieder annähernd:

$$I_a = I_e \tfrac{1}{2} e^b \quad \text{oder} \quad e^b = 2\,I_a/I_e$$
$$b = ln(2\,I_a/I_e).$$

3. Anpassungsfall: $U_e = I_e R_e = I_e Z$.

Das Verhältnis der Spannungs- und der Stromwerte wird:

$$U_a = U_e[\tfrac{1}{2}(e^b + e^{-b}) + \tfrac{1}{2}(e^b - e^{-b})] = U_e e^b$$
$$I_a = I_e[\tfrac{1}{2}(e^b + e^{-b}) + \tfrac{1}{2}(e^b - e^{-b})] = I_e e^b,$$
$$e^b = U_a/U_e = I_a/I_e$$

oder die Leitungsdämpfung ist, falls umgekehrt die Spannungen und Ströme bekannt sind, zu berechnen aus:

$$b = ln(U_a/U_e) = ln(I_a/I_e).$$

Für die Leistungsdämpfung wird bei einem Leitungsabschluß mit $R_e = Z$ und $N_a = U_a I_a$ bzw. $N_e = U_e I_e$ erhalten:

$$e^{2b} = N_a/N_e \quad \text{und} \quad b = \tfrac{1}{2} ln(N_a/N_e).$$

Im Sprechverkehr mit den gebräuchlichen Mikrotelephonen (0,5 ... 1,5 V Sprechspannung) über Fernmeldeleitungen ist folgende Bewertung für die Sprachwiedergabe leicht zu merken:
1 ausgezeichnet, 2 gut, 3 befriedigend, 3,5 ausreichend, 4 mangelhaft.

Bei diesen Dämpfungswerten in Neper ist allerdings nur die Lautheit berücksichtigt, die Verständlichkeit kann trotzdem durch Verzerrungen beeinträchtigt sein.

Beispiel: Wie groß wird für $b = 2{,}5$ N die Endspannung U_e, wenn die Anfangsspannung $U_a = 0{,}755$ V ist? ($R_e = Z$).

$$U_e = U_a \cdot e^{-b} = 0{,}775 \cdot 0{,}082 = 0{,}0636 \text{ V}.$$

Beispiel: Eine Sprechleitung hat 81 mN/km. Welche Länge ergibt sich für $b = 1{,}5$ N?

$$l = b/\beta = 1{,}5/(81 \cdot 10^{-3}) = 18{,}5 \text{ km}.$$

Beispiel: Wie groß ist der Wirkungsgrad einer befriedigenden Sprechverständigung? ($b = 3$ N).

$$\eta = (N_e/N_a)\,100\,\% = e^{-2b}\,100\,\% = e^{-6} \cdot 100\,\% = 0{,}25\,\%.$$

8. Kurzformeln für Mittelfrequenz

Unter bestimmten Voraussetzungen ist es zulässig Näherungsformeln anzuwenden. Aus der Gleichung

$$\gamma = \beta + j\,\alpha$$

ergibt sich durch Quadrieren die Beziehung:

$$\beta^2 + 2j\alpha\beta - \alpha^2 = (RG - \omega^2 LC) + j\omega\,(LG + RC).$$

In dieser Gleichung sind auf beiden Seiten die reellen und die imaginären Glieder je unter sich gleich. Also ergibt sich:

$$2\,j\alpha\beta = j\omega(LG + RC) \quad \text{und} \quad 2\,\alpha\beta = \omega LG + \omega RC.$$

1. Bei Leitungen mit überwiegendem Einfluß der Induktivität und Kapazität ($\omega L \gg R$, $\omega C \gg G$) oder wenn als Stichwert

$$\omega\, L > 3\, R$$

ist, wird unter Vernachlässigung von R und G als Drehungsmaß erhalten:

$$\alpha = \sqrt{\tfrac{1}{2}\sqrt{\omega^4 L^2 C^2} - \tfrac{1}{2}\omega^2 LC} = \omega\sqrt{LC}$$

und als Dämpfungsmaß ergibt sich:

$$\beta = \frac{\omega LG + \omega RC}{2\omega\sqrt{LC}} = \frac{R}{2}\sqrt{\frac{C}{L}} + \frac{G}{2}\sqrt{\frac{L}{C}}.$$

Oft ist es statthaft, auch diese Formel noch weiter zu kürzen, wenn die Ableitung G klein ist:

$$\beta = \tfrac{1}{2} R\sqrt{C/L} \quad \text{und} \quad \alpha = \omega\sqrt{LC}.$$

2. Bei Leitungen mit überwiegendem Einfluß von Widerstand und Kapazität ($R \gg \omega L$, $\omega C \gg G$) oder wenn als Stichwert

$$\omega\, L < 0{,}3\, R$$

ist, ergibt sich unter Vernachlässigung von L und G als Drehungsmaß:

$$\alpha = \sqrt{\tfrac{1}{2}\sqrt{R^2\,\omega^2\,C^2}} = \sqrt{\tfrac{1}{2}\omega\, CR}$$

und das Dämpfungsmaß wird in diesem Fall ebenso groß:

$$\beta = \tfrac{1}{2}\omega C R \sqrt{\frac{2}{\omega C R}} = \sqrt{\frac{\omega C R}{2}}.$$

Beispiel: Freileitung mit 2×4 mm Kupferdraht und den auf 1 km Länge bezogenen Leitungsbelägen:

$$R = 3{,}16\ \Omega/\mathrm{km},\quad L = 1{,}9\ \mathrm{mH/km},\quad G = 1\ \mu\mathrm{S/km},$$
$$C = 6{,}4\ \mathrm{nF/km},\quad \omega = 5000\ \mathrm{s}^{-1}.\ \text{Gesucht: } \alpha,\ \beta.$$

$$\text{Stichwert: } \frac{\omega L}{R} = \frac{5000 \cdot 1{,}9 \cdot 10^{-3}}{3{,}16} > 3$$

$$\alpha = \omega\sqrt{LC} = 5000\sqrt{1{,}9 \cdot 6{,}4 \cdot 10^{-12}}$$
$$\alpha = 0{,}0174 = 0{,}7°/\mathrm{km}.$$

$$\beta = \frac{R}{2}\sqrt{\frac{C}{L}} + \frac{G}{2}\sqrt{\frac{L}{C}} = 1{,}58\sqrt{\frac{6{,}4}{1{,}9}\cdot 10^{-6}} + 0{,}5\cdot 10^{-6}\sqrt{\frac{1{,}9}{6{,}4}\cdot 10^{6}}.$$
$$\beta = 3{,}17\ \mathrm{mN/km}.$$

Beispiel: Kabelleitung mit 2 × 1,5 mm Kupferdraht und folgenden Leitungsbelägen:

$$R = 21\ \Omega/\mathrm{km},\quad L = 0{,}6\ \mathrm{mH/km},\quad G = 0{,}5\ \mu\mathrm{S/km},$$
$$C = 39\ \mathrm{nF/km},\quad \omega = 10000\ \mathrm{s}^{-1}.\ \text{Gesucht: } \alpha,\ \beta.$$

$$\text{Stichwert: } \frac{\omega L}{R} = \frac{10^4 \cdot 0{,}6 \cdot 10^{-3}}{21} < 0{,}3.$$

$$\alpha = \beta = \sqrt{\omega C R/2} = \sqrt{0{,}5 \cdot 10^4 \cdot 3{,}9 \cdot 10^{-8} \cdot 21}$$
$$\alpha = 0{,}064 = 3{,}67°/\mathrm{km} \qquad \beta = 0{,}064 = 64\ \mathrm{mN/km}.$$

3. Bei Leitungen im Bereich zwischen $\omega L/R = 0{,}3$ bis $\omega L/R = 3$ müssen die genauen ungekürzten Formeln für die Berechnung der Dämpfung β und der Phasendrehung α gebraucht werden. Die Auswertung wird jedoch leichter, wenn man je einen Verlustwinkel ε für den Scheinwiderstandsbelag und δ für den Scheinableitungsbelag einführt:

$$\operatorname{tg}\varepsilon = R/\omega L \quad \text{und} \quad \operatorname{tg}\delta = G/\omega C.$$

Mit diesen bestimmten Verlustwinkeln werden erhalten:

$$R + j\omega L = (j\omega L/\cos\varepsilon)\, e^{-j\varepsilon} \quad \text{und} \quad G + j\omega C = (j\omega C/\cos\delta)\, e^{-j\delta}.$$

Das Übertragungs-(Fortpflanzungs-)maß γ und der Wellenwiderstand $\mathfrak{Z}$ sind demnach:

$$\gamma = j\omega\sqrt{LC/\cos\varepsilon\cos\delta} \cdot e^{-j\frac{1}{2}(\varepsilon-\delta)}$$
$$\mathfrak{Z} = \sqrt{L\cos\delta/C\cos\varepsilon} \cdot e^{-j\frac{1}{2}(\varepsilon-\delta)}.$$

Durch Zerlegen von γ in seinen Realteil β und seinen Imaginärteil α werden

$$\beta = \omega\sqrt{LC/\cos\varepsilon\cos\delta} \cdot \sin\tfrac{1}{2}(\varepsilon+\delta)$$
$$\alpha = \omega\sqrt{LC/\cos\varepsilon\cos\delta} \cdot \cos\tfrac{1}{2}(\varepsilon+\delta)$$

als Dämpfungs-(Schwächungs-)maß und als Phasen-(Drehungs-)maß je km erhalten; diese Formeln gelten unbeschränkt für alle elektrischen Leitungen, soweit sich ihre Leitungsbeläge R, G, L, C weder mit der Betriebsfrequenz noch mit der Stromdichte ändern.

Bei allen elektrischen Leitungen ist δ ein kleiner Winkel, so daß man $\cos\delta \approx 1$ und $\sin\delta \approx \operatorname{tg}\delta \approx \delta$ setzen darf. Der Verlustwinkel ε ist bei dicken Freileitungen und für Tonfrequenzen so klein, daß $\cos\varepsilon \approx 1$ und $\sin\varepsilon \approx \varepsilon$ werden, hingegen bei dünndrähtigen Kabelleitungen nähert sich $\varepsilon \to 90°$, je größer der Widerstandsbelag ist. Weil dazu noch $\omega L \ll R$ ist, gilt angenähert $\cos\varepsilon \approx \omega L/R$ und $\frac{1}{2}\varepsilon \approx 45° = \pi/4 = 0{,}7854$.

Wieweit solche Näherungen mit trigonometrischen und hyperbolischen Funktionen zulässig sind, zeigt die folgende Aufstellung der Rechnungsfehler, wenn man setzt:

Fehler	δ statt $\sin\delta$	1 statt $\cos\delta$	δ statt $\operatorname{tg}\delta$	γ statt $\operatorname{Sin}\gamma$	1 statt $\operatorname{Cof}\gamma$
1%	14° = 0,244	8° = 0,140	10° = 0,174	0,245	0,140
2%	20° = 0,349	11° = 0,192	14° = 0,244	0,346	0,200
3%	25° = 0,436	14° = 0,244	18° = 0,297	0,425	0,245

Nach den unter 1. und 2. angegebenen Voraussetzungen gelangt man zu den bereits hergeleiteten Kurzformeln für β und α und gewinnt dazu

$$\text{für } \omega L > 3R: \qquad \mathfrak{Z} = \sqrt{L/C}\left(1 - \tfrac{1}{2} j \left(\frac{R}{\omega L} - \frac{G}{\omega C}\right)\right)$$

$$\text{für } \omega L < 0{,}3R: \qquad \mathfrak{Z} = \sqrt{L/C} \cdot \sqrt{R/\omega L} \cdot e^{-j45°} = \sqrt{R/\omega C} \cdot e^{-0{,}785j}$$

etwas leichtere Formeln für den Wellenwiderstand von Drahtleitungen.

9. Drehungsmaß und Laufzeit

Das Drehungsmaß (Phasenmaß, Winkelmaß) gibt die Phasendrehung der Wellen längs einer Strecke an und führt zur Berechnung der Wellenlänge. Eine volle Umdrehnng der Spannungs- oder Stromphase um $\alpha = 360°$ bzw. im Bogenmaß $\alpha = 2\pi$ entspricht einer vollen Drehschwingung. Die entsprechende Leitungslänge ($l = \lambda$) heißt die Wellenlänge und bezieht sich auf die jeweils aufgedrückte Übertragungsfrequenz:

$$\alpha l = 2\pi$$

$$\lambda = 2\pi/\alpha .$$

Die Wellenlänge einer Leitung mit dem Drehungsmaß $\alpha = 0{,}841\ \text{km}^{-1}$ bei der Kreisfrequenz $\omega = 5000\ \text{s}^{-1}$ würde sein:

$$\lambda = 2\pi/\alpha = 6{,}282/0{,}841 = 7{,}47\ \text{km}.$$

Die Kreisfrequenz $\omega = 5000\ \text{s}^{-1}$ ist abgerundet für eine mittlere Frequenz $f \approx 800$ Hz eingesetzt. Die Fortpflanzung der Wellen auf den Leitern hängt von den Leitungseigenschaften ab. Die Wellengeschwindigkeit in km/s ergibt sich aus dem Verhältnis der Wellenlänge zur Wellenzeit einer vollen Schwingung:

$$v = \lambda/T = 2\pi/\alpha T = 2\pi f/\alpha = \omega/\alpha .$$

Die Laufzeit einer Welle in s längs einer Strecke von l km Länge wird damit:

$$t = l/v = \alpha\, l/\omega = a/\omega.$$

Beziehen sich, wie üblich, die Leitungsbeläge R, G, L und C auf 1 km, so wird die Laufgeschwindigkeit in km/s und die Laufzeit in s erhalten.
Mit Berücksichtigung der abgeleiteten Kurzformeln für das Drehungsmaß ergibt sich bei starkdrähtigen Freileitungen als Laufgeschwindigkeit, wenn $\omega L > 3\,R$ wird,

$$v = \omega/\alpha = \omega/\omega\sqrt{LC} = 1/\sqrt{LC}$$

und als Laufzeit wird erhalten

$$t = \alpha l/\omega = (\omega\sqrt{LC}/\omega)\, l = l\sqrt{LC}.$$

Andererseits gilt bei dünndrähtigen glatten Kabelleitungen, wenn $\omega L < 0{,}3\,R$ wird, für die Laufgeschwindigkeit elektrischer Wellen

$$v = \frac{\omega}{\alpha} = \omega\sqrt{2/\omega CR} = \sqrt{2\,\omega/CR}$$

und ihre Laufzeit wird nach dieser Voraussetzung

$$t = \alpha l/\omega = (l/\omega)\sqrt{\omega CR/2} = l\sqrt{CR/2\,\omega}\,.$$

Beispiel: Freileitung 2×4 mm, $R = 2{,}9\ \Omega$/km, $L = 1{,}85$ mH/km, $C = 6{,}4$ nF/km, $\omega = 5000\ \text{s}^{-1}$, $l = 200$ km.

$$\frac{\omega L}{R} = \frac{5\cdot 10^{3}\cdot 1{,}85\cdot 10^{-3}}{2{,}9} > 3. \qquad \alpha = \omega\sqrt{LC} = 17{,}2\cdot 10^{-3}\,\text{km}^{-1}$$

$$v = 1/\sqrt{LC} = 1/\sqrt{1{,}85\cdot 6{,}4\cdot 10^{-12}} = 291\,000\ \text{km/s}$$

$$t = l/v = l\sqrt{LC} = 0{,}69\ \text{ms}.$$

Beispiel: Kabelleitung $2 \times 0{,}9$ mm, $R = 58\ \Omega$/km, $L = 0{,}7$ mH/km, $C = 34$ nF/km, $\omega = 5000\ \text{s}^{-1}$, $l = 35$ km.

$$\frac{\omega L}{R} = \frac{5\cdot 10^{3}\cdot 0{,}7\cdot 10^{-3}}{58} < 0{,}3. \qquad \alpha = \sqrt{\tfrac{1}{2}\,\omega CR} = 70{,}21\cdot 10^{-3}\,\text{km}^{-1}$$

$$v = \sqrt{\frac{2\,\omega}{CR}} = \sqrt{\frac{2\cdot 5\cdot 10^{3}}{34\cdot 10^{-0}\cdot 58}} = 50710\ \text{km/s}. \qquad t = \frac{l}{v} = l\sqrt{\frac{CR}{2\,\omega}} = 0{,}69\ \text{ms}.$$

Der Vergleich der Ergebnisse beider typischer Beispiele lehrt, daß die Wellengeschwindigkeiten bei Kabelleitungen erheblich kleiner und die Laufzeiten dementsprechend länger als bei Freileitungen sind.
In den meisten Fällen soll aber nicht eine Einzelfrequenz, sondern ein Frequenzgemisch übertragen werden. Entweder löst sich eine Rechteckwelle (Gleichstromschritt) nach einer Fourierreihe in viele Einzelfrequenzen auf oder es ist ein nicht sinusförmiger Wechselstrom mit mehreren Harmonischen oder sogar eine Frequenzgruppe (Sprechstrom) gegeben. Die Laufgeschwindigkeit und Laufzeit einer Frequenzgruppe sind dabei nicht eindeutig bestimmt, sondern bilden eine Funktion, von der die Gruppengeschwindigkeit in km/s abzuleiten ist:

$$v_g = d\,\omega/d\,\alpha.$$

Ebenso wird für die Gruppenlaufzeit in s als Beziehung angesetzt:

$$t_g = (d\,\alpha/d\,\omega)\,l.$$

Je nach Beschaffenheit erhält man für Freileitungen fast gleichbleibende Geschwindigkeiten und Zeiten oder für Kabel beachtliche Unterschiede.

Beispiel: Kabelleitung $2 \times 0{,}8$ mm, $R = 73{,}2\ \Omega$/km, $L = 0{,}7$ mH/km, $C = 33{,}6$ nF/km, $l = 50$ km, $\omega_1 = 2000\ \mathrm{s}^{-1}$, $\omega_2 = 15000\ \mathrm{s}^{-1}$.

$$\omega\,L/R < 0{,}3 \qquad \alpha = \sqrt{\omega\,C\,R/2} \qquad t = l\sqrt{C\,R/2\,\omega}.$$

Der Laufzeitunterschied zwischen der tiefen und hohen Frequenz beträgt hierbei:

$$\Delta t = t_1 - t_2 = 50\left(\sqrt{\frac{33{,}6\cdot 73{,}2}{4\cdot 10^{12}}} - \sqrt{\frac{33{,}6\cdot 73{,}2}{30\cdot 10^{12}}}\right) = 0{,}787\ \mathrm{ms}.$$

Die Gruppenlaufzeit t_g wird als Ableitung von α nach ω:

$$t_g = l\,(d\,\alpha/d\,\omega) = \tfrac{1}{2}\,\omega^{-\frac{1}{2}}\,l\sqrt{C\,R/2}.$$

Setzt man $\Delta\omega = \omega_2 - \omega_1 = 13000\ \mathrm{s}^{-1}$ für diese Aufgabe ein, so ergibt sich als Lösung:

$$t_g = \frac{1}{2}\cdot 50\sqrt{\frac{33{,}6\cdot 73{,}2}{2\cdot 13\cdot 10^{12}}} = 0{,}243\ \mathrm{ms}.$$

Eine weitere Einschränkung ist noch zu nennen. Diese Berechnung der Geschwindigkeit und Laufzeit bezieht sich nur auf hinlaufende Wellen. Unberücksichtigt bleiben der Rückwurf und das Einschwingen der Wellen bis zum Beharrungszustand. Diese Berechnung gilt für alle Fälle, in denen kein Rückwurf auftritt oder die rücklaufende Welle durch Dämpfung oder Echosperren in der Leitung unterdrückt wird.

10. Einschalten einer Gleichspannung

Die Fortpflanzung elektrischer Energie längs Leitungen erfolgt durch Strömungs- oder Schwingungsvorgänge. Die Strömung überwiegt auf verlustreichen Leitungen, die Schwingungen werden hierbei bis auf einen aperiodischen Ausgleich unterdrückt. Die Schwingung überwiegt auf verlustarmen Leitungen, dagegen wird die Strömung bis auf eine periodisch wirkende Dämpfung unterdrückt.

Einschwingvorgänge sind an verlustarme Leitungen gebunden und klar erkennbar, wenn eine Leitung völlig verlustfrei gedacht ist. Streng genommen müssen Widerstand und Ableitung verschwinden und nur Induktivität und Kapazität in gleichmäßiger Verteilung als Leitungseigenschaften übrigbleiben.

Das Einschalten einer Gleichspannung erzeugt eine Rechteckwelle der Spannung und eines Stromes, welche in die Leitung vom Anfang her eindringen. Das Verhalten der Rechteckwelle zeigt den typischen Verlauf aller ähnlichen Einschwingvorgänge, welche durch plötzliches Einschalten einer endlichen

Spannung mit einem von Null verschiedenen Betrag entstehen. Solche Einschwingvorgänge zeigen die folgenden Bildreihen 146 und 147.
Als Stromquelle dient eine unendlich ergiebige Batterie mit der festen Spannung U. Die Zweidrahtleitung hat eine endliche Länge. Ihr Widerstand und ihre Ableitung sind gleich Null.
Drei Sonderfälle sind zu betrachten:

1. offenes Leitungsende,
2. kurzgeschlossenes Leitungsende,
3. angepaßter Abschlußwiderstand.

Innerhalb dieser Grenzen liegen alle praktisch vorkommenden Abschlußwiderstände, womit auch alle möglichen Einschwingvorgänge erfaßt werden.

1. Leerlauffall: $R_e \to \infty$ (Bild 146).

a: Anlegen der Spannung U. Hinlauf einer rechteckigen Spannungswelle U und Stromwelle I. Stromstärke $I = U/Z$. Wellenwiderstand $Z = \sqrt{L/C}$.

b: Beide Wellen erreichen das offene Ende. Rückwurf beider Wellen.

c: Beim Rückwurf verwandelt sich kinetische in potentielle Energie. Die Strömung staut sich als Ladung: U springt auf $2\,U$, I wird dagegen gleich Null. Rücklauf beider Wellen zum Anfang.

d: Beide Wellen erreichen die Batterie. Die ganze Strecke steht unter der Spannung $2\,U$ und ist stromlos, aber geladen. Gegenstehend sind U und $2\,U$ am Leitungsanfang. Rückkehr beider Wellen und beginnende Entladung.

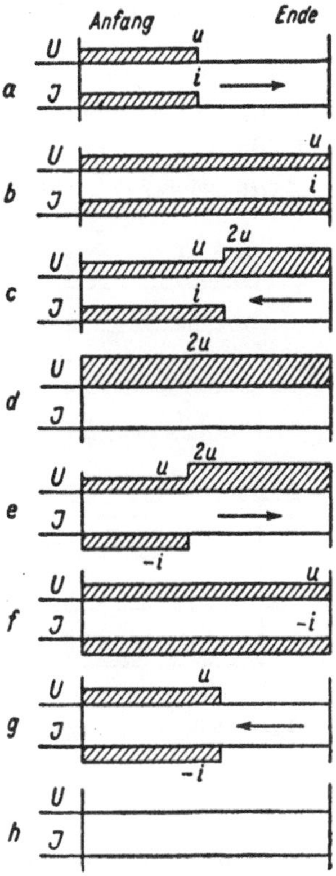

Bild 146. Rückwurfvorgänge bei Rechteckwellen und offenem Leitungsende

e: Abbau der Ladung. Hinlauf einer Spannungswelle $2\,U - U$ und einer Stromwelle $-I$, Stromstärke entsprechend dem Wellenwiderstand.

f: Beide Wellen erreichen das offene Ende. Rückwurf beider Wellen.

g: Nach dem Rückwurf setzt sich als Beharrungszustand die Entladung fort. U und I fallen auf Null. Rücklauf beider Wellen zum Anfang.

h: Beide Wellen erreichen die Batterie. Die Leitung ist leer. Eine Periode ist abgelaufen, Beginn der nächsten Periode mit Hin- und Rückläufen. Das Einschwingen verlustfreier Leitungen ergäbe unendlich viele Perioden, wenn es gelänge, solche Leitungen herzustellen.

Auf Leitungen mit Verlusten entstehen keine ungedämpften, sondern gedämpfte Einschwingvorgänge. Der Rückwurf der Welle erfolgt mit weniger als $2\,U$, weil die am Ende ankommende Energie bereits geschwächt ist.
Das offene Leitungsende ergibt danach allgemein einen Rückwurf mit erhöhter Spannung. Im Sprechbetrieb heißt dieser Vorgang das Echo.

2. Kurzschlußfall: $R_e = 0$ (Bild 147).

a: Anlegen der Spannung U. Diese Bildreihe zeigt das Leitungsende in der Mitte gezeichnet, der Pluspol ist links, der Minuspol rechts zu finden. Die vorgehende Bildreihe war einpolig dargestellt, weil das Ende offen war; hier ist jedoch ein Übertritt der Wellen von der Plus- auf die Minusader zu erwarten, so daß beide Adern zu zeichnen sind. Die Spannung besteht aus zwei Teilwellen mit den Potentialen $+\frac{1}{2}U$ und $-\frac{1}{2}U$, der Strom aus zwei Teilwellen $+I$ und $-I$ in symmetrischem Gleichlauf längs der Leitung.

b: Beide Wellen erreichen das kurzgeschlossene Ende. Der Rückwurf beginnt.

c: Beim Rückwurf verwandelt sich potentielle in kinetische Energie. Der Potentialunterschied bricht zusammen: U fällt auf Null, I springt auf $2I$, Durchlauf beider Wellen zum Anfang.

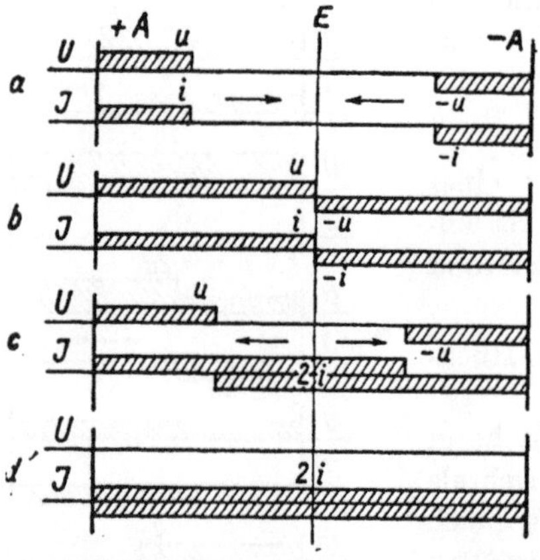

Bild 147. Rückwurfvorgänge bei Rechteckwellen und kurzgeschlossenem Leitungsende.

d: Beide Wellen erreichen die Batterie. Die ganze Strecke steht unter dem Strom $2I$ und ist spannungslos.

Die Batteriespannung erzeugt nun eine weitere gleichartig verlaufende Rechteckwelle, welche sich dem vorhandenen Zustand überlagert. Nach Ablauf dieser Periode ist der Strom sprunghaft auf $4I$ gestiegen und die Leitung abermals spannungslos.

Diese Vorgänge wiederholen sich periodisch, wobei der Strom auf der am Ende kurzgeschlossenen Leitung dem Wert unendlich zustrebt.

Eine verlustarme Leitung mit gedämpften Schwingungen ergibt wegen der Verluste eine rücklaufende Welle mit weniger als $2I$, bei verlustreichen Leitungen schwinden die Schwingungen und verbleibt nur ein aperiodischer Strömungsanstieg.

Das kurzgeschlossene Leitungsende ergibt allgemein einen Rückwurf mit erhöhtem Strom oder wieder ein Echo.

3. Anpassungsfall: $R_e = Z$.

Die am Ende ankommenden Wellen erreichen den Abschlußwiderstand:

$$U = IZ = IR_e.$$

Weder Überspannungen noch Überströme können jetzt auftreten, weil der Abschluß die Schwingung als Strömung aufnimmt. Ein Rückwurf oder Echo unterbleibt in diesem Sonderfall.

Betriebsmäßig ist jede Leitung mit einem endlichen von Null verschiedenen Widerstand belastet, weil Übertrager oder Relais den Abschluß bilden.

Ein teilweiser Rückwurf mit Überspannung erfolgt also, wenn $R_e > Z$ ist, und mit Überstrom, wenn $R_e < Z$ ist. Eine Verdoppelung oder voller Rückwurf erfolgt hierbei nicht, nur teilweiser, schwächerer Rückwurf tritt auf. Die Anpassung mit $R_e = Z$ bildet den idealen Betriebsfall ohne Rückwurf, der bevorzugt angewandt wird, weil damit auch der Wirkungsgrad jeder Übertragung am besten wird.

11. Wellenrückwurf

Die Verbindung zweier verschiedenartiger Leitungen, deren Übertragungsmaße und Wellenwiderstände nicht übereinstimmen, ergibt eine ungleichmäßige (inhomogene) Übertragung, obwohl die beiderseitigen Teilstrecken aus gleichmäßigen (homogenen) oder glatten Leitungen gebildet werden. Eine derartige Übertragung mit einem »Anfang«, einer »Mitte« und einem »Ende« sei mit den sinnfälligen Fußzeichen a, m, e angedeutet, der erste Abschnitt erhält $\mathfrak{Cof}\,\mathfrak{g}_1$ und $\mathfrak{Z}_1$ und der zweite die Übertragungsgrößen $\mathfrak{Cof}\,\mathfrak{g}_2$ und $\mathfrak{Z}_2$.

Die Übertragungsgleichungen der ersten und der zweiten Teilstrecke lauten damit:

$$\mathfrak{U}_a = \mathfrak{U}_m \mathfrak{Cof}\,\mathfrak{g}_1 + \mathfrak{I}_m \mathfrak{Z}_1 \mathfrak{Sin}\,\mathfrak{g}_1 \qquad \mathfrak{U}_m = \mathfrak{U}_e \mathfrak{Cof}\,\mathfrak{g}_2 + \mathfrak{I}_e \mathfrak{Z}_2 \mathfrak{Sin}\,\mathfrak{g}_2$$

$$\mathfrak{I}_a = \mathfrak{I}_m \mathfrak{Cof}\,\mathfrak{g}_1 + (\mathfrak{U}_m/\mathfrak{Z}_1)\,\mathfrak{Sin}\,\mathfrak{g}_1 \qquad \mathfrak{I}_m = \mathfrak{I}_e \mathfrak{Cof}\,\mathfrak{g}_2 + (\mathfrak{U}_e/\mathfrak{Z}_2)\,\mathfrak{Sin}\,\mathfrak{g}_2.$$

Eine Vereinigung beider Gleichungspaare zu einem, in dem $\mathfrak{U}_a$ und $\mathfrak{I}_a$ unmittelbar auf $\mathfrak{U}_e$ und $\mathfrak{I}_e$ bezogen sind, ergibt eine umständliche Lösung mit einer für Auswertungen unbequemen Form bis auf den Sonderfall, daß die Wellenwiderstände $\mathfrak{Z}_1 = \mathfrak{Z}_2$ einander angepaßt sind:

$$\mathfrak{U}_a = \mathfrak{U}_e\,(\mathfrak{Cof}\,\mathfrak{g}_1\,\mathfrak{Cof}\,\mathfrak{g}_2 + \mathfrak{Sin}\,\mathfrak{g}_1\,\mathfrak{Sin}\,\mathfrak{g}_2) + \mathfrak{I}_e \mathfrak{Z}\,(\mathfrak{Sin}\,\mathfrak{g}_1\,\mathfrak{Cof}\,\mathfrak{g}_2 + \mathfrak{Cof}\,\mathfrak{g}_1\,\mathfrak{Sin}\,\mathfrak{g}_2)$$

$$\mathfrak{I}_a = \mathfrak{I}_e\,(\mathfrak{Cof}\,\mathfrak{g}_1\,\mathfrak{Cof}\,\mathfrak{g}_2 + \mathfrak{Sin}\,\mathfrak{g}_1\,\mathfrak{Sin}\,\mathfrak{g}_2) + (\mathfrak{U}_e/\mathfrak{Z})\,(\mathfrak{Sin}\,\mathfrak{g}_1\,\mathfrak{Cof}\,\mathfrak{g}_2 + \mathfrak{Cof}\,\mathfrak{g}_1\,\mathfrak{Sin}\,\mathfrak{g}_2).$$

Die Additionstheoreme für hyperbolische Funktionen (vgl. Anhang, Formeltafel) können nun zur einfacheren Gestaltung der Gleichungen herangezogen werden und geben:

$$\mathfrak{U}_a = \mathfrak{U}_e\,\mathfrak{Cof}\,(\mathfrak{g}_1 + \mathfrak{g}_2) + \mathfrak{I}_e \mathfrak{Z}\,\mathfrak{Sin}\,(\mathfrak{g}_1 + \mathfrak{g}_2)$$

$$\mathfrak{I}_a = \mathfrak{I}_e\,\mathfrak{Cof}\,(\mathfrak{g}_1 + \mathfrak{g}_2) + (\mathfrak{U}_e/\mathfrak{Z})\,\mathfrak{Sin}\,(\mathfrak{g}_1 + \mathfrak{g}_2).$$

Diese Lösung beweist, daß Leitungen mit verschiedenen Übertragungsmaßen aber gleichen Wellenwiderständen nach der Zusammenschaltung wieder einen längssymmetrischen Vierpol bilden. Die übertragenen Spannungen und Ströme hängen also nicht von der Übertragungsrichtung ab, sondern sind nach Vertauschung von Quelle und Last bzw. von »Anfang« und »Ende« wieder gleich groß.

Das Ende einer gleichmäßigen Leitung ist irgendwie belastet. Die Abschlußschaltung kann aus Relais, Kondensatoren, Übertragern oder Verstärkeranordnungen bestehen. Eine Fortsetzung durch den Anschluß einer weiterführenden Leitung ist auch möglich.

Die ankommenden Wellen stoßen daher immer auf einen Abschlußwiderstand $\mathfrak{R}_e = R \cdot e^{j\varphi}$ oder einen Wellenwiderstand $\mathfrak{Z}_2 = Z_2\,e^{j\varphi_2}$, die Leitung selbst besitzt dagegen einen anderen Wellenwiderstand $\mathfrak{Z}_1 = Z_1\,e^{j\varphi_1}$.

In den meisten Fällen wird die Anpassung $\mathfrak{Z}_1 = \mathfrak{R}_e$ oder $\mathfrak{Z}_1 = \mathfrak{Z}_2$ nicht erfüllt sein und ein Wellenrückwurf auftreten. Beiderseits dieser Stoß- oder Sprungstelle müssen die Ströme $\mathfrak{J}_1$ und $\mathfrak{J}_2$ gleich groß sein:

$$\mathfrak{J}_1 = (\mathfrak{U}_a - \mathfrak{U}_r)/\mathfrak{Z}_1 = (\mathfrak{U}_a + \mathfrak{U}_r)/\mathfrak{Z}_2 = \mathfrak{J}_2.$$

Die ankommende Spannung ist $\mathfrak{U}_a$ und der Spannungsstau $\mathfrak{U}_r$. Durch Umformung ergibt sich

$$\mathfrak{U}_a (\mathfrak{Z}_2 - \mathfrak{Z}_1) = \mathfrak{U}_r (\mathfrak{Z}_2 + \mathfrak{Z}_1)$$

$$\mathfrak{U}_a (\mathfrak{Z}_2 - \mathfrak{Z}_1)/(\mathfrak{Z}_2 + \mathfrak{Z}_1) = \mathfrak{U}_r = \mathfrak{p}\,\mathfrak{U}_a$$

$$\mathfrak{p} = (\mathfrak{Z}_2 - \mathfrak{Z}_1)/(\mathfrak{Z}_2 + \mathfrak{Z}_1) = (\mathfrak{R}_e - \mathfrak{Z}_1)/(\mathfrak{R}_e + \mathfrak{Z}_1).$$

Der Rückwurfgrad $\mathfrak{p}$ gibt als komplexer Wert nach Betrag und Phase die rücklaufende Welle an. Ein positiver Betrag bedeutet Spannungserhöhung, ein negativer Spannungssenkung am Leitungsabschluß. Als Sonderfälle seien angeführt:

1. Leerlauf (Ende offen) mit $\mathfrak{R}_e \to \infty$ und $\mathfrak{p} = 1$.
   Die Überspannung erreicht die doppelte Höhe.
2. Anpassung am Ende mit $\mathfrak{R}_e = \mathfrak{Z}$ und $\mathfrak{p} = 0$.
   Kein Rückwurf der ankommenden Welle.
3. Kurzschluß am Ende mit $\mathfrak{R}_e = 0$ und $\mathfrak{p} = -1$.
   Die Spannung bricht zusammen.

An der Sprungstelle bildet sich eine Welle mit der Wellenspannung

$$\mathfrak{U}_1 = \mathfrak{U}_a + \mathfrak{U}_r = \mathfrak{U}_a (1 + \mathfrak{p}) = \mathfrak{U}_a \cdot 2\,\mathfrak{Z}_2/(\mathfrak{Z}_2 + \mathfrak{Z}_1)$$

und dem Wellenstrom

$$\mathfrak{J}_1 = (\mathfrak{U}_a - \mathfrak{U}_r)/\mathfrak{Z}_1 = (\mathfrak{U}_a/\mathfrak{Z}_1)(1 - \mathfrak{p}) = 2\,\mathfrak{U}_a/(\mathfrak{Z}_2 + \mathfrak{Z}_1).$$

Der Wirkungsgrad einer Sprungstelle ergibt sich aus dem Verhältnis der durchgehenden zur ankommenden Leistung:

$$\eta = N_2/N_1 = [(U_a + U_r)^2/Z_2] \cdot (Z_1/U_a^2) = (1 + p)^2 (Z_1/Z_2) = 4\,Z_1 Z_2/(Z_1 + Z_2)^2.$$

Für eine Sprungstelle läßt sich eine Dämpfung bestimmen, wenn man folgende Exponentialbeziehung für die ankommende (N_1) und die durchgehende (N_2) Leistung aufstellt:

$$N_1 = N_2\, e^{2b} \quad \text{oder} \quad \eta = N_2/N_1 = e^{-2b}.$$

Damit wird als Dämpfung einer Sprungstelle in Neper erhalten:

$$b_s = \tfrac{1}{2}\, ln\, (N_1/N_2) = \tfrac{1}{2}\, ln\, (1/\eta) = ln\left((Z_1 + Z_2)/2\sqrt{Z_1 Z_2}\right).$$

Sind also zwei nicht angepaßte Leitungen mit den eigenen Dämpfungen b_1 und b_2 verbunden, so hat die gesamte Übertragung einschließlich der Sprungstelle eine Dämpfung $b = b_1 + b_s + b_2$.

Beispiel: Freileitung 2 mm, $R = 12\ \Omega$/km, $L = 2{,}2$ mH/km, $G = 1\ \mu$S/km, $C = 5{,}4$ nF/km; anschließend eine Kabelleitung 0,9 mm, $R = 57{,}8\ \Omega$/km, $G = 1\ \mu$S/km, $L = 0{,}7$ mH/km, $C = 34$ nF/km.

$$\omega = 5000\ \mathrm{s}^{-1}.\ \mathfrak{Z}_1 = 765 \cdot e^{-23^\circ 10' j}\,\Omega,\ \ \mathfrak{Z}_2 = 570 \cdot e^{-43^\circ 15' j}\,\Omega$$

$$\mathfrak{p} = \frac{\mathfrak{Z}_2 - \mathfrak{Z}_1}{\mathfrak{Z}_2 + \mathfrak{Z}_1} = \frac{570 e^{-43^\circ 15' j} - 765 e^{-23^\circ 10' j}}{570 e^{-43^\circ 15' j} + 765 e^{-23^\circ 10' j}} = -\frac{305 + 706 j}{1103 - 706 j}$$

$$\mathfrak{p} = -0{,}198 + 0{,}097 j = -0{,}22\, e^{-68^\circ j}.$$

Für Schaltvorgänge mit Gleichströmen genügt es, statt des Wellenwiderstandes den Betrag $Z = \sqrt{L/C}$ einzusetzen. Hiernach ergibt sich ein anderer Wert des Rückwurfgrades:

$$Z_1 = \sqrt{\frac{2{,}2 \cdot 10^{-3}}{5{,}4 \cdot 10^{-9}}} = 638{,}3\,\Omega \qquad Z_2 = \sqrt{\frac{0{,}7 \cdot 10^{-3}}{34 \cdot 10^{-9}}} = 143{,}5\,\Omega$$

$$p = \frac{143{,}5 - 638{,}3}{143{,}5 + 638{,}3} = -0{,}633.$$

Man vergleiche beide Ergebnisse, um einzusehen, daß bei Wechselstromübertragung der Betrag Z nicht aus Bequemlichkeit dem komplexen Wellenwiderstand $\mathfrak{Z}$ vorzuziehen ist.

Wenn zwei glatte, aber verschiedenartige Leitungen verbunden sind, bei denen auch die Wellenwiderstände sich erheblich unterscheiden, läßt sich bei elektrisch langen Leitungen, oder wenn

$$|\gamma l| = |\beta l + j\alpha l| > 2$$

ist, ein einfacheres Gleichungspaar für die gesamte Übertragung vom »Anfang« über »Mitte« nach »Ende« bilden, weil wegen des gering werdenden zweiten Gliedes

$$\mathfrak{Cof}\,\mathfrak{g} = \tfrac{1}{2}(e^{\mathfrak{g}} + e^{-\mathfrak{g}}) \approx \tfrac{1}{2}e^{\mathfrak{g}} \quad \text{und} \quad \mathfrak{Sin}\,\mathfrak{g} = \tfrac{1}{2}(e^{\mathfrak{g}} - e^{-\mathfrak{g}}) \approx \tfrac{1}{2}e^{\mathfrak{g}}$$

gesetzt werden darf. Die Gleichungspaare der ersten und zweiten Teilstrecke lauten dann:

$$\mathfrak{U}_a = \mathfrak{U}_m \tfrac{1}{2} c^{\mathfrak{g}_1} + \mathfrak{J}_m \mathfrak{Z}_1 \tfrac{1}{2} e^{\mathfrak{g}_1} \qquad \mathfrak{U}_m = \mathfrak{U}_e \tfrac{1}{2} e^{\mathfrak{g}_2} + \mathfrak{J}_e \mathfrak{Z}_2 \tfrac{1}{2} e^{\mathfrak{g}_2}$$
$$\mathfrak{J}_a = \mathfrak{J}_m \tfrac{1}{2} e^{\mathfrak{g}_1} + (\mathfrak{U}_m/\mathfrak{Z}_1) \tfrac{1}{2} e^{\mathfrak{g}_1} \qquad \mathfrak{J}_m = \mathfrak{J}_e \tfrac{1}{2} e^{\mathfrak{g}_2} + (\mathfrak{U}_e/\mathfrak{Z}_2) \tfrac{1}{2} e^{\mathfrak{g}_2}.$$

Die Vereinigung beider Gleichungspaare durch Aussperren (Eliminieren) von $\mathfrak{U}_m$ und $\mathfrak{J}_m$ ist:

$$\mathfrak{U}_a = \mathfrak{U}_e \tfrac{1}{4} e^{\mathfrak{g}_1+\mathfrak{g}_2} + \mathfrak{J}_e \mathfrak{Z}_2 \tfrac{1}{4} e^{\mathfrak{g}_1+\mathfrak{g}_2} + \mathfrak{J}_e \mathfrak{Z}_1 \tfrac{1}{4} e^{\mathfrak{g}_1+\mathfrak{g}_2} + \mathfrak{U}_e (\mathfrak{Z}_1/\mathfrak{Z}_2) \tfrac{1}{4} e^{\mathfrak{g}_1+\mathfrak{g}_2}$$
$$\mathfrak{J}_a = \mathfrak{J}_e \tfrac{1}{4} e^{\mathfrak{g}_1+\mathfrak{g}_2} + (\mathfrak{U}_e/\mathfrak{Z}_2) \tfrac{1}{4} e^{\mathfrak{g}_1+\mathfrak{g}_2} + (\mathfrak{U}_e/\mathfrak{Z}_1) \tfrac{1}{4} e^{\mathfrak{g}_1+\mathfrak{g}_2} + \mathfrak{J}_e (\mathfrak{A}_2/\mathfrak{Z}_1) \tfrac{1}{4} e^{\mathfrak{g}_1+\mathfrak{g}_2}.$$

Nach Ordnen der zusammengehörigen Glieder gewinnt man die Übertragungsgleichungen:

$$\mathfrak{U}_a = \tfrac{1}{2} e^{\mathfrak{g}_1+\mathfrak{g}_2} [(\mathfrak{U}_e/\mathfrak{Z}_2)(\mathfrak{Z}_1 + \mathfrak{Z}_2) + \mathfrak{J}_e(\mathfrak{Z}_1 + \mathfrak{Z}_2)]$$
$$\mathfrak{J}_a = \tfrac{1}{2} e^{\mathfrak{g}_1+\mathfrak{g}_2} [(\mathfrak{J}_e/\mathfrak{Z}_1)(\mathfrak{Z}_1 + \mathfrak{Z}_2) + (\mathfrak{U}_e/\mathfrak{Z}_1\mathfrak{Z}_2)(\mathfrak{Z}_1 + \mathfrak{Z}_2)].$$

Diese Lösung beweist die Längsunsymmetrie einer Übertragung, die sich aus Gliedern mit ungleichen Wellenwiderständen zusammensetzt. Für die Gegenrichtung würden zu tauschen sein: $\mathfrak{U}_a$ gegen $\mathfrak{U}_e$, $\mathfrak{J}_a$ gegen $\mathfrak{J}_e$, $\mathfrak{g}_1$ gegen $\mathfrak{g}_2$ und $\mathfrak{Z}_1$ gegen $\mathfrak{Z}_2$. Der erste Summand in der großen Klammer ändert sich dann entscheidend und zeigt so die Richtungsabhängigkeit der Spannungen und Ströme.

Die Wellenwiderstände der gebräuchlichen Leitungen sind oft so verschieden, daß als Anpassungsmittel ein Übertrager (mit Ringkern) mit wenig Windungskapazität und Streuung zwischen die ungleichen Teilstrecken geschaltet wird. Ohnehin ist ein Leitungsübertrager für einmündende Freileitungen notwendig, um einen Abschluß gegen statische Aufladungen oder Fremdinduktion seitens kreuzender Starkstromleitungen zu gewähren und die Einrichtungen der Vermittlungs- oder Durchgangsstellen gegen den Übertritt schädlicher Spannungen zu schützen. Der Wellenwiderstand von Freileitungen erstreckt sich von 500...800 Ω, von glatten Kabelleitungen von 250...900 Ω, bei leicht bespulten Viererleitungen ergeben sich etwa 400 Ω, leicht bespulte Stammleitungen und mittelstark bespulte Viererleitungen haben 800 Ω, die meisten mittelstark bespulten Stammleitungen erreichen sogar einen Wellenwiderstand von 1600 Ω.

Die Wicklungen dieser Fernleitungsübertrager haben ein Übersetzungsverhältnis 1 : 2 mit den Scheinwiderständen 400/800 Ω oder 800/1600 Ω für eine hinreichende Anpassung. Daneben werden, soweit größere Anzahlen zu liefern sind, auch andere Übersetzungen hergestellt. Das Verhältnis der Windungszahlen entspricht etwa der Quadratwurzel der Scheinwiderstandsübersetzung, z. B. ergibt das Windungsverhältnis 1 : 2 rund eine Spannungsübersetzung $1:\sqrt{2}$ oder 1,41. Die Dämpfung der Anpassungsübertrager ist rund 0,05 N unabhängig von der Übersetzung oder entspricht einem Wirkungsgrad

$$\eta = e^{-2b} = e^{-0,1} = 0,905 \approx 90\,\%.$$

Wenn also eine Sprungstelle zwischen ungleichen Wellenwiderständen anzupassen ist, so lohnt sich die Einschaltung nur, falls der Wirkungsgrad der Stoßstelle unter 90 % liegt.

Beispiel: Eine Freileitung mit $|\mathfrak{Z}_1| = 600\,\Omega$ soll mit einer Kabelleitung mit $|\mathfrak{Z}_2| = 800\,\Omega$ verbunden werden. Der Wirkungsgrad der Verbindungsstelle (Sprungstelle) ist:

$$\eta = 4(Z_1 Z_2)/(Z_1 + Z_2)^2 = 4(600 \cdot 800)/1400^2 \approx 98\,\%$$

Ein Anpassungsübertrager selbst mit Sonderbewicklung verschlechtert die Übertragung und lohnt sich nicht.

Beispiel: An eine bespulte Kabelleitung mit $|\mathfrak{Z}_1| = 600\,\Omega$ soll sich ein Breitbandkabel mit $|\mathfrak{Z}_2| = 71\,\Omega$ anschließen. Der Wirkungsgrad der Sprungstelle ist:

$$\eta = 4(600 \cdot 71)/671^2 = 1704/4502 \approx 38\,\%.$$

Die Dämpfung dieser Sprungstelle ist ferner:

$$b = \ln \frac{|\mathfrak{Z}_1 + \mathfrak{Z}_2|}{2\sqrt{|\mathfrak{Z}_1 \mathfrak{Z}_2|}} = 2,303 \cdot \log \frac{600 + 71}{2\sqrt{600 \cdot 71}} = 2,303 \log 1,625 = 0,49\,\text{N}.$$

Eine Bestätigung dieses Ergebnisses liefert die Beziehung (vgl. Anhang: Zahlentafel)

$$\eta = e^{-2b} \quad \text{oder} \quad e^{2b} = 2,63 \quad \text{mit} \quad b = 0,49\,\text{N}.$$

In diesem Fall wird durch Zwischenschaltung eines Anpassungsübertragers die Übertragung wesentlich verbessert, weil die gesamte Dämpfung um $0,49 - 0,05 = 0,44$ N vermindert wird.

Verzerrungen durch Leitungen

Spannungen und Ströme setzen sich aus einer Summe beliebiger Einzelschwingungen zusammen. Ihre Übertragung erfolgt verzerrungsfrei, wenn die Summe aller Schwingungen nach Amplitude, Frequenz und Phase verhältnisgleich empfangen wird. Ihre Verzerrung kann auf einer frequenzabhängigen Änderung zusammengehöriger Schwingungen beruhen. Solche Verzerrungen heißen lineare im Gegensatz zu den nichtlinearen, wie sie durch Mikrophone, infolge wechselnder Eisensättigung oder bei Verstärkung mit Elektronenröhren entstehen können. Lineare Verzerrungen lassen sich durch Gegenmaßnahmen, die verkehrt zur Frequenz wirken, teilweise oder ganz beseitigen, unlineare Verzerrungen sind nur durch Behebung der Ursachen zu vermeiden.

Dämpfungsverzerrung. Die Leitungsdämpfung b ist frequenzabhängig. In der Regel werden hohe Frequenzen mehr, tiefe weniger gedämpft. Diese Verzerrung ist bei Freileitungen schwach, bei Kabelleitungen stark ausgeprägt. Ein Ausnahmefall verursacht keine Dämpfungsverzerrung, wenn nämlich die Leitungswerte im Verhältnis

$$R : L = G : C$$

stehen. Diese Bedingung ist künstlich durch Erhöhung der Induktivität (Pupin- oder Krarupverfahren) erfüllbar.

Falls also $R/L = G/C$ oder anders ausgedrückt $LG = RC$ ist, ergibt sich für die Dämpfung und die Phasendrehung aus den allgemein gültigen Formeln

$$\beta = \sqrt{\tfrac{1}{2}\sqrt{(R^2 + \omega^2 L^2)(G^2 + \omega^2 C^2)} + \tfrac{1}{2}(RG - \omega^2 LC)}$$

$$\alpha = \sqrt{\tfrac{1}{2}\sqrt{(R^2 + \omega^2 L^2)(G^2 + \omega^2 C^2)} - \tfrac{1}{2}(RG - \omega^2 LC)}$$

durch Ausformung der kleinen Wurzel und Zusatz einer quadratischen Ergänzung

$$(R^2 + \omega^2 L^2)(G^2 + \omega^2 C^2) = R^2 G^2 + \omega^2 L^2 C^2 + \omega^2 L^2 G^2 + \omega^2 C^2 R^2 =$$

$$= (R^2 G^2 + 2\,\omega^2 RGLC + \omega^4 L^2 C^2) + \omega^2 (L^2 G^2 - 2\,RGLC + C^2 R^2) =$$

$$= (RG + \omega^2 LC)^2 + \omega^2 (LG - RC)^2$$

und damit die besonderen Ausdrücke, weil $LG - RC = 0$ ist;

$$\beta = \sqrt{\tfrac{1}{2}\sqrt{(RG + \omega^2 LC)^2} + \tfrac{1}{2}(RG - \omega^2 LC)} = \sqrt{RG}$$

$$\alpha = \sqrt{\tfrac{1}{2}\sqrt{(RG + \omega^2 LC)^2} - \tfrac{1}{2}(RG - \omega^2 LC)} = \omega\sqrt{LC}.$$

Demnach wird $\gamma = \beta + j\alpha = \sqrt{RG} + j\omega\sqrt{LC}$ und die Dämpfung solcher Leitungen unabhängig von der zu übertragenden Frequenz. Die Phasendrehung ist verhältnisgleich der Frequenz, also klein für tiefe und groß für hohe Töne, dagegen wird die Fortpflanzungsgeschwindigkeit der elektrischen Wellen

$$v = \omega/\alpha = \omega/\omega\sqrt{LC} = 1/\sqrt{LC}$$

für alle übertragenen Frequenzen gleich groß. Die Laufzeit der Wellen längs einer Leitung, die sich über l km erstreckt, ist deshalb

$$t = l/v = \alpha l/\omega = \omega l\sqrt{LC}/\omega = l\sqrt{LC}$$

ebenso frequenzunabhängig. Wegen der gleichen Voraussetzung müssen aber $\mathfrak{R} = R + j\omega L$ und $\mathfrak{G} = G + j\omega C$ gleich große Verschiebungswinkel besitzen und liefern einen Wellenwiderstand

$$\mathfrak{Z} = \sqrt{\mathfrak{R}/\mathfrak{G}} = \sqrt{(R + j\omega L)/(G + j\omega C)} = \sqrt{re^{\varphi j}/ge^{\varphi j}} = \sqrt{R/G} = \sqrt{L/C},$$

dessen Werte rein reelle Größen und dazu, soweit die Leitungsbeläge R, G, L, C im mittelfrequenten Bereich als Konstanten anzusehen sind, nicht von der Übertragungsfrequenz abhängig sind.

Diese Leitungen, bei denen die Dämpfung, die Laufzeit und der Wellenwiderstand sich nicht mit der übertragenen Frequenz ändern, werden als verzerrungsfreie Leitungen bezeichnet. Bei den üblichen Freileitungen und Kabelleitungen liegen solche günstigen Verhältnisse zwischen den Werten der Leitungsbeläge R, G, L, C leider nicht vor.

Für die gebräuchlichen glatten Kabelleitungen gilt im Mittelfrequenzbereich angenähert $\beta = \sqrt{\omega C R/2}$ als Ausdruck zur Dämpfungsberechnung. So erhält man für eine $2 \times 0{,}8$ mm dicke papierisolierte Zweidrahtleitung, wenn statt der Kreisfrequenz ω die Frequenz f eingeführt wird ($R = 74\,\Omega$/km und $C = 37$ nF/km), für das Dämpfungsmaß

$$\beta = \sqrt{\pi f C R} = \sqrt{3{,}14 f \cdot 37{,}10^{-9} \cdot 74} = 2{,}93 \cdot 10^{-3}\sqrt{f} = 2{,}93\,\sqrt{f}\ \text{mN/km}$$

und ersieht daraus, daß die Leitungsdämpfung mit der zweiten Wurzel aus der Sprachfrequenz ansteigen muß. Die folgende Aufstellung zeigt den Werteanstieg für eine 20 km lange Kabelstrecke ($b = \beta l$):

$f =$ 200 Hz	$b =$ 0,82 N	$f =$ 1800 Hz	$b =$ 2,50 N
600 Hz	1,44 N	2200 Hz	2,76 N
1000 Hz	1,86 N	2600 Hz	3,00 N
1400 Hz	2,10 N	3000 Hz	3,22 N

Dieser Frequenzgang der Dämpfung ist bei Sprachübertragungen schon bemerkbar, weil tiefe Stimmen lauter als hohe durchkommen. Eine Abhilfe durch eine Abschlußschaltung mit kehrweisem Frequenzgang ist möglich, aber nur dann anzuwenden, wenn die zusätzliche Dämpfung eines derartigen Entzerrers nicht die gesamte Dämpfung unzulässig vergrößert.

Phasenverzerrung. Die Phasendrehung ist immer frequenzabhängig. Die Phasendrehung tiefer und hoher Frequenzen ist verschieden und ergibt eine zeitliche Verschiebung von Schwingungen mit tiefer gegen solche mit hoher Frequenz.

Laufzeitverzerrung. Die Laufzeit hängt vom Phasenmaß, der Leitungslänge und der Frequenz ab. Tiefe Frequenzen kommen später, hohe früher an. Eine Entzerrung ist durch eine Abschlußschaltung möglich, deren Eigenschaften ein umgekehrtes Phasenmaß ergeben: für tiefe Frequenzen kleinere, für hohe größere Laufzeit. Dieser Phasenausgleich erhöht natürlich die gesamte Laufzeit einer Übertragung.

Rückwurfverzerrung. Der Rückwurfgrad ist frequenzabhängig. Diese Verzerrung bleibt, bis ein Einschwingvorgang beendet ist. Eine Anpassung mit $\mathfrak{Z} = \mathfrak{R}_e$ beseitigt diese Verzerrung. Eine vollkommene Anpassung ist unmöglich, der Frequenzgang einer Nachbildschaltung stimmt nur in guter Annäherung mit dem der Leitung überein. Sind zwei Leitungen mit erheblich verschiedenen Wellenwiderständen $\mathfrak{Z}_1$ und $\mathfrak{Z}_2$ zu verbinden, so hilft die Zwischenschaltung eines Anpassungsübertragers. Die Wicklungen entsprechen den Bedingungen $\mathfrak{R}_1 = \mathfrak{Z}_1$ und $\mathfrak{R}_2 = \mathfrak{Z}_2$, ferner muß der Wirkungsgrad des Übertragers höher als der Wirkungsgrad der Sprungstelle sein.

Abschlußverzerrung. Die Abschlußschaltung auf der Empfangsseite kann einen reellen oder komplexen Widerstand besitzen.

Im Gleichstrombetrieb ergeben sich Einschaltvorgänge. Der vorwiegend induktive Abschluß erzeugt eine Gegenspannung, die allmählich verschwindet. Anfänglich wird die ankommende Welle gleichsam wie am Ende einer offenen Leitung zurückgeworfen. Allmählich beginnt der Abfluß des Stromes bis zu einem dem Ohmschen Widerstand entsprechenden Grenzwert:

$$I = (U_a - U_r)/Z = (U_a/R)\,(1 - e^{-tR/L}).$$

Ein kapazitiver Abschluß verhält sich umgekehrt und wirkt anfänglich wie eine am Ende kurzgeschlossene Leitung:

$$I = (U_a - U_r)/Z = (2\,U_a/Z) \cdot e^{-t/CZ}.$$

Im Wechselstrombetrieb entstehen Einschwingvorgänge, deren Dauer von der Frequenz abhängt. Der Verlauf und die Berechnung sind im Abschnitt »Schaltvorgänge« bereits erwähnt.

13. Dämpfungsmessungen und Dämpfungsbegriffe

Die allgemeine Bestimmung einer Dämpfung stützt sich auf die bequemen Formeln:

$$U_a : U_e = 1 : e^{-b} \quad \text{oder} \quad b = ln\,(U_a/U_e).$$

Für Leitungen gelten diese Formeln nur einwandfrei, wenn $\mathfrak{R}_e = \mathfrak{Z}$ ist oder die Strecke unendlich lang sein würde.

Die Messung erfolgt mittels geeichter Widerstandssätze in I- oder II-Schaltung, welche in Stufen von 1, 2, 2 und 5 Neper, Dezineper oder Zentineper zu einer schaltbaren Eichleitung vereinigt sind. Entsprechend den üblichen Wellenwiderständen sind die Längs- und Querglieder meistens so geeicht, daß die einstellbaren Dämpfungen stets gleiche Wellenwiderstände mit $Z = 600\,\Omega$ oder $Z = 1600\,\Omega$ innehalten. Die Verwendung induktions- und kapazitätsarmer Wicklungsanordnungen sichert die Eichbarkeit über einen Frequenzbereich 0 ... 20 kHz. In Gleichstromübertragungen sind veränderbare Eichleitungen nur bedingt verwendbar, weil Wellengleichströme, insbesondere bei Stromschrittreihen, durch die Ableitung ständigen Schleifenschluß erleiden und hierdurch die Arbeitsweise der Linienrelais so verändert wird, daß Vergleiche und Rückschlüsse auf die wahre Leitungsdämpfung unmöglich werden. In diesen Fällen ist eine Dämpfungsmessung nur möglich, wenn als Maß ein geeichtes Normkabel benutzt wird, um die Wirkungen der natürlichen Leitung zu erfassen.

Eine jede Dämpfungsmessung kann nach einem subjektiven oder einem objektiven Verfahren ausgeführt werden.

Die subjektive Messung stützt sich auf den Hörvergleich der übertragenen Lautstärken mit natürlicher und über eine geeichte Leitung. Dieser Vergleich ist nur einwandfrei, wenn reine Sinuswellen benutzt und dabei einzelne Frequenzen nacheinander gemessen werden. Für einfache Ansprüche genügt es sogar, nur bei $f = 800$ Hz oder abgerundet $\omega = 5000\,\mathrm{s}^{-1}$ die Dämpfung zu messen. Die Messung mit einem Frequenzgemisch führt dagegen zu Fehlergebnissen, weil die natürliche Leitung tiefe und hohe Frequenzen verschieden dämpft und eine Verzerrung hervorruft, die künstliche Eichleitung dagegen frequenzgerade arbeitet. Nach dem Gehör lassen sich jedoch Lautstärken bei verschiedener Klangfarbe schlecht vergleichen.

Die objektive Messung stützt sich auf die Anzeige eines linearen Mittelwertes bei Drehspulenmeßgeräteno der eines quadratischen Mittelwertes bei Hitzdrahtmeßgeräten. Beide Mittelwertsbildungen entsprechen nicht dem wahren Hörempfinden. In dem Bereich höherer Frequenzen werden daher zu hohe Dämpfungen ermittelt, falls nicht die zu messende Übertragung verzerrungsfrei ist oder wenigstens annähernd gleiche Dämpfung im gesamten interessierenden Bereich aufweist.

Die Dämpfungskurve, welche durch eine Meßreihe von Einzelfrequenzen erhalten wird, ist sachlich einwandfrei. Tatsächlich werden aber immer Frequenzgruppen auftreten, deren Amplituden verschieden sind. Jeder Beobachter besitzt überdies verschiedene Lautstärkenempfindung für Frequenzgemische. Eine Auswertung solcher Dämpfungskurven entsprechend dem tatsächlichen Hörempfinden ist noch nicht befriedigend gelöst.

Die Dämpfungsmessung mittels veränderbarer Eichleitungen hat sich wegen ihrer bequemen Handhabung gut eingeführt und in sinngemäßer Anwendung zu weiteren Dämpfungsbegriffen geführt, welche sich allgemein auf Übertragungsvorgänge beziehen.

Die Leitungsdämpfung eignet sich nur zum Vergleich verschiedener Leitungsarten. Betriebsmäßig liegt aber jede Fernleitung zwischen einer Quelle und einer Last eingeschaltet.

Die Betriebsdämpfung bezieht sich daher auf eine Übertragung mit dem Wellenwiderstand $\mathfrak{Z}$, die zwischen einer Quelle mit dem inneren Widerstand $\mathfrak{R}_1$ und einer Last mit dem Abschlußwiderstand $\mathfrak{R}_2$ liegt. Bei unmittelbarer Verbindung der Quelle mit der Last wird $\mathfrak{U}_2 = \frac{1}{2}\mathfrak{U}_1$ und die Scheinleistung $\mathfrak{N}_1 = \mathfrak{U}_2^2/\mathfrak{R}_2 = \mathfrak{U}_1^2/4\,\mathfrak{R}_1$, wenn die Widerstände $\mathfrak{R}_1 = \mathfrak{R}_2$ sind. Nach Zwischenschaltung einer Leitung oder eines Vierpols sinken die Spannung $\mathfrak{U}_2$ und die Scheinleistung von $\mathfrak{N}_1$ auf $\mathfrak{N}_2$ (Bild 148).

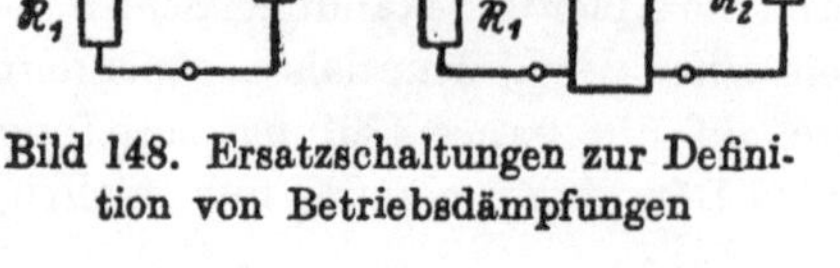

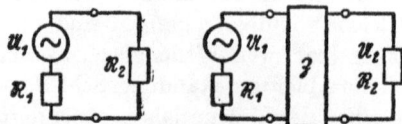

Bild 148. Ersatzschaltungen zur Definition von Betriebsdämpfungen

Als Betriebsdämpfung gilt demnach mit den reellen Beträgen

$$e^{2b} = N_1/N_2 = (U_1^2/4\,R_1) \cdot (R_2/U_2^2) = U_1^2 R_2/4 R_1 U_2^2$$

oder

$$b = \tfrac{1}{2}\, ln\, (N_1/N_2) = ln\, (U_1/2\, U_2) + \tfrac{1}{2}\, ln\, (R_2/R_1).$$

Hierbei können die Widerstände $\mathfrak{R}_1$ und $\mathfrak{R}_2$ verschiedene Beträge haben. Bei gleichen Beträgen (Höchstleistung, Mindestdämpfung) wird erhalten

$$b = ln\, (U_1/2\, U_2).$$

Die **Verstärkung** wird als negative Dämpfung betrachtet, das Verstärkungsmaß in Neper ist daher:

$$s = -b.$$

Die Einführung eines Exponenten statt einer linearen Beziehung als Verstärkungsmaß hat den Vorteil, unmittelbar Dämpfungs- und Verstärkungswerte ohne Umrechnung vergleichen zu können. Eine Betriebsverstärkung bezieht sich sinngemäß auf einen vollständigen Verstärkersatz, der zwischen einer Quelle und einer Last liegt.

Die **Symmetriedämpfung** ist ein Maß für die Wicklungsgüte eines Übertragers. Zur Messung sind seine Erstwicklungen hintereinander und die Zweitwicklungen gegeneinander geschaltet (Bild 148). Die Widerstände der Quelle und der Last haben gleiche Beträge ($R = 600\,\Omega$). Verglichen werden durch abwechselndes Umschalten die Lautstärken eines Tones über den Übertrager und eine Eichleitung. Die Symmetriedämpfung wird nach Einstellung auf gleiche Lautstärken an der Eichleitung abgelesen.

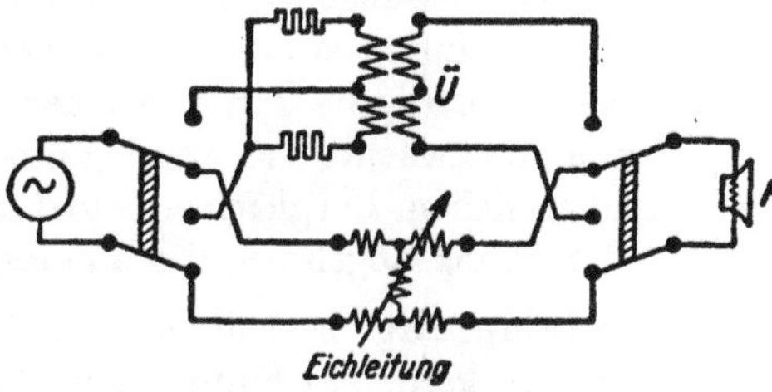

Bild 149. Meßschaltung für Symmetriedämpfungen

Die **Rückflußdämpfung** bezieht sich auf den Wellenrückwurf an Sprungstellen. Der Rückwurfgrad ist

$$\mathfrak{p} = (\mathfrak{Z}_2 - \mathfrak{Z}_1)/(\mathfrak{Z}_2 + \mathfrak{Z}_1).$$

Das logarithmische Verhältnis von der ankommenden zur zurückgeworfenen Welle heißt Rückflußdämpfung:

$$b = ln \left| \frac{1}{\mathfrak{p}} \right| = ln \left| \frac{\mathfrak{Z}_2 - \mathfrak{Z}_1}{\mathfrak{Z}_2 + \mathfrak{Z}_1} \right|.$$

Die **Fehlerdämpfung** bezieht sich auf Abschlußschaltungen, welche den Fernleitungen anzupassen sind. Die Nachbildung der Fernleitung ist nur angenähert erfüllt ($\mathfrak{N} \neq \mathfrak{Z}$).

$$b = ln \left| \frac{\mathfrak{Z} + \mathfrak{N}}{\mathfrak{Z} - \mathfrak{N}} \right|.$$

Die **Nebensprechdämpfung** bezieht sich auf störende Übertragungen eines Kreises auf benachbarte Stromkreise. Unterschieden werden entsprechend Bild 150:

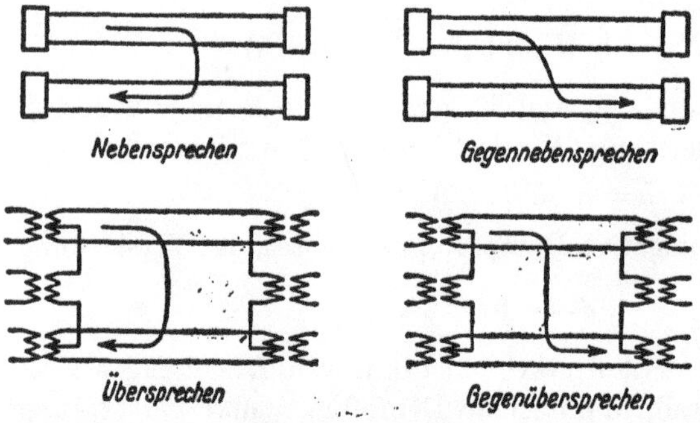

Bild 150. Störende Kopplungsflüsse zwischen benachbarten Leitungen

Nebensprechen von Anfang I nach Anfang II, Gegennebensprechen von Anfang I nach Ende II, Übersprechen von Stamm I nach Stamm II desselben Vierers oder zwischen Stämmen und Vierern benachbarter Viereranordnungen, Gegenübersprechen von Anfang I nach Ende II,

Mitsprechen zwischen Vierer und Stamm I oder Vierer und Stamm II innerhalb der gleichen Viereranordnung.

Für Dämpfungsmessungen werden die störende Leitung und eine einstellbare Eichleitung mit einem tonfrequenten Generator verbunden. Der durch störende Kopplungen übertragene Ton von einer Nachbarleitung und der durch die Eichleitung geschwächte Ton werden abwechselnd abgehört und durch Einstellung abgeglichen. Bei gleichen Lautstärken wird die eingestellte Dämpfung an der Eichleitung abgelesen, die mindestens 7 Neper betragen soll.

Die **Restdämpfung** bezieht sich auf ein System mit Leitungen und Zwischenverstärkern. Die Summe aller Dämpfungs- und Verstärkungswerte ergibt einen Rest. Nach Vereinbarung werden Widerstände $\mathfrak{R}_1 = \mathfrak{R}_2 = 600\,\Omega$ verwendet, so daß als Restdämpfung gilt

$$b_r = \Sigma b - \Sigma s = ln\,(U_1/2\,U_2) = ln\,(U_1/1200\,I_2).$$

Der Pegel eines Übertragungssystems kennzeichnet die Spannungs-, Strom- oder Leistungshaltung längs der Strecke.

Der relative Pegel einer beliebigen Meßstelle wird mit dem Anfangspegel verglichen. Der Anfangspegel beginnt mit 0 Neper, die Pegelwerte werden negativ, der Endpegel als Restdämpfung hat auch ein negatives Vorzeichen.

$$p_n = \tfrac{1}{2}\,ln\,(N_e/N_a) \qquad \text{oder} \qquad p_u = ln\,(U_e/U_a).$$

Der absolute Pegel stützt sich auf vereinbarte Bezugsgrößen. Der Bezugsstromkreis mit einem Normalgenerator hat folgende Werte:

Generator:	$U_0 = 1{,}55$ V,	$Z_1 = 600\,\Omega$,
Belastung:	$N_2 = 1$ mW,	$Z_2 = 600\,\Omega$,
Anfangswerte:	$U_1 = 0{,}755$ V,	$I_1 = 1{,}29$ mA.

$$U_0 = \sqrt{1\,\text{mW} \cdot 600\,\Omega} = 0{,}775\,\text{V} \qquad I_0 = \sqrt{1\,\text{mW}/600\,\Omega} = 1{,}29\,\text{mA}.$$

Pegel N	U mV	Pegel N	U mV	Pegel N	U mV	Pegel N	U V	Pegel N	U V
−10	0,03	−2,4	70,3	−1,4	191	−0,4	0,519	0,6	1,41
−9	0,09	−2,3	77,7	−1,3	211	−0,3	0,574	0,8	1,72
−8	0,26	−2,2	85,9	−1,2	233	−0,2	0,635	1,0	2,11
−7	0,71	−2,1	94,9	−1,1	258	−0,1	0,701	1,2	2,57
−6	1,92	−2,0	105	−1,0	285	0	0,775	1,4	3,14
−5	5,22	−1,9	116	−0,9	315	0,1	0,86	1,6	3,84
−4	14,1	−1,8	128	−0,8	348	0,2	0,95	1,8	4,69
−3,5	23,4	−1,7	142	−0,7	384	0,3	1,05	2,0	5,73
−3,0	38,6	−1,6	156	−0,6	425	0,4	1,16	2,5	9,44
−2,5	63,6	−1,5	173	−0,5	470	0,5	1,28	3,0	15,5

Die positiven Betriebsdämpfungen erhalten als Leitungspegel nach Vereinbarung negatives Vorzeichen. Danach ergibt sich

$$e^{-2p} = N_0/N_2 = (U_1^2/4\,Z_1)\cdot(Z_2/U_2^2)$$

oder der absolute Leistungspegel in Neper an einer Meßstelle

$$p = \ln(U_2/0{,}775) - \tfrac{1}{2}\ln(Z_2/600)$$

und der absolute Spannungspegel in Neper an derselben Stelle

$$p_u = \ln(U_2/0{,}775).$$

Ist außerdem der Wellenwiderstand der zwischenliegenden Fernleitung $Z_2 = 600\,\Omega$, so werden beide Pegelangaben gleich groß.

14. Ermittlung von Leitungswerten

Die Messung der Betriebswerte einer Leitung bildet die Unterlage für eine Auswertung, welche die bezogenen Werte R, G, L, C ergibt. Meßbar ist der Eingangsscheinwiderstand bei offenem und kurzgeschlossenem Leitungsende. Aus den Leitungsgleichungen ergibt sich im Leerlauf oder bei offenem Ende ($\mathfrak{J}_e = 0$)

$$\mathfrak{R}_0 = \mathfrak{U}_a/\mathfrak{J}_a = \mathfrak{Z}\,(e^g + e^{-g})/(e^g - e^{-g})$$

und bei Kurzschluß am Ende ($\mathfrak{U}_e = 0$)

$$\mathfrak{R}_k = \mathfrak{U}_a/\mathfrak{J}_a = \mathfrak{Z}\,(e^g - e^{-g})/(e^g + e^{-g}).$$

Der Wellenwiderstand wird als Wurzel aus dem Produkt beider Messungen erhalten:

$$\mathfrak{Z} = \sqrt{\mathfrak{R}_0\,\mathfrak{R}_k} = \sqrt{(R + j\omega L)/(G + j\omega C)}$$

und das Übertragungsmaß nach einer Umformung aus dem Quotienten beider Messungen:

$$\sqrt{\mathfrak{R}_0/\mathfrak{R}_k} = (e^g + e^{-g})/(e^g - e^{-g})$$

$$e^g\sqrt{\mathfrak{R}_0} - e^{-g}\sqrt{\mathfrak{R}_0} = e^g\sqrt{\mathfrak{R}_k} + e^{-g}\sqrt{\mathfrak{R}_k}$$

$$e^g\left(\sqrt{\mathfrak{R}_0} - \sqrt{\mathfrak{R}_k}\right) = e^{-g}\left(\sqrt{\mathfrak{R}_0} + \sqrt{\mathfrak{R}_k}\right)$$

$$e^{2g} = \left(\sqrt{\mathfrak{R}_0} + \sqrt{\mathfrak{R}_k}\right)/\left(\sqrt{\mathfrak{R}_0} - \sqrt{\mathfrak{R}_k}\right) = m\cdot e^{(\varphi + 2\pi k)j}.$$

Das Ergebnis dieses Quotienten bietet sich in der Exponentialform dar, die nun logarithmiert wird ($\log e = 0{,}4343$ und φ im Bogenmaß).

$$2\mathfrak{g} \log e = \log m + j(\varphi + 2\pi k) \log e$$
$$\mathfrak{g} = \gamma l = 1{,}151 \log m + (0{,}5\varphi + k\pi) j.$$

In der Komponentenform ergibt der Realteil sofort und eindeutig die gesamte Dämpfung der Fernleitung oder nach Division durch ihre Länge l das bezogene Dämpfungsmaß:

$$b = \beta l = 1{,}151 \log m \quad \text{und} \quad \beta = 1{,}151 \log m / l.$$

Der Imaginärteil ist mehrdeutig, weil die gesamte Phasendrehung im Bereich $0 \ldots 2\pi$ ($0° \ldots 360°$) oder auch innerhalb $2\pi \ldots 4\pi$ ($360° \ldots 720°$) usw. vorliegen kann und die Meßergebnisse $\mathfrak{R}_0$ und $\mathfrak{R}_k$ übereinstimmen, auch wenn die Phasendrehung um den Betrag $k \cdot 2\pi$ ($k \cdot 360°$) größer ist. Der Faktor k ist dabei stets eine ganze positive Zahl einschließlich der Null und ist vor der weiteren Auswertung zu bestimmen.

Mit dem Drehungsmaß $\alpha = a/l$ ist die Fortpflanzungsgeschwindigkeit der elektrischen Wellen festgelegt, die aber auf Drahtleitungen immer kleiner als die Phasengeschwindigkeit des Lichts $v_0 = 299\,800 \approx 0{,}3 \cdot 10^6$ km/s sein muß. Deshalb läßt sich eine Ungleichung aufstellen:

$$v = \omega/\alpha < v_0 \quad \text{und} \quad \alpha > \omega/v_0.$$

Es ist also ein Betrag $2\pi k$ zuzuzählen, falls $\alpha = a/l = 0{,}5\,\varphi/l$ diese Ungleichung nicht erfüllt:

$$(0{,}5\,\varphi/l) + (\pi k/l) > \omega/v_0.$$

Die Auflösung nach dem gesuchten Faktor $k = 0, 1, 2 \ldots$ ergibt die Ungleichung

$$k > (l\omega/\pi v_0) - (0{,}5\,\varphi/\pi) = D.$$

Ist die rechte Seite negativ geworden, so wird $k = 0$ und $0{,}5\,\varphi$ ist die wahre Phasendrehung. Für $0 < D < 1$ ist $k = 1$ bzw. gilt $0{,}5\,\varphi + \pi$. Für $1 < D < 2$ ist $k = 2$ bzw. gilt $0{,}5\,\varphi + 2\pi$ usw.

Nach dieser Ermittlung von k wird die gesamte Phasendrehung der Fernleitung oder nach Division durch ihre Länge l das bezogene Drehungsmaß:

$$a = \alpha l = 0{,}5\,\varphi + \pi k \quad \text{und} \quad \alpha = (0{,}5\,\varphi + \pi k)/l.$$

Die Beläge R, G, L, C je km Zweidrahtleitung ergeben sich aus dem Fortpflanzungsmaß $\gamma = \beta + j\alpha$ und dem Wellenwiderstand $\mathfrak{Z}$

$$\gamma \mathfrak{Z} = \sqrt{\mathfrak{R}\mathfrak{G}} \cdot \sqrt{\mathfrak{R}/\mathfrak{G}} = \mathfrak{R} = |\,\mathfrak{R}\,|\, e^{\varepsilon j} = R + j\omega L$$
$$\gamma/\mathfrak{Z} = \sqrt{\mathfrak{R}\mathfrak{G}} \cdot \sqrt{\mathfrak{G}/\mathfrak{R}} = \mathfrak{G} = |\,\mathfrak{G}\,|\, e^{\delta j} = G + j\omega C.$$

Die Trennung der Real- und Imaginärteile ($e^{\varphi j} = \cos\varphi + j \sin\varphi$) liefert bei bekannter Länge l und Kreisfrequenz ω die gesuchten Leitungsbeläge.

Beispiel: An einer zweidrähtigen Gleichstromtelegraphenleitung mit der Länge $l = 480$ km wurden gemessen: Leerlaufwiderstand $R_0 = 2000\,\Omega$, Kurzschlußwiderstand $R_k = 1200\,\Omega$. Der Widerstands- und der Ableitungsbelag bezogen auf 1 km mit beiden Adern sind zu berechnen.

Wegen der Messung mit Gleichstrom werden die Eingangswiderstände reell und alle Rechnungen vereinfachen sich wegen der entfallenden Imaginärteile beträchtlich.

$$\mathfrak{Z} = Z = \sqrt{R_0 R_k} = \sqrt{2000 \cdot 1200} = 1549\ \Omega.$$

Der Wellenwiderstand ist hier nur ein reeller Kennwiderstand. Das Fortpflanzungsmaß $\gamma l = \beta l$ enthält nur eine Dämpfung, weil mit $f = 0$ die Phasendrehung $\alpha l = 0$ wird.

$$\gamma l = \beta l = 1{,}151 \log m = 1{,}151 \log\left[\left(\sqrt{R_0} + \sqrt{R_k}\right)/\left(\sqrt{R_0} - \sqrt{R_k}\right)\right]$$

$$m = \left(\sqrt{2000} + \sqrt{1200}\right)/\left(\sqrt{2000} - \sqrt{1200}\right) = 7{,}873$$

$$\gamma l = 1{,}151 \log 7{,}873 = 1{,}032.$$

Der gesamte Widerstand und die gesamte Ableitung der Leitung betragen:

$$R = \gamma l \cdot Z = 1{,}032 \cdot 1549 = 1599\ \Omega$$

$$G = \gamma l / Z = 1{,}032/1549 = 666\ \mu S.$$

Die auf 1 km Doppelader der Leitung bezogenen Beläge sind:

$$R = 1599/480 = 3{,}33\ \Omega/\text{km} \quad \text{und} \quad G = 666/480 = 1{,}39\ \mu S/\text{km}.$$

Die Ausrechnung läßt sich kürzen, wenn die Beziehung

$$\mathfrak{Tg}\,\gamma l = (e^{\gamma l} - e^{-\gamma l})/(e^{\gamma l} + e^{-\gamma l}) = \sqrt{\mathfrak{R}_k/\mathfrak{R}_0}$$

benutzt und γl der Zahlentafel für hyperbolische Funktionen (vgl. Anhang) entnommen wird:

$$\mathfrak{Tg}\,\gamma l = \sqrt{R_k/R_0} = \sqrt{1200/2000} = 0{,}7746 \quad \text{und} \quad \gamma l = 1{,}032.$$

Beispiel: An einer zweidrähtigen Fernsprechleitung mit der Länge $l = 200$ km wurden mit der Kreisfrequenz $\omega = 5000\ \text{s}^{-1}$ ($f = 796 \approx 800$ Hz) als Eingangsscheinwiderstände gemessen: bei offenem Leitungsende $\mathfrak{R}_0 = 747\ e^{-28^\circ j}\ \Omega$, bei kurzgeschlossenem Leitungsende $\mathfrak{R}_k = 516\ e^{1^\circ j}\ \Omega$. Auszuwerten sind: $\mathfrak{Z}$, β, α, v, R, L, G, C.

1. Der Wellenwiderstand:

$$\mathfrak{Z} = \sqrt{\mathfrak{R}_0 \mathfrak{R}_k} = \sqrt{747\ e^{-28^\circ j} \cdot 516\ e^{11^\circ j}} = 620{,}8\ e^{-13{,}5^\circ j}\ \Omega.$$

2. Das Fortpflanzungsmaß:

$$e^{2g} = m \cdot e^{(\varphi + 2\pi k)j} = \left(\sqrt{\mathfrak{R}_0} + \sqrt{\mathfrak{R}_k}\right)/\left(\sqrt{\mathfrak{R}_0} - \sqrt{\mathfrak{R}_k}\right)$$

$$\sqrt{\mathfrak{R}_0} = \sqrt{747\ e^{-28^\circ j}} = 27{,}33\ e^{-14^\circ j} \quad \text{und} \quad \sqrt{\mathfrak{R}_k} = \sqrt{516\ e^{1^\circ j}} = 22{,}72\ e^{0{,}5^\circ j}.$$

Wandlung in die Komponentenform nach $m e^{\varphi j} = m \cos\varphi + m j \sin\varphi$ ergibt:

$27{,}33 \cos(-14^\circ) =$	$26{,}52$	$27{,}33 \sin(-14^\circ) =$	$-6{,}611$
$22{,}72 \cos 0{,}5^\circ =$	$22{,}72$	$22{,}72 \sin 0{,}5^\circ =$	$+0{,}198$
Summe:	49,24	Summe:	$-6{,}413$
Differenz:	3,80	Differenz:	$-6{,}809$

$$e^{2g} = \frac{49{,}24 - 6{,}413 j}{3{,}80 - 6{,}809 j} = \frac{49{,}65\ e^{-7{,}5^\circ j}}{7{,}798\ e^{-60{,}75^\circ j}} = 6{,}110\ e^{-53{,}25^\circ j}.$$

3. Das Dämpfungsmaß:

$b = \beta l = 1{,}151 \log 6{,}110 = 0{,}904$ N und $\beta = 0{,}904/200 = 4{,}52$ mN/km.

4. Das Drehungsmaß:

Da arc 53,25° = 0,9294 ist, erhält man zunächst

$D = (l\omega/\pi v_0) - (0{,}5\,\varphi/\pi) = (200 \cdot 5000/\pi \cdot 3 \cdot 10^5) - (0{,}5 \cdot 0{,}9294/\pi)$

$D = 1{,}061 - 0{,}283 = 0{,}778$ und $k = 1 > D$.

$a = \alpha l = 0{,}5 \cdot 0{,}9294 + \pi k = 0{,}4647 + 3{,}1415 = 3{,}606$

$\alpha = 3{,}606/200 = 18{,}03 \cdot 10^{-3}\,\text{km}^{-1}$.

5. Die Fortpflanzungsgeschwindigkeit:

$v = \omega/\alpha = 5000/0{,}018 = 277\,700$ km/s.

Mit der gleichen Kreisfrequenz $\omega = 5000\,\text{s}^{-1}$ wird die Laufzeit längs 200 km:

$t = l/v = \alpha l/\omega = 3{,}606/5000 = 0{,}721$ ms.

6. Die bezogenen Leitungsbeläge:

Das Fortpflanzungsmaß dieser Fernsprechleitung ist (vgl. β und α):

$\gamma = \beta + j\alpha = 4{,}52 \cdot 10^{-3} + 18{,}03 \cdot 10^{-3} j = 18{,}58 \cdot 10^{-3}\, e^{76° j}$.

Nun sind das Produkt $\gamma \cdot \mathfrak{Z}$ und der Quotient $\gamma/\mathfrak{Z}$ zu bilden:

$\gamma \mathfrak{Z} = 18{,}58 \cdot 10^{-3}\, e^{76° j} \cdot 620{,}8\, e^{-13{,}5° j} = 11{,}55\, e^{62{,}5° j}$

$\gamma/\mathfrak{Z} = 18{,}58 \cdot 10^{-3}\, e^{76° j}/620{,}8\, e^{-13{,}5° j} = 29{,}94 \cdot 10^{-6} \cdot e^{89{,}5° j}$.

Der Widerstandsbelag:	$R = 11{,}55 \cos 62{,}5° = 5{,}33\ \Omega$/km.
Der Induktivitätsbelag:	$L = 11{,}55 \sin 62{,}5°/5000 = 2{,}05$ mH/km.
Der Ableitungsbelag:	$G = 29{,}94 \cdot 10^{-6} \cos 89{,}5° = 0{,}250\ \mu S$/km.
Der Kapazitätsbelag:	$C = 29{,}94 \cdot 10^{-6} \sin 89{,}5°/5000 = 5{,}98$ nF/km.

B. Übertragungsverfahren

1. Vierpolbeziehungen

In allgemeiner Deutung stellt jedes Übertragungssystem einen Vierpol dar, dessen beide Enden durch je einen Zweipol abgeschlossen sind. Die Gleichungen eines Vierpols haben immer die allgemeine Form:

$$\mathfrak{U}_1 = \mathfrak{A}_1\, \mathfrak{U}_2 + \mathfrak{B}\, \mathfrak{J}_2 \qquad \mathfrak{J}_1 = \mathfrak{A}_2\, \mathfrak{J}_2 + \mathfrak{C}\, \mathfrak{U}_2.$$

Die vier komplexen Konstanten $\mathfrak{A}_1$, $\mathfrak{A}_2$, $\mathfrak{B}$ und $\mathfrak{C}$ einer Vierpolschaltung ergeben sich entweder aus bekannten Anordnungen von Schaltgliedern durch eine Vorausberechnung oder durch eine nachträgliche Messung an den äußeren Klemmen. Deshalb lassen sich diese Gleichungen auf folgende verschiedene Bestimmungsgrößen zurückführen:

1. Leerlauf- und Kurzschlußwiderstand $\mathfrak{z}_0$, $\mathfrak{z}_k$ und Spannungs- und Stromübersetzung $\mathfrak{u}_0$, $\mathfrak{u}_k$. Die Ableitung dieser Beziehungen (S. 123) ergab bereits:

$$\mathfrak{U}_1 = \mathfrak{u}_0\, \mathfrak{U}_2 + \mathfrak{u}_k \mathfrak{z}_k \mathfrak{J}_2 \qquad \mathfrak{J}_1 = \mathfrak{u}_k \mathfrak{J}_2 + (\mathfrak{u}_0/\mathfrak{z}_0)\, \mathfrak{U}_2,$$

hierbei sind:

$$\mathfrak{A}_1 = \mathfrak{u}_0, \qquad \mathfrak{A}_2 = \mathfrak{u}_k, \qquad \mathfrak{B} = \mathfrak{u}_k \mathfrak{z}_k, \qquad \mathfrak{C} = \mathfrak{u}_0/\mathfrak{z}_0.$$

2. Leerlaufwiderstand $\mathfrak{W}_{10}$, $\mathfrak{W}_{20}$ (am ersten und zweiten Ende) und Kernwiderstand $\mathfrak{M}$. Der Kernwiderstand entspricht der Vorstellung von einem Übertrager, dessen Leerlaufstrom $\mathfrak{J}_{10}$ eine Leerlaufspannnng $\mathfrak{U}_{20}$ induziert. Demnach ist $\mathfrak{U}_{20} = \mathfrak{J}_{10} \cdot \mathfrak{M}$ oder in umgekehrter Richtung $\mathfrak{U}_{10} = -\mathfrak{J}_{20} \cdot \mathfrak{M}$ einzuführen. Die Vierpolgleichungen lauten dann

$$\mathfrak{M}\, \mathfrak{U}_1 = \mathfrak{W}_{10}\, \mathfrak{U}_2 + (\mathfrak{W}_{10}\, \mathfrak{W}_{20} - \mathfrak{M}^2)\, \mathfrak{J}_2$$
$$\mathfrak{M}\, \mathfrak{J}_2 = \mathfrak{W}_{20}\, \mathfrak{J}_2 + \mathfrak{U}_2,$$

hierbei sind:

$$\mathfrak{A}_1 = \mathfrak{W}_{10}/\mathfrak{M}, \qquad \mathfrak{A}_2 = \mathfrak{W}_{20}/\mathfrak{M},$$
$$\mathfrak{B} = (\mathfrak{W}_{10}\, \mathfrak{W}_{20} - \mathfrak{M}^2)/\mathfrak{M}, \qquad \mathfrak{C} = 1/\mathfrak{M}.$$

3. Wellenwiderstand $\mathfrak{Z}$ und Übertragungsmaß $\mathfrak{g}$.

Die Ableitung dieser Gleichungen ergab (S. 215):

$$\mathfrak{U}_1 = \mathfrak{U}_2\, \mathfrak{Cof}\, \mathfrak{g} + \mathfrak{J}_2 \mathfrak{Z}\, \mathfrak{Sin}\, \mathfrak{g} \qquad \mathfrak{J}_1 = \mathfrak{J}_2\, \mathfrak{Cof}\, \mathfrak{g} + (\mathfrak{U}_2/\mathfrak{Z})\, \mathfrak{Sin}\, \mathfrak{g},$$

hierbei sind:

$$\mathfrak{A}_1 = \mathfrak{A}_2 = \mathfrak{Cof}\, \mathfrak{g}, \qquad \mathfrak{B} = \mathfrak{Z}\, \mathfrak{Sin}\, \mathfrak{g}, \qquad \mathfrak{C} = (1/\mathfrak{Z})\, \mathfrak{Sin}\, \mathfrak{g}.$$

Die Längssymmetrie eines Vierpols wird bestätigt, wenn sich aus Messungen ergibt, daß entweder

$$\mathfrak{A}_1 = \mathfrak{A}_2 = \mathfrak{A}$$

oder

$$\mathfrak{u}_0 = \mathfrak{u}_k = \mathfrak{u}$$

oder

$$\mathfrak{W}_{10} = \mathfrak{W}_{20} = \mathfrak{W}_0$$

sind. Nach den Regeln der Determinantenrechnung ist ferner

$$\mathfrak{A}_1 \mathfrak{A}_2 - \mathfrak{B}\mathfrak{C} = 1,$$

also wird für nicht richtungsabhängige Leistungsübertragungen

$$\mathfrak{A}^2 - \mathfrak{B}\mathfrak{C} = 1$$

und es ist immer bei längssymmetrischen Vierpolen möglich, mit zwei Bestimmungsgrößen auszukommen. Wird nun noch als Abschlußwiderstand $\mathfrak{W} = \mathfrak{U}_2/\mathfrak{J}_2$ eingeführt, so entstehen die Betriebsgleichungen:

$$\mathfrak{U}_1 = [\mathfrak{A} + (\mathfrak{B}/\mathfrak{W})]\, \mathfrak{U}_2$$
$$\mathfrak{J}_1 = (\mathfrak{A} + \mathfrak{C}\, \mathfrak{W})\, \mathfrak{J}_2$$

$$\mathfrak{U}_1 = [\mathfrak{W}_0/\mathfrak{M} + (\mathfrak{W}_0^2 - \mathfrak{M}^2)/\mathfrak{M}\, \mathfrak{W}]\, \mathfrak{U}_2$$
$$\mathfrak{J}_1 = [(\mathfrak{W}_0/\mathfrak{M}) + (\mathfrak{W}/\mathfrak{M})]\, \mathfrak{J}_2$$

$$\mathfrak{U}_1 = \mathfrak{u}\, [1 + (\mathfrak{z}_k/\mathfrak{W})]\, \mathfrak{U}_2$$
$$\mathfrak{J}_1 = \mathfrak{u}\, [1 + (\mathfrak{W}/\mathfrak{z}_0)]\, \mathfrak{J}_2$$

$$\mathfrak{U}_1 = [\mathfrak{Cof}\, \mathfrak{g} + (\mathfrak{Z}/\mathfrak{W})\, \mathfrak{Sin}\, \mathfrak{g}]\, \mathfrak{U}_2$$
$$\mathfrak{J}_1 = [\mathfrak{Cof}\, \mathfrak{g} + (\mathfrak{W}/\mathfrak{Z})\, \mathfrak{Sin}\, \mathfrak{g}]\, \mathfrak{J}_2.$$

Im allgemeinen genügen diese Beziehungen, weil Leitungen, Übertrager, Verstärker, Filter u. ä. in der Regel für symmetrische Übertragungen in beiden Richtungen eingerichtet sind.

Die eine elektrische Leitung kennzeichnenden Größen, nämlich der Wellenwiderstand $\mathfrak{Z}$ und das Fortpflanzungsmaß der Wellen $\mathfrak{g}$, werden sinngemäß übernommen, um entsprechende Begriffe für symmetrische Vierpole zu bilden. Die Bezeichnungen lauten der Kennwiderstand $\mathfrak{Z}$ und das Übertragungsmaß $\mathfrak{g}$, die beide in der Regel komplexe Werte annehmen. Der Kennwiderstand läßt sich in einen Wirk- und einen Blindanteil zerlegen, bei verschwindendem Einfluß der Verlustgrößen R und G oder falls ωL und ωC zugleich fehlen verbleibt ein rein reeller Widerstandsbetrag. Das Übertragungsmaß setzt sich wiederum aus einem reellen Dämpfungsmaß b und einem imaginären Drehungs-(Winkel-)maß ja zusammen.

Die Bedeutung dieser Größen ist ersichtlich, wenn man sich einen symmetrischen Vierpol zwischen einer Energiequelle und einem Abschlußwiderstand $\mathfrak{R}_e = \mathfrak{Z}$ eingeschaltet denkt und hiermit die Betriebsgleichungen für diesen besonderen Belastungsfall erhält:

$$\mathfrak{U}_1 = (\mathfrak{Cof}\,\mathfrak{g} + \mathfrak{Sin}\,\mathfrak{g})\,\mathfrak{U}_2 = \mathfrak{U}_2 \cdot e^{\mathfrak{g}} = \mathfrak{U}_2 \cdot e^{(b+ja)}$$
$$\mathfrak{J}_1 = (\mathfrak{Cof}\,\mathfrak{g} + \mathfrak{Sin}\,\mathfrak{g})\,\mathfrak{J}_2 = \mathfrak{J}_2 \cdot e^{\mathfrak{g}} = \mathfrak{J}_2 \cdot e^{(b+ja)}.$$

Da ferner $\mathfrak{U}_1 = \mathfrak{U}_1 e^{j\varphi_1}$ und $\mathfrak{U}_2 = \mathfrak{U}_2 e^{j\varphi_2}$ und $\mathfrak{J}_1 = I e^{j\psi_1}$ und $\mathfrak{J}_2 = I e^{j\psi_2}$ sind, werden

$$\mathfrak{g} = b + ja = ln\,(U_1/U_2) + j\,(\varphi_1 - \varphi_2) = ln\,(I_1/I_2) + j\,(\psi_1 - \psi_2)$$

oder $\quad b = ln\,(U_1/U_2) = ln\,(I_1/I_2) \quad$ und $\quad a = \varphi_1 - \varphi_2 = \psi_1 - \psi_2$.

Da diese Vierpolgleichungen ebenso für glatte (homogene) Leitungen gelten, so lassen sich alle Betrachtungen über einen Abschluß durch nicht angepaßte Scheinwiderstände auch hier anwenden. Der Rückwurffaktor wird durch die gleiche Beziehung bestimmt, wie sie bei den Leitungen hergeleitet ist:

$$\mathfrak{p} = (\mathfrak{R}_e - \mathfrak{Z})/(\mathfrak{R}_e + \mathfrak{Z}).$$

Bei der Verbindung mehrerer Vierpole entstehen ähnliche Rückwirkungen durch Nichtanpassung wie bei Fernleitungen. Indessen kann bei Vierpolschaltungen nicht von hin- und herlaufenden Wellen gesprochen werden. Die Wirkung der Nichtanpassung ist aber ähnlich der Stoßstellenwirkung bei Leitungen: der gesamte Wirkungsgrad wird gedrückt, der einen besten Wert bei vollkommener Anpassung sämtlicher Glieder eines Übertragungsweges erreicht hätte.

2. Kettenleiter

Ein Kettenleiter besteht aus einer Reihe gleichartiger Vierpolglieder, deren innere Schaltung Längs- und Quersymmetrie des Scheinwiderstandes und des Scheinleitwertes besitzt. Die einzelnen Glieder sind in drei Grundformen gebräuchlich: erste Art, zweite Art und Kreuzglied. Das elektrische Verhalten eines jeden einzelnen Gliedes entspricht den Vierpolgleichungen:

$$\mathfrak{U}_1 = \mathfrak{A}\,\mathfrak{U}_2 + \mathfrak{B}\,\mathfrak{J}_2 \qquad \mathfrak{J}_1 = \mathfrak{A}\,\mathfrak{J}_2 + \mathfrak{C}\,\mathfrak{U}_2.$$

Die Größe $\mathfrak{A}$ enthält als hyperbolische Funktion das Übertragungsmaß $\mathfrak{g} = b + ja$ (Dämpfungs- und Phasenmaß), an Stelle der Leitungslänge l tritt die Gliederanzahl n der Kette:

$$\mathfrak{U}_1 = \mathfrak{U}_2 \operatorname{Cof} n\mathfrak{g} + \mathfrak{J}_2 \mathfrak{Z} \operatorname{Sin} n\mathfrak{g}$$
$$\mathfrak{J}_1 = \mathfrak{J}_2 \operatorname{Cof} n\mathfrak{g} + (\mathfrak{U}_2/\mathfrak{Z}) \operatorname{Sin} n\mathfrak{g}.$$

Die Größe $\mathfrak{Z}$ heißt Kennwiderstand und ist durch die innere Schaltung eines Gliedes bestimmt. Die Gleichungen für eine bestimmte Art ergeben sich aus dem Leerlauf- und Kurzschlußfall durch Koeffizientenvergleich.

1. Kettenglied erster Art (Bild 151).

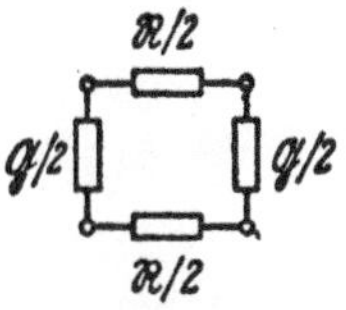

Bild 151. Kettenglied erster Art

Leerlauf:

$$\mathfrak{U}_1 = \mathfrak{U}_2(1 + \tfrac{1}{2}\mathfrak{R}\mathfrak{G}) = \mathfrak{U}_2 \cdot \mathfrak{u}$$
$$\mathfrak{U}_1 = \mathfrak{J}_1 \frac{1 + \frac{1}{2}\mathfrak{R}\mathfrak{G}}{\mathfrak{G}(1 + \frac{1}{4}\mathfrak{R}\mathfrak{G})} = \mathfrak{J}_1 \cdot \mathfrak{z}_0.$$

Kurzschluß:

$$\mathfrak{U}_1 = \mathfrak{J}_1 \frac{\mathfrak{R}}{1 + \frac{1}{2}\mathfrak{R}\mathfrak{G}} = \mathfrak{J}_1 \cdot \mathfrak{z}_k.$$

Vergleich der Koeffizienten:

$$\mathfrak{u} = \mathfrak{A} = 1 + \tfrac{1}{2}\mathfrak{R}\mathfrak{G}, \quad \mathfrak{u}/\mathfrak{z}_0 = \mathfrak{C} = \mathfrak{G}(1 + \tfrac{1}{4}\mathfrak{R}\mathfrak{G}), \quad \mathfrak{u}\mathfrak{z}_k = \mathfrak{B} = \mathfrak{R}.$$

Lösung:

$$\mathfrak{U}_1 = \mathfrak{U}_2(1 + \tfrac{1}{2}\mathfrak{R}\mathfrak{G}) + \mathfrak{J}_2\mathfrak{R}$$
$$\mathfrak{J}_1 = \mathfrak{J}_2(1 + \tfrac{1}{2}\mathfrak{R}\mathfrak{G}) + \mathfrak{U}_2\mathfrak{G}(1 + \tfrac{1}{4}\mathfrak{R}\mathfrak{G}).$$

2. Kettenglied zweiter Art (Bild 152).

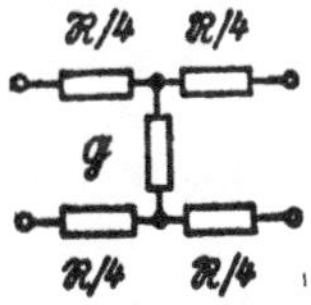

Bild 152, Kettenglied zweiter Art

Leerlauf:

$$\mathfrak{U}_1 = \mathfrak{U}_2[1 + \tfrac{1}{2}\mathfrak{R}\mathfrak{G}] = \mathfrak{U}_2 \cdot \mathfrak{u}$$
$$\mathfrak{U}_1 = \mathfrak{J}_1[(\mathfrak{R}/2) + (1/\mathfrak{G})] = \mathfrak{J}_1 \cdot \mathfrak{z}_0.$$

Kurzschluß:

$$\mathfrak{U}_1 = \mathfrak{J}_1 \frac{\mathfrak{R}}{2}\left(1 + \frac{1}{1 + \frac{1}{2}\mathfrak{R}\mathfrak{G}}\right) = \mathfrak{J}_1\mathfrak{z}_k.$$

Vergleich der Koeffizienten:

$$\mathfrak{u} = \mathfrak{A} = 1 + \tfrac{1}{2}\mathfrak{R}\mathfrak{G}, \quad \mathfrak{u}/\mathfrak{z}_0 = \mathfrak{C} = \mathfrak{G}, \quad \mathfrak{u}\mathfrak{z}_k = \mathfrak{B} = \mathfrak{R}(1 + \tfrac{1}{4}\mathfrak{R}\mathfrak{G}).$$

Lösung:

$$\mathfrak{U}_1 = \mathfrak{U}_2[1 + \tfrac{1}{2}\mathfrak{R}\mathfrak{G}] + \mathfrak{J}_2\mathfrak{R}[1 + \tfrac{1}{4}\mathfrak{R}\mathfrak{G}]$$
$$\mathfrak{J}_1 = \mathfrak{J}_2[1 + \tfrac{1}{2}\mathfrak{R}\mathfrak{G}] + \mathfrak{U}_2\mathfrak{G}.$$

3. Kreuz- oder Brückenglied (Bild 153).

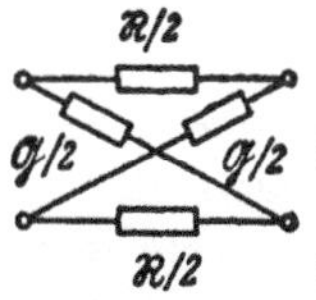

Bild 153. Kreuz- oder Brückenglied

Leerlauf:

$$\mathfrak{U}_1 = \mathfrak{U}_2 \frac{1 + \frac{1}{4}\mathfrak{R}\mathfrak{G}}{1 - \frac{1}{4}\mathfrak{R}\mathfrak{G}} = \mathfrak{U}_2 \cdot \mathfrak{u}$$
$$\mathfrak{U}_1 = \mathfrak{J}_1(1 + \tfrac{1}{4}\mathfrak{R}\mathfrak{G})\frac{1}{\mathfrak{G}} = \mathfrak{J}_1 \cdot \mathfrak{z}_0.$$

Kurzschluß:

$$\mathfrak{U}_1 = \mathfrak{J}_1\mathfrak{R}/(1 + \tfrac{1}{4}\mathfrak{R}\mathfrak{G}) = \mathfrak{J}_1 \cdot \mathfrak{z}_k.$$

Koeffizientenvergleich:

$$\mathfrak{u} = \mathfrak{A} = (1 + \tfrac{1}{4}\,\mathfrak{R}\,\mathfrak{G})/(1 - \tfrac{1}{4}\,\mathfrak{R}\,\mathfrak{G}),\quad \mathfrak{u}/\mathfrak{z}_0 = \mathfrak{C} = \mathfrak{G}/(1 - \tfrac{1}{4}\,\mathfrak{R}\,\mathfrak{G}),$$
$$\mathfrak{u}\,\mathfrak{z}_k = \mathfrak{B} = \mathfrak{R}/(1 - \tfrac{1}{4}\,\mathfrak{R}\,\mathfrak{G}).$$

Lösung:

$$\mathfrak{U}_1 = \mathfrak{U}_2\,[(1 + \tfrac{1}{4}\,\mathfrak{R}\,\mathfrak{G})/(1 - \tfrac{1}{4}\,\mathfrak{R}\,\mathfrak{G})] + \mathfrak{J}_2\,[\mathfrak{R}/(1 - \tfrac{1}{4}\,\mathfrak{R}\,\mathfrak{G})]$$
$$\mathfrak{J}_1 = \mathfrak{J}_2\,[(1 + \tfrac{1}{4}\,\mathfrak{R}\,\mathfrak{G})/(1 - \tfrac{1}{4}\,\mathfrak{R}\,\mathfrak{G})] + \mathfrak{U}_2\,[\mathfrak{G}/(1 - \tfrac{1}{4}\,\mathfrak{R}\,\mathfrak{G})]\,.$$

Aus den Lösungsgleichungen ergeben sich der Kennwiderstand $\mathfrak{Z} = \sqrt{\mathfrak{B}/\mathfrak{C}}$ und das Übertragungsmaß $\mathfrak{Cof}\,\mathfrak{g} = \mathfrak{A}$.

Erste Art:

$$\mathfrak{Z} = \sqrt{\mathfrak{R}/\mathfrak{G}}/\sqrt{1 + \tfrac{1}{4}\,\mathfrak{R}\,\mathfrak{G}},\qquad \mathfrak{Cof}\,\mathfrak{g} = 1 + \tfrac{1}{2}\,\mathfrak{R}\,\mathfrak{G}.$$

Zweite Art:

$$\mathfrak{Z} = \sqrt{\mathfrak{R}/\mathfrak{G}}\,\sqrt{1 + \tfrac{1}{4}\,\mathfrak{R}\,\mathfrak{G}},\qquad \mathfrak{Cof}\,\mathfrak{g} = 1 + \tfrac{1}{2}\,\mathfrak{R}\,\mathfrak{G}.$$

Kreuzglied:

$$\mathfrak{Z} = \sqrt{\mathfrak{R}/\mathfrak{G}},\qquad \mathfrak{Cof}\,\mathfrak{g} = (1 + \tfrac{1}{4}\,\mathfrak{R}\,\mathfrak{G})/(1 - \tfrac{1}{4}\,\mathfrak{R}\,\mathfrak{G}).$$

Bei angepaßtem Abschlußwiderstand oder $\mathfrak{U}_2 = \mathfrak{J}_2\mathfrak{Z}$ wird bei dem Kreuz- oder Brückenglied:

$$\mathfrak{U}_1 = \mathfrak{U}_2\,(2 + \sqrt{\mathfrak{R}\,\mathfrak{G}})^2/(4 - \mathfrak{R}\,\mathfrak{G}),\qquad \mathfrak{J}_1 = \mathfrak{J}_2\,(2 + \sqrt{\mathfrak{R}\,\mathfrak{G}})^2/(4 - \mathfrak{R}\,\mathfrak{G}).$$

3. Wellenfilter

Ein Wellenfilter soll als Zwischenglied einer Übertragung abhängig von der Frequenz elektrische Energie durchlassen oder sperren. Die Lage der Sperr- und Durchlaßbereiche ist beliebig. Die Übergänge zwischen den Bereichen werden durch eine Grenzfrequenz gekennzeichnet. Nach ihrer Wirkungsweise werden Filter als Tiefpaß, Bandpaß, Bandsperre, Hochpaß bezeichnet.

Der Aufbau eines Filters enthält ein oder mehrere Glieder. Das einzelne Glied bildet einen Vierpol aus Induktivitäten und Kapazitäten in bestimmter Längs- und Querschaltung. Mehrere Glieder ergeben eine Kette. Ein Kettenleiter wird seiner Art entsprechend als Drosselkette, Kondensatorkette, Siebkette bezeichnet. Ausdrücke wie Stromreiniger, Phasendreher, elektrische Weiche, Spannungshalter, Stufenglättung geben nur den Zweck eines Filters an, ohne seine innere Schaltung festzulegen.

Ein vollkommenes Filter ist verlustfrei gedacht. Der Aufbau aus Drosselspulen, Übertragern und Kondensatoren ergibt jedoch Energieverluste, welche im Durchlaßbereich sehr klein, im Sperrbereich sehr groß sein sollen. Für die Vorberechnung eines Filters werden zunächst verlustlose Schaltungen angenommen und nachträglich die zulässigen Verluste berücksichtigt.

Durchlaß- und Sperrbereich besitzen verschieden große Dämpfung, durch Verluste werden die verlangten Dämpfungsunterschiede vermindert, die Übergänge verlaufen mit flacherem Dämpfungsanstieg.

Die Vierpolbeziehungen für ideale Filter sind nachstehend aus Schaltungen mit verlustfreien Induktivitäten und Kapazitäten hergeleitet.

1. Drosselketten müssen als Tiefpaß wirken, weil mit steigender Frequenz zugleich die induktiven Längsglieder stärker drosseln und die kapazitiven Querglieder stärker absaugen (Bild 154).

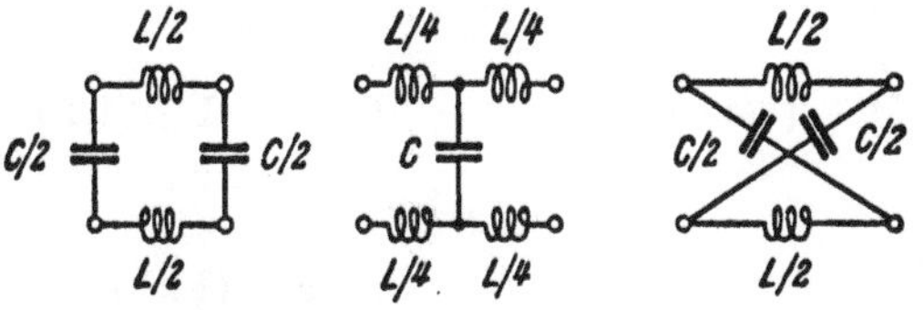

Bild 154. Verschiedene Arten von Drosselkettengliedern

Erste Art:

$$\mathfrak{U}_1 = \mathfrak{U}_2 (1 - \tfrac{1}{2}\,\omega^2 LC) + \mathfrak{J}_2 j\omega L$$
$$\mathfrak{J}_1 = \mathfrak{J}_2 (1 - \tfrac{1}{2}\,\omega^2 LC) + \mathfrak{U}_2 j\omega C\,(1 - \tfrac{1}{4}\,\omega^2 LC).$$

Zweite Art:

$$\mathfrak{U}_1 = \mathfrak{U}_1 (1 - \tfrac{1}{2}\,\omega^2 LC) + \mathfrak{J}_2 j\omega L\,(1 - \tfrac{1}{4}\,\omega^2 LC)$$
$$\mathfrak{J}_1 = \mathfrak{J}_2 (1 - \tfrac{1}{2}\,\omega^2 LC) + \mathfrak{U}_2 j\omega C.$$

Dritte Art:

$$\mathfrak{U}_1 = \mathfrak{U}_2 (4 - \omega^2 LC)/(4 + \omega^2 LC) + \mathfrak{J}_2\, 4\, j\omega L/(4 + \omega^2 LC)$$
$$\mathfrak{J}_1 = \mathfrak{J}_2 (4 - \omega^2 LC)/(4 + \omega^2 LC) + \mathfrak{U}_2\, 4\, j\omega C/(4 + \omega^2 LC).$$

Kennwiderstände $\mathfrak{Z} = \sqrt{\mathfrak{B}/\mathfrak{C}}$ und Übertragungsmaße $\mathfrak{Cof}\,\mathfrak{g} = \mathfrak{A}$:

Erste Art:

$$\mathfrak{Z} = \sqrt{L/C}\,(1 - \tfrac{1}{4}\omega^2 LC)^{-\frac{1}{2}}, \qquad \mathfrak{Cof}\,\mathfrak{g} = 1 - \tfrac{1}{2}\omega^2 LC.$$

Zweite Art:

$$\mathfrak{Z} = \sqrt{L/C}\,(1 - \tfrac{1}{4}\omega^2 LC)^{\frac{1}{2}}, \qquad \mathfrak{Cof}\,\mathfrak{g} = 1 - \tfrac{1}{2}\omega^2 LC.$$

Dritte Art:

$$Z = \sqrt{L/C}, \qquad \mathfrak{Cof}\,\mathfrak{g} = (1 - \tfrac{1}{4}\omega^2 LC)/(1 + \tfrac{1}{4}\omega^2 LC).$$

2. Kondensatorketten müssen als Hochpaß wirken, weil mit fallender Frequenz zugleich der Längswiderstand und die Querableitung größer werden (Bild 155).

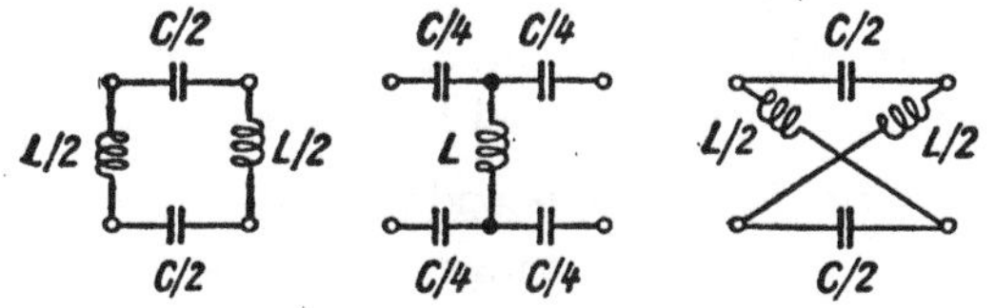

Bild 155. Verschiedene Arten von Kondensatorkettengliedern

Die Vierpolgleichungen seien übergangen und nur die Kennwiderstände und Übertragungsmaße angegeben:

Erste Art:

$$\mathfrak{Z} = \sqrt{L/C}\,[1 - (1/4\,\omega^2 LC)]^{-\frac{1}{2}}. \qquad \mathfrak{Cof}\,\mathfrak{g} = 1 - (1/2\,\omega^2 LC).$$

Zweite Art:

$$\mathfrak{Z} = \sqrt{L/C}\,[1 - (1/4\,\omega^2 LC)]^{\frac{1}{2}}, \qquad \mathfrak{Cof}\,\mathfrak{g} = 1 - (1/2\,\omega^2 LC).$$

Dritte Art:

$$\mathfrak{Z} = \sqrt{L/C}, \qquad \mathfrak{Cof}\,\mathfrak{g} = (\tfrac{1}{4}\,\omega^2 LC - 1)/(\tfrac{1}{4}\,\omega^2 LC + 1).$$

Die Grenzfrequenz dieser Glieder ergibt sich aus der Überlegung, daß verlustfreie Spulen und Kondensatoren vorausgesetzt sind und deshalb eine reelle Dämpfung b im Durchlaßbereich fehlen muß:

$$\mathfrak{Cof}\,\mathfrak{g} = \mathfrak{Cof}\,(b + ja) = \mathfrak{Cof}\,ja = \cos a.$$

Diese Winkelfunktion ändert sich aber nur in den Grenzen $+1$ und -1. Für $\cos a = 0$ wird eine Resonanzstelle erreicht, wobei der Durchlaß der Energie am größten wird. Die Übertragung vermindert sich allmählich bis zur Grenzfrequenz, die bei $\cos a = -1$ liegt. Darüber hinaus wird aus der Phasendrehung eine Dämpfung, welche sehr schnell ansteigt.
Zur Ermittlung muß bei einem symmetrisch aufgebauten Wellenfilter $\mathfrak{u}_0$ oder $\mathfrak{W}_0/\mathfrak{M}$ oder $\mathfrak{A}$ oder $\mathfrak{Cof}\,\mathfrak{g}$ bekannt sein und bei n Gliedern eingesetzt werden:

$$n \cdot \mathfrak{Cof}\,\mathfrak{g} = -1,$$

um die Grenzfrequenz eines Bereiches zu erhalten.
In vielen Fällen ist es möglich, beliebige Schaltungen von Filtern durch gleichwertige Umformungen (z. B. Dreieck-Stern-Wandlung) auf einfache Glieder erster und zweiter Art zurückzuführen.
Für diese beiden Arten gilt

$$\mathfrak{Cof}\,\mathfrak{g} = \mathfrak{A} = 1 + \tfrac{1}{2}\,\mathfrak{R}\,\mathfrak{G}$$

oder, weil $\mathfrak{Cof}\,\mathfrak{g} - 1 = 2\,\mathfrak{Sin}^2\,\tfrac{1}{2}\mathfrak{g}$ ist, wird

$$\mathfrak{Sin}\,\tfrac{1}{2}\mathfrak{g} = \sqrt{\tfrac{1}{2}\,\mathfrak{A} - \tfrac{1}{2}} = \sqrt{\tfrac{1}{4}\,\mathfrak{R}\,\mathfrak{G}}.$$

Die Erörterung vorstehender Beziehung für rein reelle, rein imaginäre und konjugiert komplexe Werte erschließt das Verhalten vieler Filter bei veränderlicher Frequenz. Angenommen sei für beide Arten

ein Längswiderstand: $\mathfrak{R} = r + j\omega x$,
eine Querableitung: $\mathfrak{G} = g + j\omega y$.

a) Reelles Kettenglied: $x = 0$, $y = 0$.

Diese Ausführung ist zwar kein Filter, aber zum Aufbau von Eichleitungen geeignet, bei denen b und Z vorgeschriebene Werte erfüllen müssen.

$$\mathfrak{Sin}\,\tfrac{1}{2}\,\mathfrak{g} = \mathfrak{Sin}\,\tfrac{1}{2}(b + ja) = \mathfrak{Sin}\,\tfrac{1}{2}b\,\cos\tfrac{1}{2}a + j\,\mathfrak{Cof}\,\tfrac{1}{2}b\,\sin\tfrac{1}{2}a.$$

Da Blindwiderstände und Blindleitwerte fehlen, ist nur der reelle Anteil vorhanden, der imaginäre Anteil wird gleich Null. Also ergibt sich:

$$\mathfrak{Sin}\frac{b}{2}\cos\frac{a}{2}=\frac{1}{2}\sqrt{rg} \qquad j\,\mathfrak{Cof}\frac{b}{2}\sin\frac{a}{2}=0.$$

Wird sin $(a/2)=0$ gesetzt, so ist $\frac{1}{2}a=0$ oder cos $(a/2)=1$.
Demnach wird

$$\mathfrak{Sin}\frac{b}{2}=\frac{1}{2}\sqrt{rg} \qquad b=2\,\mathfrak{Ar}\,\mathfrak{Sin}\frac{1}{2}\sqrt{rg}\,.$$

Der andere Faktor $\mathfrak{Cof}\,(b/2)$ kann niemals den Wert Null annehmen.

b) Imaginäres Kettenglied: $r=0$, $g=0$.

Diese Ausführung entspricht einem verlustfreien Filter, bei welchem sich Durchlaßbereich, Grenzfrequenz und Sperrbereich scharf abzeichnen.

$$\mathfrak{Sin}\,(\mathfrak{g}/2)=\mathfrak{Sin}\,(b/2)\cos(a/2)+j\,\mathfrak{Cof}\,(b/2)\sin(a/2).$$

Da Wirkwiderstände und Wirkleitwerte fehlen, ist nur der imaginäre Anteil vorhanden und wird der reelle Anteil gleich Null.

$$\mathfrak{Sin}\frac{b}{2}\cos\frac{a}{2}=0 \qquad j\,\mathfrak{Cof}\frac{b}{2}\sin\frac{a}{2}=\pm j\frac{\omega}{2}\sqrt{xy}\,.$$

Wird cos $(a/2)=0$ gesetzt, so ist $a/2=\pi/2$ oder sin $(a/2)=1$. Demnach wird

$$\mathfrak{Cof}\frac{b}{2}=\frac{\omega}{2}\sqrt{xy} \qquad b=2\,\mathfrak{Ar}\,\mathfrak{Cof}\frac{\omega}{2}\sqrt{xy}\,.$$

Wird $\mathfrak{Sin}\,(b/2)=0$ gesetzt, so ist $b=0$ oder $\mathfrak{Cof}\,(b/2)=1$. Demnach wird

$$\sin\frac{a}{2}=\pm\frac{\omega}{2}\sqrt{xy} \qquad a=2\,\mathrm{arc}\,\sin\left(\frac{\omega}{2}\sqrt{xy}\right).$$

Die Größe $\frac{\omega}{2}\sqrt{xy}$ ist frequenzabhängig. Wird $\frac{\omega}{2}\sqrt{xy}>1$, so entsteht eine Dämpfung, diese Frequenzen liegen im Sperrbereich. Wird $\frac{\omega}{2}\sqrt{xy}<1$, so verschwindet die Dämpfung und verbleibt eine Phasendrehung, jene Frequenzen liegen im Durchlaßbereich. Bei $\frac{\omega}{2}\sqrt{xy}=1$ liegt die Grenze zwischen Durchlaß- und Sperrbereich. Die Grenzfrequenz ω_0 ist zu ermitteln aus

$$\sqrt{\frac{\Re\,\mathfrak{G}}{4}}=\sqrt{-\frac{\omega^2 xy}{4}} \text{ mit } \omega_0=\frac{2}{\sqrt{xy}}.$$

Der Frequenzgang hängt von der Bemessung und Schaltung der Größen x und y ab. Unter Umständen ergeben sich mehrere Grenzfrequenzen und auch mehrere Durchlaß- und Sperrbereiche.

c) Konjugiert komplexes Kettenglied: $r \ll j\omega x,\ g \ll j\omega y$.

Diese Ausführung entspricht einem Filter mit Verlusten, wie sie bei Drosselspulen und Kondensatoren unvermeidlich sind. Die Übergänge zwischen den Frequenzbereichen sind unscharf. Um wirklich brauchbare Filter zu erhalten, müssen die Verlustgrößen r und g hinreichend klein bleiben.

$$\mathfrak{Sin}\, \tfrac{1}{2}\mathfrak{g} = \sqrt{\tfrac{1}{4}\,\mathfrak{R}\,\mathfrak{G}} = \sqrt{\tfrac{1}{4}(rg - \omega^2 xy + j\omega\,[ry + gx])}.$$

Zu vernachlässigen ist $r \cdot g$ und demnach zu schreiben:

$$\mathfrak{Sin}\, \tfrac{1}{2}\mathfrak{g} = \sqrt{\tfrac{1}{4}(-\omega^2 xy + j\omega\,[ry + gx])}$$

$$= \sqrt{-\frac{\omega^2 xy}{4} + j\,\frac{\omega\sqrt{xy}}{2}\left(\frac{r}{2}\sqrt{\frac{y}{x}} + \frac{g}{2}\sqrt{\frac{x}{y}}\right)}.$$

Zur Vereinfachung sei $(\omega/2)\sqrt{xy} = p$ gesetzt und $b_0 = (r/2)\sqrt{y/x} + (g/2)\sqrt{x/y}$, was der bekannten Dämpfungsformel entspricht.

$$\mathfrak{Sin}\, \tfrac{1}{2}\mathfrak{g} = \mathfrak{Sin}\, \tfrac{1}{2}(b + aj) = \sqrt{-p^2 + jpb_0}.$$

Nun ist zu übersehen, daß $b_0 \ll 1$ bleiben muß und angenähert gesetzt werden kann:

$$\mathfrak{Sin}\, \tfrac{1}{2}\mathfrak{g} = \mathfrak{Sin}\, \tfrac{1}{2}(b + aj) \approx \sqrt{-p^2}.$$

Für $p = 1$ wird $\mathfrak{A}/2 = -1$ und als Grenzfrequenz erhalten:

$$\mathfrak{Sin}\, \tfrac{1}{2}\mathfrak{g} = \sqrt{b_0 j - 1} \approx \sqrt{-1}$$

$$\mathfrak{A}/2 = -1 = 1 - \tfrac{1}{2}\omega^2 xy$$

$$\omega_0 = 2/\sqrt{xy}.$$

Dabei ergibt sich für das Übertragungsmaß $\mathfrak{g}$, wenn $\mathfrak{A} = -2$ ist:

$$\mathfrak{Cof}\, \mathfrak{g} = 2\,\mathfrak{Sin}^2 \tfrac{1}{2}\mathfrak{g} + 1 = \mathfrak{A} + 1 \qquad \mathfrak{Cof}\, \mathfrak{g} = -1.$$

4. Pupin- und Krarupsystem

Die Anteile der vier Leitungsbeläge R, G, L, C hängen von dem Aufbau einer Leitung ab; Freileitungen besitzen überwiegend Widerstand und Induktivität, die Ableitung schwankt abhängig von der Witterung; bei Kabelleitungen überwiegen Widerstand und Kapazität, die anderen Größen treten zurück.

Diese »natürlichen« Eigenschaften beruhen auf der wirtschaftlichen Verwendung gegebener Werkstoffe als Leiter und Nichtleiter, welche damit die Anteile R, G, L, C und die Übertragungseigenschaften festlegen.

Übertragungstechnisch gesehen haben Freileitungen gute Eigenschaften: geringe Dämpfung und Phasendrehung bis hinauf zu 60 kHz, große Reichweite. Betriebstechnisch sind schwerwiegende Mängel zu verzeichnen: die Abhängigkeit von der Luftfeuchte, Störungen durch Drahtbruch oder Umbruch, durch Induktion und Influenz seitens gleichlaufender Fernmelde- und besonders Hochspannungsleitungen.

Die zunehmende Verkabelung bedingt dünndrähtige Leitungen, die vielpaarig in kleinstem Abstand verlaufen. Die Einflüsse äußerer Störungen sind vermieden, die Übertragungseigenschaften der »natürlichen« Kabelleitung sind schlechter: große Dämpfung und Phasendrehung, geringe Reichweite.
Diese Tatsachen nötigen zu »künstlichen« Eingriffen, um die Übertragungseigenschaften zu verbessern.
Nach dem Krarupverfahren wird die Kupferseele mit einem dünnen Eisendraht besponnen, der gleichmäßig die laufende Induktivität vergrößert. Um das Kabelgewicht möglichst wenig zu erhöhen, wurden besondere magnetische Werkstoffe, wie Permalloy, Perminvar entwickelt, im wesentlichen Nickeleisenlegierungen mit hoher Anfangspermeabilität.
Nach dem Pupinverfahren werden in kurzen Abständen Eisendrosseln eingebaut. Bei dieser punktweisen Zuschaltung der Induktivität ist grundsätzlich keine glatte Leitung mehr vorhanden, welche als ideale Übertragung angestrebt wird. Die Abstände werden daher so kurz gehalten, etwa 1,7 ... 2 km, daß eine annähernd glatte Leitung erhalten bleibt. Mit kleinerem Spulenabstand wird die Leitung vollkommener, aber auch teurer.

1. Schwere Bespulung. Die Dämpfung stark induktiver Leitungen entspricht der Formel $\beta = \frac{1}{2} R \sqrt{C/L}$, so daß eine Verminderung der Dämpfung mit steigender Induktivität zu erwarten ist. Eine Spulenleitung entspricht aber einer Drosselkette mit einer oberen Grenzfrequenz, die verhältnismäßig niedrig ausfällt. Die schwere Bespulung hatte vor der Einführung der Verstärker ihre besondere Bedeutung: große Entfernungen zu überbrücken. Eine Übertragung mit einer Grenzfrequenz 3000 Hz genügt heutigen Ansprüchen nicht mehr.

2. Mittelschwere Bespulung. Die Dämpfung einer Leitung wird frequenzunabhängig, wenn $R : L = G : C$ wird. Damit entfällt die Dämpfungsverzerrung. Die Verluste in den Pupinspulen belasten die Übertragung, durch Verstärker erfolgt der Ausgleich, um große Entfernungen zu überbrücken. Die Grenzfrequenz liegt zwischen 3000 und 4500 Hz. Trotz dieser Verbesserungen ist die Reichweite mittelschwer bespulter Leitungen durch die Laufzeit begrenzt, welche höchstens 250 ms betragen darf.

3. Leichte Bespulung. Die Laufzeit sinkt, Dämpfungs- und Phasenverzerrung sind merklich und werden durch Entzerrerschaltungen ausgeglichen. Die Grenzfrequenz steigt auf 4500 ... 9000 Hz.
Mit einer Bespulung nach dem L-System lassen sich ein niederfrequentes Gespräch und dazu bei hoher Grenzfrequenz noch ein trägerfrequenter Kreis (Kanal) überlagern.

4. Sehr leichte Bespulung. Die Grenzfrequenz dieser SL-Systeme liegt über 9000 Hz und eignet sich zur Übertragung von Rundfunk, Musik, Bildtelegraphie, einem bis zwei trägerfrequenten neben einem niederfrequenten Kreis (4000, 8000, 12000 Hz) und Weitestverkehr.
Die Bespulung eines Fernkabels ist daher nicht einheitlich, sondern dem Verwendungszweck der Leitungen angepaßt. Die Einschaltung der Spulen muß außerdem den gebräuchlichen Viereranordnungen angepaßt sein.

Zahlentafel 13

Elektrische Eigenschaften bespulter Kabelleitungen

Leiter-dicke	St = Stamm V = Vierer	Leitung			Bespulung			Dämpfung	Wellenwiderstand	Grenzfrequenz
		R	L	C	R_s	L_s	s	β	Z	f_0
mm		Ω/km	mH/km	nF/km	Ω	mH	km	mN/km	Ω	Hz
					a) schwere Bespulung					
0,9	St	57,8	0,7	34,0	18,0	200	2,0	20,0	1800	2720
	V	28,9	0,4	54,0	9,0	70	2,0	20,0	840	3640
1,4	St	23,8	0,7	36,0	13,0	190	2,0	10,0	1710	2710
	V	11,9	0,4	58,0	6,5	70	2,0	10,0	800	3510
2,0	St	11,7	0,6	41,0	13,0	190	2,0	6,7	1610	2540
	V	5,9	0,4	64,0	6,5	70	2,0	6,7	760	3350
					b) mittlere Bespulung					
0,9	St	57,8	0,7	33,5	10,4	140	1,7	18,6	1590	3500
	V	28,9	0,4	54,0	5,2	56	1,7	19,0	800	4400
0,9	St	57,8	0,7	34,0	13,0	100	3,2	33,0	1020	3020
	V	28,9	0,4	54,0	7,8	70	3,2	25,0	680	2870
1,4	St	23,8	0,7	35,5	10,4	140	1,7	8,9	1550	3410
	V	11,9	0,4	57,5	5,2	56	1,7	8,8	775	4270
1,4	St	23,8	0,7	36,0	11,0	100	3,0	15,0	1010	3030
	V	11,9	0,4	58,0	6,0	70	3,0	11,0	670	2850
					c) leichte Bespulung					
0,9	St	57,8	0,7	33,5	2,5	30,0	1,7	36,0	785	7470
	V	28,9	0,4	54,0	1,25	12,0	1,7	34,8	430	9300
1,2	St	32,5	0,7	35,0	7,0	20,0	1,7	30,0	630	8970
	V	16,3	0,4	56,0	3,5	10,0	1,7	26,5	350	9910
1,4	St	23,8	0,7	36,0	8,0	23,0	2,0	23,0	600	7630
	V	11,9	0,4	58,0	4,0	11,0	2,0	21,0	330	8590
					d) sehr leichte Bespulung					
1,4	St	23,8	0,7	35,5	3,0	17,0	1,7	20,4	600	9750
1,4	St	23,8	0,7	35,5	1,25	12,0	1,7	22,7	520	11180
1,4	St	23,8	0,7	35,5	1,0	8,5	3,1	33,6	375	9230
0,9	V	28,9	0,4	54,0	5,2	9,4	2,0	41,2	380	9600

Mittelwerte für $f = 800$ Hz bzw. $\omega = 5000\,\mathrm{s}^{-1}$.

Die Viererschaltung (Phantomschaltung) besteht aus zwei Stammpaaren, welche je einen Stromkreis bilden, und einem überlagerten Stromkreis, dem als Hinleitung das eine, als Rückleitung das andere Stammpaar dient. Die zusammengehörenden vier Adern bilden den Vierer, welcher nun wie jede Kabelleitung zu verdrallen ist.

Nach der Art der Verseilung unterscheiden sich der Sternvierer und der Dießelhorst-Martin-Vierer. Beim Sternvierer bilden beide Stammpaare ein symmetrisches Kreuz, alle vier Adern werden gemeinsam verdrallt. Beim

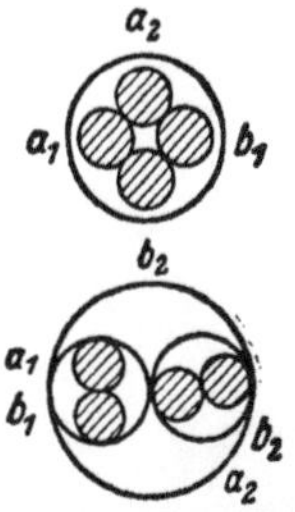

Bild 156. Verseilungsanordnung eines Sternvierers *St* (oben) und eines Dießelhorst Martin Vierers *DM* (unten)

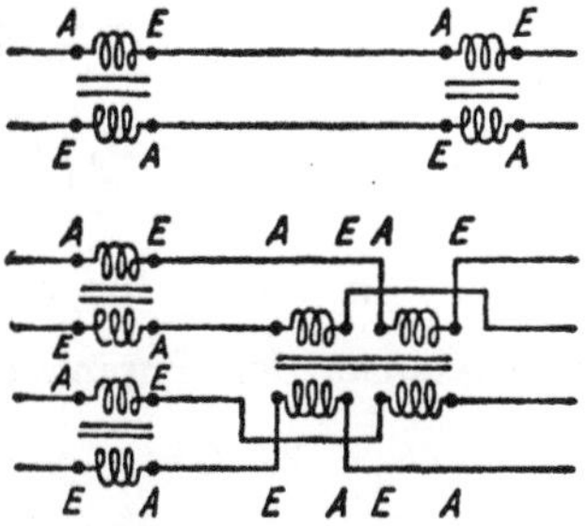

Bild 157. Bespulung einer paarigen Leitung und eines Vierers

DM-Vierer wird jedes Stammpaar für sich und außerdem werden beide Stammpaare zusammen verdrallt (Bild 156).

Die Bespulung für die Stamm- und Viererstromkreise ist getrennt vorzunehmen, weil die Leiter teils gegenphasige, teils gleichphasige Ströme führen (Bild 157).

5. Bespulte Leitungen

Die Spulen liegen in gleichen Abständen s eingeschaltet, jede Spule beherrscht auf beiden Seiten eine Länge $s/2$, welche Spulenfeld heißt (Bild 158). Diese Abschnitte besitzen die Werte γs und $\mathfrak{z}$. Die Vierpolgleichungen beider halben Abschnitte lauten:

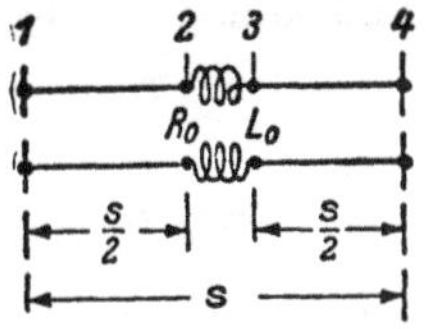

Bild 158. Bestimmungsgrößen eines Spulenfeldes

$$\mathfrak{U}_1 = \mathfrak{U}_2 \mathfrak{Cof}\, \tfrac{1}{2}\gamma s + \mathfrak{J}_2 \mathfrak{z}\, \mathfrak{Sin}\, \tfrac{1}{2}\gamma s$$

$$\mathfrak{J}_1 = \mathfrak{J}_2 \mathfrak{Cof}\, \tfrac{1}{2}\gamma s + \mathfrak{U}_2 (1/\mathfrak{z})\, \mathfrak{Sin}\, \tfrac{1}{2}\gamma s$$

$$\mathfrak{U}_3 = \mathfrak{U}_4 \mathfrak{Cof}\, \tfrac{1}{2}\gamma s + \mathfrak{J}_4 \mathfrak{z}\, \mathfrak{Sin}\, \tfrac{1}{2}\gamma s$$

$$\mathfrak{J}_3 = \mathfrak{J}_4 \mathfrak{Cof}\, \tfrac{1}{2}\gamma s + \mathfrak{U}_4 (1/\mathfrak{z})\, \mathfrak{Sin}\, \tfrac{1}{2}\gamma s .$$

Zwischen beiden Abschnitten liegt die Spule mit dem Widerstand $\mathfrak{W} = R_0 + j\omega L_0$, deren Ableitung und Kapazität vernachlässigbar klein sei. Dann wird $\mathfrak{U}_2 - \mathfrak{U}_3 = \mathfrak{J}_2 \mathfrak{W}$ und $\mathfrak{J}_2 = \mathfrak{J}_3$. Das Gleichungspaar des Spulenfeldes gewinnt die Form:

$$\mathfrak{U}_1 = \mathfrak{U}_4 \mathfrak{Cof}\, \mathfrak{g} + \mathfrak{J}_4 \cdot \mathfrak{Z}\, \mathfrak{Sin}\, \mathfrak{g} \qquad \mathfrak{J}_1 = \mathfrak{J}_4 \mathfrak{Cof}\, \mathfrak{g} + (\mathfrak{U}_4/\mathfrak{Z})\, \mathfrak{Sin}\, \mathfrak{g} .$$

Damit ergibt sich

$$\mathfrak{Z} = \mathfrak{z} \sqrt{\frac{\mathfrak{z}\, \mathfrak{Sin}\, \gamma s + \mathfrak{W} \mathfrak{Cof}^2 \tfrac{1}{2}\gamma s}{\mathfrak{z}\, \mathfrak{Sin}\, \gamma s + \mathfrak{W}\, \mathfrak{Sin}^2 \tfrac{1}{2}\gamma s}}$$

$$\mathfrak{Cof}\, \mathfrak{g} = \mathfrak{Cof}\, \gamma s + (\mathfrak{W}/2\, \mathfrak{z})\, \mathfrak{Sin}\, \gamma s .$$

Im allgemeinen wird die Bespulung so schwach gehalten, daß annähernd $\mathfrak{Sin}\,\gamma s \approx \gamma s$ gesetzt werden darf und lediglich eine Erhöhung des Widerstandes um R_0 und der Induktivität um L_0 zu berücksichtigen ist. Unter dieser Voraussetzung werden für eine Strecke von s km:

$$\mathfrak{g}_0 = \sqrt{(sR + j\omega sL + \mathfrak{W})\,(s\mathfrak{G} + j\omega sC)}$$

$$b_0 = \frac{sR + R_0}{2}\sqrt{\frac{sC}{sL + L_0}} + \frac{sG}{2}\sqrt{\frac{sL + L_0}{sC}}$$

$$a_0 = \omega\sqrt{(sL + L_0)\,sC}.$$

Die Grenzfrequenz der Pupinleitung ist bestimmt durch

$$2\pi f_0 = \omega_0 = 2/\sqrt{(sL + L_0)\,(sC + C_0)}.$$

Auch bei den bespulten (pupinisierten) Kabelleitungen begnügt man sich nicht mit den allgemeinen Formeln, sondern hat zugeschnitten auf die verschieden schwere Bespulung von glatten Leitungen sich Kurzformeln hergeleitet, die den Umfang von Berechnungen durch Fortlassen unwichtiger Glieder vermindern.

Für bespulte Leitungen wird eine Ersatzschaltung mit I- oder II-Gliedern (auch Stern- und Dreieckglieder genannt) herangezogen, die jeweils die Eigenschaften eines Spulenfeldes nachbilden (vgl. Bild 151 und 152), und von denen viele eine Vierpolkette ergeben, die so die ganze Spulenleitung ersetzt. Diese Ersatzschaltung wird mit einer gedachten glatten (homogenen) Leitung verglichen, auf der also die Leitungsbeläge gleichmäßig verteilt liegen. Als Übertragungsmaß eines Kettengliedes erster oder zweiter Art war gefunden

$$\mathfrak{A} \equiv \mathfrak{Cof}\,\mathfrak{g} = 1 + (\mathfrak{R}\mathfrak{G}/2)$$

und kann, da allgemein gilt (vgl. Anhang: Hyperbolische Funktionen)

$$\mathfrak{Cof}\,x = 1 + 2\,\mathfrak{Sin}^2\,(x/2) \quad \text{und} \quad \mathfrak{Cof}\,x = 2\,\mathfrak{Cof}^2\,(x/2) - 1$$

oder

$$\mathfrak{Sin}\,(x/2) = \sqrt{\tfrac{1}{2}(\mathfrak{Cof}\,x - 1)} \quad \text{und} \quad \mathfrak{Cof}\,(x/2) = \sqrt{\tfrac{1}{2}(\mathfrak{Cof}\,x + 1)},$$

hierfür mit $x = \mathfrak{g} = \gamma s$ geschrieben werden:

$$\mathfrak{Sin}\,(\mathfrak{g}/2) = \sqrt{\mathfrak{R}\mathfrak{G}/4} \quad \text{und} \quad \mathfrak{Cof}\,(\mathfrak{g}/2) = \sqrt{1 + (\mathfrak{R}\mathfrak{G}/4)}.$$

Das Übertragungsmaß der Ersatzschaltung sei mit $\mathfrak{g}_s = b_s + ja_s$ und das der gedachten glatten Leitung mit $\mathfrak{g}_0 = b_0 + ja_0$ bezeichnet und beide gleich gesetzt:

$$\mathfrak{Sin}\,(\mathfrak{g}_s/2) = \sqrt{\mathfrak{R}\mathfrak{G}/4} = \tfrac{1}{2}\sqrt{(R_0 + j\omega L_0)\,(G_0 + j\omega C_0)}$$

oder

$$\mathfrak{Sin}\,(\mathfrak{g}_s/2) = \mathfrak{Sin}\,[(b_s/2) + (ja_s/2)] = (b_0/2) + (ja_0/2).$$

Da bei mittleren sprachfrequenten Werten von $\omega \approx 5000\,s^{-1}$ auch $\omega L_0/R_0 > 3$ ist, gelten die früher erwähnten Kurzformeln für die Dämpfung und Phasendrehung:

$$b_0 = (R_0/2)\sqrt{C_0/L_0} + (G_0/2)\sqrt{L_0/C_0} \quad \text{und} \quad a_0 = \omega\sqrt{L_0 C_0}.$$

Mit Einführung der Grenzfrequenz ω_0 derjenigen verlustfreien Spulenleitung, die dem betrachteten Spulenfeld gleicht, und vernachlässigtem R und G ergeben sich:

$$\omega_0 = 2/\sqrt{L_0 C_0} = 2/\sqrt{L_s s C} \quad \text{und damit weiter}$$

$$a_0 = \omega\sqrt{L_0 C_0} = 2\,\omega\sqrt{L_0 C_0/4} = 2\,(\omega/\omega_0)$$

und endlich für das Übertragungsmaß

$$\mathfrak{Sin}\,(\mathfrak{g}_s/2) = \mathfrak{Sin}\,[(b_s/2) + (j a_s/2)] = (b_0/2) + (j a_0/2) = (\mathfrak{g}_0/2).$$

Entsprechend den Summenformeln für hyperbolische Funktionen sind:

$$\mathfrak{Sin}\,\tfrac{1}{2}\,b_s \cos\tfrac{1}{2}\,a_s + j\,\mathfrak{Cof}\,\tfrac{1}{2}\,b_s \sin\tfrac{1}{2}\,a_s = \tfrac{1}{2}\,b_0 + j\omega/\omega_0,$$

$$\mathfrak{Sin}\,\tfrac{1}{2}\,b_s \cos\tfrac{1}{2}\,a_s = \tfrac{1}{2}\,b_0 \quad \text{und} \quad \mathfrak{Cof}\,\tfrac{1}{2}\,b_s \sin\tfrac{1}{2}\,a_s = \omega/\omega_0.$$

Bei verlustarmen Pupinkabeln mit leichter und sehr leichter Bespulung, die jetzt überwiegend gebräuchlich sind, ist b_0 wenig von Null verschieden. Unter Verzicht auf strenge Lösungen aber mit brauchbarer Genauigkeit lassen sich nun Kurzformeln entwickeln.

1. Lösung. Falls $\mathfrak{Sin}\,\frac{1}{2}\,b_s \ll 1$ ist, verschwindet $b_s/2$ und wird $\mathfrak{Cof}\,\frac{1}{2}\,b_s \approx 1$ und damit $\sin\frac{1}{2}\,a_s = \omega/\omega_0$ und man erhält:

$$\mathfrak{Sin}\,\tfrac{1}{2}\,b_s = \tfrac{1}{2}\,b_0/\cos\tfrac{1}{2}\,a_s = \tfrac{1}{2}\,b_0\,(1 - \sin^2\tfrac{1}{2}\,a_s)^{-\frac{1}{2}} = \tfrac{1}{2}\,b_0\left(1 - (\omega/\omega_0)^2\right)^{-\frac{1}{2}}.$$

Da nur verschwindend kleine Werte für b_s vorausgesetzt sind, wird noch kürzer

$$\mathfrak{Sin}\,\tfrac{1}{2}\,b_s \approx \tfrac{1}{2}\,b_s \quad \text{und} \quad b_s = b_0/\sqrt{1 - (\omega/\omega_0)^2}.$$

Hiernach werden a_s und b_s reelle Anteile und gelten nur unterhalb der Grenzfrequenz ω_0, wobei ω um so mehr unter ω_0 liegen muß, je mehr b_0 sich von Null abhebt. Andererseits darf ω nur so niedrig werden, daß $\omega L_0/R_0 > 3$ bleibt.

2. Lösung. Falls $\cos\frac{1}{2}\,a_s \ll 1$ ist, werden $\frac{1}{2}\,a_s \approx \frac{1}{2}\,\pi$ und $\sin\frac{1}{2}\,a_s \approx 1$ und ist damit $\mathfrak{Cof}\,\frac{1}{2}\,b_s = \omega/\omega_0$. Man erhält:

$$\cos\tfrac{1}{2}\,a_s = \tfrac{1}{2}\,b_0/\mathfrak{Sin}\,\tfrac{1}{2}\,b_0 = \tfrac{1}{2}\,b_0/(\mathfrak{Cof}^2\tfrac{1}{2}\,b_s - 1)^{\frac{1}{2}} = \tfrac{1}{2}\,b_0\left((\omega/\omega_0)^2 - 1\right)^{-\frac{1}{2}}.$$

Es sollte aber $\cos\frac{1}{2}\,a_s = \sin(\frac{1}{2}\,\pi - \frac{1}{2}\,a_s) \ll 1$ sein und wird so erhalten:

$$\tfrac{1}{2}\,\pi - \tfrac{1}{2}\,a_s = \tfrac{1}{2}\,b_0/\sqrt{(\omega/\omega_0)^2 - 1} \quad \text{oder} \quad a_s = \pi - \left(b_0/\sqrt{(\omega/\omega_0)^2 - 1}\right).$$

Hierbei darf a_s wenig von π verschieden sein, es muß die Kreisfrequenz $\omega \geqq \omega_0$ sein und b_0 hinreichend klein bleiben.

3. Lösung. Falls sowohl $\mathfrak{Sin}\,\frac{1}{2}\,b_s$ als auch $\cos\frac{1}{2}\,a_s$ klein gegen Eins sind, liegen $\mathfrak{Cof}\,\frac{1}{2}\,b_s$ wenig über Eins und $\sin\frac{1}{2}\,a_s$ wenig unter Eins. Man erhält:

$$\sin\tfrac{1}{2}\,a_s = 1/\mathfrak{Cof}\,\tfrac{1}{2}\,b_s \quad \text{oder} \quad \sqrt{1 - \cos^2\tfrac{1}{2}\,a_s} = 1/\sqrt{1 + \mathfrak{Sin}^2\tfrac{1}{2}\,b_s}.$$

Nach einer binomischen Reihenentwicklung für diese Wurzeln bei Fortlassen von höheren Potenzen gewinnt man:

$$1 - \tfrac{1}{2}\cos^2\tfrac{1}{2}\,a_s \approx 1/(1 + \tfrac{1}{2}\,\mathfrak{Sin}^2\tfrac{1}{2}\,b_s) \approx 1 - \tfrac{1}{2}\,\mathfrak{Sin}^2\tfrac{1}{2}\,b_s$$

und $\mathfrak{Sin}\,\frac{1}{2}\,b_s = \cos\frac{1}{2}\,a_s$. Ferner folgt auf Grund der Zerlegung des Übertragungsmaßes $\mathfrak{g}_s/2$ in seinen reellen und imaginären Bestandteil

$$\cos\tfrac{1}{2}\,a_s = b_0/2\;\mathfrak{Sin}\,\tfrac{1}{2}\,b_s = \mathfrak{Sin}\,\tfrac{1}{2}\,b_s$$

oder, da $\frac{1}{2}\,b_s \approx \mathfrak{Sin}\,\frac{1}{2}\,b_s$ ist, nun $\frac{1}{2}\,b_s = b_0/b_s$ und endlich die Dämpfung:

$$b_s = \sqrt{2\,b_0}\,.$$

Wird in $\mathfrak{Sin}\,\frac{1}{2}\,b_s \cos\frac{1}{2}\,a_s = \frac{1}{2}\,b_0$ der erste Faktor ersetzt, so ist

$$\cos^2\tfrac{1}{2}\,a_s = \tfrac{1}{2}\,b_0 \qquad \text{oder} \qquad \sin^2\left(\tfrac{1}{2}\,\pi - \tfrac{1}{2}\,a_s\right) = \tfrac{1}{2}\,b_0$$

und, weil $\cos\frac{1}{2}\,a_s = \sin\left(\frac{1}{2}\,\pi - \frac{1}{2}\,a_s\right)$ klein sein sollte, wird die Phasendrehung, da angenähert $\left(\frac{1}{2}\,\pi - \frac{1}{2}\,a_s\right)^2 = \frac{1}{2}\,b_0$ sich setzen läßt:

$$a_s = \pi - \sqrt{2\,b_0}\,.$$

Vorausgesetzt war $\mathfrak{Cof}\,\frac{1}{2}\,b_s \approx \sin\frac{1}{2}\,a_s \approx 1$, also gilt diese Lösung wegen $\mathfrak{Cof}\,\frac{1}{2}\,b_s \sin\frac{1}{2}\,a_s = (\omega/\omega_0) \approx 1$ nur für die Grenzfrequenz $\omega_0 = \omega$.
Der Wellenwiderstand einer bespulten Leitung wird auch als Kennwiderstand bezeichnet, weil die Voraussetzung für das Entstehen freier Wellen fehlt und eigentlich jede eingeschaltete Spule eine vernachlässigte Stoßstelle (Reflektionsstelle) darstellt. In Anlehnung an die Ersatzschaltung mit Kettengliedern wird übernommen:

$$\mathfrak{Z} = \sqrt{(\mathfrak{R}/\mathfrak{G})/(1 + \tfrac{1}{4}\,\mathfrak{R}\mathfrak{G})} = \sqrt{(R_0 + j\omega L_0)/(G_0 + j\omega C_0)}\Big/ \Big/\sqrt{1 + \tfrac{1}{4}\,(R_0 + j\omega L_0)\,(G_0 + j\omega C_0)}\,.$$

Wird der Widerstandsbelag R_0 hinreichend klein und verschwindet der Ableitungsbelag G_0 der vergleichsweise gedachten glatten Leitung, so ergeben sich für den Wellenwiderstand im Durchlaßbereich ($\omega < \omega_0$), für die Grenzfrequenz ω_0 und im Sperrbereich ($\omega > \omega_0$) ebenso Kurzformeln. Als Abkürzung ist in der folgenden Zusammenstellung das Verhältnis $\omega/\omega_0 = \eta$ gesetzt:

Frequenzbereich	$\omega < \omega_0$	$\omega = \omega_0$	$\omega > \omega_0$
Dämpfung b_s	$b_0/\sqrt{1-\eta^2}$	$\sqrt{2\,b_0}$	$\mathfrak{Cof}\,\frac{1}{2}\,b_s = \eta$
Drehung a_s	$\sin\frac{1}{2}\,a_s = \eta$	$\pi - \sqrt{2\,b_0}$	$\pi - b_0/\sqrt{\eta^2-1}$
Wellenwiderstand $\mathfrak{Z}$	$\sqrt{\frac{L_0}{C_0}}\Big/\sqrt{1-\eta^2} - -j\,\frac{R_0}{4}\Big/\eta\sqrt{(1-\eta^2)^3}$	$\frac{1}{\sqrt{R_0}}\sqrt[4]{\left(\frac{L_0}{C_0}\right)^3} - -j\,\frac{1}{\sqrt{R_0}}\sqrt[4]{\left(\frac{L_0}{C_0}\right)^3}$	$\frac{R_0}{4}\Big/\eta\sqrt{(\eta^2-1)^3} - j\sqrt{\frac{L_0}{C_0}}\Big/\sqrt{\eta^2-1}$

Beispiel: Pupinkabelleitung, leicht bespult in 1,7 km Abständen

Stamm: $R = 23{,}8\,\Omega/\text{km}$, $L = 0{,}7\,\text{mH/km}$, $C = 36\,\text{nF/km}$. Spulen: $7{,}0\,\Omega$ 20 mH.
Vierer: $R = 11{,}9\,\Omega/\text{km}$, $L = 0{,}4\,\text{mH/km}$, $C = 58\,\text{nF/km}$. Spulen: $3{,}5\,\Omega$ 10 mH.

Berechnungen der Grenzfrequenzen und der Dämpfungsmaße:

1. Die Beläge des Widerstandes und der Induktivität werden entsprechend der Schaltung für Stamm und Vierer nach Bild 157:

Stamm: $R_0 = 23{,}8 + (7{,}0 + \frac{1}{2}\,3{,}5)/1{,}7 = 28{,}9\,\Omega/\text{km}$
$L_0 = 0{,}7 + (20/1{,}7) = 12{,}5\,\text{mH/km}$

Vierer: $R_0 = 11{,}9 + (\frac{1}{2}\,7{,}0 + 3{,}5)/1{,}7 = 16{,}0\,\Omega/\text{km}$
$L_0 = 0{,}4 + (10/1{,}7) = 6{,}3\,\text{mH/km}.$

Die Grenzfrequenz der Stammleitungen ist:

$$\omega_0 = 2/\sqrt{L_0 C_0} = 2/\sqrt{(sL + L_p)s\,C} = 2/\sqrt{(1{,}7\cdot 10{,}7\cdot 10^{-3} + 20\cdot 10^{-3})\,1{,}7\cdot 36\cdot 10^{-9}}$$
$$= 55\,500\,s^{-1} \quad \text{oder} \quad f_0 = 8850\,\text{Hz}.$$

Die Grenzfrequenz des Viererstromkreises ist:

$$\omega_0 = 2/\sqrt{L_0 C_0} = 2/\sqrt{(sL + L_p)s\,C} = 2/\sqrt{(1{,}7\cdot 0{,}4\cdot 10^{-3} + 10\cdot 10^{-3})\,1{,}7\cdot 58\cdot 10^{-9}}$$
$$= 63\,100\,s^{-1} \quad \text{oder} \quad f_0 = 10\,100\,\text{Hz}.$$

2. Das Dämpfungsmaß der Stammleitungen ist ($G = 0{,}2\,\mu S/\text{km}$):

$$\beta_0 = \frac{R_0}{2}\sqrt{\frac{C_0}{L_0}} + \frac{G_0}{2}\sqrt{\frac{L_0}{C_0}} = \frac{28{,}9}{2}\sqrt{\frac{36}{12{,}5}}\,10^{-3} + \frac{0{,}2}{2}\,10^{-6}\sqrt{\frac{12{,}5}{36}}\,10^{3} =$$
$$= (23{,}96 + 0{,}06)\,10^{-3} = 24{,}0\,\text{mN/km}.$$

Das Dämpfungsmaß des Viererstromkreises ist ($G = 0{,}4\,\mu S/\text{km}$):

$$\beta_0 = \frac{R_0}{2}\sqrt{\frac{C_0}{L_0}} + \frac{G_0}{2}\sqrt{\frac{L_0}{C_0}} = \frac{16{,}0}{2}\sqrt{\frac{58}{6{,}3}}\cdot 10^{-3} + \frac{0{,}4}{2}\,10^{-6}\sqrt{\frac{6{,}3}{58}}\cdot 10^{3} =$$
$$= (18{,}05 + 0{,}07)\,10^{-3} = 18{,}1\,\text{mN/km}.$$

3. Die Berichtigung dieser Ergebnisse, die für eine glatte Leitung gelten, ist nach $\beta = \beta_0/\sqrt{1-\eta^2}$ für $\omega = 5000\,s^{-1}$ vorzunehmen. Es ergeben sich

für den Stamm $\sqrt{1-\eta^2} = \sqrt{1-0{,}008} = 0{,}996$ und $1/0{,}996 = 1{,}004$
für den Vierer $\sqrt{1-\eta^2} = \sqrt{1-0{,}006} = 0{,}997$ und $1/0{,}997 = 1{,}003$

und beträgt der Fehler weniger als 0,5 %. Eine wesentlich höhere Dämpfung ist erst von $\omega \approx 10000\,s^{-1}$ ab zu erwarten. Die obere Grenze des Sprechbandes mit $f = 2400$ Hz bzw. $\omega = 15000\,s^{-1}$ liefert

für den Stamm $\sqrt{1-\eta^2} = \sqrt{1-0{,}073} = 0{,}927$ und $1/0{,}927 = 1{,}079$
für den Vierer $\sqrt{1-\eta^2} = \sqrt{1-0{,}057} = 0{,}943$ und $1/0{,}943 = 1{,}060$

und beträgt die erhöhte Dämpfung:

für den Stamm $\beta = 1{,}079 \cdot 24{,}0 = 25{,}9$ mN/km,
für den Vierer $\beta = 1{,}060 \cdot 18{,}1 = 19{,}2$ mN/km.

Die errechnete Widerstandsdämpfung ist erheblich größer als die Ableitungsdämpfung; die letztere hätte man vernachlässigen können.

Beispiel: Eine Krarupkabelleitung mit $2 \times 0{,}2$ mm Eisendrahtumspinnung über 2,0 mm Kupferdraht hat 12,0 Ω/km, 10 mH/km, 53,5 nF/km.

1. Die Dämpfung ist, da $\omega L/R = 5000 \cdot 10 \cdot 10^{-3}/12 > 3$ ergibt:

$$\beta_0 = \frac{R_0}{2}\sqrt{\frac{C_0}{L_0}} = \frac{12\ 0}{2}\sqrt{\frac{53{,}5}{10}} \cdot 10^{-3} = 13{,}9\,\mathrm{mN/km}.$$

2. Der Wellenwiderstand $|\mathfrak{Z}|$ beträgt mit Vernachlässigung der Ableitung:

$$|\mathfrak{Z}| = \sqrt[4]{\frac{R^2 + \omega^2 L^2}{\omega^2 C^2}} = \sqrt{\frac{144 + 2500}{71\,565}} \cdot 10^3 = 438\,\Omega.$$

Durch die Bespulung glatter Fernleitungen werden der Wellenwiderstand $\mathfrak{Z}$, das Dämpfungsmaß β und das Drehungsmaß α erheblich verändert. Der Wellenwiderstand wird größer, die Dämpfung wird im unteren Frequenzbereich kleiner, jedoch wird die Laufzeit länger, weil die vom Drehungsmaß abhängige Wellengeschwindigkeit im Vergleich zu glatten Leitungen beträchtlich sinkt, wofür die nachstehenden Meßergebnisse eine Bestätigung liefern.

Drahtdicke	Bespulung			Dämpfung	Wellenwiderstand	Geschwindigkeit	Grenzfrequenz
mm	Art	Ω	mH	mN/km	Ohm	km/s	Hz
	ohne	—	—	69,5	$528\,e^{-43{,}2^\circ j}$	68120	—
0,9	mittel	14,26	175	22,6	$1321\,e^{-5^\circ j}$	19740	2350
	schwer	14,26	175	19,6	$1588\,e^{-3{,}5^\circ j}$	16400	2840
	ohne	—	—	47,4	$370\,e^{-42^\circ j}$	94030	—
1,3	mittel	14,26	175	12,4	$1314\,e^{-2{,}7^\circ j}$	19800	2350
	schwer	14,26	175	11,2	$1583\,e^{-2^\circ j}$	16400	3840
	ohne	—	—	31,9	$266\,e^{-38^\circ j}$	124600	—
1,8	mittel	14,26	175	7,5	$1312\,e^{-1{,}5^\circ j}$	19800	2390
	schwer	21,56	250	7,1	$1891\,e^{-1^\circ j}$	13700	2380

Spulenabstände: mittel 2,675 km und schwer 1,830 km.

Bei der Auslegung bespulter Kabel ergeben sich in der Regel Streckenlängen zwischen den Vermittlungsstellen, die nicht ganzzahlig durch eine Spulenfeldlänge teilbar sind. Diese Reststrecke wird als Anlauflänge bezeichnet und kann danach nicht bespult werden. Man muß sich daher damit abfinden, daß der Eingangsscheinwiderstand entsprechend den verschiedenen Anlauflängen andere Werte annimmt. Die Änderungen der Wirk- und Blindanteile wachsen, je mehr sich die Betriebsfrequenz der Grenzfrequenz nähert.

6. Verstärkerschaltungen

Die Eingitterröhre arbeitet nur in einer Richtung, dem Gitterkreis wird eine Wechselspannung zugeführt, dem Anodenkreis die verstärkte Energie entnommen. Durch eine symmetrische Anordnung mit zwei Röhren gelingt eine Verstärkung in beiden Richtungen (Bild 159). Ein Gabel- oder Brückenübertrager leitet die ankommende Energie über den Vorübertrager der Röhre zu. Die verstärkte Energie gelangt über die Gabel oder Brücke teils in die

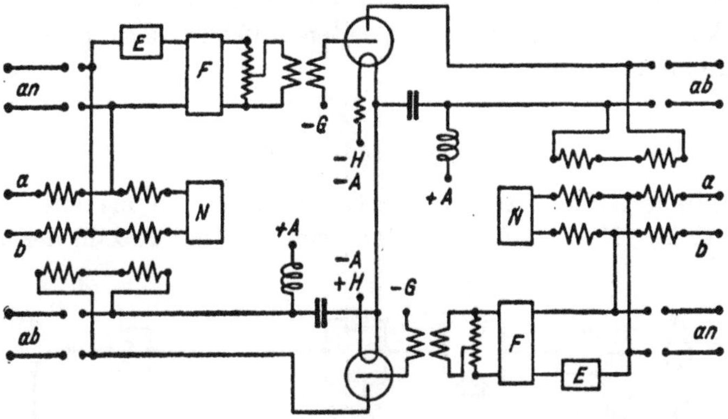

Bild 159. Schaltung eines Zweiröhren-Zwischenverstärkers

Nachbildschaltung N, teils abgehend in die Fernleitung. Bei guter Übereinstimmung des Frequenzganges von Nachbild und Leitung tritt keine Restspannung auf den Strang über, welcher zum Verstärkersatz für die Gegenrichtung führt.

Ein Spannungsteiler regelt die dem Gitter zugeführte Wechselspannung. Die Verstärkung wird hierdurch den unterschiedlichen Dämpfungen der beiderseitigen Streckenabschnitte angepaßt.

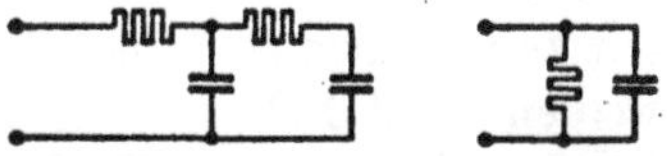

Bild 160. Nachbildschaltungen. (In Bild 159 mit N bezeichnet)

Ein Entzerrer E gleicht die Laufzeit- und Phasenunterschiede des zu übertragenden Frequenzbereiches aus. Ein Tiefpaß- und Hochpaßfilter F begrenzt die Bandbreite.

Die Leitungsnachbildungen (Bild 160) sind einfache RC-Anordnungen; der Frequenzgang des Kabelscheinwiderstandes enthält aber einige Abweichungen gegenüber einem glatten Verlauf, so daß trotzdem über die Gabel Ausgleichreste zum Verstärker der Gegenrichtung gelangen. Nur durch die Verluste der gesamten Anordnung wird vermieden, daß diese verstärkten Reste über die zweite Gabel zum anderen Verstärker gelangen und schließlich eine Rückkopplung zwischen beiden Röhren einsetzt. Die bestehende Übertragung würde dabei durch einen Pfeifton empfindlich gestört werden.

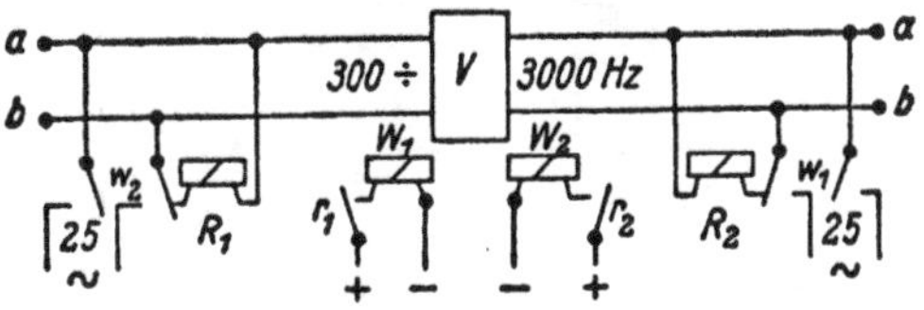

Bild 161. Rufstromwiederholer für Zweidrahtzwischenverstärker bei 20... 25 Hz

Die Verstärkung ist demnach durch diese Pfeifneigung beschränkt, die besonders bei den oberen Frequenzen auftritt. Ein Hochpaß begrenzt den Übertragungsbereich und vermindert diese Gefahr.

Die Rufstromdurchgabe mit 20...25 Hz erfordert eine Umgehungsschaltung (Bild 161) mit besonderer Stromquelle oder eine Frequenzumsetzung von Nieder- auf Mittelfrequenz, für die auch die Röhrenverstärker geeignet sind. Die Rückumsetzung auf niederfrequenten Rufstrom darf jedoch nicht auf Sprechströme ansprechen.

7. Zweidraht- und Vierdrahtsystem

Ein Zweidrahtsystem unterteilt die Gesamtstrecke in mehrere Verstärkerabschnitte. Die Nachbildfehler mehren sich mit der Anzahl der Zwischen-

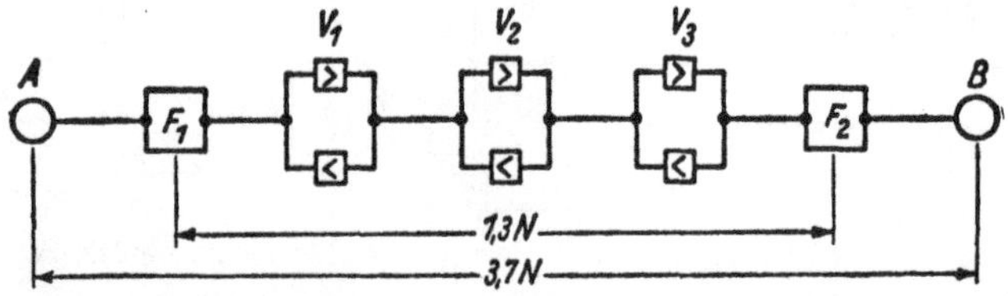

Bild 162. Übersichtsschaltung für Übertragungen mit Zweidrahtzwischenverstärkern

verstärker, die Pfeifneigung wächst, die Verstärkung ist abzuschwächen. Zur Zeit können etwa fünf Zweidraht-Verstärker in Längsschaltung betrieben werden (Bild 162).

Die Einschaltung von Zweidraht-Zwischenverstärkern in Viererleitungen bedingt eine Trennung in drei Einzelkreise, weil eine gemeinsame Verstärkung unmöglich ist (Bild 163). Die Unterlagerung von Wechselstromtelegraphie

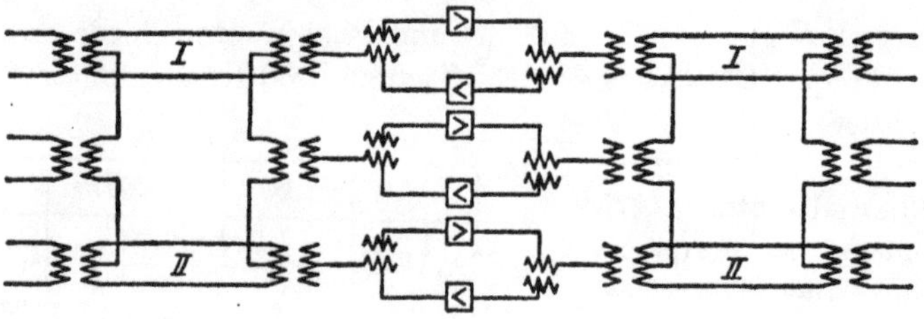

Bild 163. Zwischenverstärkeranordnung innerhalb einer Viererschaltung

(unter 300 Hz) und Überlagerung eines trägerfrequenten Fernsprechkreises wird gleichzeitig angewendet.

Für den Durchgangs- oder Weitverkehr ist das Zweidrahtsystem ungeeignet, weil seine Reichweite durch die geringe zulässige Anzahl der Verstärkerabschnitte begrenzt bleibt.

Das Vierdrahtsystem benutzt daher zwei Leiterpaare für jede Verbindung zwischen zwei Orten. Die Sprechrichtungen sind getrennt, die Zwischenverstärker arbeiten ohne Gabelschaltung, nur den Endverstärkern ist je eine Gabel zugeordnet (Bild 164). Dieses System ist nicht durch viele Nachbildfehler belastet, die Abschnittslängen können vergrößert und die Anzahl der Zwischenstellen beliebig vermehrt werden. Nur an den Abschlüssen der Fernübertragung entstehen Nachbildfehler. Die Reichweite des Vier-

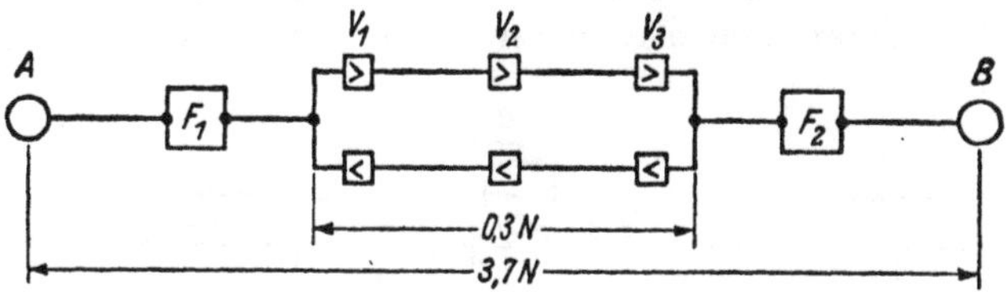

Bild. 164 Übersichtsschaltung für Übertragungen mit Viererdrahtzwischenverstärkern

drahtsystems ist nur durch die Laufzeit der Wellen begrenzt, welche insgesamt 250 ms nicht übersteigen darf. Eine Verbindung zweier Vierdrahtsysteme kann über eine Zweidrahtstrecke oder durch unmittelbare Durchschaltung aller vier Drähte erfolgen.

Eine Viererbildung ist auch mit Vierdrahtsystemen ausführbar. Drei Vierdrahtverbindungen benötigen zwei Viererschaltungen, die mit Richtungstrennung arbeiten (Bild 165).

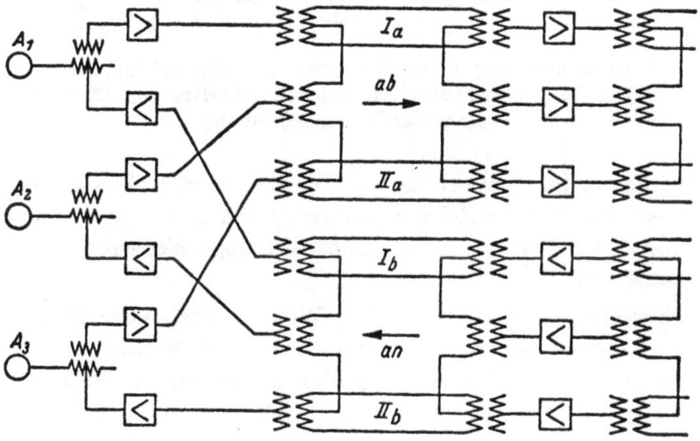

Bild 165. Vereinigung von Vierdrahtübertragungen und Viererschaltungen mit Richtungstrennung

Eine Eigentümlichkeit solcher Weitübertragungen ist die Echobildung. Die Leitungsdämpfung ist weitgehend durch Verstärkung aufgehoben und am Anschluß zur Zweidrahtendstrecke erfolgen Reflexionen, die zu einem Rückfluß über das für die Gegenrichtung bestimmte Leitungspaar führen. An den Streckenenden sind Echosperren notwendig, welche von einem Bruchteil der ankommenden Energie gesteuert werden. Diese wird verstärkt und gleichgerichtet, um entweder ein Trennrelais ansprechen zu lassen oder den in der Gegenrichtung liegenden Verstärker durch Verlagerung des Gitterpotentials zu sperren oder eine Gleichrichterbrücke durch eine Gegenspannung zu sperren (Bild 166).

Die Übertragung der Signale muß mit Rücksicht auf die vorhandenen Zwischenverstärker, welche einem Frequenzbereich von 300 ... 3500 Hz angepaßt sind, auch mit einer Tonfrequenz betrieben werden. Eine Benutzung des niederfrequenten Bereiches unter 300 Hz und Einschaltung von Ruf-

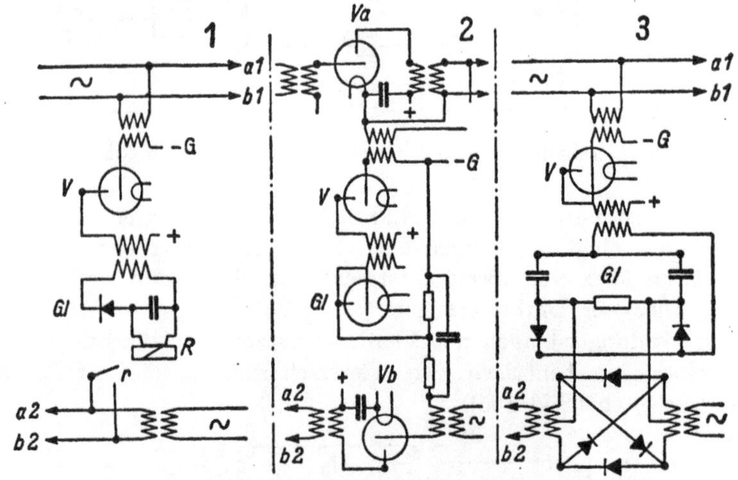

Bild 166. Übersichtsschaltungen von Echosperren in Vierdrahtübertragungen: (*1*) als Relaissperre, (*2*) als Röhrensperre durch Gitterpotentialverlagerung, (*3*) als Gleichrichtersperre durch Gegenspannung

stromwiederholern ist unzweckmäßig, weil einmal viele Zwischenstellen beansprucht werden und die Zeichenverzerrung mit deren Anzahl wächst und zum anderen dieser Bereich von der Unterlagerungs-Wechselstromtelegraphie bereits benutzt wird.

Die Ausscheidung der Signale (Rufen, Wählen, Frei- oder Besetztzeichen) am fernen Leitungsende bedarf unterscheidender Merkmale, um ein ungewolltes Ansprechen auf eine zufällig gleiche Sprechfrequenz zu vermeiden. Der Signalstrom gelangt daher in eine Schaltungsanordnung, welche durch Filter oder Resonanzrelais elektrisch oder mechanisch auf die Signalfrequenz abgestimmt ist und außerdem nur anspricht, wenn durch Zeit- oder Pegelmaß das Signal sich vom Sprechstrom unterscheidet. Kurze Zeiten (0,5 ... 1 s) werden von verzögerten Relais, lange Zeiten (5 ... 10 s) von Thermokontakten erfaßt und dadurch erst das tonfrequente in ein niederfrequentes Signal umgesetzt.

8. Mehrbandsysteme

Die Wechselstromtelegraphie benutzt die vorhandenen Fernsprechleitungen mit ihren Zwischenverstärkern. Ein wechselweiser Betrieb ist möglich, wenn mit einer bestimmten Tonfrequenz telegraphiert wird. Diese Eintontelegraphie nutzt die Fernleitungen nur schwach aus, immerhin erübrigt sich die Verlegung getrennter Fernsprech- und Telegraphenleitungen.

Die Mehrkanaltelegraphie beansprucht für die Übertragung ein Frequenzband, weil mehrere Telegramme gleichzeitig auf derselben Leitung gesendet werden. Im Sprechbereich von 300 ... 3500 Hz lassen sich 12, 18 oder 20 Kanäle unterbringen, deren Einzelfrequenzen 60 oder 120 Hz Abstand haben. Über trennscharfe Filter an beiden Leitungsenden werden sämtliche Wechselströme der gemeinsamen Leitung zugeführt, gemeinsam verstärkt, übertragen und einzeln wieder ausgesiebt. Dieses System mit Filtern oder elektrischen Weichen belegt das gesamte sprachfrequente Band.

Auf schwach bespulten Leitungen ist ein Bereich von etwa 100 ... 6000 Hz ohne allzu große Dämpfungsunterschiede übertragbar. Somit kann neben einem Sprechbereich für 300 ... 3500 Hz noch unterhalb und oberhalb ein Bereich für die Telegraphie ausgenutzt werden. Beide Bänder werden mit mehreren Kanälen belegt. Die Anzahl der Verbindungswege wird somit vermehrt.

Die Mehrkanaltelephonie setzt Leitungen voraus, welche sich für Übertragung großer Frequenzbereiche eignen. Bei unbespulten oder glatten Leitungen ist dieses Verfahren anwendbar. Übertragbar sind Wechselströme bis 60 kHz. Somit ergeben sich bei 3 oder 4 kHz Abstand 12 ... 15 Verbindungswege oder Sprechkanäle. Getrennt werden Trägerströme mit 12 ... 15 Frequenzen erzeugt und durch die einzelnen Sprechströme gemodelt. Die Zwischenverstärker und Fernleitungen übertragen gemeinsam sämtliche Trägerwellen. Eine Begrenzung nach oben bildet die mit steigender Frequenz verbundene Dämpfungszunahme und die gleichlaufende Abnahme der Nebensprechdämpfung. Die Entwicklung neuerer Kabel berücksichtigt diese Gegebenheiten durch verstärkte Abschirmung der Paare und Vierer und durch kapazitätsarmen Aufbau. In Vierdrahtsystemen treten ferner bei vielpaarigen Kabelleitungen Rückflüsse durch gegenseitige Kopplungen auf, welche mit steigender Frequenz stärker werden. Aus diesem Grunde werden beide Sprechrichtungen nicht in einem gemeinsamen Kabel untergebracht, sondern richtungsgetrennt auf zwei gleichlaufende Kabel verteilt. Auf Sonderleitungen läßt sich der Übertragungsbereich bis über 100 kHz erweitern.

Auf bespulten Leitungen ist eine durch die Grenzfrequenz beschränkte Benutzung von Mehrbandsystemen möglich, die Anzahl der Wege läßt sich in der Regel verdoppeln. Ein tonfrequenter und ein trägerfrequenter Weg ergeben zwei Möglichkeiten. In einem Fall werden zwei verschiedene Verbindungswege über dasselbe Leiterpaar hergestellt. Im zweiten Fall beansprucht eine Verbindung zwei Wege mit Trennung der Übertragungsrichtungen. Dieses Zweiwegverfahren hat Bedeutung für Fernleitungen mit Zweidrahtzwischenverstärkern. Der Zweidrahtbetrieb mit seinen Gabelübertragern und Nachbildungen leidet unter der Begrenzung seiner Reichweite durch Nachbildfehler. Eine Zweiwegverbindung mit zwei verschiedenen Frequenzbereichen benötigt keine Gabelschaltung, an deren Stelle treten Weichen (Tief- und Hochpaß), die Gefahr einer Rückkopplung oder Pfeifneigung ist beseitigt. Mit Fortfall der Nachbildfehler vergrößert sich die anwendbare Reichweite.

Zu unterscheiden sind daher das Zweiband-Zweidraht-Fernsprechen mit zwei gleichzeitigen Verbindungswegen und das Zweiweg-Fernsprechen mit nur einer Verbindung, deren Sprechrichtungen aber geschieden sind.
Die Vierdraht-Zweiband-, Vierband- bis Zwölfbandsysteme passen sich verschiedenen Leitungsarten an. Zweiband für L-Systeme mit 7,5 ... 9,3 kHz Grenzfrequenz. Vierband für S-Systeme (sehr leicht bespult) mit etwa 20 kHz Grenzfrequenz, die übrigen für U-Systeme (unbelastet oder unbespult).

9. Trägerfrequente Übertragung

1. Grundbegriffe. Zwei Wechselströme mit den Frequenzen $F(\Omega)$ und $f(\omega)$ fließen in ungestörter Überlagerung auf einer gemeinsamen Fernleitung. An den Enden der Leitung befinden sich zwei Abzweige, der eine durch einen Hochpaß, der andere durch einen Tiefpaß abgeschlossen. Diese Endschaltungen heißen elektrische Weichen, weil hier die Frequenzen F und f über getrennte weiterführende Leitungen zu- oder abfließen. Wenn diese Filter mit einem Durchlaß- oder Paßbereich für eine gewünschte Bandbreite ausgestattet werden, lassen sich auch zwei Frequenzbänder $F_1 \ldots F_2$ und $f_1 \ldots f_2$ ungestört überlagern, fortleiten und aussieben. Damit ist bereits die Übertragung eines tonfrequenten Bandes innerhalb $f_1 \ldots f_2$ ohne weiteres möglich. Eine andere Nachricht, die im natürlichen Frequenzbereich zu senden und zu empfangen ist, muß vorher in die höhere Frequenzlage $F_1 \ldots F_2$ versetzt werden, die man überlagern und aussieben kann, und nachher in die natürliche Frequenzlage (Hörbereich) wieder zurückversetzt werden.
Das andere zu übertragende Zeichen (Signal, Ton) hat eine niedrige Zeichenfrequenz $\omega = 2\pi f$. Von einem besonderen Generator (Röhrenschwingkreis) wird ständig eine hohe Frequenz $\Omega = 2\pi F$ geliefert, die sich in der beschriebenen Weise übertragen läßt. Die gegebenen Amplituden dieser Hochfrequenz werden nun im Schwingtakt der Niederfrequenz gemodelt, so daß neben den vorhandenen Frequenzen Ω und ω zwei neue Frequenzen $\Omega + \omega$ und $\Omega - \omega$ entstehen, die auch übertragen werden, falls die Endfilter an der Fernleitung die passende Bandbreite für den Durchlaß von $\Omega + \omega$ bis $\Omega - \omega$ besitzen.
Die gemodelte Hochfrequenz heißt deswegen die Trägerfrequenz; ferner wird $\Omega + \omega$ die obere und $\Omega - \omega$ die untere Seitenfrequenz genannt.
Die Sendung mehrerer verschiedener Einzelfrequenzen oder eines Frequenzgemisches (Sprache, Musik), die in einem gegebenen Bereich $\omega_1 \ldots \omega_2$ enthalten sind, mit Modelung einer Trägerfrequenz Ω liefert danach zwei neue Frequenzbänder:

$$(\Omega + \omega_1) \ldots (\Omega + \omega_2) \quad \text{und} \quad (\Omega - \omega_1) \ldots (\Omega - \omega_2)$$

mit dem positiven Zwischenzeichen das obere und mit dem negativen das untere Seitenband. Die zu übertragende Sendung (Nachrichten) ist nach der Modelung zweimal im gemodelten Strom enthalten: im oberen Seitenband in der natürlichen und gesendeten Frequenzfolge und im unteren Seitenband in gewendeter oder verkehrter Frequenzfolge.

Eine Einrichtung zur Versetzung einer oder mehrerer niederer Zeichenfrequenzen in eine höhere Frequenzlage heißt Modulator oder Frequenzumsetzer. Eine Modelung wird durch Entmodelung rückgängig gemacht; diese Einrichtung heißt Demodulator. Um nun einen Trägerstrom zu modeln, kann der Zeichenstrom entweder die Amplitude oder die Frequenz oder die Phasenlage eines Trägerwechselstromes nach seiner Taktfolge oder gemäß seiner Frequenz beeinflussen. Diese drei verschiedenen Modelungsarten sind als Amplituden (AM)-, Frequenz (FM)- und Phasen (PM)-Modulation bekannt, von denen für die Trägerstromtechnik auf elektrischen Leitungen nur die Amplitudenmodulation in Betracht kommt.

Der Zeichenstrom mit der Amplitude I_Z und der Kreisfrequenz $\omega = 2\pi f$ und der Trägerstrom mit der Amplitude I_T und der Kreisfrequenz $\Omega = 2\pi F$ sind durch folgende Funktionen bestimmt:

$$i_Z = I_Z \cos(\omega t + \varphi) \qquad \text{und} \qquad i_T = I_T \cos(\Omega t + \Phi).$$

Dabei seien die Amplitude und die Frequenz des Zeichens kleiner als die des Trägers, dessen Amplitude durch das Zeichen periodisch kleiner und größer oder kurz gesagt gemodelt wird. Das Verhältnis beider Amplituden heißt der Modulationsgrad

$$m = I_Z/I_T = 0\ldots1 = 0\,\%\ldots100\,\%$$

und gibt die ideale Aussteuerung des Trägerwechselstromes an. Die volle Aussteuerung $m = 1$ darf nicht überschritten werden, weil sonst Verzerrungen durch Abschneiden von Spitzenwerten entstehen. Man vermeidet hier Übersteuerungen und wendet grundsätzlich Unteraussteuerungen an.

Der Modulationsvorgang erzeugt einen gemodelten Strom nach folgender Gleichung, die übersichtlicher wird, wenn man die Nullphasenwinkel herausläßt:

$$i = (I_T + I_Z \cos \omega t) \cos \Omega t.$$

Die kleinere Zeichenamplitude $I_Z = m I_T$ tritt hinzu und die gesamte periodisch schwankende Amplitude folgt der führenden Trägerfrequenz Ω. In anderer Form geschrieben ist der gemodelte Strom

$$i = I_T (1 + m \cos \omega t) \cos \Omega t$$

und mit Hilfe der trigonometrischen Beziehung

$$\cos \Omega t \cos \omega t = \tfrac{1}{2} \cos(\Omega t + \omega t) + \tfrac{1}{2} \cos(\Omega t - \omega t)$$

umgeformt gewinnt man übersichtlich geordnet:

$$i = I_T \cos \Omega t + \tfrac{1}{2}\, m\, I_T \cos(\Omega t + \omega t) + \tfrac{1}{2}\, m I_T (\cos \Omega t - \omega t).$$

Das erste Glied ist die Trägerfrequenz, das zweite stellt die obere, das dritte die untere neu entstandene Seitenfrequenz dar. Denkt man sich die Einzelfrequenz ω durch ein Frequenzband $\omega_1\ldots\omega_2$ ersetzt, so werden das zweite und das dritte Glied umfangreicher und ergeben das obere und untere Seitenband mit sämtlichen in diesem Bereich befindlichen Frequenzen.

2. Die Herstellung von Seitenbändern. In Stromkreisen mit linearen Widerständen erfolgen Überlagerungen von Strömen störungsfrei und sind keine Modelungen zu erwarten. Auf Grund dieses Überlagerungssatzes ist der Simultan-, Vierer- und Achterbetrieb mit überlagerten Strömen einwandfrei möglich. Eine Modelung erfolgt erst, wenn Widerstände mit nichtlinearen Kennlinien benutzt werden, bei denen die Richtungen oder die Beträge der angelegten Spannung oder des durchfließenden Stromes maßgebend für die vorgefundenen Widerstandsbeträge sind.

Ein Gleichrichter hat eine Durchlaß- und eine Sperrichtung. Die Zweipolröhre zeigt eine etwa quadratisch ansteigende, der Kupferoxydgleichrichter eine etwa linear ansteigende Kennlinie für den durchfließenden Strom in einer Richtung. Zwei überlagerte Wechselströme ungleicher Frequenz oder Amplitude stören sich durch Für und Wider ihrer Phasenzeiten. Das Ergebnis ist eine Modelung mit neu entstandenen Frequenzen.

Das Verhalten eines nichtlinearen Widerstandes lag diesen anregenden Beispielen zugrunde. Der Verlauf von beliebigen gekrümmten Kennlinien läßt sich durc heine Potenzreihe erfassen, welche die Augenblickswerte des Stromes angibt, der derartige Widerstände durchfließt:

$$i = a_0 + a_1 X + a_2 X^2 + a_3 X^3 + \cdots,$$

wobei a anteilige Faktoren und X die Stromfunktion sind. An der Modelung sind ein Trägerstrom mit der Amplitude I_T und der Kreisfrequenz Ω und ein Zeichenstrom mit der Amplitude I_Z und der Kreisfrequenz ω beteiligt und ist einzusetzen

$$X = I_T \cos \Omega t + I_Z \cos \omega t.$$

Mithin ergeben sich in der Gleichung für den herauskommenden Strom i Glieder mit der ersten, zweiten, dritten und höheren Potenzen der cos-Funktionen, die sich einzeln durch trigonometrische Umformungen auf $\cos 2\alpha$, $\cos 3\alpha$, $\cos n\alpha$ zurückführen lassen und damit die Entstehung neuer Frequenzen bestätigen.

Die Herstellung der erwünschten oberen und unteren Seitenfrequenz ist demnach von unerwünschten lästigen Frequenzen begleitet. Das erzielte Frequenzspektrum umfaßt Kombinationen mit Summen und Differenzen aller ganzzahligen Vielfache der Träger- und der Zeichenfrequenz, also beispielsweise mit

$$\Omega \pm \omega,\quad \Omega \pm 2\omega,\quad \Omega \pm 3\omega,\ \ldots\ \Omega \pm n\omega,$$
$$2\Omega \pm \omega,\ 2\Omega \pm 2\omega,\ 2\Omega \pm 3\omega,\ \ldots\ 2\Omega \pm n\omega.$$

Was hier über die Modelung mit nur einer Frequenz gesagt ist, gilt sinngemäß erweitert für jedes modelnde Frequenzband.

Beispiel: Welche Frequenzbänder bis $n = 3$ entstehen bei der Modelung der Trägerfrequenz $F = 6$ kHz durch ein Zeichenfrequenzband $f_1 \ldots f_2 = 300 \ldots 2400$ Hz?

	Untere	Obere	Untere	Obere	Untere	Obere
f	3,6...5,7	6,3... 8,4	9,6...11,7	12,3...14,4	15,6...17,7	18,3...20,4
$2f$	1,2...5,4	6,6...10,8	7,2...11,4	12,6...16,8	13,2...17,4	18,6...22,8
$3f$	0...5,1	6,9...13,2	4,8...11,1	12,9...19,2	10,8...17,1	18,9...25,2
	$F = 6$ kHz		$2F = 12$ kHz		$3F = 18$ kHz	

Die gemodelten Frequenzen sind 6, 12 und 18 kHz; die modelnden Frequenzbänder haben 0,3...2,4 und 0,6...4,8 und 0,9...7,2 kHz. Ein unteres Seitenband wird teilweise beschnitten. Die Frequenzlagen verschiedener Seitenbänder überdecken sich.

3. Die Unterdrückung lästiger Frequenzen. Eine Übertragung mit gemodelter Trägerfrequenz setzt voraus, daß mehrere Nachrichten auf einer Fernleitung überlagert werden und an den Leitungsenden sich durch Filter trennen lassen. Durch die Überdeckung von verschiedenen Seitenbändern, die nun alle Überbringer derselben Nachricht sind, wird das eigene trägerfrequente Gespräch durch Nebengeräusche gestört. Dieselbe Störung als unverständliches oder verständliches Nebensprechen liegt vor, wenn die Seitenbänder des eigenen und eines fremden Gespräches auf derselben Fernleitung sich teilweise oder ganz überdecken. Durch Filter ist eine Ausscheidung lästiger Frequenzen in gleicher Lage wie die der eigenen Nachricht unmöglich.

Der Energiegehalt der Seitenfrequenzen und -bänder ist jedoch verschieden und nimmt mit steigender Ordnungszahl der Harmonischen ab, so daß der Störpegel der höheren Harmonischen ($p\Omega \pm q\omega$) schließlich so gering wird, daß er nicht belästigt oder unhörbar bleibt. Man kann deshalb durch Anwendung kleiner Ansteuerungen $k = U_Z/U_T$ den Pegel aller Seitenbänder senken und damit mehrere höhere Seitenbänder zum Verschwinden bringen.

Der Pegelabstand der erwünschten Seitenbänder $\Omega \pm \omega$ von den übrigen lästigen Seitenbändern $p\Omega \pm q\omega$, wobei p und q ganze Zahlen und U die Amplituden bzw. Effektivwerte bedeuten, wird im logarithmischen Nepermaß angegeben:

$$\Delta p = ln\,(U_{\Omega+\omega}/U_{p\Omega+q\omega}).$$

Beispiel: Ein Pegelabstand $\Delta p = 5\,N$ wird zwischen den unteren Seitenbändern $A_{\Omega-\omega}$ mit 3,6...5,7 kHz und $A_{2\Omega-3\omega}$ mit 4,8...11,1 kHz verlangt. Das Spannungsverhältnis $U_{\Omega-\omega}/U_{2\Omega-3\omega}$ ist anzugeben.

$$\Delta p = ln\,(U_{\Omega-\omega}/U_{2\Omega-3\omega}) = 5 \quad \text{oder} \quad e^p = e^5 = 148{,}4.$$

Damit ist $A_{2\Omega-3\omega} = 0{,}0067\,A_{\Omega-\omega} = 0{,}67\,\%\,A_{\Omega-\omega}$.

Die Aussteuerung k bezieht sich nur auf das Verhältnis der Zeichen- zur Trägerspannung vor der Modelung oder, falls der Eingangsscheinwiderstand für beide gleich groß ist, auf das Verhältnis der Ströme. Eine geringe Aussteuerung $k \approx 0{,}1$ bringt lästige Frequenzen zum Verschwinden und schränkt das Frequenzspektrum zugunsten der verbleibenden Seitenbänder $\Omega \pm \omega$ ein.

Die durch eine Modelung entstandenen neuen Frequenzen hängen von dem Verlauf der Widerstandskennlinie ab. Eine lineare Knickkennlinie erzeugt keine ungeradzahligen Seitenfrequenzen, eine quadratische oder genauer parabolische Kennlinie keine geradzahligen Seitenfrequenzen, abgesehen von $\Omega \pm \omega$ als nützliche Seitenfrequenzen. Man erkennt also, daß Kupferoxyd- und Röhrengleichrichter deswegen gegenüber anderen Modulatoren den Vorrang verdienen, da bei ihnen diese Kennlinien annähernd vertreten sind.

Die Übertragung mit Trägerfrequenz stützt sich auf diejenigen Seitenbänder, welche den größten Energiegehalt haben. Da aber jedes der Seitenbänder $\Omega + \omega$ und $\Omega - \omega$ allein zu einer Übertragung ausreicht, kann eins von beiden durch Filter an den Leitungsenden unterdrückt werden. Zwei Vorteile sind dann zu verzeichnen: die Leitung wird entlastet und in dem Bereich des unterdrückten Bandes kann eine weitere Nachricht, die von der Modelung einer anderen Trägerfrequenz stammt, untergebracht werden.

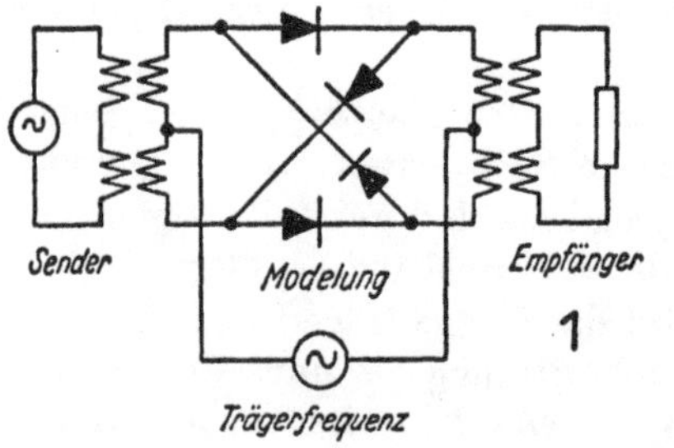

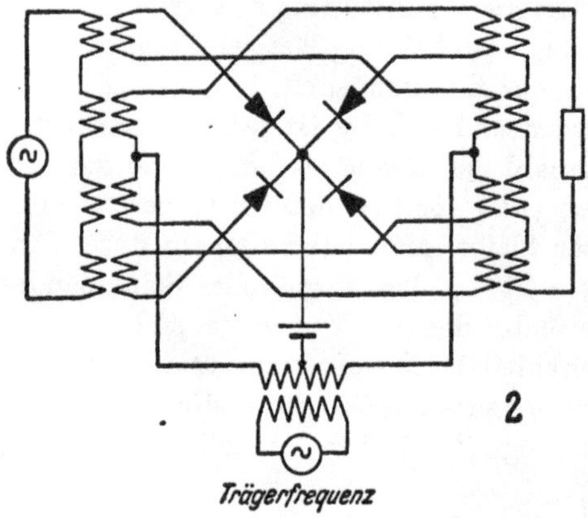

Bild 167. Schaltung eines (*1*) Ringmodulators und eines (*2*) Sternmodulators für Trägerstromsysteme

Die Mitübertragung des Trägers wird auch unterlassen. Dieselben Gründe sind hierfür ausschlaggebend: Entlastung und Befreiung der Leitungen von entbehrlichen Frequenzen. Die Trägerfrequenzen, die am Anfang einer Leitung zur Modelung verwendet und von der Übertragung ausgeschlossen werden, müssen allerdings zur Entmodelung am Ende der Leitung dort besonders erzeugt und der ankommenden Seitenfrequenz wieder zugefügt werden.

Das Frequenzspektrum, welches bei Modelungen überhaupt entsteht, hängt von der Art des Modulators und außerdem von solchen Schaltungsanordnungen ab, mit denen eine wesentliche Einschränkung des Ausgangsspektrums erreicht wird.

4. Die Modulatoren. Die Auswahl an brauchbaren Modulatoren wird durch die Erfüllung bestimmter Forderungen sehr eingeschränkt:

a) kleiner eigener Energieverbrauch während der Betriebsbereitschaft,

b) keine Erzeugung unerwünschter Seitenbänder und hohe Klirrdämpfung,

c) an den Ausgangsklemmen unterdrückte Trägerfrequenz.

Wegen des Eigenverbrauches für den Anoden- und den Heizstrom scheiden die Elektronenröhren als Modelungselemente aus und verbleiben für die Trägerstrommodelung nur die Kupferoxydgleichrichter. Die Schaltungsanordnungen zeigt das Bild 167. Bei dem Ring- und dem Sternmodulator, die beide eine Doppelgegentaktschaltung darbieten, werden der Zeichenstrom und der Trägerstrom so überlagert, daß an den Ausgangsklemmen (Empfänger) zur Fernleitung weder diese Frequenzen, noch die geradzahligen Vielfache erscheinen.

Der größte Energiegehalt (etwa 0,5 mW) ist von den Seitenbändern übernommen: $\Omega + \omega$ und $\Omega - \omega$; als geringfügige und durch Filter sperrbare unerwünschte Frequenzen kommen in Betracht: $\Omega \pm 3\,\omega$ und $3\,\Omega \pm \omega$. Der Wirkungsgrad dieser Modulatoren ist daher gut und kommt diesen in der Praxis eine große Bedeutung zu.

10. Breitbandkabel

Kabelleitungen mit konzentrischer Anordnung eines Innenleiters sind schon aus der Anfangszeit der Kabeltechnik her bekannt. Diese druckfeste Bauart eignet sich für Seekabel, deren Guttaperchaisolation den Innenraum zwischen dem Leiter und dem Bleimantel dicht ausfüllt. Die dielektrischen Verluste und die Eigenkapazität dieser für Gleichstromtelegraphie vorgesehenen Bauart sind aber zu groß, um mittel- und hochfrequente Wechselströme über längere Strecken fortzuleiten. Der Verlustwinkel $\operatorname{tg} \delta = G/\omega C$ dieser und auch anderer Normallandkabel mit Papierbandisolation steigt besonders bei den für den Trägerstrombetrieb in Betracht kommenden Frequenzlagen stark

f [kHz]	10	100	200	300	400	500	600	800	1000	1200
$\operatorname{tg} \delta \cdot 10^{-4}$	40	110	138	158	170	179	184	190	193	195

an. Die Dämpfung der üblichen Papierbandleitungen zeigt ein ähnliches Verhalten. Die tonfrequenten Wechselströme sind noch geringen Dämpfungen ausgesetzt und die Reichweite ist noch so groß, daß Zwischenverstärker selbst bei den für Fernleitungen gegebenen Grenzen von 1,5 bzw. 3,0 N für Zweidraht- bzw. Vierdrahtsysteme in verhältnismäßig langen Abständen einzusetzen sind. Die Beträge für $\operatorname{tg} \delta$ sind in der oberen Zahlenaufstellung ent-

f [kHz]	10	50	100	500	1000
0,6 mm	0,29	0,46	0,80	1,35	1,90
0,8 mm	0,23	0,35	0,62	1,16	1,50
0,9 mm	0,16	0,25	0,48	0,82	1,23
1,4 mm	0,09	0,14	0,31	0,63	0,98

halten und gelten für die gebräuchlichen Ortsleitungen mit 0,6 und 0,8 mm und die am häufigsten verwendeten Fernleitungen mit 0,9 und 1,4 mm Leiterdurchmesser. Die Dämpfungsbeträge β in Neper/km gibt die beistehende Aufstellung für Kabelleitungen mit den gebräuchlichen Drahtdurchmessern 0,6 bis 1,4 mm an. Da die Freileitungen immer mehr den durch Witterung und Fremdinduktion nicht gestörten Kabelleitungen weichen, verdienen diese unbespulten Leitungen (U-Kabel) besondere Beachtung. Der tonfrequente

Bereich bis 10 kHz verbleibt den leicht bespulten (S-Kabel) und sehr leicht bespulten (SL-Kabel) Leitungen. Die Übertragung mit höherer Trägerfrequenz mittels Freileitungen hat sich gut bewährt und könnten wegen ihrer geringeren Dämpfung und auch Dämpfungsverzerrung sehr hohe Frequenzlagen angewendet werden, wenn nicht der Langwellenbereich von Funksendungen und dabei sich einstellende gegenseitige Störungen diese Ausdehnung hinderten.

Mit Rücksicht auf die Drahtübertragung von Fernsehsendungen, die ein Frequenzband von 1 MHz bis 4 MHz beanspruchen, wurden neben weiteren unbespulten oder glatten Kabelleitungen (U-Kabel) für den Bereich bis 200 kHz diese besonderen Breitbandleitungen (B-Kabel) entwickelt.

Diese Leitungen unterscheiden sich grundsätzlich von den bisher üblichen Bauarten, welche so entwickelt waren, daß in einem gegebenen Kabelquerschnitt möglichst viel Leiterpaare eingebracht werden konnten.

Der Abstand der Adern ist künstlich vergrößert, die Rücksicht auf geringen Raumbedarf ist zurückgestellt, nur um die Kapazität und Dämpfung zu vermindern und die obere Nutzfrequenz höher zu legen. Der Erfolg liegt in der Erweiterung des Frequenzbereiches von 100 Kilohertz bis über 4 Megahertz.

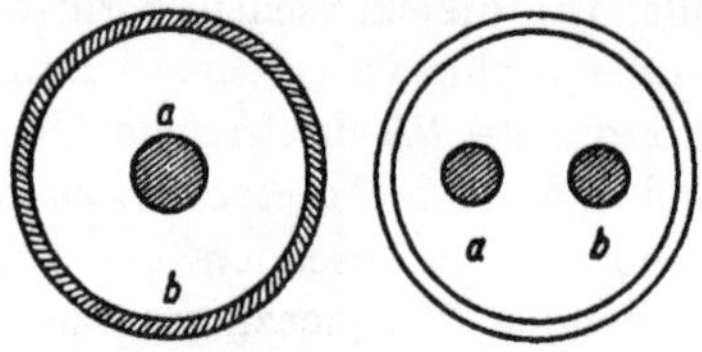

Bild 168. Hohlraumkabel mit konzentrischer oder symmetrischer Anordnung der Leiter

Diese Breitbandkabel sind in verschiedenen Bauarten vertreten, mit koaxialen (konzentrischen) oder abgeschirmten symmetrischen Paaren und Vierern (Bild 168). Als Abstandshalter dienen Kordeln aus Styroflex oder Scheiben aus Frequenta.

Die Leitungsbeläge R, G, L, C, welche bei tiefen Frequenzen als konstante Größen gelten, sind bei hohen Frequenzen wegen der Stromverdrängung und Nähewirkung veränderlich.

a) Der Wirkwiderstand in Ω/km:

$$R_w = R_a + R_i = [(2/d_a) + (2/d_i] \sqrt{f/\varkappa} \cdot 10^{-3} \, [\Omega/\text{km}].$$

d_a lichte Weite des Außenleiters in mm,
d_i Durchmesser des Innenleiters in mm,
$\varkappa$ Leitwert (Cu $= 57 \cdot 10^{-5}$, Al $= 36 \cdot 10^{-5}$ Sm/mm^2),
f Frequenz in Hz.

Wegen der Stromverdrängung gilt diese Näherungsformel nur für dicke Drähte bei tiefen oder für dünne Drähte bei hohen Frequenzen.

d mm	1	2	4	6	8	10
f kHz	200	48	10	5,0	2,6	1,5

b) Die Ableitung in μS/km

$$G = \text{tg}\,\delta \cdot \omega \cdot C$$

$\text{tg}\,\delta = \dfrac{1}{R\omega C}$ Verlustwinkel des Dielektrikums.

c) Die Induktivität in mH/km:

$$L = 0{,}2\left(\tfrac{1}{4}\mu_1 + \mu_2 \ln d_a/d_i + \mu_3\, 2t/3d_a\right).$$

μ_1, μ_2, μ_3 Permeabilitäten des Innenleiters, des Hohlraumes zwischen beiden Leitern und des Außenleiters,

d_i, d_a Durchmesser des Innenleiters i und des Hohlraumes a innerhalb des Außenleiters in mm, t Eindringtiefe in mm.

Mit zunehmender Frequenz verschwinden die Anteile des Innen- und Außenleiters an der Induktivität infolge zunehmender Stromverdrängung. In der genannten Formel entfallen die Glieder mit μ_1 und μ_3 und verbleibt angenähert:

$$L = (0.2\mu_2) \ln (d_a/d_i) \text{ [mH/km]}.$$

d) Die Kapazität in nF/km:

$$C = \frac{\varepsilon_r}{18 \ln d_a/d_i} \cdot 10^3 = \frac{55{,}56 \cdot \varepsilon_r}{\ln d_a/d_i}.$$

Aus diesen Leitungsbelägen bestimmen sich das Übertragungsmaß:

$$\gamma = \beta + j\alpha = \sqrt{(R. + j\omega L)(G + j\omega C)}.$$

Dämpfungsmaß:

$$\beta = (R_w/2)\sqrt{C/L} + (G/2)\sqrt{L/C} \text{ [Neper/km]}.$$

Winkel- und Phasenmaß:

$$\alpha = \omega\sqrt{LC} = 2\pi f \sqrt{LC} \text{ [1/km]}.$$

Wellenwiderstand:

$$\mathfrak{Z} = \sqrt{(R + j\omega L)/(G + j\omega C)} \approx \sqrt{L/C} \text{ [}\Omega\text{]}.$$

Die Dämpfung wird bei hohen Frequenzen angenähert:

$$\beta = (R_w/2\,Z) + \tfrac{1}{2}\operatorname{tg}\delta\omega C Z \text{ [Neper/km]}.$$

Auf diesen Leitungen lassen sich zugleich durch stufenweise Modelung bis zu 200 Sprechkanäle mit je 3 oder 4 kHz Bandbreite und ein Fernsehkanal mit 3 MHz Bandbreite übertragen.

Der Innenleiter aus massivem Kupferdraht ist gegen den rohrförmigen dünnwandigen Außenleiter durch Abstandshalter abgestützt. Diese sind in Abständen über den Innenleiter geschobene Scheiben aus Frequenta oder eine langgängige um den Innenleiter geschlungene Styroflexspirale. Beide Isolierungsarten bilden also nur einzelne schwache Brücken zwischen dem Innen- und Außenleiter, deren Ableitung und Dielektrizitätskonstante hervorragend klein sind, so daß die im Innenraum vorhandene trockene Luft hauptsächlich als Dielektrikum wirkt. Damit gelingt es, eine relative Elektrisierungszahl von $\varepsilon_r = 1{,}17$ gegenüber $\varepsilon_r = 1{,}8\ldots2{,}2$ bei Papier- oder Guttaperchaisolation zu erhalten. Diese günstigen kleineren Kapazitätsverhältnisse gelten für konzentrische Kabelleitungen und ebenso für symmetrische Kabelleitungen.

Das symmetrische Kabel besteht aus zwei Innenleitern, die durch Abstandshalter aus Papier oder Preßspan gegeneinander und gegen die umgebende Rohrwandung abgestützt sind. Das Rohr dient also nicht als Rückleiter wie

bei dem Koaxialkabel. Diese Schutzhülle mit ihrem größeren Verlustwinkel beeinträchtigt die Dämpfung nicht, weil an der Rohrwandung nur noch sehr geringe Feldstärken auftreten. Diese symmetrische Bauart mit zwei Innenleitern wird auch als Sternvierer mit vier Innenleitern hergestellt, wobei die vierfach gelochten Frequentascheiben sämtliche Abstände sichern.
Bei beiden Aufbauarten werden nahtlose Bleimäntel als Feuchteschutz verwendet. In ungeschütztem Erdboden sind die üblichen Bewehrungen mit Jute- und Hanfbändern, verflochtenen Eisendrähten, Teerung oder Asphaltierung aufgebracht.
Die Verlegung von Breitbandleitungen kommt nur längs der Hauptverkehrslinien in Betracht. Man fertigt deshalb diese B-Kabel nicht als Einzelleitungen an, sondern umgibt das innere Rohr mit einer oder mit mehreren Lagen Zweier- und Viererleitungen mit Papierisolation. Bei einer Betriebsweise mit getrennten Übertragungsrichtungen über zwei nebeneinander liegende B-Leitungen (Vierdrahtbetrieb) ist es zweckmäßig, die zwischen den beiden inneren Kupferrohren und dem äußeren runden Bleimantel liegenden Hohlräume mit üblichen unbespulten Leitungen auszufüllen, um einen druckfesten Aufbau zu erhalten. Die umgebenden zusätzlichen Leitungen dienen dem Nah-Fernverkehr, den Weit-Fernverkehr übernimmt die Breitbandleitung, die zudem gegen Fremdinduktion durch Irrströme besser geschützt ist, die von außen bis zum Bleimantel vordringen und auf diesem weitergeleitet werden.
Die elektrischen Eigenschaften der Breitbandleitungen bestimmen die Wahl günstiger Abmessungen für die Leiter und die innere Luftisolierschicht.
Der Innenleiter des Koaxial- oder konzentrischen Kabels hat einen Wirkwiderstand, der nach der Formel

$$R_w = (2/d_i)\sqrt{f/\varkappa} \cdot [\mathrm{m}\Omega/\mathrm{km}]$$

mit wachsendem Drahtdurchmesser linear fällt, mit der Wurzel aus der Frequenz zunimmt und der Wurzel aus der Leitfähigkeit (Cu = 57 Sm/mm² oder Al = 36 Sm/mm²) abnimmt. Infolge der Stromverdrängung nach außen wird das massive innere Kupfer nicht von den hochfrequenten Strömen benutzt. Bei 1 MHz entspricht der Kupferwiderstand eines $t = 0{,}066$ mm dicken Leiters dem Wirkwiderstand eines 5 mm dicken Innenleiters. Diese Eindringtiefe $t = 0{,}066$ mm ist so gering, daß der Innenleiter neben der Nachrichtenübertragung mit Wechselstrom 50 Hz gespeist werden kann und damit die Energieversorgung unbemannter Zwischenverstärkerstellen übernimmt.
Der Widerstandsverlauf symmetrischer Breitbandkabel läßt sich nicht so einfach darstellen, weil mit zunehmender Frequenz eine Nähewirkung auftritt. Die einander zugewandten Seiten der Innenleiter erhalten wegen des hochfrequenten Wechselfeldes größere Stromdichten als die abgewandten Seiten.
Die Verwendung von Litzenleitern anstatt der Volleiter ist bei B-Kabeln unwirtschaftlich. Die bekannte Unterteilung in viele dünne und voneinander isolierte Einzeladern, die nach einer besonderen Verseilung im Gesamtquerschnitt ständig die Plätze wechseln, ergibt wohl eine Minderung des Wider-

standes im Vergleich zu einem Volldraht. Für die in Betracht kommenden Frequenzen erhält man etwa bei 300 bis 600 kHz ein Minimum des Widerstands, wenn 130 bis 200 Litzenadern verdrallt werden. Die Widerstandsminderung um etwa nur 25 % wird aber durch den Mehraufwand für Feindrähte zu teuer erkauft.

Die mit steigender Frequenz zunehmende Dämpfung beruht überwiegend auf dem Widerstandsanteil $\beta = \frac{1}{2} R_w \sqrt{C/L} = R_w/2Z$, wobei der Wellenwiderstand Z einen reellen und für alle Frequenzen gleichen Betrag annimmt. Für verschiedene Durchmesserverhältnisse $d_a : d_i$ ergibt sich für den Wirkwiderstand und deshalb auch für die Dämpfung ein Kleinstwert mit 3,6 : 1 bei Kupferleitern. Für andere Leiterwerkstoffe lassen sich ebenso Bestwerte $d_a : d_i$ für die bezogene Dämpfung finden. Wenn nun die höchstzulässige Dämpfung eines Verstärkerfeldes und dessen Streckenlänge vorgeschrieben sind, ergeben sich damit die notwendigen Durchmesser des Innen- und des Außenleiters.

Der Wellenwiderstand für Breitbandleitungen wird mit Bezug auf

$$L = 0{,}2\, ln\, (d_a/d_i)\ [\mathrm{mH/km}] \qquad \text{und} \qquad C = \varepsilon_r \cdot 10^3/ln\, (d_a/d_i)\ [\mathrm{nF/km}]$$

nach Einsetzen dieser Beziehungen bestimmt durch:

$$Z = \sqrt{L/C} = 60\, ln\, (d_a/d_i)/\sqrt{\varepsilon_r}\ [\Omega].$$

Günstige Leiterdurchmesser mit dem besten Verhältnis 3,6 : 1 für Kupfer sind demnach: für Zweidrahtsysteme 18 : 5 mm, 9 : 2,5 mm oder 11,9 : 2,6 mm, 7,3 : 1,7 mm für Fernsehsendungen mit den dickeren, für Gruppenmodulation von Ferngesprächen mit den dünneren Abmessungen.

Die symmetrische Kabelleitung, die man ursprünglich wegen der befürchteten Fremdinduktion und wegen der erwarteten Nachteile durch den unsymmetrischen Aufbau der konzentrischen Leitung herstellte, vermeidet diese Mängel. Vergleicht man beide Bauarten, so erhält man bei gleichen Dämpfungen indessen einen 1,6mal größeren Kabeldurchmesser als bei der koaxialen Bauart, weshalb sich die symmetrische Kabelleitung mit zwei Innenleitern wegen des Mehraufwandes nicht behauptet hat.

Beispiel: Welchen Wellenwiderstand besitzen alle B-Kabel mit einem Durchmesserverhältnis 3,6 : 1 der Kupferleiter und einer Elektrisierungszahl $\varepsilon_r = 1{,}17$?

$$Z = 60\, ln\, (d_a/d_i)/\sqrt{\varepsilon_r} = 60 \cdot ln\, 3{,}6/\sqrt{1{,}17} = 71\, \Omega.$$

Beispiel: Widerstand, Induktivität und Kapazität eines B-Kabels mit 5 mm Innenleiter und 18 mm Außenleiter bei 10 kHz und 1 MHz · ($\varkappa = 57 \cdot 10^{-5}$) ($\varepsilon_r = 1{,}17$).

$$R_w = \left(\frac{1}{d_a} + \frac{1}{d_i}\right) 2 \sqrt{\frac{f}{\varkappa}} \cdot 10^{-3} = 0{,}0209\sqrt{f}; \qquad R_w = 2{,}09 \text{ bzw. } 20{,}9\ \Omega/\mathrm{km}.$$

Mit $d_a : d_i = 18 : 5 = 3{,}6$ wird $ln\, 3{,}6 = 1{,}28$ und werden:

$$L = 0{,}2\, ln\, (d_a/d_i) = 0{,}2 \cdot 1{,}28 = 0{,}256\ \mathrm{mH/km},$$

$$C = \varepsilon_r \cdot 10^3/18\, ln\, (d_a/d_j) = 1{,}17 \cdot 10^3/18 \cdot 1{,}28 = 51\ \mathrm{nF/km}.$$

Beispiel: Dämpfung, Phasendrehung, Fortpflanzungsgeschwindigkeit und Laufzeit eines B-Kabels mit 9 mm Außenleiter und 2,5 mm Innenleiter aus Kupfer. Der Verlustwinkel $\operatorname{tg}\delta = 2 \cdot 10^{-4}$ und die Elektrisierungszahl $\varepsilon_r = 1{,}18$ sind gegeben. Die Übertragungsfrequenzen sollen 160 kHz, 1 MHz und 4 MHz sein und die Strecke höchstens eine Leitungsdämpfung von 7 Neper haben. Das Durchmesserverhältnis $d_a : d_i = 9 : 2{,}5 = 3{,}6$ liefert drei Ergebnisse, die unabhängig von der Hochfrequenz sind:

$$L = 0{,}256 \text{ mH/km} \qquad C = 51{,}2 \text{ nF/km} \qquad Z = 71\ \Omega.$$

Der frequenzabhängige Wirkwiderstand dieses B-Kabels ist

$$R_w = \left(\frac{1}{9} + \frac{1}{2{,}5}\right) 2 \sqrt{\frac{f}{57 \cdot 10^{-5}}} \cdot 10^{-3} = 0{,}428 \sqrt{f}\ \text{m}\Omega/\text{km}.$$

$$R_w = 0{,}428 \cdot 10 \cdot \sqrt{16 \cdot 10^4} = 17{,}1\ \Omega/\text{km} \qquad \text{bei } 160 \text{ kHz}$$
$$R_w = 0{,}428 \cdot 10 \cdot \sqrt{1 \cdot 10^6} = 42{,}8\ \Omega/\text{km} \qquad \text{bei } 1 \text{ MHz}$$
$$R_w = 0{,}428 \cdot 40 \cdot \sqrt{4 \cdot 10^6} = 95{,}6\ \Omega/\text{km} \qquad \text{bei } 4 \text{ MHz}$$

Die Widerstandsdämpfung $b_R = R_w/2Z$ wird damit:

$$b_R = 17{,}1/2 \cdot 71 = 0{,}12 \text{ N/km} \qquad \text{bei } 160 \text{ kHz}$$
$$b_R = 42{,}8/2 \cdot 71 = 0{,}30 \text{ N/km} \qquad \text{bei } 1 \text{ MHz}$$
$$b_R = 95{,}6/2 \cdot 71 = 0{,}67 \text{ N/km} \qquad \text{bei } 4 \text{ MHz}.$$

Die Ableitungsdämpfung $b_A = \frac{1}{2} \operatorname{tg}\delta \cdot \omega C Z = \pi \operatorname{tg}\delta C Z f$ wird:

$$b_A = 0{,}228 \cdot 10^{-8} \cdot 0{,}16 \cdot 10^6 = 0{,}36 \text{ mN/km} \qquad \text{bei } 160 \text{ kHz}$$
$$b_A = 0{,}228 \cdot 10^{-8} \cdot 1{,}0 \cdot 10^6 = 2{,}28 \text{ mN/km} \qquad \text{bei } 1 \text{ MHz}$$
$$b_A = 0{,}228 \cdot 10^{-8} \cdot 4{,}0 \cdot 10^6 = 9{,}12 \text{ mN/km} \qquad \text{bei } 4 \text{ MHz}.$$

Die Ableitungsdämpfung ist mit gutem Grund zu vernachlässigen (etwa 1 bis 2% Fehler).

Die Phasendrehung $\alpha = 2\pi f \sqrt{LC} = f \cdot 6{,}28 \cdot \sqrt{0{,}256 \cdot 10^{-3} \cdot 51{,}2 \cdot 10^{-9}} = 1{,}05 \cdot 10^{-6} f$ wird

$0{,}168 = 9{,}5°$ bei 160 kHz und $1{,}05 = 60°$ bei 1 MHz und $4{,}20 = 240°$ bei 4 MHz.

Mit der vorgeschriebenen Leitungsdämpfung von 7 Neper werden die Streckenlängen $l = b/b_R$:

50,8 km bei 160 kHz und 23,3 km bei 1 MHz und 10,4 km bei 4 MHz.

Die Laufzeit längs 1 km Leitung wird frequenzunabhängig:

$$t = \alpha/\omega = \sqrt{LC} = \sqrt{0{,}256 \cdot 51{,}2 \cdot 10^{-12}} = 1{,}05\ \mu\text{s/km}.$$

Alle Breitbandkabel ergeben elektrische Übertragungen, die bei Hochfrequenz keine Phasenverzerrung und keine Laufzeitverzerrungen erleiden, dagegen wegen des frequenzabhängigen Wirkwiderstandes einer Dämpfungsverzerrung ausgesetzt sind.

Anhang

Verwendete Formelzeichen

A Ampere
A Arbeit
B Luftspalt-Induktion
C Coulomb
C Kapazität
D Durchgriff
E eingeprägte Spannung
F Farad
F Querschnitt
G Ableitung
H Henry
H Strombelag
I elektr. Strom
J Joule
K Konstante
L Induktivität
M Gegeninduktivität
N Leistung
N Neper
P Kraft
Q elektr. Ladung
R elektr. Widerstand
S Siemens
S Steilheit
T Zeitkonstante
U elektr. Spannung
V Volt
V Volum
W Energie
W Watt
X, Y } Funktionen
Z Kennwiderstand

a Drehung, elektr.
b Dämpfung, elektr.
c Faktoren
d Durchmesser
e Elektronladung
f Frequenz
g Ausbreitung
g Verzerrungsgrad, Fortpflanzung
i Augenblicksstrom
j imaginäre Einheit
k Klirrgrad
l Längen
m Masse
m Meter
n Anzahl
n Drehzahl
p Druck
p Rückwurf
q Elementarladung
r Halbmesser
r Radius
s Sekunde
s Weg, Strecke
t Laufzeit
t Zeitpunkt
u Augenblicksspannung
v Geschwindigkeit
w Windungsanzahl
x, y, z } Funktionsgrößen

𝔅 magn. Induktionsdichte
𝔇 elektr. Schubdichte
𝔈 elektr. Feldstärke
𝔉 vektorische Fläche
𝔊 komplexer Leitwert
ℌ magn. Feldstärke
ℑ komplexer Strom
𝔐 kompl. Kernwiderstand
𝔑 Feld-Blindleistung
𝔓 vektorische Kraft
𝔔 Drehmoment
ℜ kompl. Widerstand
𝔖 vektor. Strahlungsdichte
𝔘 komplexe Spannung
𝔜 kompl. Leitwert
ℨ Wellenwiderstand
𝔤 Übertragungsmaß
𝔦 Stromdichte
𝔦, 𝔨 } Einheitsvektoren
𝔫 Flächennormale
𝔭 kompl. Rückwurf
𝔯 Fahrstrahl
𝔰 Leitweg
𝔲 kompl. Übersetzung
𝔷 kompl. Widerstand

α Drehungsmaß
β Dämpfungsmaß
γ Fortpflanzungsmaß
δ Verlustwinkel
ε elektr. Feldwert
η Wirkungsgrad
ϑ Temperatur

$\varkappa$ Leitfähigkeit
λ Wellenlänge
μ magn. Feldwert
ϱ Bezugswiderstand
σ Streugrad
τ Periodendauer
φ elektr. Potential

ψ magn. Potential
ω Kreisfrequenz
Γ Vakuum-Wellenwdst.
Θ Durchflutung
Φ magn. Fluß
Ψ Gesamtfluß
Ω Trägerfrequenz, Ohm

Allgemeine Fuß- und Anzeichen

A Effektivwert
A_m Scheitelwert
A_w Wirkanteil
A_b Blindanteil

a Augenblickswert
$\bar{a}$ Mittelwert
Δa Änderung je Zeit
δa Änderung je Weg

a am Anfang
e am Ende
o leerlaufend
k kurzgeschlossen

Einheitentafel 15:

Praktisches Volt-Ampere-Zentimeter-Sekunden-Maßsystem

Allgemeine Größen		Maßbenennung		Dimension
Spannung, Potential	U	Volt	V	Grundeinheit
Strom	I	Ampere	A	Grundeinheit
Länge	l	Zentimeter	cm	Grundeinheit
Zeit	t	Sekunde	s	Grundeinheit
Widerstand	R	Ohm	Ω	V/A
Leitwert, Ableitung	G	Siemens	S	A/V
Elektrische Feldgrößen		**Maßbenennung**		**Dimension**
Elektrische Feldstärke	$\mathfrak{E}$	Volt/Zentimeter	—	V/cm
Influenzkonstante	ε_0	$8{,}8543 \cdot 10^{-14}$	Farad/cm	As/Vcm
Verschiebungsdichte	$\mathfrak{D}$	Coulomb/qcm	—	As/cm²
Elektrische Ladung (Fluß)	Q	Coulomb	Coul	As
Kapazität	C	Farad	F	As/V
Magnetische Feldgrößen		**Maßbenennung**		**Dimension**
Magnetische Feldstärke	$\mathfrak{H}$	Ampere/Zentimeter	—	A/cm
Induktionskonstante	μ_0	$1{,}2566 \cdot 10^{-8}$	Henry/cm	Vs/Acm
Induktionsdichte	$\mathfrak{B}$	Weber/qcm	—	Vs/cm²
Magnetischer Fluß	Φ	Weber	Wb	Vs
Induktivität	L	Henry	H	Vs/A
Wirkungsgrößen		**Maßbenennung**		**Dimension**
Strahlungsdichte	$\mathfrak{S}$	Watt/qcm	—	VA/cm²
Elektrische Leistung	N	Watt	W	VA
Arbeit, Energie	A	Joule	J	VAs
Elektrische, magnet. Kraft	P	Joule/Zentimeter	—	VAs/cm
Kraftdichte (Druck)	p	Joule/ccm	—	VAs/cm³

Umrechnungsbeziehungen zu mechanischen und thermischen Einheiten

1 Wattsekunde = 10,2 Zentimeter-Kilogramm = 0,239 (Gramm-)Kalorie
1 Kalorie = 4,186 Wattsekunden = 42,70 Zentimeter-Kilogramm
100 Zentimeter-Kilogramm = 2,342 Kalorien = 9,804 Wattsekunden
1 Ps (Pferdestärke) = 75 mkg/sek = 735,5 Watt = 0,736 Kilowatt
1 Kilowatt = 1000 Watt = 102,0 mkg/sek = 1,36 Ps (Pferdestärke)
1 Wattstunde = 3600 Wattsek = 860 Kalorien = $3{,}672 \cdot 10^4$ Zentimeter-Kilogramm

Alte nicht weiter zu gebrauchende Maßeinheiten

Induktivität	1 cm = 10^{-9} Henry 1 Henry = 10^9 cm
Kapazität	1 cm = $1{,}11 \cdot 10^{-6}$ μF 1 Farad = $9 \cdot 10^{11}$ cm
Erregung	1 Gilbert = 0,796 rund 0,8 Amperewindungen
Feldstärke	1 Oersted = 0,796 rund 0,8 Ampere/cm
Induktion	1 Gauß = 1 Kraftlinie/cm² = 10^{-8} Voltsek/cm²
Magnetischer Fluß	1 Maxwell = 1 Kraftlinie = 10^{-8} Voltsek = 10^{-8} Weber

Vorsatzzeichen für alle Maßeinheiten

$k = 10^3$ Kilo	$M = 10^6$ Mega	$G = 10^9$ Giga	$T = 10^{12}$ Tera
$m = 10^{-3}$ Milli	$\mu = 10^{-6}$ Mikro	$n = 10^{-9}$ Nano	$p = 10^{-12}$ Pico

Bildtafel 16:

Schaltzeichen

Alt	Neu	Benennung
		Gleichstrom
		Wechselstrom
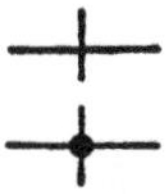		Leiterkreuzung ohne und mit Verbindung
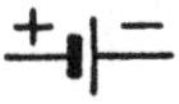	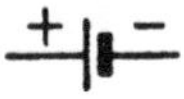	Element, Sammler
		Stromsicherung
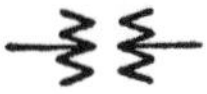		Spannungssicherung
		Erdung
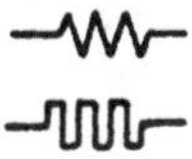	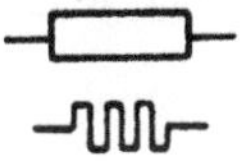	**Widerstand:** a) allgemein b) mit $\cos\varphi = 1$
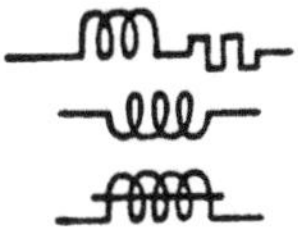	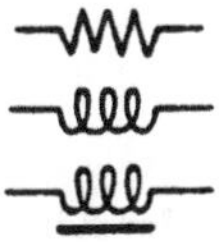	**Induktivität:** a) mit Verlusten b) Luftdrosselspule c) Eisendrosselspule
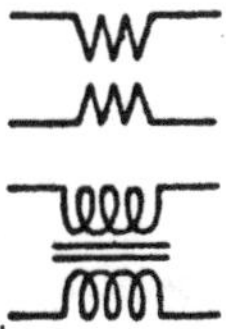	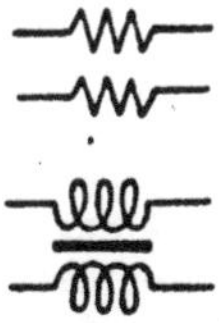	**Übertrager:** a) allgemein b) mit Eisenkern
	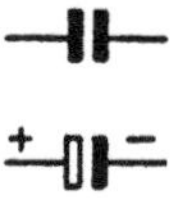	**Kapazität:** a) allgemein b) elektrolytisch
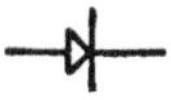		Gleichrichter

Bildtafel 16:

Schaltzeichen (Fortsetzung)

Alt	Neu	Benennung
		Induktor
		Mikrophon
	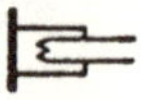	Fernhörer (Telephon)
		Schauzeichen
		Wecker
		Sirene
	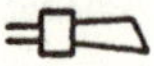	Hupe
		Mehrpoliger Stecker
		Mehrpolige Klinke
		Hebel- oder Kipp-Schalter ohne Arbeitsraste
	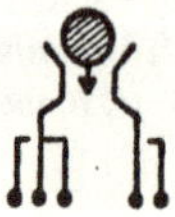	Hebe - oder Kipp-Schalter mit Arbeitsraste
	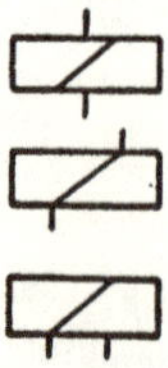	Relaiswicklung (räumlich getrennt gezeichnete Kontakte sinnfällig bezeichnet) Wicklung A mit Kontakten $a_1 a_2 a_3$
	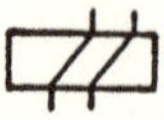	Gleichsinnige Relaiswicklungen

Bildtafel 16:

Schaltzeichen (Fortsetzung)

Alt	Neu	Benennung
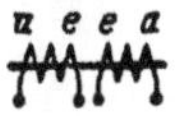		Gegensinnige Relaiswicklungen
	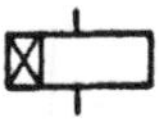	Relais mit Anzugverzögerung
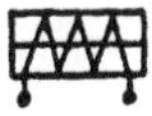	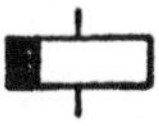	Relais mit Abfallverzögerung
	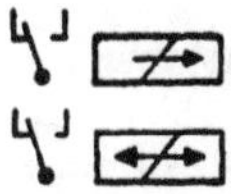	Gepoltes Relais: a) eine Ruhelage b) zwei Ruhelagen
	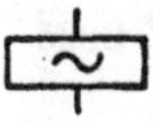	Wechselstromrelais
		Nicht für Wechselstrom
	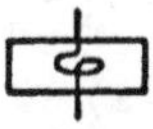	Elektrodynamisches Relais
	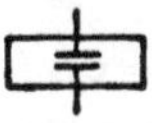	Elektrostatisches Relais
		Kraftmagnet
		Glimmröhre
		Glimmgleichrichter
		Zweipolröhre (Diode)
		Dreipolröhre (Triode)
		Photozelle
		Schwingkristall
		Signallampe

Buchstabentafel 17:

Griechisches Alphabet

$A\ \alpha$	Alpha	$I\ \iota$	Iota	$P\ \varrho$	Rho
$B\ \beta$	Beta	$K\ \varkappa$	Kappa	$\Sigma\ \sigma\varsigma$	Sigma
$\Gamma\ \gamma$	Gamma	$\Lambda\ \lambda$	Lambda	$T\ \tau$	Tau
$\Delta\ \delta$	Delta	$M\ \mu$	Mü	$\Upsilon\ \upsilon$	Ypsilon
$E\ \varepsilon$	Epsilon	$N\ \nu$	Nü	$\Phi\ \varphi$	Phi
$Z\ \zeta$	Zeta	$\Xi\ \xi$	Xi	$X\ \chi$	Chi
$H\ \eta$	Eta	$O\ o$	Omikron	$\Psi\ \psi$	Psi
$\Theta\ \vartheta$	Theta	$\Pi\ \pi$	Pi	$\Omega\ \omega$	Omega

Formeltafel 18:

Hyperbolische Funktionen

$$\mathfrak{Sin}\,x = \frac{x}{1!} + \frac{x^3}{3!} + \frac{x^5}{5!} + \cdots \qquad \mathfrak{Cof}\,x = 1 + \frac{x^2}{2!} + \frac{x^4}{4!} + \cdots$$

$$\mathfrak{Tang}\,x = x - \frac{x^3}{3} - \frac{2}{15}x^5 - \frac{17}{315}x^7 + \frac{62}{2835}x^9 - + \cdots$$

$$\mathfrak{Sin}\,x = \frac{e^x - e^{-x}}{2} \qquad \mathfrak{Cof}\,x = \frac{e^x + e^{-x}}{2}$$

$$\mathfrak{Tang}\,x = \frac{e^x - e^{-x}}{e^x + e^{-x}} \qquad \mathfrak{Cot}\,x = \frac{e^x + e^{-x}}{e^x - e^{-x}}$$

$$\mathfrak{Sin}\,(-x) = -\mathfrak{Sin}\,x \qquad \mathfrak{Cof}\,(-x) = \mathfrak{Cof}\,x$$

$$\mathfrak{Sin}\,x = -j\sin jx \qquad \mathfrak{Cof}\,x = \cos jx$$
$$\mathfrak{Sin}\,jx = j\sin x \qquad \mathfrak{Cof}\,jx = \cos x$$
$$\mathfrak{Tang}\,x = -j\,\mathrm{tang}\,jx \qquad \mathfrak{Cot}\,x = j\cot jx$$
$$\mathfrak{Tang}\,jx = j\,\mathrm{tang}\,x \qquad \mathfrak{Cot}\,jx = -j\cot jx$$

$$\mathfrak{Cof}\,x + \mathfrak{Sin}\,x = e^x \qquad \mathfrak{Cof}\,x - \mathfrak{Sin}\,x = e^{-x}$$
$$\cos x + j\sin x = e^{jx} \qquad \cos x - j\sin x = c^{-jx}$$
$$\mathfrak{Cof}^2 x + \mathfrak{Sin}^2 x = \mathfrak{Cof}\,2x \qquad \mathfrak{Cof}^2 x - \mathfrak{Sin}^2 x = 1$$
$$\mathfrak{Sin}\,2x = 2\,\mathfrak{Sin}\,x\,\mathfrak{Cof}\,x \qquad \mathfrak{Tang}\,x\,\mathfrak{Cot}\,x = 1$$
$$\mathfrak{Cof}\,2x = 2\,\mathfrak{Sin}^2 x + 1 \qquad \mathfrak{Cof}\,2x = 2\,\mathfrak{Cof}^2 x - 1$$

$$\mathfrak{Sin}\,(x \pm y) = \mathfrak{Sin}\,x\,\mathfrak{Cof}\,y \pm \mathfrak{Cof}\,x\,\mathfrak{Sin}\,y$$
$$\mathfrak{Cof}\,(x \pm y) = \mathfrak{Cof}\,x\,\mathfrak{Cof}\,y \pm \mathfrak{Sin}\,x\,\mathfrak{Sin}\,y$$

$$\mathfrak{Sin}\,(x \pm jy) = \mathfrak{Sin}\,x\cos y \pm \mathfrak{Cof}\,x\,j\sin y$$
$$\mathfrak{Cof}\,(x \pm jy) = \mathfrak{Cof}\,x\cos y \pm \mathfrak{Sin}\,x\,j\sin y$$

Angenähert wird als Grenzwert für

$x > 5$: $\mathfrak{Sin}\,x = \mathfrak{Cof}\,x = \frac{1}{2}e^x \qquad \mathfrak{Tang}\,x = \mathfrak{Cot}\,x = 1$

$x > -5$: $\mathfrak{Sin}\,x = -\frac{1}{2}e^x \qquad \mathfrak{Cof}\,x = \frac{1}{2}e^x \qquad \mathfrak{Tang}\,x = \mathfrak{Cot}\,x = -1$

$x < 0{,}5$: $\mathfrak{Sin}\,x = x + x^3/6 \qquad \mathfrak{Cof}\,x = 1 + x^2/2 + x^4/24.$

Formeltafel 19:

Trigonometrische Funktionen

$$\sin x = \frac{x}{1!} - \frac{x^3}{3!} + \frac{x^5}{5!} - \frac{x^7}{7!} + - \cdots \qquad \cos x = 1 - \frac{x^2}{2!} + \frac{x^4}{4!} - \frac{x^6}{6!} + - \cdots$$

$$e^x = 1 + \frac{x}{1!} + \frac{x^2}{2!} + \frac{x^3}{3!} + \cdots$$

$$\cos x + j \sin x = e^{jx} \qquad \cos x - j \sin x = e^{-jx}$$
$$\cos^2 x + \sin^2 x = 1 \qquad \cos^2 x - \sin^2 x = \cos 2x$$

$$\sin(-x) = -\sin x \qquad \cos(-x) = \cos x$$
$$\sin 2x = 2 \sin x \cos x \qquad \cos 2x = 2 \cos^2 x - 1$$
$$\cos 2x = 1 - 2 \sin^2 x \qquad \tan x \cot x = 1$$

$$\sin x = -j \frac{e^{jx} - e^{-jx}}{2} \qquad \cos x = \frac{e^{jx} + e^{-jx}}{2}$$

$$\tan x = -j \frac{e^{jx} - e^{-jx}}{e^{jx} + e^{-jx}} \qquad \cot x = j \frac{e^{jx} + e^{-jx}}{e^{jx} - e^{-jx}}$$

$$\sin x = -j \, \mathfrak{Sin} \, jx \qquad \cos x = \mathfrak{Cos} \, jx$$
$$\sin jx = j \, \mathfrak{Sin} \, x \qquad \cos jx = \mathfrak{Cos} \, x$$
$$\tan x = -j \, \mathfrak{Tang} \, x \qquad \cot x = j \, \mathfrak{Cot} \, x$$
$$\tan jx = j \, \mathfrak{Tang} \, x \qquad \cot jx = -j \, \mathfrak{Cot} \, x$$

$$\sin(x \pm y) = \sin x \cos y \pm \cos x \sin y$$
$$\cos(x \pm y) = \cos x \cos y \mp \sin x \sin y$$
$$\sin(x \pm jy) = \sin x \, \mathfrak{Cos} \, y \pm \cos x \, j \, \mathfrak{Sin} \, y$$
$$\cos(x \pm jy) = \cos x \, \mathfrak{Cos} \, y \mp \sin x \, j \, \mathfrak{Sin} \, y$$
$$(\cos x \pm j \sin x)^n = \cos nx \pm j \sin nx$$

$$(\cos x + j \sin x)(\cos y + j \sin y) = \cos(x + y) + j \sin(x + y)$$

Erläuterung zum Gebrauch der Tafel 20.

Mittels dieser Zahlentafel ist eine Umwandlung komplexer Größen aus der Komponentenform $a \pm bj$ in die Exponentialform $re^{\varphi j}$ und umgekehrt möglich. Dabei ist nur zu beachten, ob in der Komponentenform $a \gtrless b$ ist oder in der Exponentialform der Winkel $\varphi \gtrless 45°$ ist.

1. Die Hilfsgröße F mit 2 oder 3 Dezimalstellen ist aus der linken senkrechten Spalte und der oberen waagerechten Reihe zu entnehmen.
2. Zu jeder Hilfsgröße F gehört ein Feld mit zwei Zahlenangaben: oben steht eine Hilfsgröße $H = 1,\ldots$ und unten ein Winkel φ in Graden.

Die vier folgenden Beispiele zeigen Anwendungen.

Beispiel I $(a > b)$.	**Beispiel II** $(a < b)$.
Gegeben $a + bj = 14 + 9{,}1\,j$.	Gegeben $a - bj = 4 - 8\,j$.
Berechne $F = b/a = 9{,}1/14 = 0{,}65$.	Berechne $F = a/b = 4/8 = 0{,}5$.
Ablesung für die Hilfsgröße F:	Ablesung für die Hilfsgröße F:
$H = 1{,}193$ und $\alpha = 33{,}0°$.	$H = 1{,}118$ und $\alpha = 26{,}6°$.
Weil $a > b$ ist, gilt $\varphi = \alpha = 33{,}0°$.	Weil $a < b$ ist, gilt $\varphi = 90° - \alpha = 63{,}4°$.
Berechne $r = aH = 14 \cdot 1{,}193 = 16{,}70$.	Berechne $r = bH = 8 \cdot 1{,}118 = 8{,}94$.
Ergebnis: $14 + 9{,}1\,j = 16{,}70\,e^{33{,}0°j}$.	Ergebnis: $4 - 8\,j = 8{,}94\,e^{-63{,}4°j}$.

Beispiel III ($\varphi < 45°$).

Gegeben $r e^{\varphi j} = 15\, e^{4,8° j}$.
Weil $\varphi < 45°$ ist, gilt $\alpha = \varphi = 4,8°$.
Ablesung für den Winkel α:
$H = 1,00352$ und $F = 0,084$.
Berechne $a = r/H = 14,95$.
Berechne $b = aF = 1,256$.
Ergebnis: $15\, e^{4,8° j} = 14,95 + 1,256\, j$.

Beispiel IV ($\varphi > 45°$).

Gegeben $r e^{-\varphi j} = 10\, e^{-55° j}$.
Weil $\varphi > 45°$ ist, gilt $\alpha = 90° - \varphi = 35°$.
Ablesung für den Winkel α:
$H = 1,221$ und $F = 0,70$.
Berechne $b = r/H = 8,19$.
Berechne $a = bF = 5,733$.
Ergebnis: $10\, e^{-55° j} = 5,733 - 8,19\, j$.

Zahlentafel 20:

Wandlung komplexer Größen

F	0	1	2	3	4	5	6	7	8	9
0,00	0	—	—	—	00001	00001	00002	00002	00003	00004
	0,000	0,057	0,115	0,172	0,229	0,287	0,344	0,401	0,458	0,516
0,01	00005	00006	00007	00008	00010	00011	00013	00015	00016	00018
	0,57	0,63	0,69	0,74	0,80	0,86	0,92	0,97	1,03	1,09
0,02	00020	00022	00024	00026	00029	00031	00034	00036	00039	00042
	1,15	1,20	1,26	1,32	1,37	1,43	1,49	1,55	1,60	1,66
0,03	00045	00048	00051	00055	00058	00061	00065	00069	00072	00076
	1,72	1,78	1,83	1,89	1,95	2,00	2,06	2,12	2,18	2,23
0,04	00080	00084	00088	00093	00097	00101	00106	00111	00115	00120
	2,29	2,35	2,41	2,46	2,52	2,58	2,63	2,69	2,75	2,81
0,05	00125	00130	00135	00141	00146	00151	00157	00163	00168	00174
	2,86	2,92	2,98	3,03	3,09	3,15	3,21	3,26	3,32	3,38
0,06	00180	00186	00192	00199	00205	00211	00218	00225	00231	00238
	3,43	3,49	3,55	3,60	3,66	3,72	3,78	3,83	3,89	3,95
0,07	00245	00252	00259	00266	00274	00281	00288	00296	00303	00311
	4,00	4,06	4,12	4,18	4,23	4,29	4,35	4,40	4,46	4,52
0,08	00319	00328	00336	00344	00352	00361	00369	00378	00386	00395
	4,57	4,63	4,69	4,74	4,80	4,86	4,92	4,97	5,04	5,09
0,09	00404	00413	00422	00432	00441	00450	00460	00469	00479	00489
	5,14	5,20	5,26	5,31	5,37	5,43	5,48	5,54	5,60	5,65
0,1	0050	0060	0072	0084	0098	0112	0127	0143	0161	0179
	5,71	6,28	6,84	7,41	7,97	8,53	9,09	9,65	10,20	10,76
0,2	0198	0218	0239	0261	0284	0308	0332	0358	0384	0412
	11,3	11,9	12,4	13,0	13,5	14,0	14,6	15,1	15,6	16,2
0,3	044	047	050	053	056	059	063	066	070	073
	16,7	17,2	17,7	18,3	18,8	19,3	19,8	20,3	20,8	21,3
0,4	077	081	085	089	093	097	101	105	109	114
	21,8	22,3	22,8	23,3	23,7	24,2	24,7	25,2	25,6	26,1
0,5	118	123	127	132	137	141	146	151	156	161
	26,6	27,0	27,5	27,9	28,4	28,8	29,3	29,7	30,1	30,5
0,6	166	171	177	182	187	193	198	204	209	215
	31,0	31,4	31,8	32,2	32,6	33,0	33,4	33,8	34,2	34,6
0,7	221	226	232	238	244	250	256	262	268	274
	35,0	35,4	35,8	36,1	36,5	36,9	37,2	37,6	38,0	38,3
0,8	281	287	293	300	306	312	319	326	332	339
	38,7	39,0	39,4	39,7	40,0	40,4	40,7	41,0	41,4	41,7
0,9	345	352	359	366	372	379	386	393	400	407
	42,0	42,3	42,6	42,9	43,2	43,5	43,8	44,1	44,4	44,7

Zahlentafel 21:

Trigonometrische Funktionen in Altgraden (1 $R = 90°$)

Grad	sin	cos	tang	cot	Grad
0	0,0000	1,0000	0,0000	∞	90
1	0,0175	0,9998	0,0175	57,2900	89
2	0,0349	0,9994	0,0349	28,6363	88
3	0,0523	0,9986	0,0524	19,0811	87
4	0,0698	0,9976	0,0699	14,3007	86
5	0,0872	0,9962	0,0875	11,4301	85
6	0,1045	0,9945	0,1051	9,5144	84
7	0,1219	0,9925	0,1228	8,1443	83
8	0,1392	0,9903	0,1405	7,1154	82
9	0,1564	0,9877	0,1584	6,3138	81
10	0,1736	0,9848	0,1763	5,6713	80
11	0,1908	0,9816	0,1944	5,1446	79
12	0,2079	0,9781	0,2126	4,7046	78
13	0,2250	0,9744	0,2309	4,3315	77
14	0,2419	0,9703	0,2493	4,0108	76
15	0,2588	0,9659	0,2679	3,7321	75
16	0,2756	0,9613	0,2867	3,4874	74
17	0,2924	0,9563	0,3057	3,2709	73
18	0,3090	0,9511	0,3249	3,0777	72
19	0,3256	0,9455	0,3443	2,9042	71
20	0,3420	0,9397	0,3640	2,7475	70
21	0,3584	0,9336	0,3839	2,6051	69
22	0,3746	0,9272	0,4040	2,4751	68
23	0,3907	0,9205	0,4245	2,3559	67
24	0,4067	0,9135	0,4452	2,2460	66
25	0,4226	0,9063	0,4663	2,1445	65
26	0,4384	0,8988	0,4877	2,0503	64
27	0,4540	0,8910	0,5095	1,9626	63
28	0,4695	0,8829	0,5317	1,8807	62
29	0,4848	0,8746	0,5543	1,8040	61
30	0,5000	0,8660	0,5774	1,7321	60
31	0,5150	0,8572	0,6009	1,6643	59
32	0,5299	0,8480	0,6249	1,6003	58
33	0,5446	0,8387	0,6494	1,5399	57
34	0,5592	0,8290	0,6745	1,4826	56
35	0,5736	0,8192	0,7002	1,4281	55
36	0,5878	0,8090	0,7265	1,3764	54
37	0,6018	0,7986	0,7536	1,3270	53
38	0,6157	0,7880	0,7813	1,2799	52
39	0,6293	0,7771	0,8098	1,2349	51
40	0,6428	0,7660	0,8391	1,1918	50
41	0,6561	0,7547	0,8693	1,1504	49
42	0,6691	0,7431	0,9004	1,1106	48
43	0,6820	0,7314	0,9325	1,0724	47
44	0,6947	0,7193	0,9657	1,0355	46
45	0,7071	0,7071	1,0000	1,0000	45
Grad	cos	sin	cot	tang	Grad

Zahlentafel 22:

Exponential- und Hyperbel-Funktionen

b	e^b	e^{-b}	$1-e^{-b}$	$\mathfrak{Sin}\ b$	$\mathfrak{Cof}\ b$	$\mathfrak{Tang}\ b$
0,1	1,1052	0,9048	0,0952	0,1002	1,0050	0,0997
0,2	1,2214	0,8187	0,1813	0,2013	1,0201	0,1974
0,3	1,3499	0,7408	0,2592	0,3045	1,0453	0,2913
0,4	1,4918	0,6703	0,3297	0,4108	1,0811	0,3799
0,5	1,6487	0,6065	0,3935	0,5211	1,1276	0,4621
0,6	1,8221	0,5488	0,4612	0,6366	1,1855	0,5370
0,7	2,0138	0,4966	0,5034	0,7586	1,2552	0,6044
0,8	2,2255	0,4493	0,5507	0,8881	1,3374	0,6640
0,9	2,4596	0,4066	0,5934	1,0265	1,4331	0,7163
1,0	2,7183	0,3679	0,6321	1,1752	1,5431	0,7616
1,1	3,0042	0,3329	0,6671	1,3356	1,6685	0,8005
1,2	3,3201	0,3012	0,6988	1,5095	1,8107	0,8336
1,3	3,6693	0,2725	0,7275	1,6983	1,9709	0,8617
1,4	4,0552	0,2466	0,7534	1,9043	2,1509	0,8853
1,5	4,4817	0,2231	0,7769	2,1293	2,3524	0,9051
1,6	4,9530	0,2019	0,7981	2,3756	2,5775	0,9217
1,7	5,4739	0,1827	0,8173	2,6456	2,8283	0,9354
1,8	6,0496	0,1653	0,8347	2,9422	3,1075	0,9468
1,9	6,6859	0,1496	0,8504	3,2682	3,4177	0,9562
2,0	7,3891	0,1353	0,8647	3,6269	3,7622	0,9640
2,1	8,1662	0,1225	0,8775	4,0219	4,1443	0,9704
2,2	9,0250	0,1108	0,8892	4,4571	4,5679	0,9757
2,3	9,9742	0,1003	0,8997	4,9370	5,0372	0,9801
2,4	11,0232	0,0907	0,9093	5,4662	5,5569	0,9837
2,5	12,1825	0,0821	0,9179	6,0502	6,1323	0,9866
2,6	13,464	0,0743	0,9257	6,695	6,769	0,9890
2,7	14,880	0,0672	0,9328	7,406	7,473	0,9910
2,8	16,445	0,0608	0,9392	8,192	8,252	0,9926
2,9	18,174	0,0550	0,9450	9,060	9,115	0,9940
3,0	20,085	0,0498	0,9502	10,018	10,068	0,9950
3,1	22,198	0,0450	0,9550	11,076	11,121	0,9959
3,2	24,532	0,0408	0,9592	12,246	12,287	0,9967
3,3	27,113	0,0369	0,9631	13,538	13,575	0,9973
3,4	29,964	0,0334	0,9666	14,965	14,999	0,9978
3,5	33,115	0,0302	0,9698	16,543	16,573	0,9982
3,6	36,598	0,0273	0,9727	18,285	18,313	0,9985
3,7	40,447	0,0247	0,9753	20,221	20,236	0,9988
3,8	44,701	0,0224	0,9776	22,339	22,362	0,9990
3,9	49,402	0,0202	0,9898	24,691	24,711	0,9992
4,0	54,598	0,0183	0,9817	27,290	27,308	0,9993

Zahlentafel 22:

Exponential- und Hyperbel-Funktionen (Fortsetzung)

b	e^b	e^{-b}	$1-e^{-b}$	Sin b	Cos b	Tang b
4,1	60,340	0,0166	0,9834	30,162	30,178	0,9995
4,2	66,686	0,0150	0,9856	33,336	33,351	0,9995
4,3	73,700	0,0136	0,9864	36,843	36,857	0,9996
4,4	81,451	0,0123	0,9877	40,719	40,731	0,9997
4,5	90,017	0,0111	0,9889	45,003	45,014	0,9997
4,6	99,48	0,0101	0,9899	49,737	49,747	0,9998
4,7	109,95	0,0091	0,9909	54,969	54,978	0,9998
4,8	121,51	0,0082	0,9918	60,751	60,759	0,9999
4,9	134,29	0,0074	0,9926	67,149	67,141	0,9999
5,0	148,41	0,0067	0,9933	74,203	74,210	0,9999
5,1	164,02	0,0061	0,9939	82,008	82,014	0,9999
5,2	181,27	0,0055	0,9945	90,633	90,639	0,9999
5,3	200,34	0,0050	0,9950	100,17	100,17	
5,4	221,41	0,0045	0,9955	110,70		
5,5	244,69	0,0041	0,9959	122,34		

b	e^b	e^{-b}	$1-e^{-b}$	Sin b	b	e^b
5,6	270,43	0,0037	0,9963	135,21		
5,7	298,87	0,0033	0,9967	149,43		
5,8	330,30	0,0030	0,9970	165,15	8	2981
5,9	365,04	0,0027	0,9973	182,52	9	8103
6,0	403,43	0,0025	0,9975	201,71	10	22026
6,1	445,86	0,0022	0,9978	222,93	11	$59{,}87 \cdot 10^3$
6,2	492,75	0,0020	0,9980	246,37	12	$162{,}8 \cdot 10^3$
6,3	544,57	0,0018	0,9982	272,28	13	$442{,}4 \cdot 10^3$
6,4	601,84	0,0017	0,9983	300,92	14	$1203 \cdot 10^3$
6,5	665,14	0,0015	0,9985	332,57	15	$3269 \cdot 10^3$
6,6	735,1	0,0014	0,9986	367,55	16	$8{,}886 \cdot 10^6$
6,7	812,4	0,0012	0,9988	406,20	17	$24{,}15 \cdot 10^6$
6,8	897,8	0,0011	0,9989	448,92	18	$65{,}66 \cdot 10^6$
6,9	992,3	0,0010	0,9990	496,14	19	$178{,}5 \cdot 10^6$
7,0	1096,6	0,0009	0,9991	548,32	20	$485{,}2 \cdot 10^6$

$\log e = 0{,}43429$ $\qquad$ $\ln 10 = 2{,}30258$

b	e^b	b	e^b
0,01	1,01005	0,06	1,06184
0,02	1,02020	0,07	1,07251
0,03	1,03045	0,08	1,08329
0,04	1,04081	0,09	1,09417
0,05	1,05127	0,10	1,10517

Zahlentafel 23:

Umrechnung von Bogenmaß in Gradmaß

Bogen	Grad	Min.	Sek.	Bogen	Grad	Min.	Sek.
0,1	5	43	46	4,1	234	54	46
0,2	11	27	33	4,2	240	38	32
0,3	17	11	19	4,3	246	22	19
0,4	22	55	6	4,4	252	6	5
0,5	28	38	52	4,5	257	49	52
0,6	34	22	39	4,6	263	33	38
0,7	40	6	25	4,7	269	17	25
0,8	45	50	12	4,8	275	1	11
0,9	51	33	58	4,9	280	44	58
1,0	57	17	45	5,0	286	28	44
1,1	63	1	31	5,1	292	12	30
1,2	68	45	18	5,2	297	56	17
1,3	74	29	4	5,3	303	40	3
1,4	80	12	51	5,4	309	23	50
1,5	85	56	37	5,5	315	7	36
1,6	91	40	24	5,6	320	51	23
1,7	97	24	10	5,7	326	35	9
1,8	103	7	57	5,8	332	18	56
1,9	108	51	43	5,9	338	2	42
2,0	114	35	30	6,0	343	46	29
2,1	120	19	16	6,1	349	30	15
2,2	126	3	3	6,2	355	14	2
2,3	131	46	49	6,3	360	57	48
2,4	137	30	35	6,4	366	41	35
2,5	143	14	22				
2,6	148	58	8				
2,7	154	41	55		1° = 0,017 453 292		
2,8	160	25	41		1′ = 0,000 290 886		
2,9	166	9	28		1″ = 0,000 004 848		
3,0	171	53	14				
3,1	177	37	0				
3,2	183	20	47	0,01	0	34	23
3,3	189	4	34	0,02	1	8	45
3,4	194	48	40	0,03	1	43	8
3,5	200	32	27	0,04	2	17	31
3,6	206	15	53	0,05	2	51	53
3,7	211	59	40	0,06	3	26	16
3,8	217	43	26	0,07	4	0	39
3,9	223	27	13	0,08	4	35	1
4,0	229	10	59	0,09	5	9	24

Zahlentafel 24:

Rückwurfgrad und Rückwurfdämpfung

R			Z					
			1200 Ω		1600 Ω		2000 Ω	
			600 Ω		800 Ω		1000 Ω	
			300 Ω		400 Ω		500 Ω	
Ω	Ω	Ω	p	b_r	p	b_r	p	b_r
200	100	50	−0,71	0,34	−0,78	0,25	−0,82	0,20
400	200	100	−0,50	0,69	−0,60	0,51	−0,67	0,41
600	300	150	−0,33	1,09	−0,55	0,79	−0,54	0,62
800	400	200	−0,20	1,60	−0,33	1,09	−0,43	0,85
1000	500	250	−0,09	2,40	−0,23	1,47	−0,30	1,19
1200	600	300	0	∞	−0,14	1,94	−0,25	1,38
1400	700	350	0,08	2,56	−0,07	2,71	−0,18	1,82
1600	800	400	0,14	1,94	0	∞	−0,11	2,20
1800	900	450	0,20	1,60	0,06	2,83	−0,05	3,00
2000	1000	500	0,25	1,38	0,11	2,20	0	∞
2200	1100	550	0,29	1,22	0,16	1,84	0,05	3,00
2400	1200	600	0,33	1,09	0,20	1,60	0,09	2,50
2600	1300	650	0,37	1,00	0,24	1,44	0,13	2,12
2800	1400	700	0,40	0,92	0,27	1,30	0,17	1,76
3000	1500	750	0,43	0,85	0,30	1,19	0,20	1,60
3200	1600	800	0,45	0,79	0,33	1,09	0,23	1,45
3400	1700	850	0,48	0,74	0,36	1,02	0,26	1,32
3600	1800	900	0,50	0,69	0,38	0,96	0,29	1,22
3800	1900	950	0,52	0,66	0,41	0,90	0,31	1,15
4000	2000	1000	0,54	0,62	0,43	0,85	0,33	1,09
4200	2100	1050	0,56	0,59	0,45	0,80	0,35	1,04
4400	2200	1100	0,57	0,56	0,47	0,76	0,37	1,00
4600	2300	1150	0,59	0,53	0,48	0,72	0,39	0,95
4800	2400	1200	0,60	0,50	0,50	0,69	0,41	0,90
5000	2500	1250	0,61	0,48	0,51	0,66	0,43	0,85
5200	2600	1300	0,62	0,47	0,52	0,63	0,44	0,82
5400	2700	1350	0,64	0,45	0,54	0,61	0,46	0,79
5600	2800	1400	0,65	0,44	0,55	0,59	0,47	0,76
5800	2900	1450	0,66	0,42	0,57	0,57	0,49	0,72
6000	3000	1500	0,67	0,41	0,59	0,55	0,50	0,69

Zahlentafel 25:

Umrechnung von Dezibel in Neper

db	Neper	e^b	e^{-b}	Sin b	Cof b	Tang b
1,0	0,1151	1,1220	0,8912	0,1154	1,0066	0,1146
1,1	0,1266	1,1350	0,8810	0,1270	1,0080	0,1260
1,2	0,1382	1,1481	0,8710	0,1386	1,0096	0,1373
1,3	0,1497	1,1614	0,8610	0,1502	1,0112	0,1496
1,4	0,1612	1,1749	0,8511	0,1619	1,0130	0,1598
1,5	0,1727	1,1885	0,8414	0,1736	1,0149	0,1710
1,6	0,1842	1,2023	0,8318	0,1852	1,0170	0,1821
1,7	0,1957	1,2162	0,8222	0,1970	1,0192	0,1933
1,8	0,2072	1,2303	0,8128	0,2087	1,0215	0,2043
1,9	0,2188	1,2445	0,8035	0,2205	1,0240	0,2153
2,0	0,2303	1,2589	0,7943	0,2323	1,0266	0,2263
2,2	0,2533	1,2882	0,7762	0,2560	1,0322	0,2480
2,4	0,2763	1,3183	0,7586	0,2798	1,0384	0,2695
2,5	0,2878	1,3335	0,7499	0,2918	1,0417	0,2801
2,6	0,2993	1,3490	0,7413	0,3038	1,0451	0,2907
2,8	0,3224	1,3804	0,7244	0,3280	1,0524	0,3116
3,0	0,3454	1,4125	0,7079	0,3523	1,0602	0,3323
3,2	0,3684	1,4454	0,6918	0,3768	1,0686	0,3526
3,4	0,3914	1,4791	0,6761	0,4015	1,0776	0,3726
3,5	0,4029	1,4962	0,6683	0,4139	1,0823	0,3825
3,6	0,4145	1,5136	0,6607	0,4264	1,0871	0,3923
3,8	0,4375	1,5488	0,6456	0,4516	1,0972	0,4116
4,0	0,4605	1,5849	0,6310	0,4770	1,1079	0,4305
4,5	0,5181	1,6788	0,5957	0,5416	1,1372	0,4762
5,0	0,5756	1,7783	0,5623	0,6080	1,1703	0,5195
5,5	0,6332	1,8836	0,5309	0,6764	1,2073	0,5603
6,0	0,6908	1,9953	0,5012	0,7470	1,2482	0,5985
6,5	0,7483	2,1135	0,4731	0,8202	1,2933	0,6341
7,0	0,8059	2,2387	0,4467	0,8960	1,3427	0,6673
7,5	0,8635	2,3714	0,4217	0,9748	1,3965	0,6980
8,0	0,9210	2,5119	0,3981	1,0569	1,4550	0,7264
8,5	0,9786	2,6607	0,3758	1,1425	1,5183	0,7525
9,0	1,0362	2,8184	0,3548	1,2318	1,5866	0,7764
9,5	1,0937	2,9854	0,3350	1,3252	1,6602	0,7982
10,0	1,1513	3,1623	0,3162	1,4230	1,7392	0,8182
10,5	1,2089	3,3497	0,2985	1,5255	1,8240	0,8363
11,0	1,2664	3,5481	0,2818	1,6331	1,9150	0,8528
11,5	1,3240	3,7584	0,2661	1,7461	2,0122	0,8678
12,0	1,3815	3,9811	0,2512	1,8649	2,1161	0,8813
12,5	1,4391	4,2170	0,2371	1,9899	2,2271	0,8935

Zahlentafel 25:

Umrechnung von Dezibel in Neper (Fortsetzung)

db	Neper	e^b	e^{-b}	Sin b	Cos b	Tang b
13,0	1,4967	4,4668	0,2239	2,1215	2,34[illegible]4	0,9045
13,5	1,5542	4,7315	0,2113	2,2601	2,47[illegible]4	0,9145
14,0	1,6118	5,0119	0,1995	2,4062	2,6057	0,9234
14,5	1,6694	5,3088	0,1884	2,5603	2,7486	0,9315
15,0	1,7269	5,6234	0,1778	2,7228	2,9006	0,9387
15,5	1,7845	5,9566	0,1679	2,8943	3,0622	0,9452
16,0	1,8421	6,3096	0,1585	3,0755	3,2340	0,9510
16,5	1,8996	6,6834	0,1496	3,2669	3,4165	0,9562
17,0	1,9572	7,0795	0,1412	3,4691	3,6103	0,9609
17,5	2,0148	7,4989	0,1333	3,6828	3,8162	0,9651
18,0	2,0723	7,943	0,1259	3,9087	4,0346	0,9688
18,5	2,1299	8,414	0,1188	4,1476	4,2664	0,9721
19,0	2,1875	8,912	0,1122	4,4002	4,5124	0,9751
19,5	2,2450	9,441	0,1059	4,6673	4,7733	0,9778
20,0	2,3026	10,000	0,1000	4,9500	5,0500	0,9802
21	2,4177	11,220	0,0891	5,5655	5,6547	0,9842
22	2,5328	12,590	0,0794	6,2551	6,3345	0,9875
23	2,6480	14,125	0,0708	7,0276	7,0984	0,9900
24	2,7631	15,849	0,0631	7,8929	7,9560	0,9921
25	2,8782	17,783	0,0562	8,8632	8,9195	0,9937
26	2,9934	19,953	0,0501	9,951	10,001	0,9950
27	3,1085	22,387	0,0447	11,171	11,216	0,9960
28	3,2236	25,119	0,0398	12,540	12,579	0,9968
29	3,3387	28,184	0,0355	14,074	14,110	0,9975
30	3,4539	31,623	0,0316	15,795	15,827	0,9980
31	3,5690	35,481	0,0282	17,726	17,754	0,9984
32	3,6841	39,811	0,0251	19,893	19,918	0,9987
33	3,7993	44,668	0,0224	22,324	22,346	0,9990
34	3,9144	50,119	0,0199	25,049	25,069	0,9992
35	4,0295	56,234	0,0178	28,108	28,126	0,9994
36	4,1446	63,10	0,0158	31,540	31,556	0,9995
37	4,2598	70,79	0,0141	35,390	35,404	0,9996
38	4,3749	79,43	0,0126	39,710	39,723	0,9997
39	4,4900	89,12	0,0112	44,557	44,568	0,9997
40	4,6052	100,00	0,0100	49,995	50,005	0,9998
41	4,7203	112,20	0,0089	56,095	56,104	0,9998
42	4,8354	125,89	0,0079	62,944	62,956	0,9999
43	4,9506	141,25	0,0071	70,627	70,634	0,9999
44	5,0657	158,49	0,0063	79,242	79,248	0,9999
45	5,1808	177,83	0,0056	88,911	88,916	0,9999

Sachverzeichnis

U

V

W

Z

www.ingramcontent.com/pod-product-compliance
Lightning Source LLC
Chambersburg PA
CBHW031435180326
41458CB00002B/548